普通高等教育"十五"国家级规划教材
普通高等教育设计类专业"十二五"规划教材

室内与家具设计

·家具设计·

（第2版）

吴智慧　主编

中国林业出版社

图书在版编目（CIP）数据

室内与家具设计·家具设计/吴智慧主编 . —2 版 . —北京：中国林业出版社，2012. 9 （2024. 8 重印）
普通高等教育"十五"国家级规划教材　普通高等教育设计类专业"十二五"规划教材
ISBN 978-7-5038-6684-5

Ⅰ.①室…　Ⅱ.①吴…　Ⅲ.①室内装饰设计－高等学校－教材 ②家具－设计－高等学校－
教材　Ⅳ.①TU238 ②TS664. 01

中国版本图书馆 CIP 数据核字（2012）第 160487 号

中国林业出版社·教育出版分社

策划、责任编辑：杜　娟
电话、传真：（010）83143553

出版发行　中国林业出版社（100009　北京西城区刘海胡同 7 号）
　　　　　　E-mail：jiaocaipublic@163. com　电话：83143500
　　　　　　http：//lycb. forestry. gov. cn
经　　销　新华书店
印　　刷　北京中科印刷有限公司
版　　次　2005 年 7 月第 1 版（共印 3 次）
　　　　　　2012 年 9 月第 2 版
印　　次　2024 年 8 月第 4 次印刷
开　　本　889mm×1194mm　1/16
印　　张　14. 25
字　　数　493 千字
定　　价　42. 00 元

木材科学及设计艺术学科教材
编写指导委员会

第 1 版前言

  "家具与室内设计"专业或专业方向，培养的是从事家具设计与制造、室内装饰设计与工程施工技术的专业人才。在 20 世纪 70 年代以前的我国各类高校中均没有设置该专业。改革开放以后，家具专业开始由我国林业院校中的原"木材加工"专业拓展而来。1986 年 7 月，国家教育委员会正式颁发了《普通高等学校农科、林科本科专业目录》，在林产加工类中首次出现了"家具设计与制造"专业。1987 年，南京林业大学在我国率先开办了"家具设计与制造"本科专业，开始向全国招收该专业的本科学生。而后，其他的一些林业、轻工及美术院校也随之相继开设了家具专业的专科或本科。90 年代初，为适应我国室内装饰业的兴起和发展，国家对这方面的有关专业进行了调整。1993 年 7 月，国家教育委员会高等教育司颁布的《普通高等学校本科专业目录和专业简介》中"家具设计与制造"专业即改为"家具与室内设计"专业，设在工学的林业工程类中。随之，有关高校在招生中对家具专业也进行了相应的调整。90 年代中期，随着我国室内装饰行业的迅猛发展和不断扩大，有关高校的"家具与室内设计"专业也随之调整为"室内与家具设计"。1999 年以后，随着国家教改的深入和本科专业目录的调整，"室内与家具设计"专业已被其他专业覆盖，现仅以专业方向的形式出现在"木材科学与工程"、"工业设计"、"艺术设计"、"环境艺术设计"和"建筑设计"等专业中。十多年来，该专业或专业方向已为国家和社会培养了大批本专科生和硕士、博士研究生等高级工程技术人才，对解决我国家具、室内设计人才有无的问题作出了贡献，在社会上也得到了认可与肯定，有一定的影响力。

  家具与室内装饰是创造性的室内环境设计艺术，它是一个涉及多学科、多行业的综合性行业，是集产品、艺术、技术、劳务和工程服务于一体的系统工程。目前，在国内外高校中，还没有一本系统性专业教材。为此，我们结合我校现有自编和出版的相关教材以及教改成果，组织编写了一本系统性、综合性和适用性强的《室内与家具设计》教材。

  本教材是教育部普通高等教育"十五"国家级规划教材，面向室内装饰和家具两个行业，教材内容以设计为主，兼顾设计与工艺两个方面，在重视艺术造型设计内容的同时，结合多年的教学实践经验和学校的专业学科优势，对家具与室内设计所涉及的艺术与技术方面问题都予以充分的内容安排，具有较为系统的理论与实践体系等。本教材反映了当代家具业和室内装饰业的最新科技、文化的成就，以及新兴学科和交叉学科的内容，以便适应于我国家具行业和室内装饰行业不断发展和扩大所对"家具设计"和"室内设计"这两方面专业人才的需求。

  新编的《室内与家具设计》教材，由于内容较多，分《家具设计》和《室内设计》两个分册。其中，《家具设计》作为家具设计与制造等相近专业的教材，力图从现代家具工业快速发展和设计创新不断提升的高度，系统地介绍家具设计所必需的理论知识和设计方法，同时把作者在多年专业教学、科学研究和生产实践过程中所掌握的最新专业资料和技术成果整理归纳编写成本卷教材，旨在为全国高等院校中与木材加工、家具设计与制造、室内设计与装饰、工业设计、艺术设计等相关专业的学生提供一本现代家具设计的专业教材和参考书，以填补家具与室内设计专业教学中的教材空白。

本教材集专业性、知识性、技术性、实用性、科学性和系统性于一体，注重理论与实践相结合，突出设计理论与设计方法，文理通达、内容丰富、图文并茂、深入浅出、切合实际、通俗易懂，可适合于国内有关轻工、美术、艺术、建筑工程以及林业等院校中开设的"美术学"、"艺术设计"、"木材科学与工程"、"工业设计"、"建筑设计"、"家具设计"、"室内设计"等相关专业或专业方向的本、专科生和研究生的教学使用，同时也可供家具企业和设计公司的专业工程技术与管理人员参考。

本教材包含家具设计概论、家具风格与发展、人体工程学与家具功能设计、人类感觉特性与家具造型设计、家具材料与家具结构设计、家具艺术与家具装饰设计、家具功效与家具安全性设计、家具设计的方法与程序等主要内容。共分8章，全书由南京林业大学吴智慧教授主编和统稿。其中，第2章由南京林业大学吕九芳博士参加编写；其余由吴智慧教授编写。

本教材的编写与出版，承蒙南京林业大学工业学院和中国林业出版社的筹划与指导，此外，本教材还参考了国内外相关教材和参考书中的部分图表资料，在此表示最衷心的感谢；同时，也向所有关心、支持和帮助本书出版的单位和人士表示谢意。

由于家具设计所涉及的内容广泛、学科跨度大，加之编者的水平和视野所限，书中难免存有不足，在此恳请读者提出宝贵意见，不吝指正。

编　者
2005 年 1 月

第 2 版前言

《室内与家具设计·家具设计》于 2002 年被列为教育部普通高等教育 "十五" 国家级规划教材，也是全国高等院校木材科学及设计艺术学科教材编写指导委员会确定的重点教材。自 2005 年 7 月出版发行以来，第 1 版教材已多次印刷，并先后被全国 10 多所林业或农林高等院校工业设计（家具设计）、木材科学与工程（室内与家具设计）、艺术设计（室内设计、家具设计）等相关专业或专业方向的本、专科生和研究生的教学使用，同时也被家具企业和设计公司的专业工程技术与管理人员培训选用或学习参考。

为适应我国家具工业的快速发展和新形势教学及工业生产的需求，特此修订本教材。本次修订，先后征集了全国多所高校执教本课程老师的意见，我们认真采纳了各方面建议，在保留第 1 版教材主体内容的基础上，对部分章节内容进行了一些修订。与第 1 版相比，一是根据家具设计的最新理念，重点对第 1 章、第 2 章等章节图片进行了替换；二是根据家具设计的最新工艺和案例，重点对第 5 章、第 8 章进行了重新编写；三是根据教学使用中发现的错误，对全书进行了检查和修改。

本教材修订版由南京林业大学吴智慧教授主编，参加修订的编者及其修订分工如下：第 2 章由南京林业大学吕九芳副教授负责修订；第 5 章由内蒙古农业大学赵红丽副教授负责修订；第 8 章由南京林业大学陈于书副教授负责修订；其余章节由吴智慧教授负责修订。全书由吴智慧教授统稿和修改。

本教材修订版突出设计理论与设计方法，注重理论与实践相结合，结构完整、内容丰富、切合实际、实用性强，适合于作为家具设计与制造、木材科学与工程、室内设计、工业设计、艺术设计等相关专业或专业方向的教材或参考书，也可供有关工程技术与管理人员参考。

由于时间所限，本次修订版难免存有错误和不妥之处，欢迎读者批评指正，以便再版时完善。

吴智慧
2012 年 8 月

目 录

第2版前言

第1版前言

第1章 概 论 ·················· **(1)**

1.1 家具的概念与分类 ·········· (1)

  1.1.1 家具的概念 ············ (1)

  1.1.2 家具的特性 ············ (1)

  1.1.3 家具的分类 ············ (2)

1.2 家具设计的概念与性质 ······ (4)

  1.2.1 家具设计的概念 ········ (4)

  1.2.2 家具设计的性质 ········ (5)

1.3 家具设计的内涵 ············ (5)

  1.3.1 家具的功能设计 ········ (5)

  1.3.2 家具的造型设计 ········ (5)

  1.3.3 家具的结构设计 ········ (6)

  1.3.4 家具的工艺设计 ········ (6)

  1.3.5 家具的包装设计 ········ (6)

  1.3.6 家具的经济效益分析 ···· (6)

1.4 家具设计的原则 ············ (6)

  1.4.1 实用性 ··············· (7)

  1.4.2 艺术性 ··············· (7)

  1.4.3 工艺性 ··············· (7)

  1.4.4 经济性 ··············· (7)

  1.4.5 安全性 ··············· (7)

  1.4.6 科学性 ··············· (7)

  1.4.7 系统性 ··············· (7)

  1.4.8 创造性 ··············· (7)

  1.4.9 可持续性 ············· (8)

1.5 家具与室内设计 ············ (8)

  1.5.1 家具是室内的主要陈设 ·· (8)

  1.5.2 家具必须服从室内设计的总体要求

                      ·············· (8)

1.6 家具绿色技术与绿色设计 ···· (8)

  1.6.1 绿色产品与绿色技术 ···· (8)

  1.6.2 绿色家具及其技术体系 ·· (9)

第2章 家具风格与发展 ········· **(12)**

2.1 外国家具 ················· (12)

  2.1.1 古代家具 ············· (12)

  2.1.2 中世纪的家具(5~14世纪) (17)

  2.1.3 近世纪家具 ··········· (18)

  2.1.4 外国现代家具 ········· (22)

2.2 中国家具 ················· (31)

  2.2.1 中国传统家具 ········· (31)

  2.2.2 中国近现代家具 ······· (38)

第3章 人体工程学与家具功能设计 ········ **(40)**

3.1 概述 ····················· (40)

  3.1.1 人体工程学的定义 ····· (40)

  3.1.2 人体工程学在家具功能设计中的

        作用 ··············· (40)

3.2 人体生理机能与家具 ········ (41)

  3.2.1 人体基本知识 ········· (41)

  3.2.2 人体基本动作 ········· (41)

  3.2.3 人体尺寸 ············· (42)

  3.2.4 家具功能与人体生理机能 (42)

3.3 坐具类家具的功能设计 ······ (43)

  3.3.1 坐具的基本尺度与要求 ·· (43)

  3.3.2 坐具的主要尺寸 ······· (50)

3.4 卧具类家具的功能设计 ······ (52)

  3.4.1 卧具的基本尺度与要求 ·· (52)

  3.4.2 卧具的主要尺寸 ······· (55)

3.5 凭倚类家具的功能设计 ······ (56)

  3.5.1 坐式用桌的基本尺度与要求 (56)

  3.5.2 站立用桌的基本尺度与要求 (57)

  3.5.3 凭倚类家具的主要尺寸 ·· (57)

3.6 储藏类家具的功能设计 ······ (59)

  3.6.1 储藏类家具的基本要求与尺度 ··· (59)

  3.6.2 储藏类家具的主要尺寸 ·· (61)

第4章 人类感觉特性与家具造型设计 ······ **(63)**

4.1 感觉特性 ············ (63)

4.1.1 视 觉 ······ (63)

4.1.2 听 觉 ······ (64)

4.1.3 触 觉 ······ (65)

4.1.4 嗅 觉 ······ (65)

4.1.5 情感(情绪) ······ (66)

4.2 造型设计概述 ········ (67)

4.2.1 造型设计 ······ (67)

4.2.2 家具造型设计 ······ (68)

4.3 造型要素 ············ (68)

4.3.1 形 态 ······ (68)

4.3.2 色 彩 ······ (73)

4.3.3 质 感 ······ (73)

4.3.4 装 饰 ······ (74)

4.4 构图法则 ············ (74)

4.4.1 比例与尺度 ······ (75)

4.4.2 统一与变化 ······ (77)

4.4.3 韵律与节奏 ······ (79)

4.4.4 均衡与稳定 ······ (80)

4.4.5 模拟与仿生 ······ (84)

4.4.6 错觉的运用 ······ (85)

4.5 构成设计 ············ (87)

4.5.1 家具表面分割设计 ······ (87)

4.5.2 家具立体构成设计 ······ (91)

4.6 色彩设计 ············ (96)

4.6.1 色彩的基本知识 ······ (96)

4.6.2 色彩构成基础 ······ (99)

4.6.3 家具的色彩设计 ······ (100)

第5章 家具材料与家具结构设计 ········· **(105)**

5.1 家具材料 ············ (105)

5.1.1 天然木材 ······ (105)

5.1.2 木质人造板 ······ (107)

5.1.3 贴面材料 ······ (111)

5.1.4 竹藤材 ······ (113)

5.1.5 金属材料 ······ (113)

5.1.6 玻 璃 ······ (114)

5.1.7 塑 料 ······ (115)

5.1.8 软垫材料 ······ (116)

5.1.9 石 材 ······ (116)

5.1.10 胶黏剂 ······ (116)

5.1.11 涂 料 ······ (118)

5.1.12 五金配件 ······ (122)

5.2 木质家具的结构与工艺 ······ (124)

5.2.1 家具零部件的名称 ······ (124)

5.2.2 木质家具的接合方式 ······ (124)

5.2.3 木质家具的基本构件 ······ (128)

5.2.4 木质家具的局部典型结构 ······ (133)

5.2.5 框式家具生产工艺 ······ (152)

5.2.6 板式家具生产工艺 ······ (154)

5.3 软体家具的结构与工艺 ······ (155)

5.3.1 坐类软体家具结构与工艺 ······ (155)

5.3.2 软体床垫结构与工艺 ······ (159)

5.4 金属家具的结构与工艺 ······ (161)

5.4.1 金属家具结构 ······ (161)

5.4.2 金属家具制造工艺 ······ (162)

5.5 竹藤家具的结构与工艺 ······ (163)

5.5.1 圆竹藤家具结构与工艺 ······ (163)

5.5.2 竹集成材家具结构与工艺 ······ (167)

第6章 家具艺术与家具装饰设计 ········· **(169)**

6.1 家具装饰概述 ········ (169)

6.1.1 家具艺术与装饰 ······ (169)

6.1.2 家具装饰的概念 ······ (169)

6.1.3 家具装饰的原则 ······ (170)

6.2 家具装饰方法 ········ (170)

6.2.1 家具功能性装饰 ······ (170)

6.2.2 家具艺术性装饰 ······ (172)

6.2.3 家具其他装饰 ······ (173)

6.3 家具装饰要素 ········ (173)

6.3.1 表面与面层 ······ (173)

6.3.2 线型与线脚 ······ (175)

6.3.3 脚型与脚架 ······ (177)

6.3.4 顶帽(顶饰) ······ (179)

6.3.5 床 屏 ······ (179)

6.3.6 椅 背 ······ (179)

第7章 家具功效与家具安全性设计 ········· **(182)**

7.1 家具载荷分析 ········ (182)

7.1.1 家具载荷类型 ······ (182)

7.1.2 家具载荷计算 ······ (183)

7.2 家具稳定性设计与校核 ······ (184)

7.2.1 家具稳定性设计 ······ (184)

7.2.2 家具稳定性校核 ······ (184)

7.3 家具力学强度设计 ······ (187)

7.3.1 零部件的强度 ······ (188)

7.3.2 零部件的接合强度 ······ (189)

7.3.3　整体家具的强度 ………………（199）

第8章　家具设计方法与程序 ……………**（202）**
8.1　家具设计方法 ………………（202）
8.1.1　家具设计类型 ……………（202）
8.1.2　家具设计方法 ……………（203）
8.2　家具设计程序 ………………（203）
8.2.1　设计策划阶段 ……………（203）
8.2.2　设计构思阶段 ……………（206）

8.2.3　初步设计阶段 ……………（207）
8.2.4　施工设计阶段 ……………（208）
8.2.5　设计后续阶段 ……………（212）
8.3　计算机辅助家具设计 …………（213）
8.3.1　计算机辅助设计的特点 ……（213）
8.3.2　计算机辅助设计的系统构成 ……（213）
8.3.3　计算机辅助家具设计的过程 ……（214）

参考文献 ………………………………（216）

第1章
概　论

1.1　家具的概念与分类

1.1.1　家具的概念

家具，又称家私、家什、傢具、傢俬等，是家用器具之意。其英文为 furniture，出自法文 fourniture，即设备的意思。西语中的另一种说法来自拉丁文 mobilis，即移动的意思，如德文 möbel，法文 meulbe，意大利文 mobile，西班牙文 mueble 等。

广义地说，家具是指供人类维持正常生活、从事生产实践和开展社会活动必不可少的一类器具。

狭义地说，家具是生活、工作或社会交往活动中供人们坐、卧、躺，或支承与贮存物品的一类器具与设备。

随着人们生活水平和生活质量的改善和提高，对家具的造型、品种、款式和质量均提出了更高的要求。

家具是室内的主要陈设，既具有使用功能，又具有装饰功能，它与室内环境构成了一个统一的整体。因此，在设计和选用家具时，除了从人体工程学考虑在外观尺寸上符合人体各部分的生理尺度、在款式造型上符合人的心理需求之外，还应与室内尺度和室内环境相协调。

1.1.2　家具的特性

1.1.2.1　使用的普遍性

家具以其独特的功能贯穿于生活的方方面面，与人们的衣、食、住、行等生活方式，或工作、学习、生活、交际、娱乐、休闲等活动方式密切相关，而且随着社会的发展和科学技术的进步，以及生活方式的变化，家具也处在发展变化之中。如我国改革开放以来发展的宾馆家具、商业家具、现代办公家具，以及民用家具中的音像柜、首饰柜、酒吧、厨房家具、儿童家具等，便是我国家具发展过程中产生的新门类，它们以不同的功能特性，不同的文化语汇，满足了不同使用群体的不同的心理和生理需求，它充分显示出家具使用的普遍性。

1.1.2.2　功能的二重性

家具不仅是一种简单的功能性物质产品，而且是一种广为普及的大众艺术品，它既满足某些特定的直接用途，又能供人观赏，使人在接触和使用过程中产生某种审美快感和引发丰富联想的精神需求。它既涉及材料、工艺、设备、化工、电器、五金、塑料等技术领域，又与社会学、行为学、美学、心理学等社会科学以及造型艺术理论密切相关，所以说家具既具有物质性，又具有精神性，这便是人们常说的家具二重性特点。

1.1.2.3 文化的综合性

文化是一个有着狭义和广义之别的词汇。狭义的文化是指人类社会意识形态及与之相适应的制度和设施；而广义的文化是指人类所创造的物质和精神财富的总和。文化一词是一个发展的概念，时至今日，人们多采用规范性的定义，即把文化看做一种生活方式、样式或行为模式。

家具是一种丰富的信息载体与文化形态，其类型、数量、功能、形式、风格和制作水平，以及社会家具的占有情况，反映了一个国家和地域在某一历史时期的社会生活方式、社会物质文明水平以及历史文化特征，因而家具凝聚了丰富而深刻的社会性和文化性。

从一定意义上说，家具是某一国家或地域在某一历史时期社会生产力发展水平的标志，是某种生活方式的缩影，是某种文化形态的显现。而且随着社会的发展，这种文化形态或风格形式的变化和更新浪潮，将更加迅速和频繁，因而家具文化在发展过程中必然或多或少地反映出地域性特征、民族性特征、时代性特征。

家具文化是物质文化、精神文化和艺术文化的综合。

作为物质文化，家具是人类社会发展、物质生活水准和科学技术发展水平的重要标志。家具的种类和数量反映了人类从农业时代、工业时代到信息时代的发展和进步；家具材料是人类利用大自然和改造大自然的系统记录；家具的结构科学和工艺技术反映了工业技术的进展和科学的发展状态；家具发展史是人类物质文明史的一个重要组成部分。

作为艺术文化，家具是室内环境构成的一项重要内容，它的造型、色彩和艺术风格与室内空间艺术共同营造特定的艺术氛围。家具的设计原则、文化观念与表现手法是和建筑艺术以及其他造型艺术一脉相承的。

作为精神文化，家具具有教育功能、审美功能、对话功能、娱乐功能等。家具以其特有的功能形式和艺术形象长期地呈现在人们的生活空间，潜移默化地唤起人们的审美情趣，培养人们的审美情操，提高人们的审美能力。同时家具也以艺术形式直接或间接地通过隐喻或文脉思想，反映当时的社会与宗教意识，实现象征功能与对话功能。

1.1.3 家具的分类

家具的形式多样，用途各异，所用的原辅材料和生产工艺也各有不同。现从家具的基本功能、基本形式、使用场合、结构特征、时代风格、设置形式、材料种类等几方面进行分类。

1.1.3.1 按基本功能分

（1）支承类：直接支承人体，如椅、凳、沙发、床、榻等（坐具、卧具）。

（2）储藏类：储藏或陈放各类物品，如柜、橱、箱、架等。

（3）凭倚类：供人凭倚或伏案工作，并可贮存或陈放物品（虽不直接支承人体，但与人体尺度、活动相关），如桌、几、台、案等。

1.1.3.2 按基本形式分

（1）椅凳类：扶手椅、靠背椅、转椅、折椅、长凳、方凳、圆凳等。

（2）沙发类：单人沙发、三人沙发、实木沙发、曲木沙发等。

（3）桌几类：桌、几、台、案等。

（4）橱柜类：衣柜、五斗柜、床头柜、陈设柜、书柜、橱柜等。

（5）床榻类：架子床、高低床、双层床、双人床、儿童床、睡榻等。

（6）床垫类：弹簧软床垫（席梦思）、气床垫、水床垫等。

（7）其他类：屏风、花架、挂衣架、报刊架等。

1.1.3.3 按使用场合分

（1）民用家具：指家庭用家具，主要有卧室家具、门厅家具、客厅家具、餐厅家具、厨房家具、书房家具、卫生间家具、儿童家具等。

（2）办公家具：写字楼、办公室、会议室、计算机室等用家具，如文员桌、班台、班椅、会议桌、会议椅、文件柜、OA办公自动化家具（office automation furniture）、SOHO家庭办公家具（small office & home office furniture）等。

（3）宾馆家具：宾馆、饭店、旅馆、酒店、酒吧等用家具。

（4）学校家具：制图室、图书馆、阅览室、教室、实验室、标本室、多媒体室、学生公寓、食堂餐厅等用家具。

（5）医疗家具：医院、诊所、疗养院等用家具。

（6）商业家具：商店、商场、博览厅、服务行业等用家具。

（7）影剧院家具：会堂、礼堂、报告厅、影院、剧院等用家具。

（8）交通家具：飞机、列车、汽车、船舶、车站、码头、机场等用家具。

（9）户外家具：庭院、公园、游泳池、花园、广场以及人行道、林荫道等地用家具。

图1-1　民用家具

图1-2　办公家具

图1-3　宾馆家具

图1-4　学校家具

图1-5　医疗家具

图1-6　商业家具

图1-7　影剧院家具

图1-8　交通家具

图1-9　户外家具

1.1.3.4 按结构特征分

(1) 按结构方式分：

①固定式家具：零部件之间采用榫接合（带胶或不带胶）、连接件接合（非拆装式）、胶接合、钉接合等形式组成的家具。

②拆装式家具：零部件之间采用圆榫（不带胶）或连接件接合等形式组成的家具，如 KD 拆装式家具（knock-down furniture）、RTA 待装式家具（ready-to-assemble furniture）、ETA 易装式家具（easy-to-assemble furniture）、DIY 自装式家具（do-it-yourself furniture）、"32mm" 系统家具等。

③折叠家具：采用翻转或折合连接而形成的家具，如整体折叠家具、局部折叠家具等。

(2) 按结构类型分：

①框式家具：以实木零件为基本构件的框架结构家具（有非拆装式和拆装式），如实木家具等。

②板式家具：以木质人造板为基材和五金连接件接合的板件结构家具（也有非拆装式和拆装式）。

③曲木式家具：以弯曲木结构（锯制弯曲、实木方材弯曲、薄板胶合弯曲等）为主的家具。

④车木式家具：以车木或旋木结构为主的家具。

(3) 按结构构成分：

①组合式家具：指单体组合式家具、部件组合式家具、支架悬挂式家具等。

②套装式家具：指几件或多件结构相似的整套式家具。

1.1.3.5 按时代风格分

(1) 西方古典家具：如英国传统式（安娜式）家具、法国哥特式家具、巴洛克式（路易十四式）家具、洛可可式（路易十五式）家具、新古典主义式（路易十六式）家具、美国殖民地式（美式）家具、西班牙式家具等。

(2) 中国传统家具：明式家具、清式家具等。

(3) 现代家具：19 世纪后期以来，利用机器工业化和现代先进技术生产的一切家具（从 1850 年索尼特 M. Thonet 在奥地利维也纳生产弯曲木椅起）。由于新技术、新材料、新设备、新工艺的不断涌现，家具设计产生了巨大的思想变革，家具生产获得了丰富的物质基础，家具发展有了长足的进步和质的飞跃。其中，包豪斯式家具、北欧现代家具、美国现代家具、意大利现代家具等各有特色，构成了现代家具的几个典型风格。

1.1.3.6 按设置形式分

(1) 自由式（移动式）家具：可根据需要任意搬动或推移和交换位置放置的家具。

(2) 嵌固式家具：嵌入或紧固于建筑物或交通工具内（如地板、天花板或墙壁上）且不可再换位的家具（build-in furniture），又称墙体式家具。

(3) 悬挂式家具：用连接件挂幕或安放在墙面上或天花板下的家具（分固定式或活动式）。

1.1.3.7 按材料种类分

(1) 木质家具：主要以木材或木质人造板材料（如刨花板、纤维板、细木工板等）制成的家具，如实木家具（白木家具、红木家具等）、板式家具、曲木家具、模压成型家具、根雕家具等。

(2) 金属家具：主要以金属管材（钢、铝合金、塑钢、不锈钢等圆管或方管）、线材、板材、型材等制成的家具，如钢家具、钢木家具、铝合金家具、塑钢家具、铸铁家具等。

(3) 软体家具：主要以钢丝、弹簧、泡沫塑料、海绵、麻布、布料、皮革等软质材料制成的家具，如沙发与床垫等。

(4) 竹藤家具：主要以竹材或藤材制成的家具，如竹家具、藤家具等。

(5) 塑料家具：整体或主要部件用塑料加工而成的家具。

(6) 玻璃家具：以玻璃为主要构件的家具。

(7) 石材家具：以大理石、花岗岩、人造石材等为主要构件的家具。

(8) 其他材料家具：如纸质家具、陶瓷家具等。

1.2 家具设计的概念与性质

1.2.1 家具设计的概念

家具设计（furniture design），是为满足人们使用的、心理的、视觉的需要，在投产前所进行的创造性的构思与规划，并通过图纸、模型或样品表达出来的全过程。

家具是人们生活、工作、社会活动不可缺少的用具。家具设计的任务是以家具为载体，为人类生活与工作创造便利、舒适的物质条件，并在此基础上满足人们的精神需求。从这一意义上来说，设计家具就是设计一种生活方式。

家具是科学与艺术的结合、物质与精神的结合。家具设计涉及市场、心理、人体工学、材料、结构、工艺、美学、民俗、文化等诸多领域，设计师需要具备专深、广博的知识以及综合运用这些知识的能力，同时还必须具备传达设计构思与方案的能力。

1.2.2　家具设计的性质

现代工业的发展使得家具成为艺术设计与工业设计高度发挥的结晶，艺术与工业的融合是现代家具的特色。所以，现代家具是一种工业产品，它是一类利用现代工业原材料，通过高效率、高精度的工业设备而批量生产出来的工业产品，因此家具设计属于工业设计的范围。

现代家具以功能与美观并重，在功能方面与其他消费品一样可以根据消费者形态而改变机能，依照个别的需求适应生活特点与个人美感的要求，使家具能适应与发挥其室内空间安排。在美观方面能表现出自然的材料趣味，线条简洁而富韵律，比例优美，给人一种优雅、新颖和真实的品质感。这样的家具设计符合现代生活、人类生理心理与活动需求的多面性。

因此，家具设计研究包含以下几个方面：

（1）家具设计研究的第一个方面就是设计技术：家具设计是一项纯技术工作，在人类文化发展初期虽然没有这个名称，但作为技术可以说潜藏于设计之中。设计技术不一定是手头的工作，也不一定是依靠手的灵巧工作，而是靠动脑筋进行理智处理的成分占主要地位，不过多数还是由手和眼这些肉体器官的灵活动作所承担的，在这个意义上，可以把其称做设计的技法或者实用技术。在学习搞设计的初期阶段，必须在肉体的感觉活动方面下很大的工夫，为了提高并加强这种感觉或判断力的敏锐，无论如何都必须反复进行实际技术的练习。

（2）家具设计研究的第二个方面是设计理论的研究：从近代设计的本质来看，可以说不应考虑没有理论保证的设计技术。理论研究最基本的领域是关于形和色的研究，前者应该叫做形态的理论或形态学，后者应该叫色彩理论或色彩学。以上两个方面的设计研究应首先齐备。

（3）家具设计研究的第三个方面则必须扩展到历史领域：因为在社会的发展中人类造型活动是连续进行的。对有关历史进程是如何进行的就不能完全无知。纵观历史上的东西都是跟随时间的演变在变动，这样就要研究继承和发展古今中外家具的形式与内容。特别是在国际贸易、科技、文化交流比历史上任何时期更为频繁的今天，不论是古今的，还是中外的，为了我们今天的需要，我们应当吸收其中一切有益的东西，使它融化在我们民族的家具设计里，达到融会贯通，从理论和实践的结合上掌握家具设计的基本规律，作为我们设计新家具的借鉴。

（4）家具设计研究的第四个方面是制造技术：家具设计要通过研究家具语言的"群众性"、"民族性"，家具式样的"时代性"、"多样性"，家具技巧的"装饰性"、"适应性"等特点，来了解家具的功能使用要求，熟悉家具生产的新材料、新工艺、新技术、新设备等，以充分发挥家具艺术的独创性。

（5）家具设计研究的第五个方面是消费市场的研究：家具设计工作者除了掌握本专业的业务技能知识、基本的设计理论、方法、手段及其相关知识外，同样必须深入生活，细心地去观察、体验生活，了解市场、熟悉消费群体，进行消费市场的调查研究，这是设计师不可缺少的态度。家具本无生命，本无感情，但人是有生命、有感情的，设计师可以通过作品传达自己的关怀与呵护，以自己的激情来感染他人、美化环境、造福人类。

1.3　家具设计的内涵

家具设计和一般工业产品设计一样，是对产品的功能、材料、构造、艺术、形态、色彩、表面处理、装饰形式、工艺、包装以至成本等要素从社会的、经济的、技术的、艺术的角度进行全面设计和综合处理，使之既满足人们的物质功能的需求，又满足人们对环境功能与审美功能的需求。它的设计内容是多方面的，具体包括功能设计、造型设计、结构设计、工艺设计、包装设计和经济分析等。

1.3.1　家具的功能设计

家具的功能设计就是根据家具的使用功能与用途，合理地确定家具的比例与尺度。

（1）家具的比例：包括家具整体外形尺寸关系以及整体与零部件、零部件与零部件之间的大小关系。

（2）家具的尺度：是指家具整体绝对尺寸的大小和家具整体与零部件、家具与家具上摆放的物品、家具与室内环境相互衬托之下所获得的一种大小印象。

功能设计的主要表达方式是设计图。

1.3.2　家具的造型设计

家具的造型设计是指运用一定的手段，对家具的形态、质感、色彩、装饰以及构图等方面进行综合处理所构成完美的家具形象的过程。它包括：

（1）家具的形象确定：是用各种不同状态、大小和方圆的基本几何形体所组合成的家具效果。

（2）家具材料的选择：是为了获得不同的质感。材料的质感是指表面质地的感觉（触觉与视觉），包括材料本身所具有的天然质感和材料经不同加工处理后所显示的质感。

（3）家具色彩设计：家具色彩的选用，应与室内环境、家具的服务对象、用途、材料以及造型等方面彼此呼应，形成一个有机的整体，利用色彩丰富造型、突出功能和表达家具的造型美感与家具不同的气氛与性格。

（4）家具的装饰设计：家具的装饰包括表面装饰、立体化装饰和局部点缀装饰等，表现手法主要有贴面、涂饰、印刷、雕刻、镶嵌、压花、烙花、旋（车）木、脚型、线型、装饰件装饰等。

（5）家具造型的构图：指运用多种多样的表现手段和方法，将家具构成美的主体形象的过程。

造型设计的具体表达方式是透视效果图。

1.3.3 家具的结构设计

家具设计所选定的材料必须通过一定的结构才能实现预计的效果。不同的材料有不同的结构，同样的材料也可以采用不同的结构。内容主要包括：

（1）在功能设计和造型设计的基础上，根据结构力学的要求，进行家具材料的选用。

（2）产品、部件和零件尺寸的确定。

（3）接合方式的选择。

（4）特殊零部件的力学强度校核计算等。

结构设计的具体表达方式是结构装配图、部件图、零件图和大样图等。

1.3.4 家具的工艺设计

工艺是指通过一定的技术手段改变材料的形状、尺寸和表面状态，甚至改变其性质，使之达到设计目的，满足设计要求的过程。在选择材料以后，选用适合于材料性质的加工工艺路线和先进的科学的加工方法是决定设计成败的关键。设计师必须十分熟悉与材料相应的工艺，以保证所设计的新产品具有良好的工艺可行性，也保证产品能实现最佳的质量控制和达到最佳的经济效益。因此，工艺也是家具设计的技术要素之一。家具的工艺设计是根据产品的结构和技术要求，计算原（辅）材料消耗量、制作加工工艺过程、计算选择加工设备等。工艺设计的主要表现方式包括：原（辅）材料计算明细表、工艺卡片、工艺过程路线图和需用设备与工作位置明细表等。

1.3.5 家具的包装设计

在现代工业生产中，包装是生产的最后环节。当今世界产品包装已成为产品生产的重要组成部分。产品包装的完善与否，完全关系到转入商品的流通和经济效益。家具的包装是根据家具的性能，用适当的材料对产品采取的一种保护性措施。其主要目的在于保护产品的内在质量和使用价值，便于流通、运输、装卸、存储保管和销售，起到美化、宣传和推销的作用。

1.3.6 家具的经济效益分析

经济效益分析是现代工业设计的一个重要组成部分。现代家具的设计必须对家具生产的材料、机械设备和能源等的利用成本，家具制造、销售、包装、运输成本以及企业经营管理费用、产品价格所获利税等经济指标进行合理的分析和预算，为家具的生产和销售提供准确的经济指标数据。

1.4 家具设计的原则

家具设计的目的是为人类服务，是运用现代科学技术的成果和美的造型法则去创造出人们在生活、工作和社会活动中所需的特种产品——家具。而家具与室内空间及其他物品构成了人类生存的室内环境，又与建筑物、庭院、园林构成人类生存的室外环境。人与人、物与物、人与环境又构成了社会。从广泛的概念出发，家具设计的目的是使人与人、人与物、人与环境、人与社会相互协调，其核心是更好地为人类服务。就人而言，也有双重属性，人既属于生物的范畴，又属于社会的范畴。人的需求也具有双重性，作为生物的人，要求家具满足人的生理需要和不断发展的工作方式和生活方式的需要；作为社会的人，对家具和由家具构成的环境的要求则是审美功能、象征功能、教育功能、娱乐功能等。此外，家具作为一种工业产品和商品，必须适应市场需求，遵循市场规律。

从家具工业发展近况来看，现代家具正朝着材料多样、造型新颖、结构简洁、品种丰富、加工方便、节省材料、易于拆装或折叠，具有实用性、多功能性、舒适性、保健性、装饰性的方向发展。因此，完美合理的家具设计，原则上应兼顾使用和生产两方面的要求。对使用者来说，家具必须实用、舒适、方便、安全、外形美观、结构稳定、价格合理，对生产者来说，家具必须具有较好的工艺性，先进的生产效率，合理的经济指标，使家具在质量、性能、品种和规格等方面，符合使用上可靠、技术上先进、生产上可行、经济上合理的标准。也就是说，现代家具的设计应遵循实用性、艺术性、工艺性、经济性、安全性、科学性、系统性、创新性和可持续性等九项基本原则。

1.4.1 实用性

家具的实用性体现了家具的使用价值。它要求所设计的产品首先应符合它的直接用途，能满足使用者的某种特定的需要，而且坚固耐用；并且，家具的形状和尺度，应符合人的形体特征，适应人的生理条件，满足人们的不同使用要求，以其必要的功能性和舒适性来最大限度地消除人的疲劳，给工作和生活创造便利、舒适的条件。

1.4.2 艺术性

家具的艺术性体现了家具的欣赏价值。它要求所设计的产品除满足上述功能使用之外，还应使人们在观赏和使用时得到美的享受。家具的艺术性主要表现在造型、装饰和色彩等方面，造型要简洁、流畅、端庄优雅、体现时代感，装饰要明朗朴素、美观大方、符合潮流，色彩要均衡统一，和谐舒畅。因此，家具的设计要符合流行的时尚，表现时代的流行性特征，以便经常地及时地推出适销对路的产品，满足市场的需求。

1.4.3 工艺性

家具的工艺性即要求所设计的产品应线条简朴、构造简洁、制作方便、在材料使用和加工工艺上，需满足以下要求：①材料多样化（原材料与装饰材料）；②部件装配化（可以拆装或折叠）；③产品标准化（零部件规格化、系列化和通用化）；④加工连续化（实现机械化与自动化，减少劳动力消耗，降低生产成本，提高劳动生产率）。

1.4.4 经济性

鉴于家具是国内外市场上大宗贸易商品之一，因此设计时应强调家具的商品性和经济性，加强市场情报信息工作，开展市场调研与市场预测，在不断了解国内与国际家具生产的形势和家具市场行情的基础上，必须从产品的材料、结构和加工等方面考虑所设计的产品有较低的成本和合理的经济指标，设计出适销对路的家具产品，达到质优、价廉、物美、低耗、环保的要求。

1.4.5 安全性

家具的安全性既要求产品具有足够的力学强度与稳定性，又要求产品具有环保性。即在满足使用者多种需求的同时，有利于使用者的健康和安全，对人体没有伤害与毒害的隐患。也就是说，应按照"绿色产品"的要求来设计与制造家具，使其成为"绿色家具"，除了产品本身能够符合标准中规定的力学性能指标和满足精心设计的使用功能和精神功能外，应能通过从产品设计、制造、包装、运输、使用到报废处理的整个生命周期的全过程实施，使产品最大限度地实现资源优化利用、减少环境污染和满足人们需求，在其生产、使用、回收处理全过程中，都不会对环境产生污染或对人体健康产生危害。

1.4.6 科学性

现代家具产品再也不是一种无足轻重的简单的生活用具，它对提高人的工作效率与休息效益，增加生活的便利和安全、舒适程度有着十分重要的作用，因此家具设计必须围绕上述目标，深入研究和应用生理学、心理学、人类工效学、技术美学、环境学、工业设计等相关学科的基本原理，根据科学技术发展的规律和应用现代先进的材料、设备、工艺和加工手段，考虑材料的可持续利用的原则，使家具从简单的手工业产品转化为一种具有高度科学性的生活和日常工作使用的有效"机器"。

1.4.7 系统性

家具的系统性体现在三个方面，即配套性、综合性和标准化。

（1）配套性：是指应考虑家具与室内环境以及其他家具或陈设制品配套使用时的协调性与互补性，将家具设计与整个室内环境的整体效果和使用功能紧密结合在一起。

（2）综合性：是指家具设计应属于工业设计范畴，家具设计工作不是只绘制出产品效果图或产品结构图，它是对产品的功能、造型、结构、材料、工艺、包装以至经济成本等进行全面系统设计，家具设计不只是构思，还包括产品全生命周期中各过程或各阶段的具体领域与操作的设计。

（3）标准化，是针对家具生产和销售而言的，目前，在小批量多品种的社会个性化需求与现代工业化生产的高质高效性相矛盾的情况下，家具设计容易误入两条歧途，一种做法是回避矛盾，即不作详细设计，而是将不成熟的设计草案直接交给生产工人，由工人进行自由发挥，其最终效果处于失控状态；另一种状况是重复设计严重，设计师周而复始地重复着简单而单调的结构设计工作，既消耗了设计人员的大量精力，又难免不出差错，而且对设计人员来说由于缺乏挑战性和新颖性而容易使其思想僵化，扼杀其创造性，并产生厌倦情绪。家具产品系统化与标准化设计是以一定数量的标准化零部件与家具单体构成企业的某一类家具标准系统，通过其有效组合来满足各种需求，以不变应万变，将非标产品降到最低限度，以缓解由于产品品种过多、批量过小给生产系统所造成的压力，并能把设计师从机械的重复劳动中解放出来。

1.4.8 创造性

设计的核心就是创造，设计过程就是创造过程，创造性也是家具设计的重要原则之一。家具新功能的拓展，新形式的构想，新材料、新结构和新技术的开发都是设计者通过创造性思维和应用创新技法的过程。家具作为一种商品要在市场上流通，要受到社会时尚的影响与支配。求新的欲望人皆有之，要新花色品种，不要老面孔，要不断创新，不要墨守成规，要多样化，不要千篇一律。任何一项成功的设计必须是创新的，没有创新，便不成设计，只属于复制。人的创新能力（创造力）往往是以其吸收能力、记忆能力和理解能力为基础，通过联想和对平时经验的积累与剖析、判断与综合所决定的。一个有创新能力或创造力的设计师，应掌握现代设计科学的基本理论和现代设计方法，应用创造性的设计原则进行新产品的开发设计工作。

1.4.9 可持续性

家具是应用不同的物质材料加工而成的，而木材和木质材料又是最主要的家具材料。因为木材具有最佳的宜人性，天然材质的视觉效果和易于成型的加工特性。但木材又是一种自然资源，优质木材生长周期长，随着资源的日益减少，因而日显珍贵。为此在设计家具时必须考虑木材资源持续利用的原则。具体说就是要尽量利用以速生材、小径材为原料，减少大径木材的消耗。对于珍贵木材应以薄木的形式覆贴在人造板上，以提高珍贵木材的利用率，对珍贵树种应做到有节制和有计划地采伐，以实现人类生存环境的和谐发展和木材资源的持续利用。

1.5 家具与室内设计

室内环境是人类社会为自身的生存需要而创造的人为生息环境。现代民居室内环境更是人们自由支配和享受工作外闲暇时间的场所，也是充分发挥个人创造性设计，体现个人审美情趣的小天地。室内环境不仅是一个生息繁衍的物质功能环境，也是一个能折射出人的精神的富于情感的心理环境。

家具设计必须处理好与室内环境的关系。

1.5.1 家具是室内的主要陈设

设计、选择以及布置家具是室内设计的重要内容，这是因为家具是室内的主要陈设物，也是室内的主要功能物品。目前条件下，在起居室、客厅、办公室等场所，家具占地面为室内面积的 30%～40%，当房间面积较小时，家具占地率甚至高达 50% 以上，而在餐厅、剧场、食堂等公共场所，家具占地面积更大，所以室内气氛在很大程度上为家具的造型、色

彩、肌理、风格所制约。

1.5.2 家具必须服从室内设计的总体要求

家具是室内一大组成部分，家具要为烘托室内气氛，酿造室内某种特定的意境服务。家具的华丽或浑朴，精致或粗犷，秀雅或雄奇，古典或摩登都必须与室内气氛相协调，而不能孤立地表现自己，置室内环境而不顾。否则就会破坏室内气氛，违反设计的总体要求。同时还必须认识到家具在室内多种功能的发挥。家具在室内可以作为灵活隔断来分割空间，通过家具的布置，可以组织人们在室内的活动路线，划分不同性质或功能的区域。而家具的这些功能的发挥也都是由室内设计的总体要求决定的。

1.6 家具绿色技术与绿色设计

现代制造业是将可用的资源（包括能源）通过制造过程转化为可供人们使用和利用的工业品或生活消费品的产业。它是创造人类财富的支柱产业，同时又是当前环境污染的主要根源。它在将资源转化为产品的制造过程中以及产品的使用和处理过程中，同时也产生废弃物和有害释放物。因此，如何使制造业尽可能少地产生环境污染又是当前环境问题研究的一个重要方面。人类渴望绿色的家园，绿色象征着自然、生命、健康、舒适和活力。人们已开始选择绿色作为无污染、无公害和环境保护的代名词。正是在这样的时代背景下，"绿色"观念应运而生，一个新的概念——"绿色技术"（green technology）也由此产生，并带着它特有的使命进入各行各业的议事日程中去，同时也被认为是现代制造业和企业的必由之路。

家具业是一种传统的制造业，现代人除了对家具的造型、功能等艺术和技术的品质有要求之外，还要求家具符合环保标准，有利身体健康。目前，绿色、环保家具已成为家具的主题之一。尽早实现绿色家具的设计和制造，已成为家具企业获得进入国际家具市场的各类通行证和参与国际竞争创造保证条件。

1.6.1 绿色产品与绿色技术

1.6.1.1 绿色产品

从狭义上讲，绿色产品是指不包含任何化学添加剂的纯天然产品或天然植物制成的产品；从广义上讲，绿色产品是指从生产、使用到回收处理的整个过程都符合环境保护要求，对环境无害或危害极小，有利于资源再生和回收利用的产品。

按照绿色产品的要求，除了产品本身能够符合标准中规定的检测指标外，还要求在产品的生产和应用

全过程中，包括原材料的选择使用，产品的加工制作、施工及其应用等环节，都不能对环境产生污染，只有这样制造出来的产品才称得上是绿色产品。由于采用绿色材料，通过绿色设计、绿色制造与绿色包装，这种生产过程就保证了产品具有节能、降耗、减污的环境友好特征。它是绿色产品的主要特征，并体现在设计制造和使用产品的生命周期的全过程。

1.6.1.2　绿色技术

绿色技术是指能促进人类持续发展与长久生存的技术。它是"为减轻污染和保护环境，采用可持续发展的方式使用所有资源，循环使用更多的废弃物和产品，以更加合理的方式对剩余废弃物进行处理。"因而，绿色技术是一个综合考虑环境影响和资源消耗的现代工业产品的最佳制造模式，其目标是制造绿色产品，并使得产品从设计、制造、包装、运输、使用到报废处理的整个生命周期中，对环境负面影响极小，资源利用率极高，并使企业经济效益和社会效益协调优化。它主要涉及三个方面问题：一是资源优化利用问题，即合理开发、综合配置与保护；二是环境保护问题，即发展清洁生产（clean manufacturing）技术和无污染、无公害、环保的绿色产品；三是产品生命周期全过程问题，即提倡文明生产以及适度的消费和生活方式，以人为本。绿色技术就是这三部分内容的交叉。

绿色技术是以优质、高效、低耗、价廉、物美、安全、可靠、环保为目标并具有重大实用价值的先进制造技术，是符合21世纪可持续发展战略的一项新技术。可持续发展（sustainable development）是将生态环境与经济发展联结为一个互为因果的有机整体，认为经济发展要考虑到生态环境的长期承载能力，使环境和资源既能满足经济发展的需要，又使其作为人类生存的要素之一而直接满足人类长远生存的需要，从而形成了一种综合性的发展战略。由于绿色技术的实施或绿色产品的制造是关系子孙后代和人类生存与发展的重要过程，因此，绿色技术成为人类可持续发展战略的一个极其重要的部分，是每一个生产者特别是每个企业家必须考虑的企业行为，也是一个具有重大社会效益的企业行为。我们应从社会道德和社会效益的角度来认识绿色技术是每个制造企业的必须行为和必然行为。那种不顾生产与产品对环境的污染、对人类健康的损害，或认为绿色技术可能投入大、见效慢、经济效益远不如直接抓成本、抓产量、抓品种等见效快，或不愿在绿色技术上想办法和采取措施等认识和行为，都是对社会的不负责任。

绿色技术不仅是一个具有显著社会效益的行为，也是可能取得显著经济效益的有效手段。第一，绿色技术强调开发绿色产品，力求改善产品性能和提高产品档次，可给企业带来很大的市场机遇；第二，实施绿色技术，能最大限度地提高资源利用率，减少资源消耗，可直接降低成本；第三，实施绿色技术，能减少或消除环境污染与健康损害，可减少或避免因环境问题引起的纠纷与罚款；第四，实施绿色技术，能全面改善或美化企业员工的工作环境，有利于保证员工的身体健康和提高工作安全性，减少不必要的开支；第五，实施绿色技术，在清洁环境下工作，能使员工心情舒畅，有利于提高员工的主观能动性和工作效率，以创造出更大的利润；第六，实施绿色技术，能使企业具有良好的社会形象，为企业增添无形资产。因此，对待绿色技术，不应被动地遵守政府或社会道德方面作出的规定，而应该把实施绿色技术看做一项战略经营决策，即实施绿色技术对企业是一种机遇，而不是一种不得已而为的行为。

1.6.2　绿色家具及其技术体系

绿色家具作为一种特殊的绿色产品具有其特殊的含义，即有利于使用者的健康，对人体没有毒害与伤害的隐患，满足使用者多种需求，在生产过程和回收再利用方面符合环境保护要求的家具为绿色家具。按照绿色产品的要求，绿色家具除了产品本身能够符合标准中规定的检测指标和满足精心设计的使用功能和精神功能外，应能通过从产品设计、制造、包装、运输、使用到报废处理的整个生命周期的全过程实施，使产品最大限度地实现资源优化利用、减少环境污染和满足人们需求，在其生产、使用、回收处理全过程中，都不会对环境产生污染或对人体健康产生危害。

因此，所谓绿色家具应是"绿色设计（green design）、绿色材料（green material）、绿色生产（green manufacturing）、绿色包装（green packing）、绿色营销（green marketing）"，即"五绿"技术（G—DMMPM）的综合体现。在家具设计上，符合人体工程学原理，具有科学性，减少多余功能，在正常和非正常使用情况下，不会对人体产生不利影响和伤害；在家具材料选用上，符合有关环保标准要求，遵循材料利用绿色化的3R或4R（减量利用reduce、重复利用reuse、循环利用recycle、再生资源利用re-grow）原则，实现家具用材的多样化、天然化、实木化、绿色化、环保化；在家具生产中，对生产环境不造成污染（清洁生产）、节能省料，并尽可能延长产品使用周期，让家具更耐用，从而减少再加工中的能源消耗；在家具包装上，其材料是洁净、安全、无毒、易分解、少公害、可回收；在家具使用中，没有危害人类健康的有害物质或气体出现，即使不再使用，也易于回收和再利用。

1. 6. 2. 1　绿色设计是绿色家具的核心

绿色设计是指在产品及其生命周期全过程的设计中，在充分考虑产品的功能、质量、开发周期和成本的同时，优化各有关设计因素，使得产品及其制造过程对环境的总体影响极小、资源利用率极高、功能价值最佳。

绿色设计的基本思想是在设计阶段就要将环境因素和预防污染的措施纳入产品设计之中，将环境性能作为产品设计的目标和出发点，力求使产品对环境产生到负面效应降到最低。绿色设计又常称为面向环境的设计（design for environment）或生态设计（eco - design），它强调开发绿色产品。

绿色设计是绿色技术中的主要关键技术，它包括产品方案设计、产品外观造型设计、产品结构优化设计、产品材料选择设计、产品包装设计、工艺规划设计、制造环境设计、产品回收处理方案设计、环境成本绿色核算等。

确立现代家具设计的绿色环保品质，主要有三个方面：第一，讲求功能效果，运用人体工程学的理论和"以人为本"的理念来设计家具，不但要重视人的生理功能，而且要研究人的心理状况，设计要满足人的生理和心理两方面的需求与健康；第二，应该考虑合理使用多种材料，以最贴近自然的、对人体无害的、节省能源的材料，满足产品功能需要，以最少的用料，实现最佳的效果；第三，设计产品要高品位，应有深厚文化内涵和科技含量，高品位是没有模式的，通常是指家具审美格调上的艺术品位。对于绿色家具的设计，家具界有这样三句话，即"讲求功效求其真，慎惜用材至于善，提高品位崇尚美。"

1. 6. 2. 2　绿色材料是绿色家具的基础

绿色材料又称生态材料、环保材料和健康材料等，它是指采用清洁技术、少用天然材料和能源，大量采用工业或城市固态废弃物生产的无毒害、无污染、无放射性、有利于环境保护和人体健康的材料。进行绿色家具的材料选择，由于其复杂性，至今还没有固定、可靠的方法。应根据实际情况，采用系统分析的方法从材料及其家具产品生命周期全过程对环境的多方面影响加以考虑，并综合考虑家具产品功能、质量和产品成本等方面的因素，选择相对最优的材料。家具产品材料选取不当时，将会对环境造成很大的影响和污染，主要表现在以下几个方面：

（1）家具材料及其在使用过程中会对环境产生污染：当前，许多家具产品在使用过程中会不同程度地对室内环境不断产生污染，其主要是由家具材料引起的。

（2）家具材料在被制造加工过程中会对环境产生污染：家具在制造过程中，由于所选材料的加工性能不同或规格大小不当，使得设备工具消耗大、能量消耗大，生产加工过程中产生的废气、废液、切屑、粉尘、噪声、边角余料以及有害物质等，都会对资源消耗和环境的影响较大。

（3）家具材料使用报废后易对环境造成污染：采用不同材料制成的家具在使用报废后，由于为进行回收处理、或处理方法手段不当、或其回收处理困难，都会对环境造成污染。

（4）家具材料本身的制造过程会对环境造成污染：许多家具产品，其生产使用和加工过程对环境污染都很小，而且其回收处理也比较容易，但材料本身的生产过程对环境污染严重。面向环境的绿色家具材料选择就是要在产品设计中尽可能选用对生态环境影响较小的材料。

1. 6. 2. 3　绿色生产是绿色家具的关键

绿色生产就是要根据制造系统的实际，尽量规划和选取物料与能源消耗少、废弃物少、对环境污染小的工艺方案、工艺路线和生产环境，以保证节能省料和清洁生产。它是绿色家具产品整个生命周期全过程中的关键过程，它是具体的制造过程即物料转化过程。为实现绿色生产，必须要有优化的制造环境。制造环境的优化就是要根据产品的加工要求，创造出一个清洁、低消耗、低噪声、高效率和优美协调的工作环境。这既是一个技术问题，也是一个管理问题。

家具作为一种重要的绿色产品，它的生产过程中的环保意识也是不容忽视的基本内容。家具生产过程中的环保问题主要反映在两个方面：一是工厂生产环境中的环保因素，如噪声、粉尘、各种有毒物质气体对操作工人的影响；二是家具企业"三废"的治理，如对于木材剩余物的综合利用、废气和废水的有效排放等，虽然在这以前不为人们足够重视，但它将会随着家具产品环保标准的建立而逐渐纳入环保系统工程的范围内。也只有这样，才能维护绿色环保家具在概念上的完整性和体制上的系统性。

现代家具生产中大量采用高新技术已成为现实，采用新材料、新技术和新设备来使家具的结构形式、加工工艺、装饰方法和管理手段得以改进，实施和应用 CAD/CAM、CNC、CIMS、FMS、MRP、MRP Ⅱ、ERP 等现代制造与管理技术，实现家具向新工业化生产方式的转变，为"绿色生产"提供更好的生产手段，增加产品的技术含量、艺术含量和文化含量，从而提高产品的更新换代能力、批量生产能力、质量保证能力和市场竞争能力。

1.6.2.4 绿色包装是绿色家具的保障

产品包装是现代产品生命周期中的一个重要环节，而且随着工业的发展和人民生活水平的提高，这个环节对企业的竞争与发展显得越来越重要。但是，产品包装一方面消耗大量资源，另一方面在包装过程和拆装后往往产生大量废弃物，造成严重的环境污染。因此，绿色包装是绿色产品设计和制造中应当考虑的一个必要的细节性因素。

所谓绿色包装是指节约资源、减少废弃物，对生态环境无污染、对人体健康无害，用后易于回收和循环利用或再生利用、易于自然分解，可促进持续发展的包装。绿色包装应选用清洁、安全、无毒、易分解、少公害的包装材料。发达国家已确定了绿色包装的"4R1D"原则（即减量利用 reduce、重复利用 reuse、循环利用 recycle、再生资源利用 re - grow、可降解 degradable）。

1.6.2.5 绿色营销是绿色家具的后盾

绿色营销是绿色产品及绿色消费（green consumption）的基础和后盾。绿色营销除了考虑"用户至上"和采取科学的营销方法等之外，还包括绿色售后服务（green service），即做好废旧弃物的回收和处理，并引导消费者增强环保意识，自觉进行绿色消费。在现代企业营销管理中，绿色营销是一个非常重要的观念。即要树立以用户为中心、为用户服务的思想。为用户服务就是要使产品和服务尽量满足用户的要求，以用户的满意程度为标准。这里所说的"用户"，不仅包括企业产品出厂后的直接用户，也包括企业内部上下工序、前后工段或车间之间，以及相互协作加工企业之间的关系，还包括从事买卖的中间商人或销售者以及任何一件工作的执行者与受用者之间的关系，更包括有可能受到产品质量不好或生产过程不佳等产生环境污染的全社会。通过绿色营销的实施，可广泛引导和推行绿色消费。

绿色消费是绿色家具生存的基础和前提。绿色消费观是建立在生态系统观基础之上的消费观。人类和环境需要一个不可分割的整体和系统。人类的生活也应包含在自然生态系统的循环过程之中。近年来西方有不少政党和组织提出人类应必须放弃过高的经济增长、放弃过于贪欲物质的生活方式，重新过一种与自然界生态平衡相适应的物质生活，重新建立一种与人类生态安全以及社会责任和精神价值相适应的健康的生活方式。

事实上，产品在生产、贮存、运输、销售等过程中便会给人类的健康带来危害。在消费时选择未被污染而有助于人类健康的绿色产品，并在消费过程中注重对垃圾的处置，不污染环境，从而使消费观念朝着崇尚自然、追求健康方向转变。产品生命周期终结后，若不作回收处理，将造成资源浪费并导致环境污染。

总之，现代家具企业要推行绿色技术生产绿色家具产品，就必须实施"绿色管理"，即：

（1）把环境保护纳入企业的决策之中，加强绿色观念、增强绿色意识。

（2）实行以环境和资源保护为核心的绿色设计。

（3）"清洁生产"，采用新技术、新工艺，减少有害废物的排放，杜绝生产过程中的各种污染，节能、低耗和静音。

（4）采用洁净、安全、无毒、低耗、易分解、少公害的包装材料进行产品的绿色包装。

（5）做好绿色营销及售后服务，对废旧产品进行回收处理、循环利用。

（6）实施"绿色核算"，将自然资源保护和环境污染、垃圾消纳、对人体健康危害等需投巨资解决的内耗成本或"环境成本"纳入会计成本，进行企业生产经营和经济、社会、生态效益的核算。

（7）通过技术措施使普通产品变为绿色产品，力争取得"环境认证"、"环境标志"或"绿色标志"等通行证。

（8）积极参与社区的环境整治，树立"绿色企业"的良好形象。

第2章
家具风格与发展

家具在漫长的历史发展过程中，给人类留下了丰富的遗产，反映了各个历史时期人类在工艺和艺术上的成就。家具的风格，凝结着一个国家、一个民族的物质文明与精神文明的双重象征。家具风格的形成与发展，随着时代与地域的不同而形成了各种各样的风格，在造型、结构、装饰和用材等方面都有显著的差异，其中政治体制、社会意识、宗教信仰、生活方式、文化水准、风俗习惯、地理条件、制作技巧、工艺水平等因素，对家具风格的形成与发展都有着不同程度的影响。本教材将家具的风格与发展大致分为外国家具和中国家具两大部分进行阐述。

2.1 外国家具

从历史的角度来看，外国家具由于受不同社会时期的文化艺术、生产技术和生活习惯的影响，经历了各个历史时期的变化和发展，反映了不同的时代特点。外国家具风格的发展可分为以下四个历史阶段：即奴隶社会的古代家具、封建社会的中世纪家具、文艺复兴及其后的近世纪家具、工业革命以后的现代家具。

2.1.1 古代家具

2.1.1.1 古代埃及家具（约公元前15世纪）

埃及是人类文明最早的发祥地之一，位于非洲东北部尼罗河的下游。公元前3100年，建立了古代埃及国家。古埃及文化历史悠久，它的发展经历了早王朝时代、古王国时代、中王国时代、新王国时代，以及后期王朝各个时代，足足持续了3000年之久，直到公元前6世纪，埃及先后被亚述波斯所征服。此后，埃及又先后被希腊、罗马所统治。然而，古埃及沿传下来的5000年前的古老文化，随后来的社会变迁，对后世各时期各国家的文化艺术都产生了深远的不可估量的影响，尤其在家具文化艺术中，许多后世作品，都可找出古埃及的某些痕迹。由于历史的久远，上千年的家具能遗留下来的实物已经很少能见到，有幸能见到的只是残存在陵墓和神庙中的壁画浮雕及陪葬品，它们生动地记录了该时期的家具文化艺术。

古埃及家具的使用者仅限于统治者，因此，古埃及家具文化艺术是表现国王法老的艺术，是君主与贵族生前享乐的艺术。从古王国时代就开始出现了椅、凳、足台、桌子、床、柜、化妆箱等家具。椅是古埃及家具中最重要的一个品种，所有的椅子都是从象征着统治者地位的宝座发展而来的，它象征着王权。坐面由四根方腿支撑，多采用木板或编草制成，椅背用窄木板拼接，与坐面成直角连接，椅架用竹钉钉接，正规坐椅的四腿多采用动物腿形，显得粗壮有力，脚部为狮爪或牛蹄状，底部再接以高木块，使兽脚不直接与地面接触，更具装饰效果，四腿的方位形状和动物走路姿态一样，同一方向平行并列安置，形成了古埃及家具造型的一大特征（图 2-1、图 2-2）。床也是埃及统治阶级家庭中最重要的家具，最令人惊叹的是，在公元前 1500 多年就能设计制作出可折成三叠的木床（图 2-3）。古埃及家具的特点是装饰第一，实用第二，更强调装饰性。家具的式样、装饰与其使用者的社会地位密切相关，使用者的地位不同，家具的造型和色彩也不相同。家具用金、银、宝石、象牙、象眼、黑檀等材料进行镶嵌，法老礼仪用的家具更富于装饰性。家具装饰中人物的雕像塑造往往采用"正面律"的形式：人物形象的脸是侧面的，显出明确的额、鼻、唇的外轮廓；眼却是正面的，有着完整的两个眼角；胸也是正面的，表现出双肩和双臂，而脚又是侧面的，一前一后，表现出脚的长度，两次 90° 的转向，这种看起来不自然的人身造型在埃及的绘画和浮雕上保持了数千年，以至深深地影响着后世各时期家具装饰中人物的雕像塑造（图 2-4）。古埃及人也常常把神化了的动物用在家具上，或是局部，或是整体，如牛头、牛脚、羊头鹰、狮头或狮身人首，它们雕刻精细、神态生动，有的还将狮子插上翅膀，以突出对图腾的神化、对宗教王权的至高无上的崇拜。家具上的这种装饰手法，在后世古典家具历史演变中得以延续。从墓地发掘出来的木工工具有锯、凿、锤、斧、锥子、小刀、磨石等。部件加工也有很高的接合技法，有镶嵌接、斜榫接、暗榫接等，反映了古埃及木工技术水平的高超。制作家具的木材主要是杉木，其次是黑檀木。

随着社会的发展，古埃及家具的造型风格也有所变化。到后期王朝时期，家具使用的功能性开始增强，这时期的坐椅靠背已向后倾斜，坐面有向下凹的曲面，这种考虑实用的做法是非常难能可贵的，是古埃及人在生产劳动中不断总结的科学结晶。古埃及的坐具尺寸与人体尺寸的配合也相当和谐，坐面高度、床面高度以及扶手、靠背的高度确定，与今天的家具几乎没有区别，几千年前的古埃及家具就已经表现出实用与美观相结合的设计思想，实在令人惊叹。

2.1.1.2　古代西亚家具（公元前 10 世纪~前 5 世纪）

西亚是亚洲西部的一部分，其中包括底格里斯及幼发拉底两河流域。公元前 3500 年起，两河流域先后出现了许多个奴隶制国家，直到公元前 538 年被波斯帝国统治为止，这一地区的历史大致分苏美尔—阿卡德时期（公元前 3500 年~前 2000 年）、古巴比伦时期（公元前 1900 年~前 1600 年）、亚述时期（公元前 1000 年~前 612 年）、新巴比伦时期（公元前 612 年~前 539 年）四个时期。从公元前 3500 年~前 500 年，两河流域的文明从创立、兴盛，直到衰退，由于是地处高温、湿润的环境，因此，木制家具没能保存下来，只能从仅存的壁画、浮雕、青铜像、圆形印章等中领略其家具文化艺术。

苏美尔人的家具种类不多，式样单纯。据说在家具中床是他们最重视的，中等人家之床就做以精雕细镂，而且还嵌以金银象牙，但是没有见过其样式。从苏美尔墓葬出土文物中，仅见过木箱、椅、凳等家具。图 2-5 所示是公元前 2600 年苏美尔早期乌尔第一王朝的杰出工艺品，木箱的木质底上涂沥青作为底色，人和动物是用贝壳和红玉石镶嵌而成的，木箱的

图 2-1　古埃及·吐坦哈蒙的法老王座

图 2-2　古埃及·方凳

图 2-3　古埃及·折叠床

图 2-4　古埃及·杉木椅

侧面画面分三层，四周和各层之间是几何形镶嵌装饰，上层是饮宴的场面，国王和他的客人们坐在椅子上，身着毛制裙子，这是苏美尔人的典型特征，人物都是侧面脸、正面眼睛和正身及侧脚，这种人物造型与古埃及的"正面律"相同。椅子的前腿是动物脚，其他则是直腿，腿下加有底托，椅子的靠背较低，但国王的靠背稍高些，整把椅子造型简洁。从这幅图中可以看出苏美尔的王与臣所使用的家具是没有大区别的，只是国王的宝座及人物要高大于臣民。苏美尔的家具文化艺术不是一个孤立存在的门类，它受到当时多方面因素的影响，如建筑、雕刻、文字等。同时，家具文化艺术也是多种艺术的综合反映，许多结构形式、装饰图案、符号、文字乃至当时的生活、政治、文化特征都在此得以交会记载。苏美尔的家具文化艺术是辉煌的，首先它以绚丽的色彩表现了当时的文化特征；其次，它以高超的装饰技术和工艺表达了当时的经济发展状况；最后，它以其完整的科学与技术，不断地、深深地、潜移默化地影响着后期许多国家的家具文化艺术，乃至建筑雕刻等其他艺术的发展。

公元前 18 世纪，古巴比伦王国国王汉谟拉比，统一了两河流域，建立起中央集权的奴隶制国家，定都巴比伦。古巴比伦时代继承了古代苏美尔—阿卡德文化的各种遗产，将两河流域的文化推向新的高度。古巴比伦文化艺术遗物中，驰名于世的就是汉谟拉比王的"法典碑"（约公元前 1800 年）（图 2-6），法典碑上太阳神所坐的宝座很高，并设置了脚踏，表现了至高无上的神权。宝座侧面造型是连续长方形的渐变构成，脚踏则是并列横向连续方形的构成，是仿两河流域的建筑风格制作的，节奏韵律感强烈，造型优美简洁。这种简洁、优美的几何形家具造型是古巴比伦家具文化艺术的风格特征。

公元前 1000 年，亚述帝国征服了整个两河地区和埃及，盛行一时。亚述人在文化艺术上同样受到苏美尔人的影响，他们的文化艺术主要是为世俗生活服务，具有很强的现实性。从亚述出土的寥寥可数的几件当时统治阶级所使用的家具中可以看出，旋木部件、倒置的宝塔形足、人物像立柱、精致华丽的雕饰，这些都是亚述家具的文化特征。从亚述的家具中，我们所看到的倒置的松塔形，实际上是一种木制品机械加工的重要工艺分支——旋木工艺。旋木工艺是把木材构件卡紧在两端紧固件上，然后一端加速旋转，中间用大刀切削而成的制作方式。这种工艺制作的家具旋木部件，在后期的古罗马、古希腊、文艺复兴、新古典等家具文化艺术中都可见到，即使在今天仍得到广泛的应用。

亚述家具的造型和装饰表现的都是现实主义，在亚述雕刻中，我们可以见到大量的麦穗雕饰，这是庆

图 2-5　古西亚·木箱

图 2-6　古巴比伦·汉谟拉比王"法典碑"

功、庆丰收之意，它与亚述人重现实生活而不信后世的思想是统一的。亚述家具也注重权力的象征，主要表现在两个方面：一是坐具的高度较高，下部加设脚踏，以此象征国王至高无上的地位；二是华丽的镶嵌装饰，以表现统治者的奢华。

公元前 626 年建立的新巴比伦王国，其家具柱式浮雕、雕刻镂空的装饰图案及简朴厚重的旋木腿，既有亚述家具文化的影响，又有自己的特色。从仅有的材料来看，很难判断新巴比伦整个家具的文化艺术风格。

据考古资料分析，当时的家具品种有坐椅、供桌、卧榻等。浮雕上所记载的家具立腿，常有类似埃及式样的狮爪或牛蹄，且在腿的下脚加饰一个倒置的松果形。立腿间的横撑常雕刻漩涡纹样的装饰；坐椅上部横木常饰以牛头、羊头或用人物形象作装饰。卧榻的一端向上弯曲而形成扶手，上面铺陈着带穗饰的垫褥，具有浓厚的东方装饰特点。

2.1.1.3　古希腊家具（公元前 7 世纪~公元 1 世纪）

在公元前 2000 年以前，欧洲大部分地区还处于原始蒙昧状态时期，活动在巴尔干半岛上的希腊人已经创造了丰富的文化——希腊文化。古代希腊的历史

延续达 2000 年，它通常分为爱琴文化（克里特—迈锡尼文化，公元前 2000 年～前 1100 年）、荷马时代（公元前 1100 年～前 800 年）、古风时代（公元前 800 年～前 500 年）、古典时代（公元前 500 年～前 330 年）、希腊化时代（公元前 330 年～前 30 年）五个时期。古希腊建筑基本柱式系统是在古风时期形成的，有多利克式和爱奥尼亚式两种，它为古代建筑的进一步发展奠定了基础，也是古代家具造型模仿的形态之一。此后，古希腊的建筑柱式在欧洲建筑上一直沿用，并在欧洲的家具文化艺术上得以广泛应用。柱式形式，构成章法，乃至各部分比例关系都按照建筑式样转移过来，尤其是不同柱式所表现的不同精神和文化特征，在文艺复兴时期得以充分发挥，这就是后期家具文化艺术中常常见到的男像柱（由多利克柱式的精神内涵演变而来）、女像柱（由爱奥尼亚柱式的精神内涵演变而来）、扶壁柱、柱式腿等。

古希腊爱琴文化的家具受到埃及等东方家具的影响，采用了高靠背、高坐位等表现权势的形式。到公元前 5 世纪的古典时期，由于希腊自由市民社会生活的发展，城市国家团结一致的威力与作用，家具文化艺术开始与生活息息相通，肯定人的尊严、崇高与壮丽，形成了简洁、自由、实用、优雅的家具风格。希腊家具实物存留下来的十分罕见，现在我们主要是从建筑、墓碑的浮雕及陶瓶画上来研究古代希腊家具文化。如图 2-7 所示，古希腊"神人同形同性"的特点，使神都具有人的面貌和情感。诸神所坐的椅子是古希腊家庭、学校、工场作业等场合广泛使用的家具，坐椅是旋木圆腿，造型轻巧简洁，尺度适宜，坐面中心用皮条编织，上面设置软靠垫。图 2-8 是在陶瓶画上见到的希腊家具；图 2-9 是至今仍保留下来的雅典狄奥尼索斯剧场的坐椅，大理石坐椅的靠背饰有天鹅的脖颈，下部为狮子的爪子。

希腊家具中最杰出的代表是一种称为克里斯姆斯（Klismos）的靠椅（图 2-10）。靠椅线条极其优美，从力学角度上来说是很科学的，从舒适的角度上来讲也是很优秀的，它与早期的希腊家具及埃及家具那种僵直线条形成了强烈对比。在任何地方只要有一件受希腊风格影响的家具存在，则它一定是这种优美线条的再现。这种式样的椅腿非常结实，很可能是采用了加热弯木的方法，而不是用大块木头砍制出来的。

图 2-7　古希腊·浮雕上的坐椅

图 2-8　古希腊·黑绘式陶瓶画家具　　　图 2-9　古希腊·坐椅（雅典）　　　图 2-10　Klismos

图 2-11　古希腊·凳（复制品）

图 2-12　古罗马·大理石小桌

图 2-13　古罗马·大理石雕刻底座

古希腊的家具文化艺术充分显示出希腊人"唯理主义"的审美观念。希腊家具中那种宜人的尺度，因人体曲线而设计的家具形态，合理的线条，对称的格局，简洁的造型，良好的力学结构和受力状态，舒适的使用方式，这些来源于生活、表现生活的美，是一种存在于希腊人民的实际利益与事业中栩栩如生的美。自由与开放，淳朴与力量，希腊人把对形态与韵律、精密与清晰、和谐与秩序的感觉糅入了每一件家具中，表现出宽阔开朗、愉快亲切的家具形象，尤其那严格合理的家具构图比例显得十分突出，好像迫使自然界服从于人的理智一样，与现代家具之美几乎无二，这些都是希腊人对人类的一种珍贵的贡献，是一种具有现代风味的艺术美。图 2-11 是美国家具师复制的古希腊家具。

古希腊吸收了东方文化历经数千年才达到的丰盛遗产，形成了自己独特的艺术风格。它的艺术直接影响了罗马艺术的繁荣，并通过它传达给整个欧洲，成为欧洲珍贵的家具文化遗产的一部分，直到今天还保存着强大的生命力，发挥其启示和借鉴作用。

2.1.1.4　古罗马家具（公元前 6 世纪～公元 5 世纪）

古代罗马国家的中心地区是意大利，其地理范围包括意大利半岛及其南端的西西里岛，罗马城则位于意大利半岛中部。古代罗马的历史分为氏族王政时代（公元前 753 年～前 509 年）、共和国时代（公元前 509 年～前 27 年）和帝国时代（公元前 27 年～公元 476 年）三个基本阶段。古代罗马大量地吸收了希腊文化艺术，但又取得了具有自己特色的辉煌成就。

古罗马家具是在古希腊家具文化艺术基础上发展而来的。在罗马共和国时代，上层社会住宅中没有大量设置家具的习惯，因此家具实物不多。帝国时代开始，上层社会逐渐普及各种家具，并使用一些昂贵的材料。由于年代久远，古罗马的木质家具大多已腐朽损坏，所见的家具实物，只有部分大理石、铁制和铜制家具。如图 2-12 所示，古罗马大理石小桌，桌面是圆形，边缘加设装饰，底托是厚厚的直线与曲线相交的四边形，底托面上的边沿是一条棕榈饰装饰带，中间的四腿是粗壮的兽足，上端是逼真的人头像浮雕，头像上的方木连着桌面，整件家具严峻、庄重、华丽、肃穆，显示出罗马大帝国的强大。罗马帝国时代，古罗马家具为了迎合当时人们的奢华欲望与自尊感，往往追求华丽的装饰和威严的造型，在宫殿、邸宅的室内，接客用的桌、床、柱头都是采用大理石雕成家具的部件（图 2-13）。罗马人日常生活中使用最多的是坐具，有木制、铜制或大理石制的。如图 2-14 所示，庞贝古城出土的可折叠的青铜凳，底腿用两个厚重的 X 形部件相连接，尖尖的鹰嘴足着地，坐面两侧是厚重的木板，中间是绳制坐面。这件家具借着鹰神的神威显示出至高的权威性，同时也表现出罗马人精湛的工艺技术。

总之，古罗马家具文化艺术是受到希腊以及东方家具影响的。然而，古罗马的家具文化艺术具有自身的鲜明特征，它那特有的纪念性、实用性和多样性等因素与古希腊文化艺术是不尽相同的。罗马帝国的统治阶级及贵族们为了满足奢侈、豪华的炫耀风气，促使罗马家具形成严谨、肃穆、端庄、华丽的风格特征。古罗马家具艺术对于后世的影响很大，欧洲文艺复兴时期及欧洲新古典时期，都是由于古罗马庞贝古城的发掘掀起了仿古热潮，从而促进了欧洲家具文化艺术不断向前发展。如图 2-15 所示，图中的长椅和矮凳是参考意大利庞贝城的遗物复原而成的，它们是当时流行的罗马式家具。

2.1.2　中世纪的家具（5～14 世纪）

2.1.2.1　拜占庭家具（328～1005 年）

4 世纪，罗马帝国一分为二，分为东、西罗马帝国，建都于君士坦丁的东罗马帝国则是拜占庭帝国。拜占庭帝国的基督教文化产生于政教合一的政体，是为宗教和王权服务的，皇帝也是教会的领袖，象征着神的意志，因此体现天神与君主统一精神的拜占庭艺术形象则是威严庄重、豪华精美，赋予文化艺术形象以稳固永恒的精神。拜占庭家具既继承了古代希腊罗马的艺术传统，又受到东方古典文化的影响，形成了豪华的家具形式，通过这种豪华的形式表现了基督教神学的内容。体现在家具装饰上就是常用象征基督教的十字架符号，或以花冠藤蔓围绕天使、圣徒以及各种动物图案来装饰家具。在技术上，拜占庭家具承袭

了古代罗马时的旋木技术和象牙雕刻，表面具有精巧的雕刻装饰，并改变了古罗马家具的兽足曲腿形式，采用直线形框架结构，追求建筑的体量感是拜占庭家具的特征之一。现可从象牙雕刻、木版画、手抄本插图等资料中见到拜占庭家具（图 2-16）。

2.1.2.2　仿罗马式家具（10～13 世纪）

自罗马帝国衰亡以后，意大利封建国家将罗马文化与民间艺术糅合在一起，而形成的一种艺术形式，称为仿罗马式。在建筑上表现为普遍采用古罗马的拱顶和梁柱相结合的形式，并采用古希腊罗马时代的纪念碑式雕刻来进行装饰。在建筑风格的影响下，罗马式家具采用了罗马式建筑中的连环拱廊形式，而且中世纪早期家具的旋木技术也得到了普遍的运用，这样所谓的仿罗马式风格的家具就应运而生。这种风格随后又传播到英国、法国、德国和西班牙等国，并在 11～13 世纪成为西欧一种普遍流行的式样。

仿罗马式家具常装饰有动物的头和爪子，以及几何纹、编织纹、卷草纹、十字架、基督、圣徒、天使、狮等，有的家具表面还装饰有金属饰件和圆帽钉，既是结构件也是很好的装饰件，整体造型给人以坚定稳重、单纯朴实的感觉（图 2-17）。

2.1.2.3　哥特式家具（12～16 世纪）

哥特式艺术是 12 世纪中叶首先在法国开始，随后于 13、14 世纪流行于全欧洲的一种建筑艺术形式。哥特式文化是封建中世纪最伟大、最光辉的艺术成就，是当时人们智慧的结晶，是罗马式文化艺术的更高发展，其建筑工程技术或艺术手法都达到了很高的水平。哥特式家具则是在罗马式家具基础上发展起来的一种具有哥特式建筑风格的家具。其主要特征与当时哥特式建筑风格一致，模仿哥特式建筑上的某些特征，如尖顶、尖拱、细柱、垂饰罩、连环拱廊、线雕

图 2-14　古罗马·青铜折叠凳（庞贝古城出土）

图 2-15　古罗马·长椅和矮凳（复制品）

或透雕的镶板装饰等，尽管在罗马式家具的基础上发展起来，但又形成了与罗马式家具的稳定、厚实感迥然不同的风格特征。

哥特式家具主要有靠背椅、坐椅、大型床柜、小桌、箱柜等家具，其最有特色的是坐具类家具。哥特式椅的靠背较高，大多采用尖拱形的造型处理，柱式框架顶部跨接着火焰形的尖拱门，垂直挺拔向上。带有扶手的教堂坐椅，两侧扶手下部及座下望板都是建筑上的连环矢形拱门。每件家具都庄重、雄伟，象征着权势及威严，极富特色（图 2-18）。

哥特式家具结构制作复杂，采用直线箱形框架嵌板方式，嵌板是木板拼合制作，上面布满了精致的雕刻纹样。几乎家具每一处平面空间都被有规律地划成矩形，矩形内或是火焰形窗花格纹样，或是布满了藤蔓花叶根茎和几何图案的浮雕，这些纹样大多具有基督教的象征意义，非常华丽精致（图 2-19）。

2.1.3 近世纪家具

中世纪末期，欧洲的资本主义开始萌芽，以意大利为中心的思想文化领域里的反封建、反宗教神学的"文艺复兴运动"为起点，开始了艺术承前启后的伟大时代。从表面上看，它以继承希腊、罗马文化的姿态而出现，但却打破了中世纪虚伪、呆板、空洞、荒谬的禁锢，对古代文化进行了有意义的取舍。15 世纪前后，古代希腊、罗马的家具得以再现，同时也受到了我国明式家具的影响。

2.1.3.1 文艺复兴时期的家具

文艺复兴时期是欧洲封建社会向资本主义社会过渡的历史变革时期，最早发源于 14 世纪末的意大利，其原意为"重新发现古代"。欧洲文艺复兴家具在古代希腊、罗马家具的古典文化基础上，吸收了东方中国家具文化，并结合各国不同的历史背景、不同的经济社会结构以及不同的民族特性，形成了各个国家各自不同的文艺复兴家具文化艺术的风格特征。如严谨、华丽的意大利文艺复兴式；稳重、挺拔的德国文艺复兴式；简洁、单纯的西班牙文艺复兴式和刚劲、质朴的英国文艺复兴式；这些特点又都融于欧洲文艺复兴文化艺术总的风格特征之中。

欧洲文艺复兴时期主要的社会思潮为人文主义。它的核心是肯定人性和道德，要求把人们从宗教束缚中解放出来。体现在欧洲文艺复兴家具上的文化艺术，则强调实用与美观相结合，以人为本，追求舒适和安乐，赋予家具更多的理性和人情味，形成了实用、和谐、精致、平衡、华美的风格特征（图 2-20 至图 2-23）。

图 2-16　拜占庭·象牙宝座

图 2-17　仿罗马式·核桃木柜子

图 2-18　哥特式·祈祷椅

图 2-19　哥特式·国王银宝座　　图 2-20　文艺复兴式·书桌、凳子和书柜　　图 2-21　文艺复兴式·橡木休闲椅

图 2-22　文艺复兴式·X 形坐椅　　　　图 2-23　文艺复兴式·橡木桌子、长凳和小方凳

2.1.3.2　巴洛克风格的家具

巴洛克文化艺术是 16 世纪末始于意大利，17 世纪和 18 世纪初遍布欧洲和拉丁美洲大部分地区的一种艺术潮流。巴洛克艺术风格是在文艺复兴基础上发展起来的，却一反文艺复兴艺术的静止、挺拔、理性的特征，表现为动势感、运动感、空间感、豪华感、激情感，追求新奇，戏剧性夸张，把建筑、家具、雕塑、绘画等艺术形式融为一体的艺术风格。

历代建筑文化艺术都是家具文化艺术产生和发展的重要源泉，巴洛克建筑艺术上的一些特征如动感曲线、涡卷装饰、圆柱、壁柱、三角楣、人柱像、圆拱等都十分广泛地应用于家具中。尤其是家具设计往往由建筑师为适应建筑和室内的装饰而设计制作的，家具在构成要素上多考虑适用的需要及新材料和新技术

的运用，采用建筑形式来创造具有统一整体的家居效果。因此，使家具更多地表现出巴洛克建筑艺术风格特点，并且也深深地影响着以后欧洲各时期的家具文化艺术。事实上，从法国路易十四时期的巴洛克家具文化艺术开始，欧洲已经形成了以法国为中心的家具文化艺术发展运动，但是各国又有其独自的特点：意大利巴洛克家具华丽；荷兰巴洛克家具典雅；法国巴洛克家具豪华；德国巴洛克家具端庄；英国巴洛克家具精细；美国巴洛克家具朴实；西班牙巴洛克家具单纯。

欧洲巴洛克家具文化艺术总的趋势是打破古典主义严肃、端正的静止状态，形成浪漫的曲直相间、曲线多变的生动形象，并集木工、雕刻、拼贴、镶嵌、旋木、缀织等多种技法为一体，追求豪华、宏伟、奔放、庄严和浪漫的艺术效果。其最大特点是：将富于

表现力的细部相对集中，简化不必要的部分，着重于整体结构，因而它舍弃了文艺复兴时期复杂的装饰，而加强整体装饰的和谐效果，使家具在视觉上的华贵和功能上的舒适更趋统一（图2-24至图2-26）。

2.1.3.3 洛可可风格的家具

18世纪在法国宫廷中滋长了一种洛可可风气，主要表现在绘画、建筑、室内装饰和家具等艺术上，并由法国路易十五宫廷形成而流行开来，相继波及英国、意大利、荷兰、德国、美国等国家并具有各自不同的艺术特色：法国洛可可家具柔软优美；英国洛可可家具轻巧典雅；意大利洛可可家具精制柔丽；德国洛可可家具精巧华丽；美国洛可可家具简洁单纯；荷兰洛可可家具严谨端庄；俄国洛可可家具精密鲜明。

洛可可艺术的特征是以极其华丽纤细的曲线著称，相对于庄严、豪华、宏伟的巴洛克艺术而言，洛可可艺术则打破了艺术上的对称、均衡、朴实的规律，具有秀丽、柔婉、活泼的女人气质。在造型手法上，洛可可家具流动自如的曲线和曲面的应用，是巴洛克艺术曲线造型的升华，从而在18世纪中期成为了一种在欧洲占据统治地位的家具艺术形式。

其坐椅的风格特点是：轻巧、舒适和线条协调。椅腿间的横档没有了，椅腿呈S形，造型醒目，扶手不再和椅腿成直角，而是稍往后缩，常呈喇叭口状，这是为了适应当时流行的带裙环的长裙。装饰题材有：小花、棕叶、贝壳、卷边牌匾和叶涡旋饰。

洛可可家具的最大成就是将优美的造型与舒适的功能巧妙结合起来，形成完美的工艺品。特别值得一提的是：家具的形式和室内陈设、室内界面的装饰完全一致，形成了一个完整的室内设计新概念，通常以优美的曲线框架，配以织锦缎，并用珍木贴片，表面镀金装饰，使得这时期的家具，不仅在视觉上形成极端华贵的整体感觉，而且在实用和装饰效果的配合上也达到了空前完美的程度（图2-27至图2-30）。

图2-24 巴洛克风格·法国室内的桌子和扶手椅

图2-26 巴洛克风格·荷兰北部的核桃木扶手椅

图2-25 巴洛克风格·法国路易十四式雕刻镀金边桌

图2-27 洛可可风格·红漆山毛榉休息床

图2-28 洛可可风格·粉红色锦缎软包的扶手椅

图2-31 新古典主义风格·椅子

图2-29 洛可可风格·雕花扶手椅

图2-32 新古典风格·镀金扶手椅

图2-30 洛可可风格·桃花心木长靠背椅

图2-33 新古典风格·矮柜

2.1.3.4　新古典风格的家具

18 世纪 60 年代，在英国发生了工业革命以后，机器生产逐渐代替了手工劳作，并逐渐推广到欧洲各大陆国家，资本主义经济在欧洲发展起来。在此阶段，以法国为中心产生了新古典主义运动。作为一种文化艺术思潮，新古典运动遍及建筑、雕刻、绘画等各个方面的领域。在家具上，对于古代严谨而典雅的风格与样式的模仿，更是表现得淋漓尽致。

18 世纪中叶至 19 世纪初的这场欧洲家具改革运动是以瘦削直线为主要构成特色的新古典风格取代了以装饰而著称的巴洛克和洛可可风格。新古典家具文化艺术的发展，大致可分为两个阶段：一个是盛行于 18 世纪后半叶（1760 ~ 1800 年）期间的法国路易十六式，英国的亚当、赫普怀特和谢拉顿式，美国的联邦时期以及意大利、德国、俄国等国 18 世纪后期的家具式样，都属于前一阶段的新古典家具文化；另一个是流行于 19 世纪前期（1800 ~ 1830 年）的法国帝政时期的拿破仑式，英国的摄政时期，美国的仿帝政时期以及意大利、德国、俄国等国的帝政式样都属于后一阶段的新古典家具文化，并主要以拿破仑帝政式家具为代表，又称做帝政式家具风格。

以复兴希腊、罗马的古代文化为旗号的欧洲新古典家具以其庄重、典雅、实用的古典主义格调代替了华丽脂粉气的洛可可风格。以法国路易十六式为代表的新古典家具可以说是欧洲古典家具中最为杰出的家具文化艺术，它不仅具有结构上的合理性和使用上的舒适性，还具有完美高雅的艺术形象，表现出挺秀而不柔弱、端庄而不拘谨、高雅而不做作、抒情而不轻佻的特点，它在家具文化艺术史上是继承和发扬古典文化、古为今用的最好典范（图 2-31 至图 2-33）。

2.1.4　外国现代家具

19 世纪中叶，随着机械加工业的不断发展，新材料、新工艺的不断产生，促使设计师改变旧有的设计模式，寻找以适应工业化生产、适应新材料、新工艺的新家具设计风格。一个崭新的现代家具设计的时代来到了。

现代家具从广义上说是泛指 19 世纪后期以来，或多或少地反映了现代生产印记或吸取了现代最先进技术而生产的一切家具均可称为现代家具。它包括了从 1850 年以来奥地利大量生产的曲木椅；第二次世界大战期间在德国包豪斯理论指导下生产出来的钢管椅和其他家具；以及第二次世界大战以后，欧美各国应用新材料、新工艺、新技术生产的包括塑料、玻璃纤维钢、各种人造板等材料制作的新型家具，均可称为现代家具。概括地说，现代家具是指具有某种规定内涵和外形或结构特征的家具。其主要特点是对功能的高度重视，且具有简洁的形体、合理的结构、多样的材料及淡雅的装饰，或基本上没有什么装饰等特点。现代家具大致可分为以下四个发展阶段：

①19 世纪后期至第一次世界大战前是现代家具的探索及发生的时期；

②第一次世界大战后至第二次世界大战前是现代家具成熟和进一步发展的时期；

③第二次大战后至 20 世纪 60 年代是现代家具高度发展的时期；

④20 世纪 70 年代至今是科技高度发展、面向未来的多元时期。

在这期间，既有索尼特曲木家具的成功经验，也有工艺美术运动、新艺术运动失败的教训，经过几十年的历史演变，现代家具终于在健康的轨道上，朝气蓬勃地朝前发展。

2.1.4.1　现代家具的萌芽阶段

（1）索尼特与曲木家具。

19 世纪中叶前后，是西方装饰家具向现代家具过渡的一个转折时期，现代工业生产逐渐代替了手工业作坊的生产方式。随着工业技术的发展，人们逐渐地认识到必须充分利用和发挥科学与技术所提供的有利条件，使家具的形式与材料、结构、生产方式、审美观念及各种技术统一起来，从而出现了家具设计向以往传统样式挑战并追求新型工艺样式的设计运动，形成了西方古典装饰家具向现代家具的过渡。在此历史背景下，大约在 1830 年，出身于木工世家的德国人索尼特（Michael Thonet, 1796 ~ 1871）开始做木料弯曲试验，试图用这种方法来制造椅子部件，他起初试制椅背和横档，把厚单板条黏合在一起，用木模型作夹具，随着时间的推移，他获得了技术上的突破，把技术改进与简化形式、减少部件的厚度密切地联系在一起，终于在 1840 年左右，他设计的轻巧而雅致的椅子获得成功。1850 年，索尼特设计的维也纳靠背椅，在 1851 年伦敦举办的"世界家具展览会"上获得一等奖，从这里我们可以看出将来要大批生产的家具的原型。在随后的几年中，索尼特采用中性层外移法，即将弯曲木外层加上一层金属板，有效地解决了弯曲木表面开裂的问题，使得椅子的造型更加丰富多样。索尼特创办的家具公司成功的作品很多，从各时期的公司产品目录中，我们可以看到各种应有尽有的家具类型，但给人印象最深的是一连串漂亮而优雅的坐椅，如 1860 年开始生产的曲木摇椅（图 2-34），盛期年产量在 10 万件以上，这把椅子打破了椅子设计的常规，将"动"的观念融入作品中，是灵活运用曲线造型的典范。

值得一提的是，威廉·莫里斯（英国工艺美术

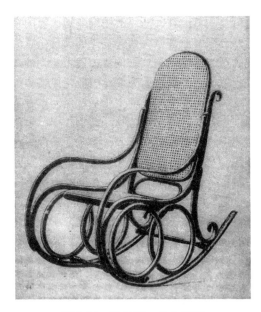

图2-34 索尼特·曲木摇椅

运动的主要代表人物）和凡·德·维尔德（比利时新艺术运动的主要代表人物）的理论虽精辟，但他们实际设计制作的家具大多是为君王、贵族和银行家服务的，而索尼特设计制作的家具却为大众所使用。他的这种椅子结构合理、用料适宜、价格低廉，从而满足了早期大量的消费需求。可以毫不夸张地说，索尼特家具代表了19世纪末20世纪初家具发展的最高水平，它以严谨而简洁的结体形式，简化了榫接工艺和烦琐的装饰，采用蒸汽压力弯曲部件使之成型，并用螺钉进行装配，完全不用榫卯连接，体现了古典造型手法与新技术的结合，在节约木材、家具规格标准化、把大批量生产方式引进家具工业等方面起到了巨大的作用。从简单直接和大批量生产角度来看，这些弯曲木椅无疑可作为现代椅子的开端，在此以后曲木技术的发展不断跨上新的台阶。可以说，迈克尔·索尼特的成就，使工业革命时期的两个重要组成部分——开拓精神用于技术和满足新阶级的要求，进入了一种早熟而完美结合的阶段，我们有理由认为，这种结合是家具制造中的一种新风格。作为一名家具设计师，索尼特以其卓越的才能而著称于世，不愧是家具工业化生产的先驱。

（2）工艺美术运动（The Arts & Crafts Movement）。

面对工业革命所带来的技术进步和机械化大生产的迅速发展，传统手工艺受到了严重的冲击。由于采用了新式机器，厂家能够用过去生产一个做工精细的物品所消耗的工时和成本制造出成千上万个廉价的产品，企业主为了赚取高额利润拼命生产那些粗制滥造的产品，却对产品的设计和质量漠不关心。19世纪陷于死胡同的学院派艺术则龟缩在象牙塔里，回避社会现实问题，这种混乱状态在1851年英国海德堡公

园举办的大英博览会上达到高峰。此博览会本意是宣扬英国工业化成就，结果却适得其反，使许多人对机械化粗制滥造产生的混乱感到不满和反感。威廉·莫里斯（W. Morris，1834～1896）和他所倡导的工艺美术运动（the Arts & Crafts Movement，1865～1898）正是在这种背景下产生的。因此，可以说这场运动是源于对当时设计领域出现的风格任意模仿及机械化产品美学质量下降的尖锐批判，只不过，这场运动的探索者们对于大工业的态度是消极的，他们主张回复手工艺传统，反对机器美学，而最终走向主要是为少数人设计少数的产品，即所谓的"the work of a few for the few"，而导致了行动结果与理想准则相背离的境地。

家具与室内设计是工艺美术运动影响较大的设计项目，这一领域的代表人物有：沃伊齐（Charles Francis Annesley Voysey）、巴里·斯各特（Baillie Scott），以及美国的古斯塔夫·斯蒂格利（Gustav Stickley）等。他们的共同风格是简洁、质朴、没有过多的虚饰结构，并注重材料的选择与搭配。另外，也有一些人也是工艺美术运动成员，但作品形式都过于繁杂。这些人的通病是：否定机械，鼓吹手工，认为只有艺术家和工匠通力合作才能获得优质作品，尽管各有建树，但到头来仍然没有真正走上工业设计之路。

工艺美术运动最主要的代表人物——威廉·莫里斯出身富商家庭，1853年就读于牛津大学，后又受过建筑师和画家的训练。他酷爱欧洲中世纪的文明和建筑艺术风格，早就对机械制品的粗劣质量和工业化造成的社会不平等深感不满，为新婚家居布置无法寻觅到真正满意的设计，更使他坚定了由自己亲自动手进行设计和组织生产，并通过高质量的设计和恢复手工作坊式的生产形式，以实现改造社会，消除社会不公的理想。在莫里斯的一生中，主要有两个至关重要的品质支配了他的事业：一是由于受过良好艺术熏陶而使他独具艺术家的慧眼，即要求艺术形式的完整和谐以及形式与内容的诚实统一；二是抱有艺术要为大众服务的社会理想，即艺术与设计具有更广泛的、超越美学之上的社会道德价值。他所坚持的设计原则是：①崇尚哥特风格，返回中世纪；②主张从自然中，特别是从植物纹样中吸取营养；③注重设计的统一性、完整性。

所以他们设计的家具、壁纸、窗帘、屏风、彩色玻璃窗、室内用具等都能基本上风格统一，浑然一体。在那以后的许多年里，莫里斯做了一系列出色的家具、墙纸、器皿和室内陈设设计，虽然其返回过去、模仿自然的特性并未超过当时复古思潮的"历史主义"样式，但其设计格调清新，匀称悦目，和谐统一，这与维多利亚式的沉闷堆砌、烦琐笨拙的东

西是截然不同的。

尽管莫里斯的观点和理论对于 19 世纪末的艺术探索来讲，无疑具有开创性和启发性，他那艺术家与工匠相结合的思想，为德意志制造联盟所实现，他关于社会学与美学的观点，在半个世纪后的包豪斯那里得到贯彻，但由于这场设计运动在本质上违背了现代文明必须建立在大机器生产之上这一必然性，所以他注定是缺乏生命力的。由于莫里斯思想的局限性，他将手工艺与机械完全对立起来，呈水火不容之势，其实质是复兴艺术的手工艺而不是工业化的艺术，这是工艺美术运动不能持久的原因。但莫里斯的"工艺美术运动"在客观效果上使人们第一次认识到艺术和技术结合的必要性，同时也为以产品的功能作基础的造型原则的发展创造了条件，从这种意义上来说，它表达了现代设计某些思想的最原始的面貌。它不仅影响到美国，还影响到北欧的斯堪的纳维亚国家，其意义是非常深远的。因此，人们将莫里斯称为"现代设计之父"是并不过分的。由于工艺美术运动奠定的基础，在后来的 20 年中，现代工业设计开始取得了绝对统治的地位，整个家具设计的面貌可以说发生了天翻地覆的变化，所以说莫里斯运动的功绩是不可磨灭的。

（3）新艺术运动（Art Nouveau）。

19 世纪后期，尤其是 1870 年普法战争以后，欧洲大陆出现了一段和平时期，各国经济的迅速发展实现了一系列的科技突破，产品生产也得到了极大的发展；同时，经济的发展也促进了社会物质需求的增加，这一广阔的社会背景从客观上预示了欧洲大陆即将出现一场新的设计运动。首先，在 1890 年左右，欧洲大陆的艺术家中出现了一批改革者，他们憎恶当时艺术那种因循守旧的历史主义样式以及那些虚华浮饰、庸俗肤浅的作品。在克服复古主义、反抗颓废文化的过程中，力图挣脱所有学院派样式的羁绊，探索一种前所未有的新的艺术形式，终于从 19 世纪末至 20 世纪初，在欧洲大陆发起了一场群众性的艺术与设计运动——新艺术运动（Art Nouveau, 1892 ~ 1910）。这一运动主张摆脱工业化生产对艺术的束缚，从自然界吸取设计素材，采用弯曲的线条把植物的曲线形态作为室内装饰和家具设计的构图原理，反对采用直线，也反对传统的模仿，同时主张艺术与技术结合，艺术家从事产品设计。从这些方面来看，这一运动仍没有超越英国工艺美术运动的局限，仍然停留在对形式的追求上。实际上，新艺术运动，是继英国工艺美术运动之后在欧洲和美国兴起的又一装饰艺术运动，到 1900 年，在巴黎国际博览会（The Paris Exposition Universelle）期间达到运动的高潮。该运动以比利时和法国为中心，并辐射到德国、西班牙、意

大利、荷兰、奥地利、斯堪的纳维亚地区等国家、中欧各国乃至俄罗斯甚至大西洋彼岸的美国。以法国为发源地的新艺术运动与英国的工艺美术运动的产生背景极其相似，它们都是因为反对工业化风格和雕琢的维多利亚风格而产生的，都主张从自然、东方艺术当中吸取创作营养，特别是植物和动物纹样，是他们创作的主要形式动机。他们都反对机械化的批量生产，反对直线，主张以有机曲线为形式中心，以及艺术与技术的结合，他们的观念背景是相同的，所不同的地方是在于形式的参考倾向上，英国的工艺美术运动主张从哥特风格吸取营养，而法国则完全反对任何对传统风格的参考。尽管如此，但由于法国家具史上的辉煌成就，设计师们无法割断与法国家具光辉而悠久的历史联系，从而设计出的家具或多或少会带有一些洛可可和新古典风格的痕迹，因而在形式的追求上远不如比利时的新艺术运动彻底。

尽管这场运动的风格在各国之间有很大的区别，但从追求装饰、探索新风格这点上，所有卷入这场设计运动的国家都是相同的。这场运动风格细腻、装饰性强，因此常常被称为"女性风格"。由于大量采用花卉、植物、昆虫作为装饰的题材，这种纹样的确非常女性化，与简单朴实的英国"工艺美术运动"风格、强调比较男性化的哥特风格形成鲜明对照。新艺术运动是世纪之交的一次承上启下的设计运动，尽管它并不反对工业化，但其所采用的装饰性风格难以适应机械化的批量生产，只能手工制作。新艺术运动本质上仍是一场装饰运动，但在现代设计史上，在走向更为简洁明快的现代设计风格的过程中，它所注重的抽象的自然纹样与曲线，比起那些盲目模仿历史传统风格和杂乱的折衷主义形式是一个重要的进步。家具和室内设计，确实是新艺术运动的最大成就，然而并不能忽略这样一个事实：由于新艺术运动是以装饰为重点的个人浪漫主义艺术，忽略了家具的实用性，而又在结构上产生了不合理的地方，加之价格昂贵，不久，这种款式便告结束了。然而，这场运动使人们开始懂得应当从历史的模仿中解脱出来，并探讨新的设计途径。终于在 1910 年前后，新艺术运动逐步为现代主义运动和"装饰艺术运动"（Art Deco）取而代之。

（4）德国工业同盟（Deutscher Werkbund）。

德国工业同盟是 1907 年 10 月成立的旨在促进设计的一个半官方机构，在资金、资料、活动安排等方面都得到了德国政府各方面的支持。该同盟成立以后，逐步转变成一个非官方的行会机构，在德国现代主义设计史上具有非常重要的意义。它由一群关心现代设计的艺术家、建筑师、设计师和企业家们组成。在此之前，所有的设计运动，如英国的工艺美术运

动，法国、比利时等国的新艺术运动，都是否认机械生产，而德国工业同盟的成立，对于承认机械化生产来说，是一个具有划时代意义的重大事件。其主要发起人是当时普鲁士贸易委员会中主管艺术与工艺教育的官员赫尔曼·穆特休斯（Hreman Muthesius，1861～1927）。作为一名外交官和建筑师，他通过对英国工艺设计和建筑的多年考察，批判地吸收了工艺美术运动的合理之处，把肯定机械化大生产作为20世纪设计运动的目的，提倡一种严肃淳朴的、合乎科学原理、实事求是的精神，绝对抛弃一切外在的装饰，完全按照它们的使用要求来选择形式，提出了自己的新设计思想：认为工业化时代已经出现，所有的工业品都采用了新的外型，其功能性应是压倒性的设计因素，要抛弃一切"粘贴"上去的装饰，从适用性和简洁性来创造干干净净的、优美雅致的物品。他主张通过实用艺术来建立一种国家的美学标准体系，以体现民族文化的精神，强调生产高质量的设计产品以满足出口贸易的需要，其前提是设计师的工作必须遵循规范化、标准化的大工业原则，这一观点与当时新艺术运动的代表人物，也是德意志制造联盟的发起人之一凡·德·维尔德（V. D. Velda，1863～1957）的观点产生了冲突。维尔德认为设计师应当保持独立性和艺术自由创造性，标准化是对个性的扼杀，这实际上是设计应否遵从工业化原则的本质之争。这场激烈的辩论最终以赫尔曼·穆特休斯的胜利而告终，它的重大意义在于扫清了对工业时代设计师的作用和应遵循的原则的模糊认识，为现代主义设计的发展铺平了道路。事实证明，由第一次世界大战导致的工业产品和零部件的标准化，成为工业化发展的历史必然。

联盟荟萃了当时最先进的艺术与设计精英，有杰出的彼得·贝伦斯（Peter Behrens，1869～1940）、拖特（Bruno Taut）、凡·德·维尔德及分离派的代表霍夫曼（Joseph Hoffmann，1870～1956）等。联盟的宗旨是"选择各行业，包括艺术、工业、工艺品等方面的最佳代表，联合所有力量向工业行业的高质量目标迈进，为那些能够而且愿意为高质量进行工作的人们形成一个团结中心"。可以看到，"质量"成为这一集体的中心思想，该联盟推崇的是从美的外形到优良品质的"优质产品"，而其与"工业"自觉联系的意识，开创了人类设计史上的又一个里程碑。建筑设计师——费希尔（Theodor Fisher）在1908年联盟的第一次年会上的演说中，对机器做了这样深刻的解释："在工具和机器之间没有什么固定的界限，人们一旦掌握了机器，并使它成为一种工具，就能用工具或者机器创造出高质量的产品来……并不是机器本身使产品质量低劣，而是我们缺乏能力来正常地使用它们"，"致命的不是大量生产和劳动分工，而是工业

无视于它的目标是生产高质量的产品，只觉得它是时代的统治者，而不是为我们社会服务的一个成员"。从这番话中可以看到，长达半个多世纪的这场技术与文化背反的僵局至此在理论上已开始解冻，它预示了人类在把握一种全新物质手段下的设计事业真正开始了。

联盟首创了工业设计活动的局面，并为现代工业设计思想的建立从理论上扫清障碍，奠定了基础。德意志制造联盟的成立，标志了从个别试验走向创建为社会普遍承认的一种风格迈开了最重要的一步。不仅如此，联盟还培养出一代新人，彼得·贝伦斯（Peter Behrens，1869～1940）的思想与实践直接影响到了在以后的现代设计运动中起到举足轻重作用的设计师格罗佩斯、米斯·凡德罗和柯布西耶等。联盟不仅对德国工业设计的发展产生很大的推动作用，而且还影响了欧洲的其他许多国家。英国在1915年成立了"设计与工业联盟"，奥地利在1910年成立了"奥地利制造联盟"，1913年"瑞士制造联盟"成立，整个欧洲全面掀起了工业化生产的高潮。由于第一次世界大战的爆发，工业同盟的活动被迫终止，但大战之后，联盟仍积极开展探索，尤其是在推动现代建筑的发展上作出了重要的贡献。从工业设计思想形成的历史来看，德意志制造联盟的成立真正预示了设计新时代的到来，对20世纪30年代的室内装饰和家具设计，有着深远的影响。

2.1.4.2 现代家具的形成

（1）荷兰风格派（1917～1928）。

现代主义运动是20世纪工业设计最重要的指导思想，作为19世纪到20世纪工业化迅速发展的反映，现代主义运动是一个包括政治、意识、哲学思想、文化、科学和艺术的全面的社会运动。这一运动率先在荷兰、十月革命后的苏联及德国发展起来。荷兰是欧洲西部一个经济高度发达的国家，领土狭窄，人口众多，特殊的地域环境，形成了他们对于设计的精益求精的态度。由于第一次世界大战荷兰持中立态度而未遭战火的洗礼，因而1917年前后，由一批画家、建筑师和作家聚集于荷兰莱顿城组成的一个他们称为"风格派"的组织，在这里得以迅速发展，他们从艺术、建筑、家具及平面设计各个方面进行探索，历时达10余年，直到1928年前后才逐渐消沉下去。这个集体没有完整的结构和宣言，一本名为《风格》的杂志是维系这个集体的中心。这场"风格派"运动是世界最重要的现代主义设计运动之一，对于全世界的现代设计的发展都起到了重要的促进作用。其主要精神领袖是杜斯博格（Theo Van Doesberg，1883～1931）。主要成员有画家蒙特利安（Piet

Mondrian, 1872 ~ 1944）和万·陶斯柏（Theo Van Doesburg, 1883 ~ 1931)、雕刻家万·顿吉罗（Georges Van Tongerloo）、建筑师及设计师奥德（Jacobus Johannes Pieter Oud, 1890 ~ 1963）、建筑师及家具设计师里特维尔德（Gerrit Thomas Rietveld, 1888 ~ 1964）等。

在荷兰的鹿特丹，风格派家具设计家接受了绘图上立体主义和未来派的新论点，主张以立体主义理论和生活环境抽象化为设计目标，认为最好的艺术就是基本几何形象的组合与构图，任何物体都是由各种不同的平面和颜色（红、黄、蓝、黑与不同程度的白色）组成。风格派还把机械表现形式积极引进家具设计中，既充分考虑了美学上的要求，又考虑了机械的制造，其家具的特色表现为全部构件的规格化，致使大批量生产成为可能。如对风格派家具作出巨大贡献的里特维尔德在 1918 年设计的"红蓝椅"（the red and blue chair）（图 2-35），这一椅子采用红、黄、蓝三色，造型上完全脱离了传统家具的形式，采用简单的几何形和一目了然的外部结构（用螺钉装配），从功能上说，这把椅子是不舒服的，但从形式内涵来看，则包含了一些重要的因素，如结构简单，标准化的长方形木材构件，都为批量生产和标准化提供了依据，是现代设计史上重要的设计作品，它预示着一种真正理性地去剖析和解决功能问题，并在形式上可超越任何传统概念而做自由表达的设计方式开始形成了，国外的许多家具史学家认为应以此作为现代家具形成的起点。

虽然风格派家具设计上充分考虑了美学上的要求，但其中有许多已经可以毫无困难地用机器复制，因而风格派家具已具备用机械大批量生产的家具样式。按风格派的艺术理论来分析，与其说家具造型重视生活的实用性，不如说是把家具看成一种抽象艺术

图 2-35　风格派·红蓝椅

品，风格派的这种思想观点，决定了建筑与家具设计倾向于抽象化，这一切都已表现出典型的现代设计特点，但真正对现代主义设计产生重要作用的是德国的"包豪斯"设计学院及它为现代设计所做的一系列实践活动，它才是现代主义运动的一个真正的里程碑。

（2）包豪斯学派（Bauhaus, 1919 ~ 1933）。

1918 年，第一次世界大战结束，战败后的德国百业待兴，各种学派和团体都在积极活动宣传自己的救国之方，人们期待着在战争的废墟上建立一个新世界，在这种背景下，终于在 1919 年，由沃尔特·格罗佩斯（Walter Gropius, 1883 ~ 1969）在德国魏玛创办了包豪斯设计学院，它由魏玛艺术学院和魏玛工艺美术学校合并而成，其 3 年的设计教育课程设置十分注重艺术基础训练和实际技能的学习，基础课程的设置经历了从表现主义到构成主义的转变。由艺术家和工艺技师组成的双轨制教学体系成功地培养出了既具备现代艺术造型基础，又掌握机械生产、加工技术的新一代设计师（如他们中的杰出人物——布鲁耶 Marcel Breuer, 1902 ~ 1981），这是世界上第一所完全为发展设计教育而建立的学院。包豪斯一词源自 Bauhütte，含有"中世纪工匠组合"的意思，格罗佩斯将其改为 Bauhaus，意为"建筑之家"。包豪斯的成功虽给学校带来了极大的荣誉，却因改革的方针过于前卫，被怀疑带有政治色彩而被强行关闭。包豪斯学院从 1919 年建立到 1933 年被纳粹政府关闭，其校址几经变易，1919 ~ 1924 年，校址设在德国的魏玛，1925 ~ 1930 年迁到德骚（Dessau），最后在 1931 ~ 1933 年间校址被迫设在柏林。其发展共经历三个阶段，第一阶段（1919 ~ 1927 年）由格罗佩斯担任校长，第二、第三阶段分别由汉斯·迈耶（Hannes Meyer, 1889 ~ 1954）和密斯·凡德罗（Mies Van Der Rohe, 1886 ~ 1969）担任校长，格罗佩斯的理想主义，迈耶的共产主义，米斯的实用主义，把三个不同的发展阶段贯穿起来，包豪斯因而兼有知识分子理想主义的浪漫和乌托邦精神、共产主义政治目标、建筑设计的实用主义方向和严谨的工作方法特征，也造就了包豪斯的精神内容的丰富和复杂。包豪斯设计思想的形成受到了来自各种派别的教师的影响，其中有建筑家格罗佩斯、立体派画家法伊宁格（Loyonel Feininger, 1871 ~ 1956）、构成主义设计家万·陶斯柏、表现派画家康定斯基（Wassily Kandinsky, 1866 ~ 1944）、风格派画家蒙特里安、构成主义画家纳吉（Laszlo Moholy Nagy, 1895 ~ 1946）和马来维奇（Kazimir Malevich, 1878 ~ 1935）、色彩构成学家约翰·伊顿（Johannes Itten, 1888 ~ 1967）、艺术家施莱默（Oskar Schlemmer, 1888 ~ 1943）等。包豪斯的主旨是造就一个艺术与技术接轨的教育环境，培养出适合

于机械时代理想的现代设计人才。在设计理论上包豪斯提出三个基本观点：

①艺术与技术的新统一；

②设计的目的是人而不是产品；

③设计必须遵循自然与客观的法则。

这三点使现代工业设计走上了一条正确的道路。这些观点体现了现代主义的理性精神，与艺术上的自我表现和浪漫主义有了本质的区别。为了向传统的艺术教育方式挑战，包豪斯采用了工厂车间式的教学方式，师生间以"师傅"、"徒弟"称谓，表明了追求平等和共识的理想。其巨大成就——工业化批量生产与美术设计的结合与完美统一，在1923年夏季的包豪斯第一次博览会上得以体现，从而使人们认识到格罗佩斯的主张不是空想的，而是可以实现的，且是前途远大的。1925年，包豪斯学校迁往德骚，进入成熟发展的阶段。德骚期间，在金属制品车间和家具车间学习的学生所设计的一些产品达到很高的水平，其中马塞尔·布鲁耶（Marcel Breuer，1902~1981）所设计的钢管椅开创了现代家具的新纪元（图2-36）。他所设计的椅子充分利用了钢管加工的特点和结构方式，采用钢管和皮革或者纺织品相结合，造型优雅轻巧，功能良好，成为现代设计的经典之作，这些椅子不少至今仍在生产。布鲁耶还致力于系列家具的设计和标准化，对此他有一段精辟的论述："一件家具不是一种任意的组合，它是我们环境中必备的构成要素之一，它本身是非人格化的，只有从某一使用方式或从一个整体计划的构成上来看才有意义。"他提出在设计房屋的同时设计配套的标准化家具，他的这种系统化、标准化设想，为现代家具的设计指明了方向，这一点是大家所公认的。马歇尔·布鲁耶是包豪斯培养的一代新人中最杰出的一个，在他的家具设计中，最贴切地贯穿了包豪斯的现代设计思想，他甚至被誉为现代家具设计的开创者。包豪斯学院在德骚期间的

图2-36　包豪斯学派·钢管扶手椅

成就引人注目，学校不仅加强了与企业的联系，一些学生的设计也被投产销售。同时，记录包豪斯基本设计教育体系的包豪斯丛书也于这时出版，这是包豪斯最为辉煌的时期。1928年，格罗佩斯辞去了校长的职务，由建筑师汉斯·迈耶（Hannes Meyer，1889~1954）接任。迈耶的工作仍然沿着格罗佩斯的方向发展，但他更为强调设计的社会道义和责任，主张学生参与社会活动，推动设计与企业的紧密联系。在他的领导下，包豪斯各车间大量接受了企业的委托设计，在设计走向社会方面做了有益的探索。

1930年，迈耶被迫辞职，由密斯·凡德罗担任第三任校长，他也是著名的国际主义建筑大师，提出了"少则多"（less is more）的立场和原则，而影响整个世界。1932年，纳粹法西斯控制了德骚，迫使米斯带领学生将包豪斯学院迁至柏林，1933年，盖世太保突然查封了该校，包豪斯学院被迫关闭，结束了14年的发展历程。随后，包豪斯的一些主要人物陆续来到美国，对美国现代设计的发展作出了重要的贡献。

总之，以学院为基地形式发展起来的"包豪斯"学派，在20世纪20年代创造了一套以功能、技术和经济为主的新创造方法和教学法，并极力主张从功能的观点出发，着重发挥技术与结构本身的形式美，认为形式是设计的结果，而不是设计的出发点。在家具方面，其设计的特点是重功能，简化形体，力求形式同材料及工艺一致。

尽管包豪斯只有14年的历史，但他对现代设计运动的发展和设计教育体系的确立有着不可磨灭的功绩。今天世界各地设计院校的基本教学体系仍然植根于包豪斯的传统。包豪斯的影响在于它所体现的现代主义精神及其对现代主义运动在欧美的普及所作出的重大贡献。但是它在抨击旧的艺术形式，追求工业时代的表现形式的同时，自己却走向了过分强调抽象几何形式的极端，导致又一种形式主义，这种形式主义排斥了各国、各民族和地域的历史、文化的传统和特点，造成了千篇一律的"国际式"风格，建筑上表现为以平屋顶、白墙面、统长窗为特征的火柴盒式风格，对各国的建筑文化传统产生了强烈的冲击。这种人为割断历史的连续性和否定历史文化的做法受到后人的广泛批评，但其对20世纪现代设计的巨大影响却是十分深远的，它是一台现代主义的播种机，将包豪斯的理想传播到了全世界，并结出了丰硕的果实。

（3）国际式家具。

第二次世界大战结束以后，从德国战前发展出来的国际主义设计成为西方国家设计的主要风格，在20世纪50~70年代风行一时，影响到设计的各个方面，家具也不例外，它与同期的建筑一样，以功能作

为形式设计的最高准则,具有世界性的共同需要,因此也被称为国际式风格(international style)。这种国际式风格,延续了沙利文(Louis Sullivan,1850～1924)的设计思想,在形式上并不套用任何固定模式,表现出许多独特的个性,但从总体上来看,却以单纯的功能性线条作为主要构成要素,采用立方体、长方形和圆形等几何形体作为主要形式,力求完美的比例和冷静的视觉效果,给人以完整、简洁而富于秩序的感受。同时,采用先进的制造技术和优良的工业材料作为质量保证,体现了经济性、功能性、艺术性的完美和谐。早在20世纪50年代初,钢和玻璃建筑,对于还在慢慢地从战争的创伤中复苏的欧洲来说,具有一种完全可以理解的吸引力。在包豪斯早期已经开始萌芽,后来由密斯、布鲁耶,以及勒·柯布西耶奠定格局的国际风格建筑思想及其设计,在战后的美国也被提高到了一个更完善的新水平,美国对于整个西方世界的巨大影响,很快为国际风格的起源国家带来一个复兴的局面,那些国家高速度的经济增长,决定了冷冰冰的新功能主义(Neo Functionalism)必然受欢迎。在世界各地的家具陈列室里,朴素的丹麦麻栗木家具开始采用镀铬抛光的扶手,米斯椅的仿制品比比皆是。国际风格的影响开始冲出办公室而进入家庭,尤其在德国、意大利和斯堪的纳维亚地区等国家,随着经济的增长,对质量的要求也在提高。在丹麦,安尼·雅各布森(Arne Jacobsen,1902～1971)以"把它做得好一点"为设计目标,使国际风格家具赢得了民众。国际式建筑的创始人格罗佩斯、勒·柯布西耶(Le Corbusier,1887～1965)、米斯、阿尔托(Alvar Alto,1899～1976)等所设计的家具,在家具史上同样写下了闪光的一页,丝毫不亚于他们在建筑史中所起的作用。当代德国人对于国际风格家具理论的贡献,首推乌尔姆高等造型艺术学校(Hochschule fur Gestaltung in Ulm),其最卓越的成员之一就是汉斯·古格罗特(Hans Gugelots,1920～1965),在这所学校里,对美学的研究像对当代社会问题的研究一样得到重视。

20世纪60年代初,国际风格已经开始逐渐失去势头,并被指责为僵硬刻板而毫无生气,尤其是对米斯的建筑设计。它的忠实于结构原则,被粗野主义(Brutalism)推向了极端,紧接着又被手法主义者和形式主义者所歪曲。这些倾向已经对家具设计造成了有害的影响,其结果是,过去这10～15年间,没有设计出国际风格的真正的新式样。

实际上,国际主义设计是现代主义设计在战后的发展,在设计风格上是一脉相承的,无论是战前的现代主义还是战后的国际主义设计都具有形式简单、反装饰性、强调功能、高度理性化、系统化的特点,在

设计形式上,国际主义设计受到米斯·凡德罗的"少则多"主张的深刻影响,在20世纪50年代下半期发展为形式上的减少主义化特征,逐步从强调功能第一发展到以"少则多"的减少主义特征为宗旨,为达到减少主义的形式,甚至漠视功能需求,因而开始背叛了现代主义设计的基本原则,仅仅在形式上维持和夸大现代主义的某些特征。

(4)住宅方案改革运动。

第一次世界大战之后,德国和奥地利的经济走向萧条,经济危机给德国和奥地利政府带来了严重的困难,在政府和自治体内不得已推行了一系列低价住宅建设方案。德国的法兰克福和奥地利的维也纳分别成为这个活动的中心,其中有代表性的是由建筑家、法兰克福市市长梅氏(Ern St May)提出的"最低生活条件住宅"方案。自1917年以来,由于受荷兰建筑和经济危机的影响,在住宅设计上加强了对严格的空间制约条件与最新建筑理论之间的相互关系的讨论。在建筑家们的努力下,通过使楼梯间变小、室内净高变低的方法形成最小生存空间,在经济上和环境上都给以满意的答复。但无论建筑师们如何费尽心机,要想在这样小的房间里仍旧摆放战前那些为中产阶级设计的家具,还是显得体积过大,对于宝贵的室内空间来说,实在是一种浪费。虽然包豪斯在这方面已做了一些尝试,但还没有得到普及。于是,在法兰克福市,在建筑家们的领导下进行了一场旧家具的翻新工作。另外,由于第一次世界大战的原因,胶合板已在飞机上获得广泛应用,因此将胶合板用于家具已不存在技术上的问题。鉴于这方面工作的迫切需要,在法兰克福市的一些简陋的空房子里,装上木工机械,并雇佣一批失业的木匠来制造胶合板家具,当时克雷默(Ferdinand Kramer)设计的胶合板家具获得推广,销路很好,从而多方面地满足了人们对最低生活条件的要求,当时的德骚包豪斯工厂,成了唯一为这些公寓套房设计家具的地方。

(5)北欧风格的家具。

北欧大部分位于斯堪的纳维亚半岛,故其五国(瑞典、挪威、芬兰、丹麦和冰岛)通称为斯堪的纳维亚国家,均为日耳曼民族,尽管这些国家由于政治、文化、语言和传统的不同而有所差异,但其相近的工业化进程以及对待传统与现代的共同态度,使它们走出了一条独特的、富有人情味的现代家具设计发展之路。许多年以来,相似的自然环境和历史文化,使这些国家有着较为相近的国情。北欧一年中约一半时间处于严寒的冬季,由于漫长的居室生活,从而对居室中的摆设有着较高的要求,而且北欧森林资源极为丰富,其森林面积要占陆地面积的60%～70%,得天独厚的森林资源给北欧家具业和其他行业展现了

广阔的发展前景。对于家具，早在1890年，北欧各国就接受了英国工艺美术运动、欧洲大陆新艺术运动的影响，开始了具有特色的设计运动。两次世界大战期间，北欧国家逐步形成了既不同于奢华的法国装饰艺术风格，也不同于美国流线型商业化风格的独特的斯堪的纳维亚风格，它以清新、优雅和合理性在欧洲机能主义的热潮中独树一帜，这是与北欧国家的地域、文化、民族特点和生活传统紧密相连的，北欧艺术家和手工艺师及企业之间的协调合作是这一风格的重要基础。到20世纪40年代，它们逐渐形成了一套完整的、独立的设计风格，成为具有国际影响的世界设计中心，"斯堪的纳维亚"设计已成为优秀设计的同义语，乃至于北欧家具至今都受到全世界的推崇与喜爱。除了冰岛以外，斯堪的纳维亚四国在设计的发展上都较为顺利，没有理论上的巨大波动，但相对来说，丹麦与瑞典发展较快。当然，与欧洲的其他地区相比，斯堪的纳维亚地区的工业化进程与新技术的发展都比较缓慢，尽管它们的家具设计受英国的工艺美术运动影响较大，但由于他们的家具传统工艺根底很深，淳朴的本色在民间一直流传并得以保护，且具有极为鲜明的功能性特征，因而成为北欧现代家具的一块基石。正是这一特征的发展，使得北欧国家成为现代工业设计中功能主义的摇篮之一，并使北欧家具与室内设计至今仍在世界上占有领先地位。

在北欧斯堪的纳维亚各国，设计家和工艺师相互密切合作，在重新评价传统样式的同时，又对现代家具加以大力改良，以满足社会需要，并确立了具有北欧风格的独特款式。丹麦的凯莱·克林特（K. Klint, 1888～1954），就是开拓北欧家具款式的第一位有功者，他在肯定传统木工工艺技术长处的同时，又把人体工程学思想引进到家具设计方法之中。随后，芬兰的奥托（A. Aalto, 1898～1976）和瑞典的马莎逊（B. Mathsson）在强调家具功能的同时，又着重指出凡是与人体接触部位的处理，不仅要有美的形式，还要有舒适的触觉感。他们选用本国产的山毛榉和桦木作为基材，采用模压成型的弯曲胶合技术，设计生产了弯曲胶合家具，使木材这种天然材料成为一种真正工业化的人工材料，创造了一种独特的北欧风格，对现代家具的设计产生了深远的影响。

北欧设计的主要领域集中在陶瓷、玻璃、家具和家庭用品等方面。其风格简朴、典雅，注重形式与功能的统一，合理运用自然材料并突出材料自身的特点，既注重产品的实用性，又强调设计的人文性和美学性，开创了一种经典的现代设计风格。事实上，斯堪的纳维亚这些独具魅力的现代设计远远超出了风格的意义，战后的实践活动继续证明，对传统的尊重、对手工艺品质的推崇和对人的因素的关注成为斯堪的

纳维亚现代设计发展中绵延不断的生命线，蕴藏着比包豪斯更为深层的人文精神，这也是使得这些优秀的设计作品超越时尚而成为永恒的经典之作的根本原因。

2.1.4.3 现代家具的发展

从世界范围来讲，第二次世界大战始于1939年德国入侵波兰，到1945年德国和日本投降为止。这段时间是20世纪最黑暗的时期，除了日夜运作的军事机器，各国经济基本上都处于瘫痪状态。第二次世界大战结束以后，各国都面临着医治战争创伤、重建家园、恢复经济和发展工业的重要任务。在这种局势下，随着工业技术的迅速发展，各种新材料日新月异，为现代家具的不断更新提供了雄厚的物质基础。与此同时，领导世界家具设计的国家有斯堪的纳维亚各国、美国和意大利。40年代以后的美国，被工业生产所证实的功能主义已经发展起来，同时被传统的木工技艺和人体工程学所证实的北欧家具，以人类的内在机体美引起了人们的注目。到了50年代，家具已发展为底蕴深厚、成熟完整的现代家具体系。在这一时期，由于合成树脂胶黏剂和胶合技术的应用，为家具生产提供了各种人造板材，特别是50年代刨花板的问世，更为家具设计的创新开拓了新的领域；此外，新的合金冶炼技术及合成化学技术也为家具设计提供了轻质合金材、塑料和人造革等材料。随着时间的推移，现代家具的发展经历了50年代的当代主义风格、60年代的新现代主义及流行艺术风格、70年代的工业风格以及发展到80年代的多种风格并存。

在美国，出现了伊姆斯（C. Eames, 1907～1978）、沙利宁（E. Saarinen, 1910～1961）、尼尔逊（G. Nelson, 1907～1986）等人设计的钢木、钢塑、全钢、全塑椅类有机形壳体结构家具，整个形体充分显露出圆润、饱满而优美的视觉感，同时也能高度满足人体活动的舒适需要，为现代生活增加了新的感受。

在北欧，以当代杰出家具设计家丹麦的威格纳（H. J. Wegner, 1914～2007）等人设计的有机形体雕塑木质家具，是北欧设计风格的代表，他们运用纯熟灵巧的技法，从家具材料的特殊质感中去追求完美的结合和表现，给人以一种非常自然、丰富、舒适而亲切的视觉和触觉的综合感觉。以丹麦为代表的北欧现代家具的主要特色，表现在有机造型的简洁轻巧和优美的材质感及纯熟的制作技艺。

在意大利，以米兰为中心的建筑家和家具设计家，使表现"浮动外观"的新型家具形态得到了发展。在60年代，意大利的家具设计往往是标新立异

和充满个性，出现了两种引人注目的倾向：一种是大城市讲究的"漂亮"款式家具的流行；另一种是所谓"玩具式家具"的流行。

在现代家具的发展进程中，斯堪的纳维亚家具从默默无闻变得誉满全球，而意大利、英国、德国、美国、法国、日本等国的家具也是异彩纷呈，形成了灿烂辉煌的现代家具成熟阶段。尽管家具款式的变化是那样的丰富多彩，但从设计方法来看，总是依循两种不同的途径发展：

（1）"重理"的设计倾向。

"重理"的设计倾向立足于工业设计的成就，讲求产品生产高效能、高精度与低消耗的经济效益，重视功能，使用上舒适、方便，表现出现代工业技术所必有的严格而精确的结构特征。比如有用薄木胶压弯曲成型新工艺的靠背椅（图 2-37），具有舒适的曲面和完全不同于传统形式的结构，很快流行世界各地；有用玻璃钢一次成型的坐椅，这种椅子既轻巧又可叠放（图 2-38）。充气建筑问世以后，用塑料薄膜制成的充气家具又成了现代家具中的新事物，同时人体工程学已在家具设计领域中得到研究应用。

（2）"重情"的个性表现。

这种表现着眼于手工艺技术与现代工业化生产的结合，讲究严谨的轮廓线条与微妙的细部处理，强调材质趣味与纯熟的技艺表达效果，并具有浓郁的乡土气息，代表性的是北欧家具。如芬兰的阿尔托用层压弯曲成型技术，使木材既有优美的形式又有舒适的触觉感，在生产中成为一种真正的工业化材料，这种方式从 20 世纪 30 年代起在世界各地流行开来（图 2-39）。

从 20 世纪 60 年代以来，在世界家具设计领域，从技术上、设计上以及造型等方面来看，其引人注目的特征可归纳如下：

①新材料和新技术的应用：除了传统的天然木之外，以刨花板、中密度纤维板为主的各种人造木质材料、金属材料、塑料、有机玻璃以及各种饰面材料等在家具制品中得到了广泛采用。

②美术和设计的结合：在家具造型方面，家具抽象化的倾向更加强烈，美术和设计之间的界线似乎已经消失了。

③对浪漫主义的追求：随着科学技术的进步和生活理想化的进展，在现代人们生活中追求着虚幻的"梦境"使得家具设计也表现为强烈的浪漫主义色彩。

④系统组合家具的灵活性：随着新材料、新技术的出现，许多组合形式的系统家具开始形成并得以发展。这种新型家具已完全脱离了传统的整体组装的单独形式，而由单体组合发展成为部件装配化的单元组合形式，这种单元系统家具是根据现代室内设计要求而发展出来的，它可以根据使用者的需要加以灵活处理，个性化地安排生活空间，以满足社会和家庭生活的各种需要。

⑤家具部件标准化的系统设计：以采用新材料、新工艺、新结构为基础，着眼于产品零部件的标准化、系列化和通用化以及大批量生产。根据互换性原理，使得组合、多变、拆装的家具已经进入系统设计的阶段，功能与形式的结合更为完美。例如出现了 32mm 系统家具、KD 家具、RTA 家具等。

⑥传统家具的工业化生产以手工艺的生产技术为基础，着眼于手工技艺的效果与现代工业化生产的结合：如斯堪的纳维亚式（北欧式）家具、中国明式家具、日本和式家具、美国温索尔式家具以及意大利、西班牙、法国和英国古典式家具，均在不同程度上采用小型轻便机床进行较复杂的工艺加工，使传统家具得以继续存在和发展。

⑦人体工程学理论的研究应用：为了满足家具使用功能的合理性，要求坐卧类家具的曲度和倾斜度必须符合人体生理条件；同时对贮存和工作用柜、桌类

图 2-37　马塞尔·布鲁耶设计的躺椅

图 2-38　模具注塑成型的塑料椅

图 2-39　芬兰设计师阿尔托设计的扶手椅

家具，也要求在适于人体活动范围内去考虑其尺度关系。从 40 年代起，相继在英国、丹麦、瑞典、芬兰、美国、日本等国对人体尺度、体压分布状态、骨骼肌肉结构及其活动姿态变化进行了测试研究，从而实现了人体工程学在家具方面的应用。

⑧家具性能与质量的控制：现代家具随着标准化工作的发展，质量管理水平的提高，以及市场竞争的促进，家具性能的测试正在逐步引起人们的重视。从 40 年代起，英国、瑞典、日本、苏联等国先后进行了家具性能及测试方法的研究。到 60 年代，已逐渐形成了系统的测试标准和方法，其内容包括尺度、强度、刚性、耐久性、稳定性、表面性能、加工质量等，为家具工业的质量控制起到了重要作用。

⑨市场信息的调研：随着现代家具的发展，家具设计和生产越来越重视对家具国际市场的销售价格、需求量、质量要求、品种、规格、款式和不同地区的生活习惯等方面的信息进行调查研究，甚至包括产品的用材、加工技术以及表面处理等方面也要进行分析和预测，这对现代家具的完美设计起到了巨大的促进作用。

总之，自 20 世纪后半叶以来，生产方式的机械化和合理化更加发展，机体主义超过了功能主义，要求个性化更强的家具样式，一个新的装饰主义时代正在出现。建筑师和家具设计师在努力探求适应现代生活条件的新样式，与此同时，大量生产导致科学技术的飞跃发展，人们对于家具的结构、性能，甚至对家具存在的本身，都产生了激进的观点。家具设计正面临着一个大的飞跃，让我们共同努力来迎接这个飞跃的早日到来。

2.2　中国家具

中国家具的发展与中国社会的文明史一样，历史悠久，源远流长。由于受民族特点、风俗习惯、地理气候、制作技巧、社会组织、宗教思想等不同的影响，中国家具的发展走着与西方家具迥然不同的道路，形成了一种工艺精湛、风格独特的东方家具体系，在世界家具史上占有极其重要的地位，特别是中国的明清家具，在世界家具史上独树一帜，其独特的东方艺术风格，对世界家具及室内装饰都产生了深远的影响。

2.2.1　中国传统家具

中国传统家具的发展，由于人们生活起居习惯的改变（由席地跪坐到垂足而坐），经历了商周、春秋战国至秦汉时期的矮型家具，魏晋南北朝至隋唐五代时期的过渡家具，最后到宋元时期高型家具大发展，人们的生活方式由席地跪坐完全转变为垂足而坐的高型家具时期。到明清时期，中国传统家具的发展达到了高峰。下面就将中国传统家具的发展分以下四个阶段加以介绍。

2.2.1.1　商周、春秋战国及秦汉时期的家具

史前至夏商西周时期为中国家具的萌芽发生时期。史前先民们构筑房屋和修造水井的木工技术以及榫卯结构为家具的出现奠定了基础。当时起居方式为席地而坐，家具非常简陋，或其他器皿兼有家具的功能。春秋战国至秦汉阶段为低矮型家具时期，家具随用随置，无固定位置，以筵铺地，以席设位，根据不同场合而作不同的陈设，其功能性不断加强，同时兼有礼器的功能。这时家具总的特点是呈低矮格局，为低矮型家具的代表时期。

（1）商周时期的家具（公元前 16 世纪～前 256 年）。

商周时期是中国典型的奴隶制社会，当时手工业已有较大的发展，分工细致，制作工艺精良，创造了在世界文化史上占有重要地位的青铜文化，从现存的青铜器造型我们不难看出中国古代家具的雏形。这时期家具的特点是兼有礼器的功能，它的主要功能为祭器，并在各个方面都有严格的规定，体现出奴隶社会的等级制度。如青铜俎，是奴隶主贵族在祭祀时用来切牲和陈牲的礼器，从造型上我们可以看出它是后世几、案类家具的雏形（图 2-40）。再如禁，也是商周时奴隶主贵族在祭祀时的一种礼器，用来放置供品和器具，它可看做后世箱、橱、柜类家具的雏形（图 2-41）。

商周时期家具的装饰特点是威严、神秘、庄重、纹饰以饕餮纹为主，其次还有夔纹、蝉纹、云雷纹等，具有狰狞神秘的艺术风格，并带有浓厚的宗教色彩。这时期的漆木镶嵌家具已经崭露头角。新石器时代出现的漆木技术，为商周时期漆木器的发展打下了基础。商代漆器工艺已达到相当高的水平，西周漆器工艺技术已相当成熟，出土的家具表明那时的家具已经开始采用镶嵌蚌泡材料作装饰。

（2）春秋战国时期的家具（公元前 770～前 221 年）。

周朝末年，周天子失去了控制诸侯的能力，各国兼并战争不断进行，中国历史进入了一个大动荡时期——春秋战国时期。这时期虽然战乱不止，但各诸侯国都在谋求政治变革，建立新的制度，实际上社会生产力仍旧在朝前迅速发展。手工业工人已从奴隶制度下解放出来，社会按照历史的轨迹在前进，奴隶社会在朝着封建社会过渡。

从原始社会开始的席地跪坐的习惯仍是这时期的主要生活习俗，而这种习俗又是形成家具低矮的基本因素，也就是说这时席地起居习俗是家具必须满足的基本条件，因而这时期家具总的特点是呈低矮的格局。

此时青铜器的生产开始衰落，大部分生活用具被漆器所代替。尽管青铜家具在制作工艺上采取了更为先进的技术，但漆木家具已进入了一个空前繁荣时代。从大量出土的实物得知，春秋战国的漆家具，不仅有漆俎、漆几等原有品种，还出现了漆木床、漆衣箱、漆案等新的品种。如河南信阳出土的战国时的彩绘大床，是现存古代床中最早的实物（图2-42）。

这个时期家具装饰艺术除继续保留商代中心对称、单独适合纹样和周代反复连续带状二方连续图案的传统装饰方法外，还产生以重叠缠绕、四面延展的四方连续图案组织。漆饰家具纹样一般以黑为地，配以红、绿、黄、金、银等多种颜料。雕刻手法也被广泛运用于家具装饰中，有浮雕和透雕等，且与髹漆同时并用，雕刻技艺精湛，开后世家具雕刻之先河（图2-43）。

（3）秦汉时期的家具(公元前221～公元220年)。

经过长期的兼并统一战争，秦终于灭了六国，于公元前221年建立了统一的中央集权的封建国家，并实行了一系列巩固政权的措施。由于秦朝历时太短，至今未发现秦代遗留下来的家具实物。汉代是中国历史上的辉煌时期，是封建社会的鼎盛时代，汉时中央和地方都有专门机构和官员管理手工业生产。特别是

由于汉代盛行的厚葬之风，大批墓室壁画、画像石、画像砖以及家具模型和家具实物留在地下，为我们今天了解2000多年前的汉代社会生活和家具情况，提供了大量的、可靠的形象资料。

汉代的起居方式，仍然是席地而坐的时代，床和榻的使用非常广泛，人们的日常生活如读书、宴饮、会客、游戏等，大多在床榻上进行，所以床和榻是汉代人的主要家具。这时期的家具品种繁多，非常齐全，不但继承和发展了战国以来的家具式样，而且出现了许多新品种。如榻屏、大橱柜等，甚至出现了桌子的雏形。传统的几、案、屏风的样式也在不断增多。汉代的青铜用具，已大部分被漆器所代替，漆器非常流行。汉代漆制家具、在工艺制作方面有了更细密的分工，在制造技术、装饰手法、使用范围等方面，继承了楚文化的优良传统，又在新的条件下形成了自己的特色，特别工艺技法上除继承战国彩绘和锥画装饰方法外，金银箔贴花与镶嵌工艺也极为盛行。汉代家具的装饰风格，集中反映了汉代文化的时代特点。家具上装饰的花纹主要是云气纹，流云飞动的装饰成为这个时代家具装饰最明显的时代特点（图2-44）。其次动物纹也被广泛采用，还出现了宣扬孝子、义士、圣君、羽化升仙、烈女故事等题材，反映了汉人尊崇儒教、信奉道教、"三纲五常"、"忠孝仁义"的伦理道德思想。

汉代漆木家具是继战国以后又一个高峰时期，此外还有玉制家具（图2-45）、竹制家具和陶制家具等，并形成了供席地起居完整组合形式的家具系列，

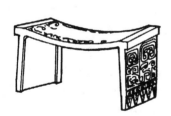

图2-40 青铜俎

图2-41 青铜禁

图2-42 战国时期·彩绘木床

图2-43 战国中期·彩漆透雕座屏

图2-44 西汉早期·双层九子漆奁

图 2-45 东汉·玉座屏　　　图 2-46 魏晋时期·藤墩　　　图 2-47 北齐《校书图》中所绘的胡床

可视为中国垂足坐习俗出现以前的中国低矮型家具的代表时期。总而言之，这时期家具数量之多、品种之繁、工艺之精、生产地域之广，都到了前所未有的水平，汉代家具工艺制作得到了长足的发展，可以说这时期家具工艺是中国古代家具工艺发展史的又一个鼎盛时期。东汉后期由于西北少数民族文化进入中原，带来了高型家具，家具制作出现了新的发展趋势。

2.2.1.2 魏晋南北朝、隋唐五代时期的家具

（1）魏晋南北朝时期（265～589年）。

魏晋南北朝时期是中国历史上进入各民族之间大融合的一个新时期。这段时期与历史上其他时期的最大不同是：分裂、战乱的时间大大多于统一安定的时间。战乱频繁，政权不断更迭，人们的生活处于极度不安定状态，这就为主张出世、寄托来生的佛教思想提供了丰富的发展土壤。在这个动乱的、民族大融合的时期，社会经济还是有一定的进步，手工业也有一定的发展。

此时人们席地而坐的生活习惯依旧未改变，但西北少数民族进入中原后带来了一些高型家具如胡床等，从而出现了垂足坐习俗。这些高型家具与中原低型家具进行融合，使得中华大地出现了许多渐高家具，如矮椅子、矮方凳、矮圆凳等；睡眠的床在逐渐增高，上有床顶和床帐，可垂足坐于床沿，床榻之上出现可以倚靠的长条形弯曲三足几。此时传统的席地而坐不再是唯一的起居方式，但这些渐高家具和垂足坐习俗只流行于上层贵族和地位较高的僧侣中。此时各种家具的装饰常体现出浓厚的宗教色彩，出现了反映佛教文化新型家具装饰题材，如与佛教有关的莲花、飞天、缠枝花等纹样，孕育形成了婉雅秀逸的清新风格（图 2-46、图 2-47）。

总之，这时期的家具制作艺术，上承战国、秦汉时代家具制作的优良传统，吸取各民族的文化特长，并借鉴外来佛教文化形式；下启隋唐，为后来隋唐家

具制作的壮大成熟奠定了基础。

（2）隋唐时期的家具（581～907年）。

隋朝虽然结束了200多年的南北分裂的政治局面，建立了统一的封建国家。但由于立国时间太短，只有37年，遗留的隋代家具为数甚少，看不出独立的风格，只能说它是前代的延续。而唐代是中国各民族大统一的发展时期，特别是经历了"贞观之治"和"开元之治"以后，社会经济发展尤为迅速。

建立在发达的手工业和繁荣的文化基础上的唐代家具在用材用料、装饰方法、品种样式等方面都有新的成就和突破。其造型和装饰风格与博大旺盛的大唐国风是一脉相承的，在整个家具发展史上占有极其重要的地位，为高、矮型家具并存时期。这个时期的家具品种空前发展，名目相当繁多，家具品种、类别应有尽有，突出地体现了这个时期繁荣兴旺的时代特点。

唐代家具在制作工艺和装饰意匠上追求清新自由的格调，从而使得唐代家具形成了华丽妍润，丰满端庄的风格。唐代家具的艺术成就特色可归纳为以下几点：

第一，造型浑圆丰满。唐代家具的造型设计特点，多运用大弧度外向曲线，使家具造型浑厚圆润与唐代贵族妇女的体态丰腴形象融为一体。从传世和出土的唐代绘画看唐代家具，不论床榻或是凳椅的足，总是博大庄重，月牙凳、腰鼓墩造型体态敦厚，圆润丰满。

第二，装饰纹样生活化。唐代家具装饰纹样一改过去以动物纹占主导地位的传统特色，开始面向自然和生活，富有浓厚的生活情趣。大量应用自然界的植物纹样，主要有牡丹花、卷草、宝相花和各种禽鸟纹，组成了极富生活情趣的一幅幅画面。

第三，装饰技术多种多样。运用多种装饰方法追求富贵华丽的效果，如镂雕、螺钿、平脱金银、木画等。多种装饰手法的并用，大大丰富了唐代家具工艺

的艺术表现力，使家具装饰呈现出千姿百态的艺术魅力。

总之，大唐家具品种造型缤纷繁多，装饰风格华丽润妍，它熔铸东南西北、糅合古今中外，创造了灿烂的盛唐家具工艺风格，不仅对国内家具工艺的发展产生了深远影响，而且在世界家具史上占有重要地位，放射出灿烂光芒（图2-48、图2-49）。

（3）五代时期的家具（907～960年）。

唐朝灭亡后，中国进入了五代十国时期。五代十国是中国历史上一个纷乱割据的时期，各地军阀之间战争连绵不断，政治非常黑暗，尤其北方战争极为频繁，而在长江以南，战争规模小，时间不长，比北方安定，所以经济仍有所发展。

唐、五代，在家具发展的历史中，也算做具有特色的过渡阶段，是高型家具和矮型家具并存的历史时期。但五代时期高型家具比唐代更为普及，并逐渐形成新式高足家具较完整的组合。从南唐画家周文矩的《重屏会棋图》和顾闳中的《韩熙载夜宴图》等画中可以反映出当时各类高型家具颇为齐备（图2-50），各类家具功能的区别也日趋明显，家具陈设由不定式变成相对固定的陈设格局。家具装饰改大唐家具厚重、圆润华妍风格，变得较为简明。五代高型家具初显成熟的端倪，并为宋代家具步入成熟时期奠定了基础，是宋代家具简练、质朴新风的前奏曲。

2.2.1.3 宋（辽、金）、元时期的家具

（1）宋（辽、金）代的家具（960～1279年）。

宋代是我国家具史上的重要发展时期，也是中华民族的起居方式由席地坐转变到垂足坐的重要时期。从北宋末到南宋初，高型家具大发展，垂足坐已完全取代了席地坐，中国历史上起居方式的大变革，至此已经彻底完成。宋王朝自始至终处于与少数民族政权相对峙的局面，北宋与辽，南宋与金，差不多相随而存。在家具风格上，可以看出它们相互影响的痕迹，但民族之间的差别小于时代之间的差别。

宋代，包括辽金，历时300余年，家具的发展，可谓史无前例。高型家具的品种基本齐全，每个品种，又是形式多样，还创造了抽屉橱、琴桌、折叠桌、高几、交椅等形式。在造型和结构等方面表现的突出变化是：①梁柱式框架结构代替了箱体壶门式结构；②大量运用装饰性线脚，出现了许多不同于前代的装饰手法。如腿子上的多种变化，有马蹄腿、弯腿以及各种形式的雕花腿子等（图2-51、图2-52）。

宋代时期家具在室内的布置也有了一定的格局，大体上有对称和不对称两种方式。一般的厅堂布置是在屏风前面正中放置椅子，两侧各有四椅相对而置，或在屏风前置两圆凳，供宾主对坐。但书房与卧室的

家具布置取不对称方式，无固定格局。

宋代家具发展的总趋势是：有的变高了，有的变矮了，高、矮的变化主要取决于家具使用的场合。家具的装饰也由朴质趋向繁缛，但结构却由繁杂趋向简化。总之，宋代家具的发展已进入中国家具史上的繁荣昌盛时期，为明清家具的进一步发展打下了一个良好的基础。

（2）元代的家具（1206～1368年）。

元朝是中国历史上蒙古族统治者建立的一个统一王朝。大元帝国版图辽阔，国势强大，海陆交通发达，贸易频繁，密切了众多民族文化的联系，促进了海外文化的交流，从而也促进了各项手工业的发展。

图2-48　唐·周昉《挥扇仕女图》中的月牙凳

图2-49　敦煌217窟唐代壁画上的莲座

图2-50　五代·顾闳中《韩熙载夜宴图》中的家具

图 2-51　宋·李公麟《维摩演教图卷》中的榻

图 2-52　宋·《蕉阴击球图》中的
条案、交椅

元朝立国时间很短，保留下来的家具资料较少。但从出土的资料表明，这时期的家具有着与宋代家具迥异的风格。元代统治者尚武，习惯于游牧生活，他们勇猛善战，追求豪华享受，崇尚的是游牧文化中豪放无羁、雄壮华美的审美趣味。反映在家具制作上一改宋代家具简洁俊秀的风格，形成了元代家具造型上厚重粗大、装饰上繁复而华美的艺术风格。

元代时期的家具虽有所发展，但比较滞缓，地区间差别较大。其特点是：桌面缩入的桌案相当流行，但因缺乏科学性而遭时代淘汰。桌、案，侧面开始有牙条的安置。此外，高束腰圆形家具的使用和罗锅枨、霸王枨的出现也是当时家具的特征之一。家具的装饰图案多用如意云纹。

2.2.1.4　明、清时期的家具

（1）明代的家具（1368～1616 年）。

我国家具经过不断地变化、演进和发展，到了明代，进入了完备、成熟时期，形成了独特的风格，被世人誉为"明式家具"。明式家具风格的形成，离不开当时的社会条件。

第一，明朝统治阶级采取的一系列有效地恢复政治、经济的措施，使得社会生产力很快朝前发展。明朝在 16 世纪初叶，商品经济有了较大的发展，并出现了资本主义的萌芽。明代中后期，统治阶级采取的"以银代役"的政策，使得手工业者在为官方服役的同时，也获得了一定的人身自由，可以个人的名义从事手工业劳动，从而推动了手工业的向前发展。隆庆初年（1567 年），为缓和财政危机，开辟税源，政府开放海禁，南洋各地名贵木材得以进口，东南亚一带的木材如花梨、紫檀、红木等源源输入中国。这些出产于热带的木材质地坚硬，色泽和纹理优美，强度高，在制作家具时，可采用较小的构件断面制作精密榫卯，还可以进行精细的雕饰和线脚加工，加上手工艺的进步，为明式家具风格的形成准备了必要的物质条件。这些都是推动明代家具的质和量达到高峰的直接原因。

第二，中国木框架结构体系的完备和城市园林建筑的发展。中国家具式样是由建筑形式演变而来的，明代的建筑对明式家具结构的影响就是一个很重要的方面。明式家具装饰、卯榫与中国古典建筑一脉相承，有着异曲同工之妙。这个时期城市园林、宅第建筑兴起，人们已将房屋、结构、装修、家具、字画、工艺美术品等陈设品作为一个整体来处理，不同功能的室内空间有相应配套的家具与之适应。达官贵族府第均把家具作为室内设计的重要部分，在建筑房屋之初就根据室内进深、开间等尺度与功能需求筹划配置家具。特别是明后期家具已商品化，各种家具门类很多。所以说木构架建筑的完备对家具产生了深远的影响，园林宅第的兴起为家具大量生产提供了广阔的市场。

第三，工匠精湛的技艺和完善的木工工具对明式家具的积极作用。我国传统工匠的技艺经过几千年的发展到了明代已经相当娴熟，特别是木工工具的改进，提高了工效，且更适应于制作质地坚韧的硬木家具。木工工具种类增多，如刨就有细线刨、推刨、蜈蚣刨等，不同种类的工具运用于各类家具的加工。由于工匠们继承和发扬了先辈们的工艺技术，加之先进工具的利用，故能做出如此精良的明式家具。

第四，文人参与促使明代家具独特风格的形成。在明代有一大批文化名人，热衷于家具工艺的研究和家具审美的探求。他们玩赏、收藏、著书和参与家具设计之风蔚然兴起于文化圈内。他们站在自己的立场上，着眼于探讨家具的风格与审美，强调家具的古雅与精丽，崇尚远古的质朴之风，追求大自然的朴素无华，在制作方面强调家具的精密。这些文化名人的投入，无疑对于明代家具风格的成熟，起到一定的促进作用。

中国家具发展到明代，已经是品种齐全，造型丰富，按功能分，可概括为以下五大类：

①椅凳类：灯挂椅、官帽椅、圈椅、玫瑰椅、交

椅、方凳、条凳、坐墩、马札等（图2-53至图2-56）。

②桌案类：方桌、条桌、抽屉桌、月牙桌、炕桌、平头案、翘头案、架几案、条案、香几等（图2-57、图2-58）。

③橱柜类：圆角柜、方角柜、竖柜、四件柜、闷户橱、箱等（图2-59）。

④床榻类：罗汉床、架子床、拔步床等（图2-60、图2-61）。

⑤屏架类：座屏、面盆架、衣架、镜架、花台、灯架等（图2-62）。

明代孕育的明式家具是中国古典家具发展史上的

图2-53 明·紫檀镶楠木心长方机

图2-54 明·黄花梨四出头官帽椅

图2-55 明·黄花梨麒麟纹圈椅

图2-56 明·红漆嵌珐琅面龙戏珠纹圆凳

图2-57 明·黄花梨螭纹方桌

图2-58 明·花梨翘头案

图2-59 明·黄花梨对开门圆角柜

图2-60 明·黄花梨插肩榫六柱式架子床

图2-61 明·黄花梨罗汉床

图 2-62　明·黄花梨高面盆架

辉煌时期，多少世纪以来一直受到人们的赞誉和世界的瞩目，它那严谨科学的制作工艺和古雅简洁的艺术风格给世人留下了深刻的印象和回味。明式家具的独特之处是多方面的，一般可用四个字概括它的艺术特色，即"简、厚、精、雅"。简，是指它的造型简练，不烦琐、不堆砌，比例尺度相宜、简洁利落，落落大方；厚，是指它的形象浑厚，具有庄重、质朴的效果；精，是指它的做工精巧，一线一面，曲直转折，严谨准确，一丝不苟；雅，是指它的风格典雅，耐看，不落俗套，具有很高的艺术格调。其主要特点如下：

第一，明式家具结构科学，制作精良。明式家具的结构极富有科学性。在结构处除非绝对必要，一般是不用钉和胶的，主要运用卯榫结构，在不同的部位运用不同的卯榫，全凭卯榫的左右连接，既符合功能要求，又使之牢固，其攒边做法非常具有特色。结构与装饰的完美结合，是明式家具的一项伟大成就。合理地运用各种结构部件，使它们既起装饰作用，又起加固作用。如各种形式的圈口、券口、挡板、矮老、卡子花、罗锅枨、霸王枨、托泥等，它们在支撑家具的同时，也对家具起到了很好的美化作用。

第二，明式家具用材讲究、古朴雅致。明式家具充分运用木材的本色和纹理，不多加修饰。其选用的木材主要有紫檀、黄花梨、红木、鸡翅木、铁力木、乌木、楠木、榉木、樟木等。这些木材具有质地细腻、强度高、色泽纹理美的共同特点，其木质显露出本身优美的生长肌理和天然色泽。紫檀沉静，红木雅艳，花梨质朴，楠木清香，乌木深重。这些木质不加油漆，不作大面积的雕饰，只要磨光打蜡即可增辉，从而形成自己独特的风格，充分体现了明代文人追求古朴雅致的审美情趣。

第三，明式家具以线造型，含蓄圆润。严格的比例关系是家具造型的基础。明式家具局部与局部的比例，装饰与整体形态的比例，都极为匀称而协调。其造型多采用直线与曲线相结合的形式，集中了直线与曲线的优点，柔中带刚，虚中带实，刚柔相济，线条挺而不僵，柔而不弱，并且与功能要求极相吻合，表现出简练、质朴、典雅、大方之美。

第四，明式家具装饰适度，繁简相宜。明式家具的装饰手法，可以说是多种多样的，雕、镂、嵌、描都为所用。装饰用材也很广泛，珐琅、螺钿、竹、牙、玉、石等，样样不拒。但是，绝不贪多堆砌，也不曲意雕琢，而是根据整体要求，作恰如其分的局部装饰。如椅子背板上，做小面积的透雕或镶嵌，在桌案的局部，施以矮老或卡子花等。虽然已经施以装饰，但是从整体来看，仍不失朴素与清秀的本色，可谓适宜得体，锦上添花。

（2）清代的家具（1616～1911年）。

清朝自 1616～1911 年，是我国历史上最后一个封建王朝。清初由于统治阶级采取了一系列恢复发展生产的措施，使得农业、手工业、商业、对外贸易等都得到了全面的恢复与发展。到了乾隆时期，全国普遍呈现出繁荣昌盛的景象。在这种经济繁荣的历史背景下，皇宫开始修建宫室御苑，皇亲国戚，满汉的达官显贵们，也竞相建造府邸花园，这些对家具的发展起到了很大的推动作用。

清代家具从历史发展的角度来看，大致可分为三个阶段：

第一，清初到康熙初。家具基本上保留了明式家具的风格，其形制仍保持简练质朴的结构特征。

第二，康熙末至雍正、乾隆、嘉庆。这段时间是清代经济繁荣盛世之时，家具风格转向追求雍容华贵、繁缛雕琢的风尚。清代中叶以后，家具用料宽绰，体态凝重，体型宽大，装饰上求多求满，追求富丽华贵。多种材料结合，多种工艺并用，充分利用雕、嵌、描绘等手段，对家具进行精雕细作，家具制作技术达到炉火纯青的程度，并吸收了外来文化的长处，变肃穆为流畅，化简素为雍容的家具格调，被后世称为"清式风格"。

第三，清代晚期自道光以后，经历了鸦片战争等一连串的丧权辱国事件，中国开始进入半殖民地半封建社会，国势开始衰微，外来影响日益扩大，外来家具也不断输入，传统的家具风格，受到了冲击，中国传统家具开始走向衰落，同时也受到外来文化的影响，造型出现中西结合的意趣（图 2-63 至图 2-67）。

清式家具的一个重要特征就是形成了地域性的特点，不同的制作地点有其不同的风格，分别被称为"广作"、"京作"、"苏作"等。"广作"是指以广州为中心生产出来的家具。当时广州是我国对外贸易和

图 2-63　清·紫檀扶手椅　　图 2-64　清·紫檀有束腰四足海棠座面坐墩　　图 2-65　清·木胎黑漆描金有束腰带托泥大宝座

图 2-66　清·黄花梨三屏风罗汉床　　　　　　图 2-67　清·红木有束腰八足方凳

文化交流的一个重要门户。在清代中叶，广州商业机构的建筑已大多模仿西洋样式，与建筑相适应的家具也逐渐形成时代所需要的新款式。于是大胆吸取了西方洛可可家具的风格特点，追求女性的曲线美，用料粗大，体质厚重，过多装饰，甚至堆砌，形成了雕刻繁缛的艺术风格特点。"京作"家具一般以清代制作的宫廷家具为代表。清代康、雍、乾三代盛世时，经济繁荣，清代满族统治者为了显示其正统的地位，对皇室家具制作、用料、尺寸、雕刻、摆设等样样过问，在家具造型上竭力显示其正统、威严的气势。为迎合清皇室的爱好，甚至名流学士也参与设计，加之四方能工巧匠汇集于京，设计出了前所未有的"京式"家具。在家具装饰纹样上，"京式"家具巧妙地利用了皇宫收藏的商周青铜器以及汉代画像石、画像砖的装饰为素材，使之显露出一种古色富丽的艺术形象和庄重威严的皇家气派。"苏作"家具是以苏州为代表生产制作的家具。苏式家具形成较早，是明式家具的主要发祥地。苏式家具大体继承明式家具的特点，在造型和纹饰方面较朴素、大方。但进入清代中叶以后，随着社会风气的变化，苏式家具多少也受其影响。苏式家具制作形体较小，常用包镶手法。包镶手法就是用杂木为骨架，外面粘贴硬木薄板，一般将接缝做在棱角处，使家具木质纹理保持完整，这种包

镶技艺已经达到炉火纯青的地步。由于硬质木料来之不易，用料精打细算，常在看面以外处掺杂其他杂木，所以家具制作大多油饰漆里，起掩饰和防潮作用。

总之，清式家具在继承历代传统家具制作工艺和装饰手法上有所发展和创新，以造型浑厚稳定、装饰手法雍容华贵而著称，所形成的家具制作新风尚与清代康乾盛世的国势与民风相吻合，为世人所称赞。

2.2.2　中国近现代家具

2.2.2.1　中国的近代家具

1840 年鸦片战争后我国进入了半殖民地半封建社会。随着资本主义生产方式的兴起，传统家具发生了相应的变化。我国沿海的通商口岸，出现了外商投资开办的家具厂，有的制作经营中国传统家具，有的专门仿制欧洲古典家具或美国殖民式家具，从而影响了中国近代家具的品种、形式、结构和工艺制作。

20 世纪二三十年代，随着西方各种设计思潮的传播，中国近代家具在沿海一些大城市呈现出复杂的变化，形成了所谓"近代式"、"摩登式"、"大檐帽式"、"混合式"、"茄门式"以及日本占领中国时的"复兴式"、"兴亚式"等家具形式以及 1940 年盛行一种美国的"流线形"家具。与此同时，中国的传

统家具与现代家具按不同的经营方式发展，比较简化的榫结构开始广泛流行。胶合板问世后，框式嵌板结构得到了发展，成为我国广大地区乐于采用的工艺做法。

2.2.2.2　中国现代家具的状况

新中国成立以来，我国家具在造型风格和结构上变化不大，缺少创新，由于历史原因，中国家具经历了50年代以前的框式结构，六七十年代的板式结构，直到20世纪80年代以后，随着改革开放的到来，才开始打破这种僵化的格局，各种不同所有制的家具企业开始学习国外的先进技术，中国家具工业沿着仿制、改进、消化、创新的路子不断发展壮大起来。板式家具开始出现并打破了家具的传统结构，提倡形式服从功能，以面造型，实用性很强，加上板式家具生产的机械化所形成的简洁美，迎合了当时人们追求现代感的审美心理，从而掀起了20世纪80年代的板式家具热，但由于起步较迟，发展也不快。到了20世纪90年代，随着市场经济的蓬勃发展，人们审美意识的进一步提高，家具行业的竞争也日趋激烈，80年代那种单一、实用、简练、没有多余装饰的"现代"家具，很快被一些带有象征性，具有个性化特征的高格调家具所代替，家具市场呈现出五彩缤纷的局面。尽管木质材料、金属、织物、竹藤、玻璃与塑料均为现代家具制造的材料，但在90年代或是将来更长一段时间内，木质材料，尤其是各种人造板仍将是制造家具所大量应用的主要材料。虽说实木家具销售呈上升趋势，但就全国而言，板式贴纸家具仍是主流。90年代的板式家具主要是使用刨花板、中密度纤维板等基材的基础上，广泛采用国内外不同材质（木质与非木质）的装饰材料，通过胶贴、镶嵌等装饰方法以及真空模压、薄木贴面等手段使家具表面在色彩、线条、造型上富于变化，具有立体的装饰效果，通过使用木纹纸、刨切薄木、实木封边、实木线型等手段达到板式家具具有实木外观或实现局部实木化的效果。

目前中国家具的出口，以来样加工（OEM方式）为主，这是中国家具设计师面临的严峻问题，中国家具设计师必须在充分挖掘和保留中国传统家具民族特色的基础上，以人为本，运用当代设计思潮中已经出现的"折中"和"重构"理论，开发、创造出更多具有民族形式的新产品，以满足现代社会人们对家具多元化的需求。可喜的是在当前社会上风行所谓的"西洋风"、"欧洲古典风"的时尚中，已有设计人员，在家具设计中立足传统文化，做出了人们喜闻乐见的设计，他们在设计中利用传统，不是简单地模仿抄袭古家具中传统语言和符号，更不是把古家具机械地搬进现代的室内，而是深刻领悟中华民族悠久的历史文化内涵，从材料、色彩、质感等方面进行再创作，设计出了具有我国民族形式和科学内涵的家具，这一趋势正在不断发展，从而创造了中国民族传统文化与时代融为一体的新形式，可谓"取传统神韵，扬现代风格"。在新一代家具设计师的努力下，我们看到的将是植根于中华民族艺术、融合现代生活方式、讲究精美雅致且具有中国韵味的装饰和优美比例、展现出东方魅力的新一代家具。

总之，中国家具业自改革开放以来，已取得了超常的发展，市场经济的逐步导入和建立使中国的家具业充满生机，已经打破了过去那种以作坊式生产，地区性销售的传统格局，代之形成了加工设备日趋精良，人造板材应用普及，木材处理技术提高，配件生产专业化和市场商品大流通发展新局面，为家具工业化生产创造了一定条件。在1978~1996年，中国家具每年以15%~20%的速度发展，正在大步追赶国际家具业的发展潮流。目前在全面地向工业化过渡的进程中，中国家具工业在生产制作方式上所存在的突出问题是手工含量高和应变能力差，从而在激烈的市场竞争中，无法满足产品的多样化需求。在当今的21世纪，如何解决小批量多品种生产的市场需求与工业化生产体系高质高效能力之间的矛盾是中国家具行业发展的关键与方向。以人为本虽是20世纪的口号，但对现今的21世纪，更具有深层次的意义，那就是要更深入地在家具设计中体现对老人、残疾人和儿童的关怀，并成为一个普遍和普及的措施。此外，生产绿色家具的环保理念会进一步加强，在世界经济进入全球化的今天，中国家具业将会全面完成工业化进程，与国际家具业并驾齐驱。

第 **3** 章
人体工程学与家具功能设计

家具的服务对象是人，设计与生产的每一件家具都是由人使用的。因此，家具设计的首要因素是符合人的生理机能和满足人的心理情感需求。在家具的设计过程中，要求以科学的观点来研究家具与人体心理情感和生理机能的相互关系，在对人体的构造、尺度、体感、动作、心理等人体机能特征的充分理解和研究的基础上来进行家具系统化设计。

家具的功能设计是家具设计的主要设计要素之一。功能对家具的结构和造型起着主导的和决定性的作用，不同功能有其不同的造型，在满足人类多种多样的要求下，力求家具能够舒适方便、坚固耐用、易于清洁，满足一切使用上的要求。功能决定着家具造型的基础形式，是设计的基础。

家具设计的目的是更好地满足人在家具功能使用上的要求，家具设计师必须了解人体与家具的关系，把人体工程学知识应用到现代家具设计中来。

3.1 概 述

3.1.1 人体工程学的定义

人体工程学（human engineering 或 ergonomics）又称人机工程学、人类工程学、人类工效学、人体工学、人间工学等，它是研究"人—机（物）—环境"系统中三个要素之间的关系，使其符合于人体的生理、心理及解剖学特性，从而改善工作与休闲环境，提高人的作业效能和舒适性，有利于人的身心健康和安全的一门边缘学科。

在人、机、环境三个要素中，"人"是指作业者或使用者，人的心理特征、生理特征以及人适应机器和环境的能力都是人体工程学重要的研究课题。"机"是指机器，但较一般技术术语的意义要广得多，包括人操作和使用的一切产品和工程系统。怎样才能设计出满足人的要求、符合人的特点的产品，是人体工程学探讨的重要问题。"环境"是指人们工作和生活的环境，噪声、照明、温度等环境因素对人的工作和生活的影响是人体工程学研究的主要对象。

3.1.2 人体工程学在家具功能设计中的作用

（1）确定家具的最优尺寸。人体工程学的重要内容是人体测量，包括人体各部分的基本尺寸、人体肢体活动尺寸等，为家具设计提供精确的设计依据，科学地确定家具的最优尺寸，更好地满足家具使用时的舒适、方便、健康、安全等要求。同时，也便于家具的批量化生产。

（2）为设计整体家具提供依据。家具设计师要通过人体工程学的知识，综合考虑人与家具及室内环境的关系并进行整体系统设计，这样才能充分发挥家具的总体使用效果。

3.2 人体生理机能与家具

3.2.1 人体基本知识

家具设计首先要研究家具与人体的关系，要了解人体的构造及构成人体活动的主要组织系统，即人体生理机能特征的基础。

人体是由骨骼系统、肌肉系统、消化系统、血液循环系统、呼吸系统、泌尿系统、生殖系统、内分泌系统、神经系统、感觉系统等组成。这些系统互相配合、相互制约，共同维持着人的生命和完成人体的活动。在这些组织系统中，与家具设计有密切关联的是骨骼系统、肌肉系统、神经系统和感觉系统等。

3.2.1.1 骨骼系统

骨骼是人体的支架，是家具设计测定人体比例、人体尺度的基本依据。骨骼中骨与骨的连接处为关节，人体通过不同类型和形状的关节进行着屈伸、内收外展、回旋等各种不同的动作和运动，由这些局部的动作组合而形成人体各种姿态。家具要适应人体活动及承托人体动作的姿态，就必须研究人体各种姿态下的骨关节转动与家具的关系。

3.2.1.2 肌肉系统

肌肉有横纹肌、心肌和平滑肌。骨、关节的运动都靠横纹肌随人的意志而活动，使人体在使用家具时保持一定的姿势。心肌和平滑肌的活动，虽然也受情绪的影响，但不受人的意志所控制。肌肉的收缩和舒展支配着骨骼和关节的运动。在人体保持一种姿态不变的情况下，肌肉则因长期的紧张状态而极易产生疲劳。因此，人们需要经常变换活动的姿态，使各部分的肌肉收缩得以轮换休息。供人们休息的家具，就是在于能够松弛肌肉，减少或消除肌肉的疲劳。另外，肌肉的营养是靠血液循环来维持的，如果血液循环受到压迫而阻断，则肌肉的活动就将产生障碍。因此，在家具设计中，特别是坐卧类家具，要研究家具与人体肌肉承压面的关系。

3.2.1.3 神经系统

人体各个器官系统的活动都是在神经系统的支配下，通过神经体液调节而实现的。神经系统的主要部分是脑和脊髓，它和人体各个部分发生紧密的联系，以反射为基本活动方式，调节人体的各种活动。

3.2.1.4 感觉系统

激发神经系统起支配人体活动的机构是人的感觉系统。人们通过眼、耳、皮肤、鼻、口舌等感觉器官产生视觉、听觉、触觉、嗅觉、味觉等感觉系统所接受到的各种信息，刺激达到大脑中枢而产生感觉意识，然后由大脑发出指令，由神经系统传递到肌肉系统，产生反射式的行为活动，如晚间睡眠在床上仰卧时间久后，肌肉受压通过触觉传递信息后作出反射性的行为活动——翻身侧卧。

3.2.2 人体基本动作

人体的动作形态是相当复杂而又变化万千，从坐、卧、立、蹲、跳、旋转、行走等都会显示出不同形态所具有的不同尺度和不同的空间需求。从家具设计的角度来看，合理地依据人体一定姿态下的肌肉、骨骼的结构来设计家具，能调整人的体力损耗、减少肌肉的疲劳，从而极大地提高动作效率。因此，在家具设计中，对人体动作形态的研究显得十分必要。与家具设计密切相关的人体动作形态主要是立、坐、卧。

3.2.2.1 立

人体站立是一种最基本的自然姿态，由骨骼和无数关节支撑而成。当人直立进行各种活动时，由于人体的骨骼结构和肌肉运动处在变换和调节状态中，所以人们可以做较大幅度的活动和较长时间的工作，如果人体活动长期处于一种单一的行为和动作，人体一部分关节和肌肉将长期地处于紧张状态，极易感到疲劳。人体在站立活动中，活动变化最少的应属腰椎及其附属的肌肉部分。因此，人的腰部最易感到疲劳，这就需要人们经常活动腰部和改变站姿。

3.2.2.2 坐

人体的躯干结构是支撑上部身体重量和保护内脏不受压迫，当人体站立过久时，就需要坐下来休息。当人坐下时，由于骨盆与脊椎的关系失去了原有直立姿态时的腿骨支撑关系，人体的躯干结构就不能保持原有的平衡和姿势。因此，就需要辅以依靠适当的坐平面和靠背倾斜面，对人体加以支撑和保持躯干的平衡，使人体骨骼、肌肉在人坐下来时能获得合理的松弛状态。为此，人们设计了各类坐具以满足坐姿状态下的各种使用功能。另外，人们的活动和工作也有相当大的部分是坐着进行的。因此，需要更多地研究人坐着活动时骨骼和肌肉的关系。

3.2.2.3 卧

不管站立和坐，人的脊椎骨骼和肌肉总是受到压迫和处于一定的收缩状态，卧的姿态，才能使脊椎骨骼的受压状态得到真正的松弛，从而得到最好的休息。因此，从人体骨骼与肌肉结构的观点来看，卧不能看做站立姿态的横倒。当人处于卧与坐的动作姿态，其腰脊椎形态位置是完全不一样的，站立时基本上是自然 S 形，而仰卧时接近于直线。因此，只有把卧作为特殊的动作形态来认识，才能真正理解卧的意义和掌握好卧具（床）的功能设计。

3.2.3　人体尺寸

人体尺寸是家具功能设计最基本的依据。人体尺寸可分为构造尺寸和功能尺寸。

构造尺寸是指静态的人体尺寸，对与人体有直接关系的物体有较大关系，如家具、服装和设备等，主要为各种家具、设备提供数据。

功能尺寸是指动态的人体尺寸，是人在进行某种功能活动时肢体所能达到的空间范围。对于大多数的设计，功能尺寸可能有更广泛的用途。在使用功能尺寸时强调的是在完成人体的活动时，人体各个部分是不可分的，不是独立工作，而是协调动作。

要确定一件家具的尺寸是多少才最适宜于人们的方便使用，就要先了解人体各部位固有的构造尺寸，如身高、肩宽、臂长、腿长等，以及人体在使用家具时的功能尺寸，即立、坐、卧时的活动范围。人体尺寸与家具尺寸有着密切的关系。

在设计上满足所有人的要求是不可能的，但必须满足大多数人。因此，我们在进行家具设计时要学会选择适应设计对象的数据，要充分考虑人体尺寸的差异，包括种族的差异、世代的差异、地域的差异、年龄的差异、性别的差异以及正常与非正常人体（残疾人）的差异。有了完善的人体尺寸数据，还只是第一步，而学会正确使用这些数据才能真正达到运用人体工程学知识设计家具的目的。通常对统计的人体尺寸数据范围采取去两头的方法，大多数情况下考虑其中 5 百分位（百分位是具有某一人体尺寸和小于该尺寸的人占统计对象总人数的百分比）、95 百分位或50 百分位的大多数人，而不是仅考虑平均值。一个基本的原则就是要符合"最大最小的原则"，即多数情况下会采用 5 百分位和 95 百分位这两个百分位，而少用 50 百分位。用一句通俗的话表示就是"够得着的距离，容得下的空间"。选用数据的方法举例如下：

（1）由人体总高度宽度决定的物体，以 95 百分位为依据，满足大个子的需要，小个子自然没问题，例如床的宽度和长度。

（2）由人体某一部分的尺寸决定的物体，以 5 百分位为依据，例如小腿长决定的坐高，小个子的人脚能踏到地，那大个子的人自然没问题（如果以 50

百分位为依据，那么会有 50% 的人脚踩不到地）。

（3）目的不在于确定界限而在于决定最佳范围、常用高度，以 50 百分位为依据，例如门把手、柜子把手的高度。

（4）特殊情况涉及安全问题时，还可能要考虑更小范围的群体，此时要采用极端的数值，即 1 百分位或 99 百分位。例如栏杆间距、安全出口的宽度。

3.2.4　家具功能与人体生理机能

我们生活中使用的每一件家具，都是为了一定的使用要求而设计、制造的，所以，家具设计的首要目的应该是功能合理，即要求家具在使用上的舒适、方便、利于储运和清洁，并为人们的生活环境增添乐趣。

家具功能合理很主要的一个方面，就是如何使家具的基本尺度适应人体静态或动态的各种姿势变化，诸如休息、座谈、学习、娱乐、进餐、操作等。而这些姿势和活动无非是靠人体的移动、站立、坐靠、躺卧等一系列的动作连续协同而完成的。

因此，家具功能设计必须要以人的生理状态的条件为基础，运用人体工程学的原理来设计出使用者操作方便、不易疲劳、不产生失误而且效率高的家具。家具功能设计的主要工作是客观地掌握人体尺寸、四肢活动的范围，使人体在休息或在进行某种工作时能够达到目的，并由此产生正常的生理和心理变化。

在家具设计中对人体生理机能的研究可以使家具设计更具科学性。由人体活动及相关的姿态，人们设计生产了相应的家具，根据家具与人和物之间的关系，可以将家具划分成三类：

（1）坐卧类（支承类）家具：与人体直接接触，起着支承人体活动的坐卧类家具（又分为坐具类和卧具类），如椅、凳、沙发、床、榻等。其主要功能是适应人的工作或休息。

（2）凭倚类家具：与人体活动有着密切关系，起着辅助人体活动、供人凭倚或伏案工作、并可贮存或陈放物品的凭倚家具（虽不直接支承人体，但与人体构造尺寸和功能尺寸相关），如桌、台、几、案、柜台等。其主要功能是满足和适应人在站、坐时所必需的辅助平面高度或兼作存放空间之用。

（3）储藏类（储藏类）家具：与人体产生间接关系，起着储藏或陈放各类物品以及兼作分隔空间的作用的储藏类家具，如橱、柜、架、箱等。其主要功能是有利于各种物品的存放和存取时的方便。

这三大类家具基本上囊括了人们生活及从事各项活动所需的家具。家具设计是一种创造性活动，它必须依据人体尺度及使用要求，将技术与艺术诸要素加以完美的结合。

3.3 坐具类家具的功能设计

坐与卧是人们日常生活中最多动的姿态，如工作、学习、用餐、休息等都是在坐卧状态下进行的。因此，椅、凳、沙发、床等坐卧类家具的作用就显得特别重要。

按照人们日常生活的行为，人体动作姿态可以归纳为从立姿到卧姿的八种不同态势，如图3-1所示。其中有三个基本形是适用于工作形态的家具，另有三个基本形是适用于休息形态的家具。通常是按照这种使用功能作为坐卧类家具的细分类。

坐卧类家具的基本功能是满足人们坐得舒服、睡得安宁、减少疲劳和提高工作效率。其中，最关键的是减少疲劳。如果在家具设计中，通过对人体的尺度、骨骼和肌肉关系的研究，使设计的家具在支承人体动作时，将人体的疲劳度降到最低状态，也就能得到最舒服、最安宁的感觉，同时也可保持最高的工作效率。

然而形成疲劳的原因是一个很复杂的问题，但主要来自肌肉和韧带的收缩运动，并产生巨大的拉力。肌肉和韧带处于长时间的收缩状态时，人体就需要给这部分肌肉供给养料，如供养不足，人体的部分机体就会感到疲劳。因此在设计坐卧类家具时，必须考虑人体生理特点，使骨骼、肌肉结构保持合理状态，血液循环与神经组织不过分受压，尽量设法减少和消除产生疲劳的各种因素。

图3-2所示为人体不同姿态与腰椎变化的关系。当人坐下来时，腰椎就很难保持原来的自然状态，而是随着不同的坐姿经常改变其曲度。图中姿势b（人体侧卧、上下肢稍加弯曲时）是腰椎处于最接近站

立时呈自然状态的腰椎曲线a。而曲线b是人体坐姿和下肢稍曲时，腰椎处于最自然的状态，也即休息最有效的状态。因此，在设计椅子或沙发时，应当使靠背的形状和角度接近于适应人坐姿时的腰椎曲线，接近于曲线b。

3.3.1 坐具的基本尺度与要求

3.3.1.1 工作用坐具

一般工作用坐具的主要品种有凳、靠背椅、扶手椅、圈椅等，它的主要用途是既可用于工作，又利于休息。工作用椅可分为作业用椅、轻型作业椅、办公椅和会议椅等。

（1）坐高：凳（没有靠背）的坐高是指坐面与地面的垂直距离；椅坐面常向后倾斜或做成凹形曲面，通常以坐面前缘至地面的垂直距离作为椅坐高。

坐高是影响坐姿舒适程度的重要因素之一，坐面高度不合理会导致不正确的坐姿，并且坐的时间稍久，就会使人体腰部产生疲劳感。通过对人体坐在不同高度的凳子上其腰椎活动度的测定（图3-3）可以看出凳高为400mm时，腰椎的活动度最高，即疲劳感最强。稍高或稍低于此数值者，其人体腰椎的活动度下降，舒适度也随之增大，这意味着凳子比400mm稍高或稍低都不会使腰部感到疲劳，在实际生活中人们喜欢坐矮板凳从事活动的道理就在于此，人们在酒吧间坐高凳活动的道理也相同。

对于有靠背的坐椅，其坐高既不宜过高，也不宜

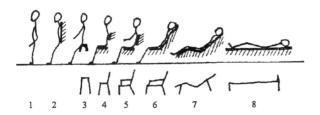

图3-1 人体各种姿势与坐卧家具类型

1.立姿 2.立姿并倚靠某一物体 3.坐凳状态，可作制图、机器操作等 4.坐面、靠背支撑着人体，可作一般性工作、用餐、读书等使用的小型椅子 5.较舒适的姿势，椅子有扶手，用于用餐、读书等 6.很舒适的姿势，属沙发类的休息用椅 7.躺状休息用椅 8.完全休息状态用床

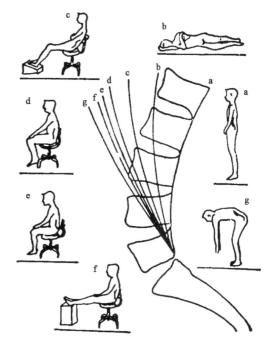

图3-2 姿势与腰椎的关系

过低，它与人体在坐面上的体压分布有关。不同高度的椅面，其体压分布情况有显著差异，坐感也不尽相同，它是影响坐姿舒服与否的重要因素。坐椅面是人体坐时承受臀部和大腿的主要承受面，通过测试，不同高度的坐椅面的体压分布如图 3-3 所示，可看出臀部的各部分分别承受着不同的压力，椅坐面过高，两足不能落地，使大腿前半部近膝窝处软组织受压，时间久了，血液循环不畅，肌腱就会发胀而麻木；如果椅坐面过低，则大腿碰不到椅面，体压分布就过于集

中，人体形成前屈姿态，从而增大了背部肌肉负荷，同时人体的重心也低，所形成的力距也大，这样使人体起立时感到困难（图 3-4）。因此，设计时应力求避免上述情况的出现，并寻求合理的坐高与体压分布，根据坐椅的体压分布情况来分析，椅坐高应小于坐者小腿腘窝到地面的垂直距离，使小腿有一定的活动余地。因此，适宜的坐高应当等于小腿腘窝高加 25～35mm 鞋跟高后，再减 10～20mm 为适宜。

（2）坐深：主要是指坐面的前沿至后沿的距离。

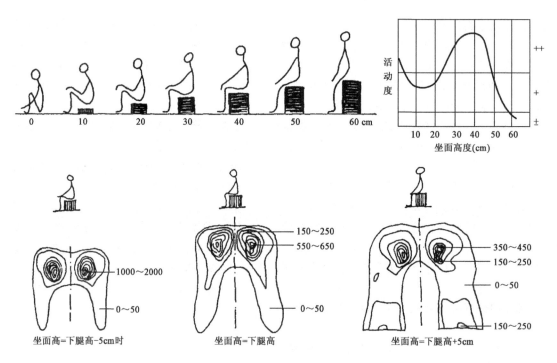

图 3-3　不同坐高与体压分布（g/cm²）

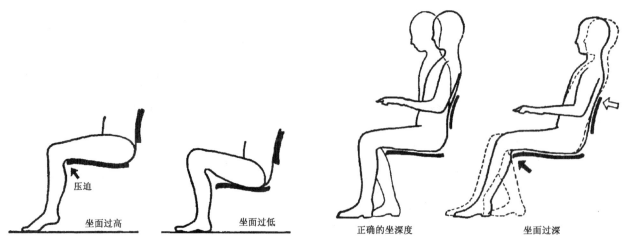

图 3-4　坐面高度不适例　　　　图 3-5　人体与坐面深度

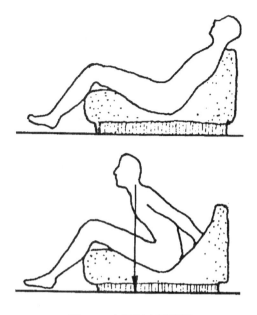

图3-6　坐面深度不适例

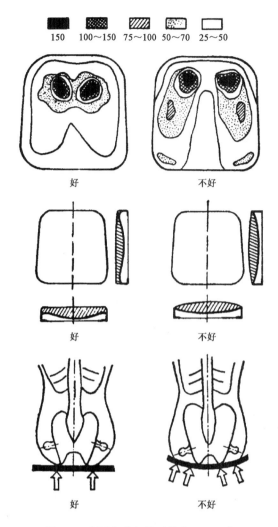

图3-7　坐面曲度与体压分布（g/cm²）

它对人体舒适度影响也很大，如坐面过深，则会使腰部的支撑点悬空，靠背将失去作用，同时膝窝处还会受到压迫而产生疲劳。同时，坐面过深，还会使膝窝处产生麻木的反应，并且也难起立（图3-5）。因此，坐面深度要适度，通常坐深小于人坐姿时大腿水平长度，使坐面前沿离开小腿有一定的距离，以保证小腿的活动自由（图3-6）。我国人体的平均坐姿大腿水平长度为男性445mm、女性425mm，所以坐深可依此值减去椅坐前缘到膝窝之间应保持的大约60mm空隙来确定，一般选用380～420mm之间的坐深是适宜的。对于普通工作椅，在正常就坐情况下，由于腰椎到骨盆之间接近垂直状态，其坐深可以浅一点，而对于一些倾斜度较大，专供休息的靠椅，因坐时人体腰椎到骨盆也呈倾斜状态，所以坐深就要略加深，也可将坐面与靠背连成一个曲面。

（3）坐宽：根据人的坐姿及动作，椅子的坐面往往呈前宽后窄，前沿宽度称坐前宽，后沿宽度称坐后宽。

椅坐的宽度应当能使臀部得到全部的支承，并且有适当的活动余地，便于人能随时调整其坐姿。肩并肩坐的联排椅，宽度应能保证人的自由活动，因此，应比人的肘至肘宽稍大一些。一般靠背椅坐宽不小于380mm就可以满足使用功能的需要；对扶手椅来说，以扶手内宽作为坐宽尺寸，按人体平均肩宽尺寸加上适当余量，一般不小于460mm，其上限尺寸应兼顾功能和造型需要，如就餐用的椅子，因人在就餐时，活动量较大，则可适当宽些。坐宽也不宜过宽，以自然垂臂的舒适姿态肩宽为准。

（4）坐面曲度：人坐在椅、凳上时，坐面的曲度或形状也直接影响体压的分布，从而引起坐感觉的

变异，如图3-7所示。从图中可知，左方的体压分布较好，右方的欠佳，坐感不良。其原因是左边的压力集中于坐骨支承点部分，大腿只受轻微的压力；而右边的则有相当的压力要由腿部软组织来承受。尽管从坐面外观来看，似乎右边的舒适感比左边为好，但实际情况恰恰相反，所以坐椅也不宜过软，因为，坐垫愈软，则臀部肌肉受压面积愈大，而致坐感不舒服。

以往曾有一些椅坐面挖成适合于臀部的形状，但实际使用并不适宜。其原因是这类椅坐曲面很难充分适合于各种人的需要，而却会妨碍臀部和身体的活动和坐姿的调整。因此，设计时应注意尽量使腿部的受压降低到最低限度。由于腿部软组织丰富，无合适的立承位置，不具备受压条件（有股动脉通过），故椅坐面宜多选以半软稍硬的材料，坐面前后也可略显微曲形或平坦形，这有利于肌肉的松弛和便于起坐动作。

（5）坐面倾斜度：一般坐椅的坐面是采用向后倾斜的，后倾角度以3°～5°为宜。但对工作用椅来说，水平坐面要比后倾斜坐面好一些。因为当人处于

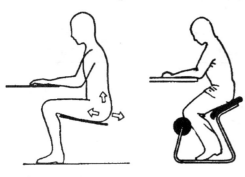
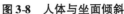

图3-8　人体与坐面倾斜

图3-9　平衡椅

工作状态时，若坐面是后倾的，人体背部也相应向后倾斜，势必产生人体重心随背部的后倾而向后移动，这样一来，就不符合人体在工作时重心应落于原点趋前的原理，这时，人在工作时为提高效率，就会竭力欲图保持重心向前的姿势，致使肌肉与韧带呈现极度紧张的状态，不多时间，人的腰、腹、腿等处就开始感到疲劳，引起酸痛（图3-8）。因此，一般工作用椅的坐面以水平为好，甚至也可考虑椅面向前倾斜。如通常使用的绘图凳面是前倾的；挪威设计师曾依据人体工程的平衡原理设计一种具有独创性的"平衡椅"（图3-9），坐面向前倾斜30°左右，并在膝前设膝靠垫，使人体自然向前倾斜，尽可能保证最接近于上身站立时的自然脊椎状态，把人的重量分布在坐骨支撑点和膝支撑点上，使背部、腹部、臀部肌肉全部放松，便于集中精力于工作，又有利于改变坐姿，从而提高工作效率。一般情况下，在一定范围内，后倾角越大，休息性越强，但不是没有限度的，尤其是对于老年使用的椅子，倾角不能太大，因为会使老年人在起坐时感到吃力。

（6）椅靠背：人若笔直地坐着，躯干得不到支撑，背部肌肉也就显得紧张，渐呈疲劳现象，因此，就需要用靠背来弥补这一缺陷。椅靠背的作用就是要使躯干得到充分的支承，通常靠背略向后倾斜，能使人体腰椎获得舒适的支承面，同时，靠背的基部最好有一段空隙，利于人坐下时，臀肌不致受到挤压（图3-10）。在靠背高度上有肩靠、腰靠和颈靠三个关键支撑点。肩靠应低于肩胛骨（相当于第9胸椎，高约460mm），以肩胛的内角碰不到椅背为宜。腰靠应低于腰椎上沿，支撑点位置以位于上腰凹部（第2～4腰椎处，高为18～250mm）最为合适。颈靠应高于颈椎点，一般应不小于660mm。

无论哪种椅子，如能同时设置肩靠与腰靠，对舒适是有利的。通常，对于专供操作的工作用椅（包括酒吧高椅），工作时身体前倾，只设腰靠，不设肩

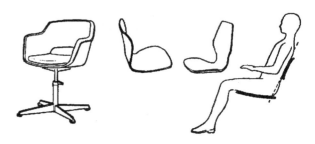

图3-10　人体与靠背基部

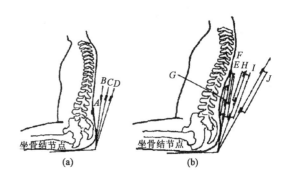

图3-11　人体与靠背支撑点
（a）一点支撑　（b）二点支撑

靠，以便于腰关节与上肢能自由活动，具有最大的活动范围（图3-11）。靠背斜度较大的轻度工作用椅则应同时设置肩靠。休息用椅因肩靠稳定，亦可省去腰靠。躺椅则需增设颈靠，以支承斜仰的头部。

表3-1为日本家具研究者通过对人体肌肉活动度的测试分析，从中综合选出10组最佳支撑位置的数值，可作为椅子设计时参考。

3.3.1.2　休息用坐具

休息用坐具的主要品种有躺椅、沙发、摇椅等。它的主要用途就是要让人充分地得到休息，也就是说它的使用功能是把人体疲劳状态减至最低程度，使人获得满意的舒适效果。因此，对于休息用椅的尺度、

表3-1　靠背最佳支撑条件

支撑点		上体角度（°）	上部		下部	
			支撑点高度（mm）	支撑面角度（°）	支撑点高度（mm）	支撑面角度（°）
一个支撑点	A	90	250	90	—	—
	B	100	310	98	—	—
	C	105	310	104	—	—
	D	110	310	105	—	—
两个支撑点	E	100	400	95	19	100
	F	100	400	98	25	94
	G	100	310	105	19	94
	H	110	400	110	25	104
	I	110	400	104	19	105
	J	120	500	94	25	129

角度、靠背支撑点、材料的弹性等的设计要给予精心考虑。

（1）坐高与坐宽：通常认为椅坐前缘的高度应略小于膝腘窝到脚跟的垂直距离。据测量，我国人体这个距离的平均值，男性为410mm，女性为360～380mm。因此，休息用椅的坐高宜取330～380mm较为合适（不包括材料的弹性余量）。若采用较厚的软质材料，应以弹性下沉的极限作为尺度准则。坐面宽也以女性为主，一般在430～450mm以上。

（2）坐倾角与椅夹角：坐面的后倾角以及坐面与靠背之间的夹角（椅夹角或靠背夹角）是设计休息用椅的关键，由于坐面向后倾斜一定的角度，促使身体向后倾，有利人体重量分移至靠背的下半部与臀部坐骨结节点，从而把体重全部抵住。而且，随着人体不同休息姿势的改变，坐面后倾角及其与靠背的夹角还有一定的关联性，靠背夹角越大，坐面后倾角也就越大，如图3-12所示。一般情况下，在一定范围内，倾角越大，休息性越强，但不是没有限度的，尤其是对于老年使用的椅子，倾角不能太大，因为会使老年人在起坐时感到吃力。

通常认为沙发类坐具的坐倾角以4°～7°为宜，靠背夹角（斜度）以106°～112°为宜；躺椅的坐倾角可在6°～15°之间，靠背夹角可达112°～120°。随着坐面与靠背夹角的增大，靠背的支撑点就必须分别增加到2～3个，即第2与第9胸椎（即肩胛骨下沿）两处，高背休息椅和躺椅还须增高至头部的颈椎。其中以腰椎的支撑最重要，如图3-13所示。

（3）坐深：休息用椅由于多采用软垫做法，坐面和靠背均有一定程度的沉陷，故坐深可适当放大。

轻便沙发的坐深可在480～500mm之间；中型沙发在500～530mm之间就比较合适；至于大型沙发可视室内环境作适当放大。如果坐面过深，人坐在上面，腰部接触不到靠背，结果支撑的部位不是腰椎，而是肩胛骨，上身被迫向前弯曲，造成腹部受挤压，使人感到不适和疲劳。

（4）椅曲线：休息用椅的椅曲线是椅坐面、靠背面与人体坐姿时相应的支撑曲面（图3-14）。它是建立在坐面体压分布合理的基础上，通过这样的整体曲面来完成支撑人体各部位的任务，并将使用功能与造型美很好地结合在一起，使人们唤起一种美与力的意象。按照人体坐姿舒适的曲线来合理确定和设计休息用椅及其椅曲线，可以使腰部得到充分的支撑，同时也减轻了肩胛骨的受压。但要注意托腰（腰靠）部的接触面宜宽不宜窄，托腰的高度以185～250mm较合适。靠背位于腰靠（及肩靠）的水平横断面宜略带微曲形以适应腰围（及肩部），一般肩靠处曲率半径为400～500mm，腰靠处曲率半径为300mm。但过于弯曲会使人感到不舒适，易产生疲劳感（图3-15）。靠背宽一般为350～480mm。

（5）弹性：休息用椅软垫的用材及其弹性的配合也是一个不可忽视的问题。弹性是人对材料坐压的软硬程度或材料被人坐压时的反回度。休息椅用软垫材料可以增加舒适感，但软硬应有适度。一般来说，小沙发的坐面下沉以70mm左右合适，大沙发的坐面下沉应在80～120mm合适。坐面过软，下沉度太大，会使坐面与靠背之间的夹角变小，腹部受压迫，使人感到不适，起立也会感到困难。因此，休息用椅软垫的弹性要搭配好，为了获得合理的体压分布，有利于肌肉的松弛和便于起坐动作，应该是靠背比坐面软一些。

在靠背的做法上，腰部宜硬点，而背部则要软些。设计时应该以弹性体下沉后的安定姿势为尺度计核依据。通常靠背的上部弹性压缩应在30～45mm，托腰部的弹性压缩宜小于35mm。休息椅的坐面与靠背，也可采用藤皮、革带、织带等材料来编织，具有相当舒适的弹性。

（6）扶手：休息用椅常设扶手，可减轻两肩、背部和上肢肌肉的疲劳，获取舒适的休息效果。但扶手高度必须合适，扶手过高或过低，肩部都不能自然下垂，容易产生疲劳感，根据人体自然屈臂的肘高与坐面的距离，扶手的实际高度应在200～250mm（设计时应减去坐面下沉度）为宜。两臂自然屈伸的扶手间距净宽应略大于肩宽，一般应不小于460mm，以520～560mm为宜，过宽或过窄都会增加肌肉的活动度，产生肩酸疲劳的现象（图3-16）。

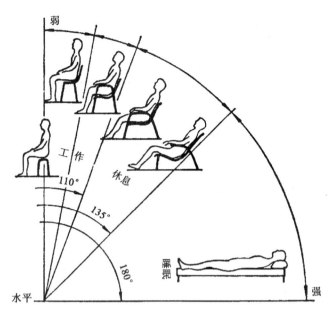

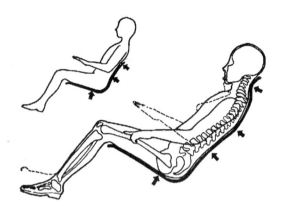

图3-14 椅曲线与人体

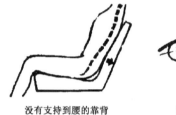
没有支持到腰的靠背

过于弯曲的靠背

图3-15 靠背不适例

图3-12 椅座角度与不同的休息姿势

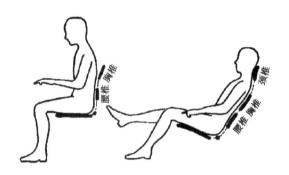

图3-13 椅夹角与支撑点

图3-16 扶手间距不适例

扶手也可随坐面与靠背的夹角变化而略有倾斜，有助于提高舒适效果，通常可取为±（10°~20°）的角度。扶手外展以小于10°的角度范围为宜。

扶手的弹性处理不宜过软，因它承受的臂力不大，而在人起立时，还可起到助立作用。但在设计时要注意扶手的触感效果，不宜采用导热性强的金属等材料，还要尽量避免见棱见角的细部处理。

3.3.1.3 椅类坐具模式

在使用椅子模式时，首先要注意图中所给的数据和曲线，不是成品椅子的实际数据和曲线，而是人坐到坐面变形后的数据和曲线。特别对于软垫椅子来说，这一点至关重要。其次，图中的支撑面曲线对应于基本的椅坐姿势，而实际生活中的坐姿千姿百态，或盘腿、或跷腿、或伸腿、或侧坐、或倾斜歪坐等。所以在实际设计时，以椅子模式为依据，按照"尽

可能适应基本姿势，有利于姿势变化"这一原则来确定椅子的尺寸、形状和选择材料。在设计椅类坐具时，按其功能和不同用途，根据上述人体基本尺度和要求，运用人体坐势基本尺度表示方法（图3-17），可归纳为下列对椅子设计很有用的六种椅子模式。

（1）作业用椅（Ⅰ型）：Ⅰ型椅（图3-18），主要用于长时间手作业场合，如工厂坐势作业椅和学生课椅。其支撑面曲线适于这类作业性强的椅坐姿势，其典型设计数据是：坐位基准点（坐面高）370~400mm，坐面倾斜角0°~3°，椅夹角93°~95°；有一个在工作时能支撑住腰部的弧形靠背，靠背点高约230mm，从该点到上下两个靠背边缘的距离都短，支撑角近似直角。

（2）一般作业用椅（Ⅱ型）：Ⅱ型椅（图3-18），主要用于较长时间手作业场合，如办公椅和会议椅。其设计数据是：坐面高370~400mm，坐面倾斜角

2°~5°，椅夹角约100°；工作时以靠背为中心，具有与Ⅰ型椅相同的功能。不同之处是靠背点以上的靠背弯曲圆弧在人体后倾稍休息时能起支撑的作用。

（3）轻度作业用椅（Ⅲ型）：Ⅲ型椅（图3-19），是适用于短时间手作业场合，如餐厅椅和会议椅。它和Ⅱ型椅的不同处是用手作业的时间短，利用靠背休息的时间长。故其靠背设计成既能在人体工作时支撑腰部，也能略向后仰休息时，适当地支撑人体。其设计数据是：坐面高350~380mm，坐面倾斜角5°左右，椅夹角约105°。这类椅子的特征是坐面高度接近于Ⅱ型椅子，靠背的弯曲则接近于Ⅳ型椅子。因此，起、坐都很方便，并且在上身后仰时，也能使人体处于舒适的休息状态。

（4）一般休息用椅（Ⅳ型）：Ⅳ型椅（图3-20），是适用于一般休息场合，如开长会和客厅接待用的椅子。具有最适合于休息的椅坐姿势的支撑曲面，其坐面比Ⅲ型椅略低，靠背的倾角也较大。其设计数据是：坐面高330~360mm，坐面倾斜角5°~10°，椅夹角约110°。这类椅子的靠背支撑点从腰部延伸到背部。

（5）休息用椅（Ⅴ型）：Ⅴ型椅（图3-21），是适于休息场合，具有半躺性支撑曲线靠背的休息用椅，如在家庭客厅或会议室内进行长时间聚会、闲聊之用椅。腰部位置较低，适于身体放松，讲究舒适，不使人久坐而疲劳。设计数据为：坐面高280~340mm，坐面倾斜角10°~15°，椅夹角110°~115°，靠背支撑整个腰部和背部。

（6）有靠头和足凳的休息用椅（Ⅵ型）：Ⅵ型椅（图3-22），是适用于高度休息场合，是类似现代一些大型客机和电气火车上有靠背的躺椅。椅子靠背的倾角常超过120°，增设了靠头及足凳，既可躺着休息，也可睡觉。其设计数据是：坐面高为210~290mm，坐面倾斜为15°~23°，椅夹角115°~123°。这类椅子可以只有靠头，也可既有靠头又在椅子前面附设有高度与坐面高大致相等的足凳的形式，能使人体伸展放松，是休息功能最好的椅子。

从以上六种椅子模式的休息程度的变化来看，靠背支撑人体的部位增多，支撑面也扩大，人体重心位置越接近地面，体轴也从原来的垂直方向渐次趋近水平，则人的舒适度也随之增加。

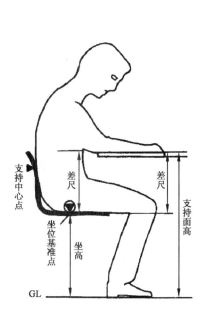

图3-17 人体坐势时的基本尺度示意图

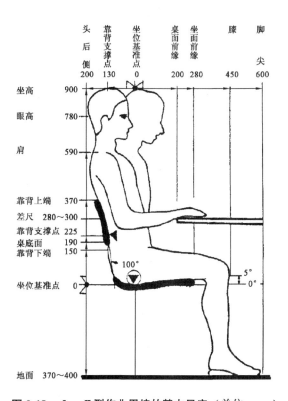

图3-18 Ⅰ~Ⅱ型作业用椅的基本尺度（单位：mm）

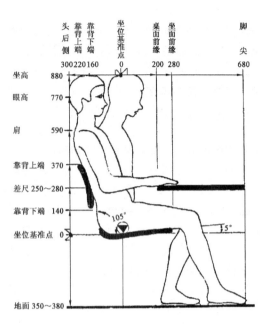

图 3-19　Ⅲ型轻度作业用椅的基本尺度（单位：mm）

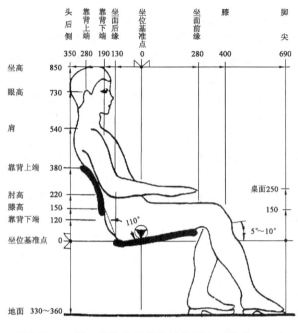

图 3-20　Ⅳ型一般休息用椅的基本尺度（单位：mm）

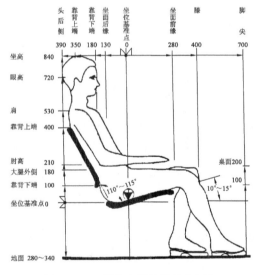

图 3-21　Ⅴ型休息用椅的基本尺度
（单位：mm）

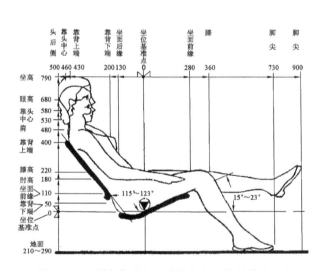

图 3-22　Ⅵ型有靠头和足凳的休息用椅的基本尺度
（单位：mm）

3.3.2　坐具的主要尺寸

　　坐具的主要尺寸包括坐高、坐面宽、坐前宽、坐深、扶手高、扶手内宽、背长、坐斜度、背斜角等尺寸，以及为满足使用要求所涉及到的一些内部分隔尺寸，这些尺寸在相应的国家标准中已有规定。本节除列有规定尺寸外，也提供了一些参考尺寸，供设计时参考。

　　坐高与桌面高的配置尺寸关系如图 3-23 和表 3-2 所示。

3.3.2.1　椅类家具主要尺寸

　　（1）普通椅子：其基本尺寸如图 3-24 和表 3-3 所示。

　　（2）阅览椅：其基本尺寸如图 3-25 和表 3-4 所示。

3.3.2.2　凳类家具主要尺寸

普通凳类家具基本尺寸如图 3-26 和表 3-5 所示。

3.3.2.3　沙发家具主要尺寸

沙发类家具基本尺寸如图 3-27 和表 3-6 所示。

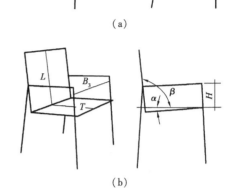

（a）

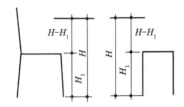

图 3-23　坐高与桌面高的配置尺寸的标注

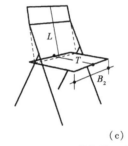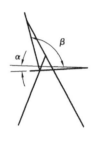

（b）

表 3-2　坐高与桌面高的配置尺寸关系　　mm

桌面高 H	坐高 H_1	桌椅（凳）高差 $H - H_1$	尺寸级差
680～760 780 （参考尺寸）	400～440 软面最大坐高 460 （含下沉量）	250～320	10

（摘自 GB/T3326—1997）

图 3-24　普通椅子基本尺寸的标注

（a）靠背椅　　（b）扶手椅　　（c）折椅

（c）

表 3-3　普通椅子的基本尺寸　　　　　　　　mm

椅子种类	坐深 T	背长 L	坐前宽 B_2	扶手内宽 B_3	扶手高 H	尺寸级差	背斜角 β	坐斜角 α
靠背椅	340～420	≥275	≥380	—	—	10	95°～100°	1°～4°
扶手椅	400～440	≥275	—	≥460	200～250	10	95°～100°	1°～4°
折　椅	340～400	≥275	340～400	—	—	10	100°～110°	1°～4°

（摘自 GB/T3326—1997）

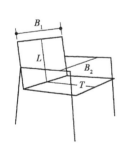

（a）

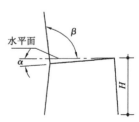

（b）

图 3-25　阅览椅基本尺寸的标注

（a）扶手阅览椅　　（b）靠背（儿童）阅览椅

表 3-4　阅览椅的基本尺寸　　　　　　　　　　　　　　　　　　　　　　　mm

椅子种类	坐深 T	背长 L	背宽 B_1	坐前高 H	扶手内宽 B_2	扶手高 H_1	尺寸级差	背斜角 β	坐斜角 α	角度级差
扶手阅览椅	400～440	300～380	440～480	400～420	460～500	200～220	10	95°～100°	1°～4°	1°
阅览椅 靠背	400～440	300～360	340～400	400～420	400～440	—	10	95°～100°	1°～4°	1°
阅览椅 儿童	290～340	240～290	270～320	290～380	290～360	—	10	95°～100°	0°～2°	1°

注：表中尺寸适用于木制和木质与金属材料结合的阅览椅。　　　　　　　　　　　（摘自 GB/T3326—1997）

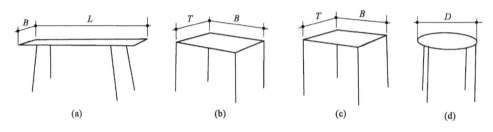

图 3-26　凳类基本尺寸的标注

（a）长凳　（b）长方凳　（c）正方凳　（d）圆凳

表 3-5　凳类的基本尺寸　　mm

凳类	长 L	宽 B	深 T	直径 D	长度级差	宽度级差
长 凳	900～1050	120～150	—	—	50	10
长方凳	—	≥320	≥240	—	10	10
正方凳	—	≥260	≥260	—		10
圆 凳	—	—	—	≥260		10

（摘自 GB/T3326—1997、QB/T2383—1998）

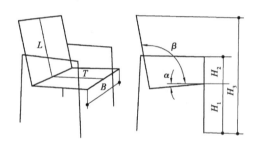

图 3-27　沙发基本尺寸的标注

表 3-6　沙发的基本尺寸　　　　　　　　　　　　　　　　　　　　　　mm

沙发类	坐前宽 B	坐深 T	坐前高 H_1	扶手高 H_2	背高 H_3	背长 L	背斜角 β	坐斜角 α
单人沙发	≥480							
双人沙发	≥960	480～600	360～420	≤250	≥600	≥300	106°～112°	5°～7°
三人沙发	≥1440							

（摘自 QB/T1952.1—1999）

3.4　卧具类家具的功能设计

3.4.1　卧具的基本尺度与要求

　　卧具主要是床和床垫类家具的总称。卧具是供人睡眠休息的，使人躺在床上能舒适地尽快入睡，以消除每天的疲劳，便于恢复工作精力和体力。所以床及床垫的使用功能必须注重考虑床与人体的关系，着眼于床的尺度与床面（床垫）弹性结构的综合设计。

3.4.1.1　睡眠的生理

　　睡眠是每个人每天都进行的一种生理过程。每个人的一生大约有 1/3 的时间在睡眠，而睡眠又是人为了有更充沛的精力去更好地进行各种活动的基本休息方式。因而与睡眠直接相关的卧具的设计，也主要是指床的设计，就显得非常重要。就像椅子的好坏可以影响到人的工作与生活质量和健康状况一样，床的好坏也同样会产生这些问题。

　　睡眠的生理机制十分复杂，至今科学家们也并没有完全解开其中的秘密，只是对它有一些初步的了解。一般可以简单地认为睡眠是人的中枢神经系统兴奋与抑制的调节产生的现象，日常活动中，人的神经系统总是处于兴奋状态。到了夜晚，为了使人的机体获得休息，中枢神经通过抑制神经系统的兴奋性使人进入睡眠。休息的好坏取决于神经抑制的深度也就是睡眠的深度。通过测量发现人的睡眠深度不是始终如一的，而是在进行周期性变化。

睡眠质量的客观指征主要有：一是上面所说的睡眠深度的生理测量；二是对睡眠的研究发现人在睡眠时身体也在不断地运动，经常翻转，采取不同的姿势。而睡眠深度与活动的频率有直接关系，频率越高，睡眠深度越浅。

3.4.1.2　床面（床垫）的材料

通常，人们偶尔在公园或车站的长凳或硬板上躺下休息时，起来会感到浑身的不舒服，身上被木板压得生疼，因此，像坐椅一样，常常需要在床面上加一层柔软材料。这是因为，正常人在站立时，脊椎的形状是S形，后背及腰部的曲线也随着起伏；当人躺下后，重心位于腰部附近，如图3-28所示。从人体骨骼肌肉结构来看，人在仰卧时，腰椎的弓背高从站立时自然状态的40～60mm减到20～30mm，接近伸直状态。所以，不能把人的仰卧看做站立的横倒，即使仰卧与站立的骨骼、脊椎状态相同，但由于各部分肌肉的受压情况不一样，仍然会使人感到不舒适而睡不着觉。舒适的仰卧姿势是顺应脊椎的自然形态，使腰部与臀部的压陷略有差异，差距以不大于30mm为宜。这样的仰卧姿势，人体受压部位较为合理，有利于睡眠姿势的调整，肌肉也得到松弛，减少了翻身次数，使人易于解乏，延长睡眠时间。

图3-29所示为床面与人体骨骼的关系。上图是人体睡在弹性较硬床面上的良好姿势；下图是睡在过软床面上的姿势，由于床垫过软，使背和臀部下沉，

腰部突起，身体呈W形，形成骨骼结构的不自然状态。此时，肌肉和韧带也改变了常态，而处于紧张的收缩状态，时间久了就会产生不舒适感。因此，床是否能消除人的疲劳（或者引起疲劳），除了合理的尺度之外，主要是取决于床或床垫的软硬度能否适应支撑人体卧势处于最佳状态的条件。

床或床垫的软硬舒适程度与体压的分布直接相关，体压分布均匀的较好，反之则不好。体压是用不同的方法测量出的身体重量压力在床面上的分布情况。不同弹性的床面，其体压分布情况也有显著差别。床面过硬时，显示压力分布不均匀，集中在几个小区域，造成局部的血液循环不好，肌肉受力不适等，而较软的床面则能解决这些问题。如图3-30所示，上图所示为睡在较硬的床面上，人体受压面小，而诸多落在具备承受压力条件的硬骨节点上，体压分布较好；下图则表示在过软的床垫上，人体受压面大，压力分布不合理，较多的压力要由人体软组织来承受，造成人体疲劳感。因此，床面并不是越软越好，睡过老式软床的人，很多人会有腰酸等不适的感觉，这是因为，如果睡在太软的床上，由于重力作用，腰部会下沉，造成腰椎曲线变直，背部和腰部肌肉受力，从而产生不适感觉（图3-31），进而直接影响睡眠质量。

因此，为了人在使睡眠时体压得到合理分布，必须精心设计好床面或床垫的弹性材料，要求床面材料应在提高足够柔软性的同时保持整体的刚性，这就需要采用多层的复杂结构。床面或床垫通常是用不同材料搭配而成的三层结构（图3-32），即与人体接触的面层采用柔软材料；中层则可采用硬一点的材料，有利于身体保持良好的姿态；最下一层是承受压力的部分，用稍软的弹性材料（弹簧）起缓冲作用。这种软中有硬的三层结构做法由于发挥了复合材的振动特性，有助于人体保持自然和良好的仰卧姿态，使人得到舒适的休息。

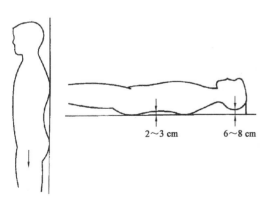

图3-28　直立与仰卧的腰椎弓背高

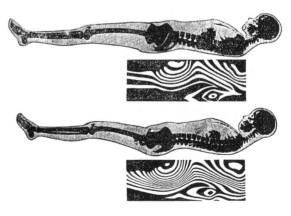

图3-29　床面与人体骨骼（上为硬床面，下为软床面）

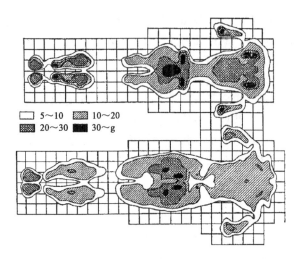

图 3-30　人体卧姿的体压分布（单位：g/cm²）
（上图为硬床面，下图为软床面）

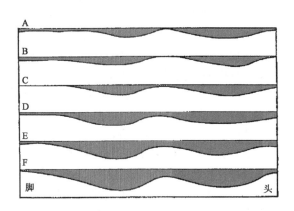

图 3-31　床面软硬度与人体弓背曲线
（向上为硬床面，向下为软床面）

3.4.1.3　床的基本尺度

如前所述，人在睡眠时，并不是一直处于一种静止状态，而是经常辗转反侧，人的睡眠质量除了与床垫的软硬有关外，还与床的大小尺寸有关。到底多大的尺寸合适，在床的设计中，并不能像其他家具那样以人体的外廓尺寸为准。其一，是人在睡眠时的身体活动空间大于身体本身，如图 3-33 所示，不规则的图形是人体活动区；其二，不同尺度的床（宽或长）与睡眠深度有直接的关系。因此，在设计床的尺度时，还得考虑翻身的幅度、次数以及床垫的软硬与翻身的幅度关系等。

（1）床宽：床的宽窄直接影响人睡眠的翻身活动。日本学者做的试验表明，睡窄床比睡宽床的翻身次数少。当床宽为 500mm 时，人睡眠翻身次数要减少 30%，这是由于担心翻身掉下来的心理影响，自然也就不能熟睡。床宽尺寸，多以仰卧姿势作基准。

单人床床宽，通常为仰卧时人肩宽（W）的 2 ~

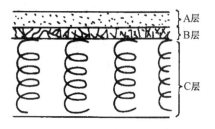

图 3-32　床面或床垫的软硬多层结构

图 3-33　人体睡姿与睡眠活动空间

2.5 倍，即单人床宽 =（2 ~ 2.5）W；双人床床宽，一般为仰卧时人肩宽的 3 ~ 4 倍，即双人床宽 =（3 ~ 4）W。成年男子平均 W = 410mm（因女子肩宽尺寸 W 小于男子，故一般以男子为准）。通常单人床宽度不宜小于 800mm（不包括临时铺）。

（2）床长：床的长度是指两头床屏板或床架内的距离。为了能适应大部分人的身长需要，床的长度应以较高的人体作为标准进行设计。在长度上，考虑到人在躺下时的肢体的伸展，所以实际比站立的尺寸要长一点，再加上头顶和脚下要留出部分空间，所以床的长度比人体的最大高度要多一些。国家标准规定，成人用床的床面净长一般为 1920mm；对于宾馆的公用床，一般脚部不设床架或床屏，便于特高人体的客人可以加接脚凳使用。床的长度尺寸可用下面方法求出（包括放置枕头和被子褥头等必要的活动空隙），如图 3-34 所示。

$$L = 1.05h + \alpha + \beta$$

即：床长（L）= 1.05 倍的身高（h）+ 头顶余量（α）约 100mm + 脚下余量（β）约 50mm。

（3）床高：即床面距地高度。床的高度应该与坐椅的坐高取得一致，使床同时具有坐卧功能，另外还需要考虑到人的穿衣、穿鞋等一系列与床发生关系的动作，所以床高尺寸可以参照椅子坐高的尺度来确定。一般床高在 400 ~ 500mm。对于双层床的间高，要考虑两层净高必须满足下铺使用者就寝和起床时有足够的动作空间，以及坐在床上能完成有关睡眠前或床上动作的距离，但又不能过高，过高会造成上下的不便及上层空间的不足。按国家标准规定，双层床的底床铺面离地面高度不大于420mm，层间净高不小于950mm。双层相交叉的床，不但要考虑下层人的动作幅度，还须处理好上层的梯、扶手、拦板等。这对防止由于离地面较高而产生恐惧的心理，具有较好的作用（图3-35）。

3.4.2 卧具的主要尺寸

卧具的主要尺寸包括床面长、床面宽、床面高或底层床面高、层间净高，以及为满足安全使用要求所涉及到的一些栏板尺寸。这些尺寸在相应的国家标准中已有规定。本节除列有规定尺寸外，也提供了一些参考尺寸，供读者设计时参考。

(1) 单层床基本尺寸：如图3-36和表3-7所示。
(2) 双层床基本尺寸：如图3-37和表3-8所示。
(3) 弹簧软床垫基本尺寸：见表3-9。

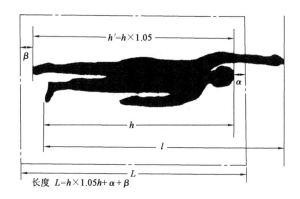

图3-34 仰卧空间与床长

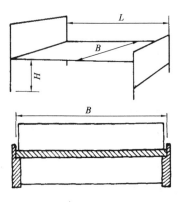

图3-36 单层床基本尺寸的标注

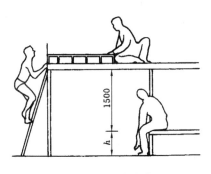

图3-35 双层床的高差

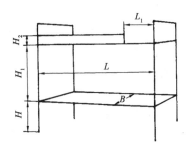

图3-37 双层床基本尺寸的标注

表3-7 单层床的基本尺寸   mm

单层床	床面宽 B	床面长 L		床面高 H	
		双屏床	单屏床	放置床垫	不放置床垫
单人床	720, 800, 900, 1000, 1100, 1200	1920, 1970 2020, 2120	1900, 1950 2000, 2100	240~280	400~440
双人床	1350, 1500, 1800 (2000)				

注：嵌垫式床面宽应在各档尺寸基础上增加20mm。   （摘自 GB/T3328—1997）

表3-8 双层床的基本尺寸   mm

床面长 L	床面宽 B	底床面高 H		层间净高 H₁		安全栏板缺口长度 L₁	安全栏板高度 H₂	
		放置床垫	不放置床垫	放置床垫	不放置床垫		放置床垫	不放置床垫
1920, 1970 2020	720, 800 900, 1000	240~280	400~440	≥1150	≥980	500~600	≥380	≥200

（摘自 GB/T3328—1997）

表3-9　弹簧软床垫的基本尺寸　　　　　　　mm

床垫种类	长度 L	宽度 B	高度 H
单人床	1900，1950	800，900，1000，1100，1200	≥140
双人床	2000，2100	1350（1400），1500，1800	

（摘自 QB/T1952.2—1999）

3.5　凭倚类家具的功能设计

凭倚类家具是人们工作和生活所必需的辅助性家具。为适应各种不同的用途，出现了餐桌、写字桌、课桌、制图桌、梳妆台、茶几和炕桌等；另外还有为站立活动而设置的售货柜台、账台、讲台、陈列台和各种工作台、操作台等。

这类家具的基本功能是适应人在坐、立状态下，进行各种操作活动时，取得相应舒适而方便的辅助条件，并兼作放置或储藏物品之用。因此，它与人体动作产生直接的尺度关系。一类是以人坐下时的坐骨支承点（通常称椅坐高）作为尺度的基准，如写字桌、阅览桌、餐桌等，统称坐式用桌。另一类是以人站立的脚后跟（即地面）作为尺度的基准，如讲台、营业台、售货柜台等，统称站立用工作台。

3.5.1　坐式用桌的基本尺度与要求

（1）桌面高度：桌子的高度与人体动作时肌体的形状及疲劳有密切的关系。经实验测试，过高的桌子容易造成脊椎侧弯和眼睛近视等弊病，从而使工作效率减退；另外，桌子过高还会引起耸肩和肘低于桌面等不正确姿势，而引起肌肉紧张、疲劳。桌子过低也会使人体脊椎弯曲扩大，易使人驼背、腹部受压，妨碍呼吸运动和血液循环等，背肌的紧张也易引起疲劳。因此，舒适和正确的桌高应该与椅坐高保持一定的尺度配合关系，而这种高差始终是按人体坐高的比例来核计的。所以，设计桌高的合理方法是应先有椅坐高，然后再加上桌面和椅面的高差尺寸，便可确定桌高，即：

桌高 = 坐高 + 桌椅高差（约1/3坐高）

桌椅高差的常数可以根据人体不同使用情况有适当的变化。如在桌面上书写时，桌椅高差 = 1/3 坐高减 20~30mm；学校中课桌椅高差 = 1/3 坐高减 10mm。桌椅高差是通过人体测量来确定的，由于人种高度的不同，该值也不同。欧美等国均以肘下尺度（即上臂靠拢躯干，肘至椅坐面的高度）作为确定桌椅高差的依据；日本和中国则以 1/3 坐高作为确定桌椅高差的依据。因此，欧美等国的标准与我国的标准不同。1979 年国际标准（ISO）规定的桌椅高差是

300mm，而我国标准中规定为 250~320mm。

由于桌子不可能定人定型生产，因此在实际设计桌面高度时，要根据不同的使用特点酌情增减。如设计中餐桌时，要考虑端碗吃饭的进餐方式，餐桌可略高一点；若设计西餐桌时，就要讲究用刀叉的进餐方式，餐桌就可低一点；如果是设计适于盘腿而坐的炕桌，一般多采用 320~350mm 的高度；若设计与沙发等休息椅配套的茶几，可取略低于椅扶手高的尺度。倘若因工作内容、性质或设备的限制必须使桌面增高，则可以通过加高椅坐或升降椅面高度，并设足垫来弥补这个缺陷，使得足垫与桌面之间的距离和椅坐与桌面之间的高差，可保持正常高度，桌高范围在 680~760mm。

（2）桌面尺寸：桌面的尺寸应以人坐时手可达到的水平工作范围为基本依据，并考虑桌面可能置放物的性质及其尺寸大小。如果是多功能的或工作时尚需配备其他物品时，则还应在桌面上加设附加装置。双人平行或双人对坐形式的桌子，桌面的尺度应考虑双人的动作幅度互不影响（一般可用屏风隔开），对坐时还要考虑适当加宽桌面，以符合对话中的卫生要求等。总之，要依据手的水平与竖向的活动幅度（图3-38）来考虑桌面的尺寸。

至于阅览桌、课桌等用途的桌面，最好应有约 15° 的斜坡，能使人获取舒适的视域。因为当视线向下倾斜 60° 时，则视线与倾斜桌面接近 90°，文字在视网膜上的清晰度就高，既便于书写，又使背部保持着较为正常的姿势，减少了弯腰与低头的动作，从而减轻了背部的肌肉紧张和酸痛现象。但在倾斜的桌面上，往往不宜陈放东西，所以不常采用。

对于餐桌、会议桌之类的家具，应以人体占用桌边缘的宽度去考虑桌面的尺寸，舒适的宽度是按 600~700mm 来计算的，通常也可减缩到 550~580mm 的范围。各类多人用桌的桌面尺寸就是按此标准核计的。

（3）桌下净空：为保证下肢能在桌下放置与活动，桌面下的净空高度应高于双腿交叉时的膝高，并使膝部有一定的上下活动余地。所以抽屉底板不能太低，桌面至抽屉底的距离应不超过桌椅高差1/2，即 120~160mm。因此，桌子抽屉的下缘离开椅坐至少应有178mm 的净空，净空的宽度和深度应保证二腿的自由活动和伸展。

（4）桌面色泽：在人的静视野范围内，桌面色泽处理得好坏，会使人的心理、生理感受产生很大的反应，也对工作效率起着一定作用。通常认为桌面不宜采用鲜明色，因为色调鲜艳，不易使人集中视力；同时，鲜明色调往往随照明程度的亮暗而有增褪。当光照高时，色明度将增加 0.5~1 倍，这样极易使视觉

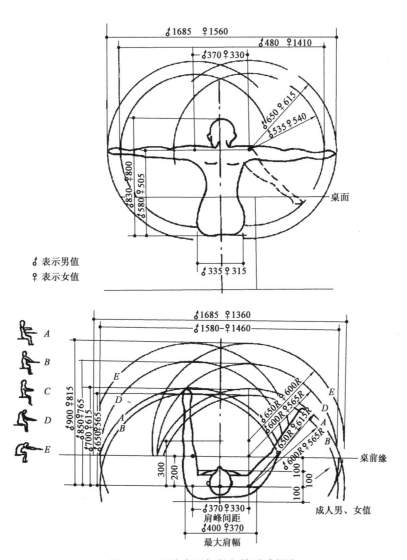

♂表示男值
♀表示女值

图3-38 手的水平与竖向的活动幅度

过早疲劳。而且，过于光亮的桌面，由于多种反射角度的影响，极易产生眩光，刺激眼睛，影响视力。此外，桌面经常与手接触，若采用导热性强的材料做桌面，易使人感到不适，如玻璃、金属材料等。

3.5.2 站立用桌的基本尺度与要求

站立用桌或工作台主要包括：售货柜台、营业柜台、讲台、服务台、陈列台、厨房低柜洗台以及其他各种工作台等。

（1）台面高度：站立用工作台的高度，是根据人站立时自然屈臂的肘高来确定的。按我国人体的平均身高，工作台高以910～965mm为宜；对于要适应于用力的工作而言，则台面可稍降低20～50mm。

（2）台下净空：站立用工作台的下部，不需要留有腿部活动的空间，通常是作为收藏物品的柜体来处理。但在底部需有置足的凹进空间，一般内凹高度为80mm、深度为50～100mm，以适应人紧靠工作台时着力动作之需，否则，难以借助双臂之力进行

操作。

（3）台面尺寸：站立用工作台的台面尺寸主要由所需的表面尺寸和表面放置物品状况及室内空间和布置形式而定，没有统一的规定，视不同的使用功能做专门设计。至于营业柜台的设计，通常是兼采写字台和工作台两者的基本要求进行综合设计的。

3.5.3 凭倚类家具的主要尺寸

桌台、几案等凭倚类家具的主要尺寸包括桌面高、桌面宽、桌面直径、桌面深、中间净空宽、侧柜抽屉内宽、柜脚净空高、镜子下沿离地面高、镜子上沿离地面高，以及为满足使用要求所涉及的一些内部分隔尺寸，这些尺寸在相应的国家标准中已有规定。本节除列有规定尺寸外，也提供了一些参考尺寸，供读者设计时参考。

（1）带柜桌及单层桌：单柜桌（或写字台）、双柜桌和单层桌的基本尺寸如图3-39、图3-40、图3-41和表3-10所示。

（2）餐桌：长方餐桌和方（圆）桌的基本尺寸如图3-42、图3-43和表3-11所示。

（3）梳妆桌：梳妆桌的基本尺寸如图3-44和表

3-12所示。

（4）阅览桌：各种类型阅览桌的基本尺寸可参见国家标准 GB/T14531—1993。

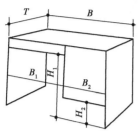

图3-39　单柜桌基本尺寸标注　　　图3-40　双柜桌基本尺寸标注　　　图3-41　单层桌基本尺寸标注

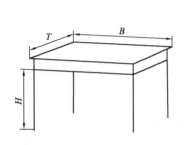

图3-42　长方餐桌基本尺寸标注

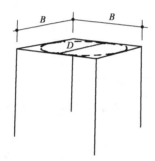
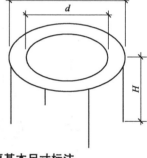

图3-43　方（圆）桌基本尺寸标注

表3-10　带柜桌与单层桌的基本尺寸

mm

桌子种类	宽度 B	深度 T	中间净空高 H_1	柜脚净空高 H_2	中间净空宽 B_1	侧柜抽屉内宽 B_2	宽度级差 ΔB	深度级差 ΔT
单柜桌	900~1500	500~750	≥580	≥100	≥520	≥230	100	50
双柜桌	1200~2400	600~1200	≥580	≥100	≥520	≥230	100	50
单层桌	900~1200	450~600	≥580	—	—	—	100	50

（摘自 GB/T3326—1997）

表3-11　餐桌的基本尺寸

mm

桌子种类	宽度 B 边长 B（或直径 D）	深度 T	中间净空高 H	直径差 $(D-d)/2$	宽度级差 ΔB	深度级差 ΔT
长方餐桌	900~1800	450~1200	≥580	—	100	50
方（圆）桌	600，700，750，800，850，900，1000，1200，1350，1500，1800 （其中方桌边长≤1000）	—	≥580	—	—	—
圆桌	≥700	—	—	≥350	—	—

（摘自 GB/T3326—1997、QB/T2383—1998）

表3-12　梳妆桌的基本尺寸

mm

桌子种类	桌面高 H	中间净空高 H_1	中间净空宽 B	镜子上沿离地面高 H_3	镜子下沿离地面高 H_4
梳妆桌	≤740	≥580	≥500	≥1600	≤1000

（摘自 GB/T3326—1997）

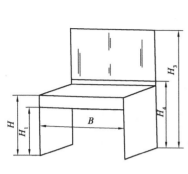

图 3-44　梳妆桌基本尺寸标注

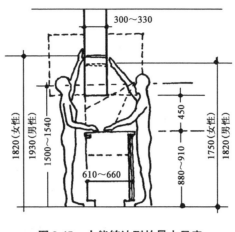

图 3-45　人能够达到的最大尺度
（单位：mm）

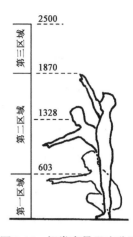

图 3-46　柜类家具尺度分区
（单位：mm）

3.6　储藏类家具的功能设计

储藏类家具又称贮存类或贮存性家具，是收藏、整理日常生活中的器物、衣物、消费品、书籍等的家具。根据存放物品的不同，可分为柜类和架类两种不同贮存方式。柜类主要有大衣柜、小衣柜、壁橱、被褥柜、床头柜、书柜、玻璃柜、酒柜、菜柜、橱柜、各种组合柜、物品柜、陈列柜、货柜、工具柜等；架类主要有书架、餐具食品架、陈列架、装饰架、衣帽架、屏风和屏架等。

3.6.1　储藏类家具的基本要求与尺度

储藏类家具的功能设计必须考虑人与物两方面的关系：一方面要求贮存空间划分合理，方便人们存取，有利于减少人体疲劳；另一方面又要求家具贮存方式合理，贮存数量充分，满足存放条件。

3.6.1.1　储藏类家具与人体尺度的关系

人们日常生活用品的存放和整理，应依据人体操作活动的可能范围，并结合物品使用的繁简程度去考虑它存放的位置。为了正确确定柜、架、搁板的高度及合理分配空间，首先必须了解人体所能及的动作范围。这样，家具与人体就产生了间接的尺度关系。这个尺度关系是以人站立时，手臂的上下动作为幅度的，按方便的程度来说，可分为最佳幅度和一般可达极限（图 3-45）。通常认为在以肩为轴，上肢为半径的范围内存放物品最方便，使用次数也最多，又是人的视线最易看到的视域。因此，常用的物品就存放在这个取用方便的区域，而不常用的东西则可以放在手所能达到的位置，同时还必须按物品的使用性质、存

放习惯和收藏形式进行有序放置，力求有条不紊、分类存放、各得其所。

（1）高度：储藏类家具的高度，根据人存取方便的尺度来划分，可分为三个区域（图 3-46）：第一区域为从地面至人站立时手臂下垂指尖的垂直距离，即 650mm 以下的区域，该区域存贮不便，人必须蹲下操作，一般存放较重而不常用的物品（如箱子、鞋子等杂物）；第二区域为以人肩为轴，从垂手指尖至手臂向上伸展的距离（上肢半径活动的垂直范围），高度在 650～1850mm，该区域是存取物品最方便、使用频率最多的区域，也是人的视线最易看到的视域，一般存放常用的物品（如应季衣物和日常生活用品等）；若需扩大贮存空间，节约占地面积，则可设置第三区域，即柜体 1850mm 以上区域（超高空间），一般可叠放柜、架，存放较轻的过季性物品（如棉被、棉衣等）。

在上述第一、二贮存区域内，根据人体动作范围及贮存物品的种类，可以设置搁板、抽屉、挂衣棍等。在设置搁板时，搁板的深度和间距除考虑物品存放方式及物体的尺寸外，还需考虑人的视线，搁板间距越大，人的视域越好，但空间浪费较多，所以设计时要统筹安排（图 3-47）。

对于固定的壁橱高度，通常是与室内净高一致；悬挂柜、架的高度还必须考虑柜、架下有一定的活动空间。

（2）宽度与深度：至于橱、柜、架等贮存类家具的宽度和深度，是由存放物的种类、数量和存放方式以及室内空间的布局等因素来确定，而在很大程度上还取决于人造板材的合理裁割与产品设计系列化、模数化的程度。一般柜体宽度常用800mm为基本单元，深度上衣柜为 550～600mm，书柜为 400～450mm。这些尺寸是综合考虑贮存物的尺寸与制作时

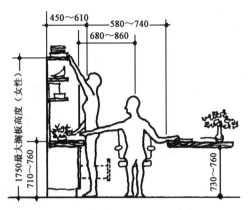

图 3-47　柜类家具人体尺度（单位：mm）

板材的出材率等的结果。

在储藏类家具设计时，除考虑上述因素外，从建筑的整体来看，还须考虑柜类体量在室内的影响以及与室内要取得较好的视感。从单体家具看，过大的柜体与人的情感较疏远，在视觉上似如一道墙，体验不到它给我们带来使用上的亲切感。

3.6.1.2　储藏类家具与贮存物的关系

储藏类家具除了考虑与人体尺度的关系外，还必须研究存放物品的类别、尺寸、数量与存放方式，这对确定贮存类家具的尺寸和形式起重要作用。

为了合理存放各种物品，必须找出各类存放物容积的最佳尺寸值。因此，在设计各种不同的存放用途的家具时，首先必须仔细地了解和掌握各类物品的常用基本规格尺寸，以便根据这些素材进行分析物与物之间的关系，合理确定适用的尺度范围，以提高收藏物品的空间利用率。既更根据物品的不同特点，考虑各方面的因素，区别对待；又要照顾家具制作时的可能条件，制定出尺寸方面的通用系列。

一个家庭中的生活用品是极其丰富，从衣服鞋帽到床上用品，从主副食品到烹饪器具、各类器皿，从书报期刊到文化娱乐用品，以及其他日杂用品，而且，洗衣机、电冰箱、电视机、组合音响、计算机等家用电器也已成为家庭必备的设备，这么多的生活用品和设备，尺寸不一、形体各异，它们的陈放与贮存类家具有着密切的关系。因此，在储藏类家具设计时，应力求使贮存物或设备做到有条不紊、分门别类存放和组合设置，使室内空间取得整齐划一的效果，从而达到优化室内环境的作用。表 3-13 所示为常见主要物品的规格尺寸、存放高度和柜类设计的各部分尺寸；表 3-14 所示为柜类搁板、抽屉及门的常见高度与使用范围。

除了存放物的规格尺寸之外，物品的存放量和存放方式对设计的合理性也有很大的影响。随着人民生

表 3-13　常见物品存放高度示意及尺寸　　　　　　　　　　　　　　　　　　　　　　　　mm

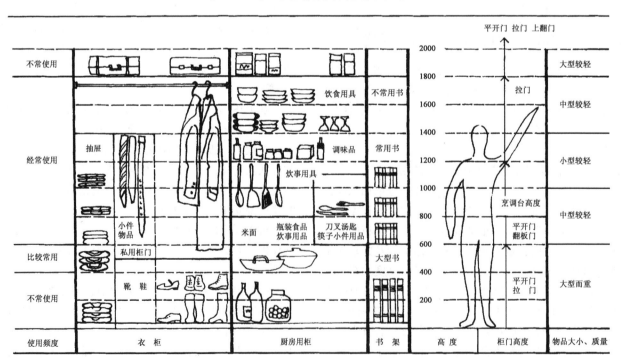

表 3-14 柜类搁板、抽屉及门的常见高度与使用范围   mm

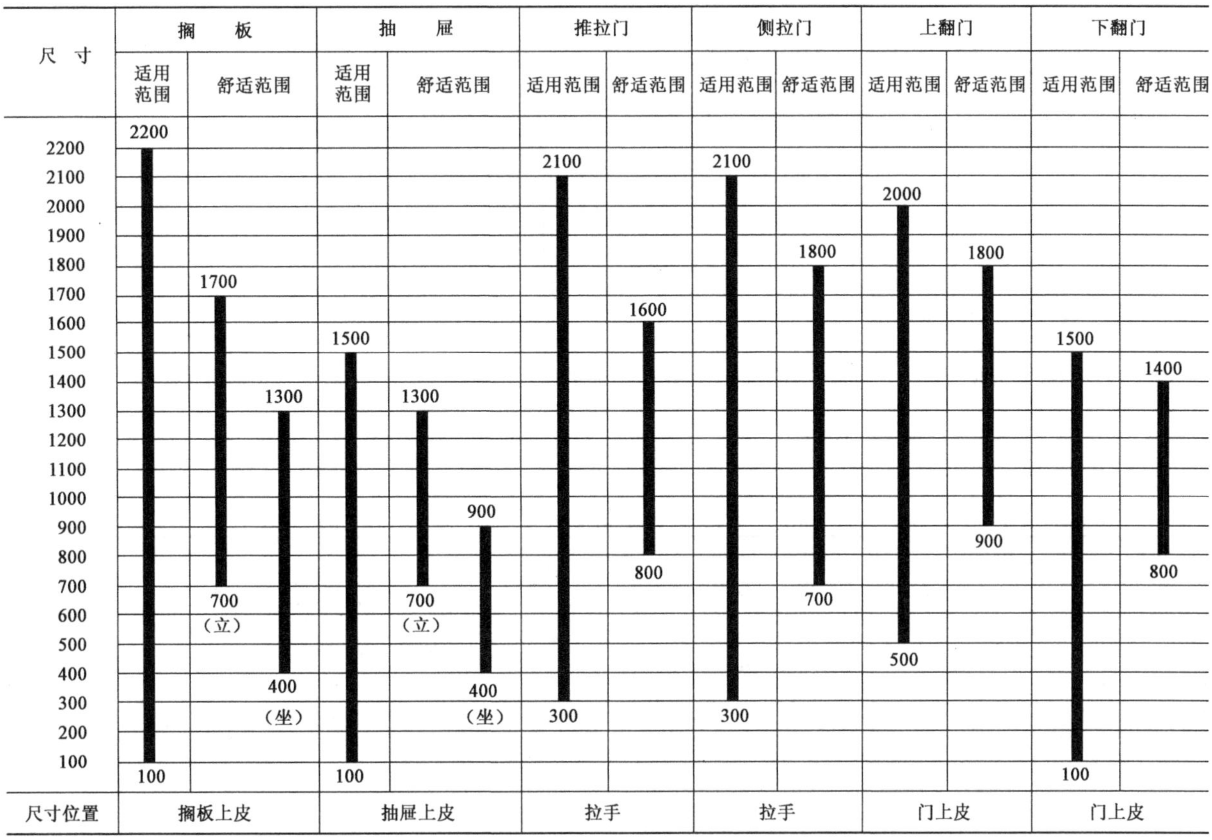

尺寸	搁板		抽屉		推拉门		侧拉门		上翻门		下翻门	
	适用范围	舒适范围	适用范围	舒适范围	适用范围	舒适范围	适用范围	舒适范围	适用范围	舒适范围	适用范围	舒适范围
范围(上限)	2200	1700 / 1300	1500	1300 / 900	2100	1600	2100	1800	2000	1800	1500	1400
范围(下限)	100	700(立) / 400(坐)	100	700(立) / 400(坐)	300	800	300	700	500	900	100	800
尺寸位置	搁板上皮		抽屉上皮		拉手		拉手		门上皮		门上皮	

活水平的不断提高，贮存物品种类和数量也在不断变化，存放物品的方式又与各地区、各民族的生活习惯而各有差异。因此，在设计时，还必须考虑各类物品的不同存放量和存放方式等因素，以有助于各种储藏类家具的贮存效能的合理性。

由于生活的内容是丰富多彩的，贮存类家具的品种和形式越来越趋向复杂多样，为了适应简洁、实惠、舒适、多彩多姿的现代室内环境生活，相继出现了各种款式的综合性的多功能贮存性家具，即多用柜、组合柜、组合柜架等。

多功能贮存类家具的设计，十分强调程序，即功能、动作及用途上的程序，如带翻板门的多用柜，当一块翻板放下成为写字桌面时，在它下部若放置常用物品，有时就会妨碍物品的取存。这就要考虑写字与取存物品之间关联性的程序问题，即要考虑动作上、使用上的先后，这样才能使人工作时，减少其他的干扰。

3.6.2 储藏类家具的主要尺寸

针对储藏物品的繁多种类和不同尺寸以及室内空间的限制，储藏类家具不可能制作得如此琐细，只能分门别类地合理确定设计的尺度范围。根据我国国家标准的规定，柜类家具的主要尺寸包括外部的宽度、高度、深度尺寸，以及为满足使用要求所涉及的一些内部分隔尺寸等。本节除列有规定尺寸外，也提供了一些参考尺寸，供读者设计时参考。

（1）衣柜：衣柜的基本尺寸如图 3-48 和表 3-15 所示。

（2）床头柜和矮柜：床头柜和矮柜的基本尺寸如图 3-49 和表 3-16 所示。

（3）书柜和文件柜：书柜和文件柜的基本尺寸如图 3-50 和表 3-17 所示。

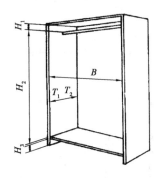

图 3-48 衣柜基本尺寸标注

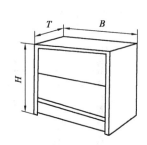

图 3-49 床头柜和矮柜基本尺寸标注

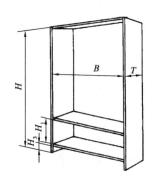

图 3-50 书柜和文件柜基本尺寸标注

表 3-15　衣柜的基本尺寸

mm

柜类	挂衣空间宽 B	柜内空间深		挂衣棍上沿至顶板内面距离 H₁	挂衣棍上沿至底板内面距离 H₂		衣镜上缘离地面高	顶层抽屉屉面上缘离地面高	底层抽屉屉面下缘离地面高	抽屉深度	离地净高 H₃	
		挂衣空间深 T₁	折叠衣物空间深 T₂		挂长外衣	挂短外衣					亮脚	包脚
衣柜	≥530	≥530	≥450	≥580	≥1400	≥900	≤1250	≤1250	≥50	≥400	≥100	≥50

（摘自 GB/T3327—1997）

表 3-16　床头柜与矮柜的基本尺寸

mm

柜类	宽 B	深 T	高 H	离地净高	
				亮脚	包脚
床头柜 矮柜	400～600	300～450	500～700 400～900	≥100	≥50

（摘自 GB/T3327—1997）

表 3-17　书柜与文件柜的基本尺寸

mm

柜类	宽 B		深 T		高 H		层间净高 H₁		离地净高 H₃	
	尺寸	级差	尺寸	级差	尺寸	级差	(1)	(2)	亮脚	包脚
书柜	600～900	50	300～400	20	1200～2200	200、50	≥230	≥310	≥100	≥50
文件柜	450～1050	50	400～450	10	370～400 700～1200 1800～2200	—	≥330	≥100	≥50	

（摘自 GB/T3327—1997）

第 **4** 章
人类感觉特性与家具造型设计

设计师在为人类设计生存的环境、空间或工具用品的同时，也赋予了它一定的外观质量和外观特征，无论这些设计产品是平面的还是立体的，它们都会因其外观质量和外观形态表现或传达出一定的信息、表情或情感来，被人们获取或感知，同时引起使用者相应的情感与反应。

4.1 感觉特性

人们在接近一个实物形体的时候，总会不由自主地产生喜爱或厌恶的情感并由此引起情绪波动，这就是人类的感觉特性。感觉是客观事物作用于人的感觉器官而引起的对该事物的个别属性的直接反应，是感官、脑的相应部位和介于其间的神经三部分所组成的分析器官活动的结果。感觉因刺激性质和感官不同，可分为两大类：

（1）外部感觉：接受外部刺激，反映外部事物的属性，如视觉、听觉、触觉、嗅觉、味觉等。

（2）内部感觉：接受机体内部刺激，反映身体位置和运动及内脏的不同状况，如运动觉、机体觉、平衡觉等。

人们对家具的好恶感完全取决于自己的感觉，由于家具与人类的密切关系，其感觉特性也就显得格外重要。在一般情况下，人们对家具的感觉主要通过视觉、听觉、触觉与嗅觉及其综合情感效应来完成的。

4.1.1 视 觉

视觉是感受和辨别光的明暗、颜色等特性的感觉。眼睛是视觉的器官，一定波长的范围内光波是视觉的适宜刺激。

4.1.1.1 视觉原理

视觉由光源的直射或物体反射的光线作用于眼球的视网膜，引起视网膜上感觉细胞的兴奋，再经视神经至大脑皮层视区而产生。人眼视网膜上有两类感光细胞，一是视杆细胞，二是视锥细胞。视杆细胞感受弱光，是暗视器官。视锥细胞感受强光，能分辨 380～780nm 之间不同波长的光线，产生红、橙、黄、绿、青、蓝、紫等颜色感觉，是明视器官。

人的眼球固定注视一点所能看见的空间范围即为视野。双眼视野大于单眼视野。当用单眼视物时，只能看到物体的平面，即只能看到物体的高度和宽度；而用双眼视物时，具有分辨物体深浅、远近等相对位置的能力，形成所谓立体视觉。各种颜色的视野也大小不同：绿色视野最小，红色较大，蓝色更大，白色最大。人的视觉辨认物体细节的能力被称为视敏度。人能辨认细节的尺寸越小，其视敏度越高。

4.1.1.2 视觉特性

视觉是各种环境因子对视感官的刺激作用所表现的视觉效应。不同环境因子的不同刺激量和不同的刺激时间及空间，不同人对不同刺激的反应，所产生的视觉特性均有差异，但其共同特性主要体现在：光知觉特性、颜色知觉特性、形状知觉特性、质地知觉特性和空间知觉特性等。

人的眼睛沿水平方向运动比垂直方向运动快且不易疲劳，一般先看到水平方向的物体，后看到垂直方向的物体；视线的变化习惯于从左到右，从上到下和顺时针方向运动；人眼对水平方向尺寸和比例的估计比对垂直方向的估计要准确得多；当眼睛偏离视中心时，在偏离距离相等的情况下，人眼对左上限的观察最优，依次为右上限、左下限，而右下限最差；两眼的运动总是协调、同步的，在正常情况下不可能一只眼转动或视物，而另一只眼不动或不视物，因而通常应以双眼视野为设计依据；人眼对直线轮廓比曲线轮廓更易于接受；当人从远处辨认前方的多种不同颜色时，其易辨认的顺序为红、绿、黄、白，即红色最先被看到，当两种颜色相配在一起时，则易辨认的顺序为黄底黑字、黑底白字、蓝底白字、白底黑字等。

视觉主要是通过形与色来感受的，色又与光有关。在所有感觉特性中，视觉占有最重要的地位，所以，以造型与配色为基础的美学法则，一直是工业产品造型设计的重要基础。同时，视错觉构成也是现代设计的基础之一，它是指利用人的知觉判断与所观察的形态，在现实的特征中，通过不同的排列组合，使之产生矛盾荒诞的错觉经验，成为一种新的构成形式。

人们所能看到的物体图形是通过其形态、大小、颜色和质地的不同在视觉背景中被分辨出来的。当该图形大到挤满了它的背景时，背景就逐渐伸展它自己特有的外形，并与图形的形状相互干扰。所以，家具的外形是通过虚实空间的共同作用产生视觉上的艺术效果的。另外，人们不会只局限于所看到的家具形态，而是会设法进行阐释出其意义。因此，正是有了视觉，人们才能够享受到家具的美感。

4.1.1.3 视觉设计

家具与室内的视觉设计就是按照人的视觉特性和一定的美学规律（主要是构图法则），运用各种表现手段和构成方法，处理好形态、大小、颜色和质地等造型的基本要素，以构成美的家具或室内空间的主体形象。

家具的视觉效果与室内空间的尺度、光线、色彩和各个界面有关。同样，改变家具的数量、尺度、形状和色彩，也可以创造出不同的室内空间感觉。

4.1.2 听 觉

听觉是辨别声音特性的感觉。耳朵是听觉的器官，声波是听觉的适宜刺激。

4.1.2.1 听觉原理

声波从外耳传入，振动耳鼓膜，再传至中耳听小骨，听小骨系统的振动，引起耳蜗内感觉细胞的兴奋，并经听神经传至大脑皮层听觉区，产生听觉。对于正常人来说，人耳能感受其振动频率为 20 ~ 20 000Hz 的声波。听觉有音高、响度和音色的区别。这主要由声波的频率、振幅和波形等三个基本物理特性所决定。

4.1.2.2 听觉特性

人耳具有区分不同音调（频率）和声强的能力，但对声强的辨别不如对频率灵敏。人耳的听觉本领，绝大部分都涉及所谓"双耳效应"或"立体声效应"，当通常的听闻声压级为 50 ~ 70dB 时，这种效应基本上取决于下列条件：① 根据声音到达两耳的时间先后（时差）和响度差别可判定声源的方向；② 根据物体或头部掩蔽效应而导致声音频谱的改变，即接受完整声音或畸变声音的情况可判断声音的距离。

人的听觉器官对声源空间位置的判断被称为听觉空间定位，主要依据是声波对两耳所产生的刺激的差别，如两耳所受到的刺激强度上的差别、时间上的差别和位相的差别等。在没有其他感觉参与的情况下，听觉空间定位有以下规律：声音在左右两侧时，对它们的位置最容易确定；对来自上下或前后方向的声音，其位置则容易混淆。

4.1.2.3 听觉设计

家具与室内的听觉设计就是根据人的听觉特性和室内空间的大小、形状，合理地进行室内空间的划分、组合、装饰和陈设物体的设计、选择与布置，特别是家具的尺寸、形状、用材以及在室内的布置，以控制室内空间里的声音，保留并加强人所需要的声音，减少或排除干扰人们活动的声音。

声音是情绪的帘幕，人们工作、生活环境的周围都有着一定的"背景音乐"——各种声音。这些声音与室内空间的大小、室内物体的形状及其材料有关。因此，家具的形状、尺寸、用材以及在室内的布置将在一定程度上影响人们的"背景音乐"，家具设计至少在以下几个方面与声音有关：① 家具材料的声学特性及其对室内环境音响效果的影响；② 音响效果上的私密性要求；③ 音乐旋律对家具创作灵感的积极作用，因为音乐是情感化的，家具设计也需要情感，家具上的韵律感源自音乐。

4.1.3 触 觉

触觉是辨别外界刺激接触皮肤情况的感觉。触觉是人类最重要的感觉系统之一。

4.1.3.1 触觉原理

皮肤介于人体与外界之间，直接与外界物体或环境相接触，有保护、分泌、排泄、呼吸和感觉等功能。其中，皮肤感觉（又称肤觉）是辨别物体的机械特性和温度特性的感觉。由触、压的机械刺激和冷、热的温度刺激作用于皮肤的相应感受器，传入大脑皮层而引起。分触觉、温度觉和痛觉三类。

触觉是肤觉的一种。狭义的触觉，仅指刺激轻轻接触皮肤触觉感受器所引起的光滑、粗糙、寒冷、温热、干燥、湿润、柔软、坚硬等肤觉。广义的触觉，还包括增加压力使皮肤部分变形所引起的肤觉，即压觉；以及以其一定频率的振动刺激皮肤所引起的肤觉，即振动觉等。

4.1.3.2 触觉特性

当人的皮肤接触外界时，会产生冷暖感、粗滑感、干湿感、软硬感以及压胀感、振动感、轻重感、钝锐感、快慢感等触觉特性，其中，前四种触觉是最主要的触觉特性。

（1）冷暖感：用手触摸家具表面时，界面间温度的变化和热流量会刺激人的感觉器官，使人感到温暖、凉爽、冰冷。如果用手触摸放置于20℃室温的家具时，由于家具的温度低于人体的温度，热量就会通过皮肤与家具的界面向家具体方向流动，此时，垂直于界面的热流量与家具材料的热学性质和接触时间有关。由于木材及木质人造板等的热移动量和导热系数远远低于金属、玻璃等材料，具有人体较适应的冷暖感，作为家具的用材是非常理想的。另外，在不同基材表面采用木质单板、薄木以及装饰纸、塑料薄膜等材料进行贴面或涂料涂饰处理后，可使基材的冷暖感大为改善。

（2）粗滑感：用手触摸材料表面时，摩擦阻力的大小及其变化会刺激人的感觉器官，使人感到光滑、粗糙、平整、凹凸。摩擦阻力小的材料其表面感觉光滑。木材表面的光滑性与摩擦阻力有关，摩擦阻力的变化与木材表面粗糙度有关，它们均取决于木材表面的解剖构造，如早晚材的交替变化，导管大小与分布类型，交错纹理等。

（3）干湿感：人体皮肤对物体干湿程度的感觉。干湿感源自压力与温度的混合，因此，在两种情况下会产生湿感，一是物体含水率变化到一定程度时，二是物体表面性状能使人感觉类似有水时的温度与压力

刺激。目前，在世界上已有根据人的感觉特性所精心设计与制造出来的各种材料用于家具等各种商品的面层材料，以增加其感染力。如传统的仿皮材料由于没有自然的细小孔隙而总给人以一种人造的、不自然、不透气的感觉。而现在已有人通过造出许多肉眼几乎看不到的小孔，其质感马上具有明显的反差，高分子薄膜材料看上去就可以像一块纺织品，因为入射的光线被吸收与发散。另外，明明是一块很"干"的材料，但摸上去就有"湿"的感觉，把它用到沙发或椅子上时，夏天不感到热。由于木材属于多孔性材料，具有强烈的吸附性和毛细管凝结现象，即吸湿性，包括吸湿和解吸。这种性质具有两重性，一是具有调温调湿机能，有利于室内环境，二是会产生湿涨干缩，从而影响家具的质量。因此，要解决好这对矛盾就必须从整个室内装饰材料中木质材料的使用比例上来考虑，而对于具体家具而言，其结构设计是关键。因此，材料对家具设计而言总是最为关键的要素之一。

（4）软硬感：人体皮肤接触物体时所产生的柔软、坚硬、弹缩、塑固等的感觉。各种材料均有其固有的硬度，复合材料的硬度与面层材料的硬度、基底材料的硬度以及面层材料的厚度有关。硬度不同，给人的压力不同，感觉也就不一样。能给人以良好软硬感的材料是木材、皮革等天然的生物材料以及仿皮、泡沫等人造软性材料。显然，用金属材料来直接与人接触是不合适的，会给人以冷硬而缺乏人情味的感觉。木材表面具有一定的硬度，其值因树种而异，通常多数针叶材的硬度小于阔叶材。不同树种、不同部位、不同断面的木材其硬度差异很大，因此有的触感轻软、有的硬重。

4.1.3.3 触觉设计

家具与室内的触觉设计是根据人的触觉特性，合理地进行室内空间及其家具的形态、大小、颜色、质地和用材等设计与处理，以便当人的皮肤接触这些外界时，会产生适宜的冷暖感、粗滑感、干湿感和软硬感等触觉效果。需要强调的是，在进行无障碍设计时，更要充分考虑触觉特性的要求。如家具的细部处理、面料的选择等，都要满足触觉的要求。

4.1.4 嗅 觉

嗅觉是辨别物体气味的感觉。由物体发散于空气中的物质微粒作用于鼻腔上部嗅觉细胞，产生兴奋，再传入大脑皮层而引起。呼吸与生命相随，而每一次呼吸都会把空气送到我们的嗅觉器官里。呼吸，使我们闻到了气味。嗅觉是人类另一种重要的感觉特性。

4.1.4.1　嗅觉原理

能引起嗅觉的物质是千差万别的，但也有共同的特点：

第一就是物质的挥发性。如麝香、花粉等存在于空气中的微小颗粒。

第二就是物质的可溶性。这样才能被鼻腔黏膜所捕捉，从而产生嗅觉。

此外，某些物质受到光的照射（紫外线），可使有气味的溶液转化为悬胶体而被嗅觉感知。

4.1.4.2　嗅觉特性

不是所有有气味的物质都能引起嗅觉，这要看它的浓度如何；在一定的浓度下，有气味气体的体积流速对嗅觉也有影响。

几种气体相互作用时，可以一一分辨出来，可能产生一种新的气味，可能是其中一种占优势起到掩蔽效果，也可能是互相抵消中和，闻不到任何气味。在进行室内环境设计时，要充分利用嗅觉的这一特性去改善空气质量。

此外，人的嗅觉器官的状态等，也对嗅觉产生不同程度的影响。男女老幼的嗅觉器官对气味的感受都不同。

4.1.4.3　嗅觉设计

家具与室内的嗅觉设计是根据人的嗅觉特性和健康要求，在进行室内和家具设计时，合理地选用绿色和环保材料，在结构设计、工艺设计、生产过程、表面装饰、销售及使用的整个过程中，杜绝和限制有害物质或有毒气体的释放，控制和排除潜在的不良气味，并在可能的情况下引入自然芬芳的无毒气味，使人们获得健康、舒适、安全的工作、学习、生活和休闲的室内环境。

4.1.5　情感（情绪）

情感是人对外界刺激肯定或否定的心理反应，如喜欢、愤怒、悲伤、恐惧、爱慕、厌恶等。

情绪是从人对客观事物所持的态度中产生的主观体验。情绪一般可从愉快—不愉快、紧张—放松和激动—平静三方面作出描述。对客观事物持肯定态度时，就会感到愉快、满意等；持否定态度时，会感到憎恨、恐惧、愤怒或悲哀等。情绪发生时，往往伴随着生理变化和外部表现。

情绪和情感既有区别又有联系。情绪与人的自然性需要有关，具有较大的情景性、短暂性，并带有明显的外部表现。情感则与人的社会性需要有关，是人类特有的高级而复杂的体验，具有较大的稳定性和深刻性，如道德感、美感、荣誉感等。但在实际生活中，情感的产生会伴随着情绪反应，通过具体的情绪才能表达出来；而情绪的变化又往往受情感的控制。在西方心理学中，情绪和情感一般不作严格区分。而在汉语日常用语中，多以情绪来指人兴奋的心理状态或不愉快的情感。

4.1.5.1　情感原理

情感（情绪）来源于人的心理活动。根据心理学的观点，人的心理活动是大脑对客观世界的积极反映形态，是对各种信息的吸取、加工与传递、交换。人的心理现象一般包含心理过程和心理特征两个部分。

人的心理过程是指心理活动的过程，这是心理现象的不同形式对客观现实的动态反映，它保持了人和客观现实的联系。心理过程包括认识过程、情感过程和意志过程。它们是统一的心理过程的不同方面，任何人都有这些心理过程。人通过感觉、知觉、记忆、想像和思维这些认识活动，对客观事物有所了解和掌握，这就是认识过程。人在对客观事物的认识过程中，必然对它产生一定的态度，产生一定的主观体验，如满意、喜欢或厌恶等，这些主观的心理体验过程就是情感过程。人们在认识客观事物的过程中必然对客观事物产生意愿、欲望、决心和行动，如想办法，订计划，采取措施，克服困难，直到实现某种目的的心理过程便是意志过程。

人的心理特征是人们在处理事物的过程中，除了产生一般的共同的心理活动外，还由于各自具有不同的心理特征，从而表现出许多的差异性。个性是表现在人身上的经常的稳定的本质的心理特征，个性心理特征主要表现在人的兴趣、能力、气质和性格等方面的差异。例如，有的人爱动，有的人爱静；有的人爱明亮花哨的装饰，有的人爱淡雅素静的环境；有的人追求时髦，有的人讲究实惠等。

人的心理活动是一个统一的整体，心理过程的产生及活动规律和个性心理特征是心理学研究的两个密切联系的方面，个性心理特征是通过心理过程而形成并表现出来的。只有将心理过程和个性心理特征结合起来考虑，才能掌握人的心理全貌。

4.1.5.2　情感特性

（1）心理效应（量感效应）：家具形式是设计师运用木材或其他材料，通过一定的艺术与技术手段对其形态、色彩、肌理、装饰等人们可以感知的信息进行加工的编码系列。这些编码系列有组织地传递着视觉信息，使审美主体的视觉器官受到刺激而产生兴奋，这时家具造型中体现的空间感、质感、量感、力度感、节奏感、和谐感等，就会对观赏者与使用者审美情绪的激活产生一定的诱发和心理暗示作用，这种情绪激活，通过观赏者的习惯知觉走势和艺术作品具体情境的知觉因素之间的交叉与重合，产生一定的心理效应。产生这种心理现象的原因除了社会、宗教和环境气氛外，主要是家具在体量方面的变化，因此这些心理效应又统称为量感效应。

量感效应来自家具造型的物质量和观赏者心理量之间的交叉或重合，也就是家具作品某一环境下的知觉因素与观赏者知觉定势之间，在量感方面的交叉或重合。

所谓物质量，一是绝对物质量，即是可以用度量单位来表示的家具的空间体量；二是相对物质量，即是在环境中各种物体和人体相互参照下被人感知的比例量。

所谓心理量，是人们在其空间知觉参照体系中和长期知觉经验基础上形成的一个固定的知觉定式，如长时间被人们反复感知的卧室床、床头柜、梳妆台之间的比例等。

当我们走进故宫博物院，看到明清历代皇帝使用过的"金銮宝座"时，它那雕龙漆金，镶嵌有大量宝石的椅背，金龙翻腾的符身和立柱，夸张的尺度和高大的榆木台底座，会使人不由得产生一种神秘、茫然而略带肃然敬畏之感，这种心理现象就是畏感效应。当物质量大于心理量会产生畏感效应，畏感效应能使人对家具作品产生高大、雄伟、庄严、神秘等感觉。

一般与人体尺度相适应的现代居室家具会给人以亲切感，这种心理现象就是实感效应。当物质量与心理量基本接近则产生实感效应，实感效应符合大众在比例概念上的心理定式，因而在设计中普遍采用。这不但是为了使用上的便利，也是为了获得一种亲切真实的心理效应。

而小巧玲珑或造型奇特色彩明丽的儿童家具与工艺装饰品，则给人一种新鲜和情趣之感，这种心理现象就是趣感效应。当心理量大于物质量会产生趣感效应，趣感效应能使人感到轻快、精巧的艺术效果。

（2）情感美：家具与室内设计是体现"以人为中心"的全方位整体设计，其根本目的是为使用者营造一个"功能合理、形式美观、情趣高雅"的工作、学习、生活或休闲环境。

"功能合理"（功能美）主要指室内平面布局是否科学、空间划分是否合理、行走是否流畅、家具造型及尺寸是否符合人体工学、室内温湿度的调节以及室内声学效果的控制是否得当等。

"形式美观"（视觉美）是指室内空间或家具的尺度、色彩、图案、用材、装饰等外观造型以及家具各部分之间或家具与室内空间之间的比例、主次、协调等视觉效果是否符合形式美的规律。

"情趣高雅"（情感美）是指室内环境或家具在满足使用功能和外观造型等人的生理需求的基础上，能否较好地满足使用者的心理需要，能否让人留念和感动，能否给人以启迪和教益等。

在家具与室内设计中，功能美是基础，缺乏功能美就无法谈视觉美和情感美；视觉美是功能美的进一步深化，同时也是情感美的重要出发点；情感美是设计的最高境界，但有赖于功能美和视觉美的铺垫。

功能美和视觉美可以用空间、尺度、形态、色彩、质感和光影等"有形"的"物化"来表达和传递，而情感美是一种"无形"的"情趣化"，即弦外之音、景外之情。情感美的设计手法就是以功能美和视觉美生发出情感美，以有形生发无形，以有限表达无限，以物化升华情趣化。

家具与室内设计的情感美涉及触发使用对象相关情绪的众多因素，如文化因素、审美因素、宗教因素、民族因素、社会因素等，并能构成室内环境特定氛围及显示使用者的身份地位、文化素养、审美情趣和精神寄托等。

4.1.5.3　情感设计

家具艺术或室内艺术的心理功能在于它是一种特定的信息交流形式。

家具与室内的情感设计是指设计师把他从生活中获取的视觉信息和非视觉信息通过形象思维进行编码加工，再通过艺术设计和制作把家具某些特定的形象信息传递给消费者，构成了设计师与消费者之间的审美信息交流，以较好地满足消费者的心理需要，从而对消费者在使用和观赏家具的过程中，产生留念与感动、启迪与教益等精神影响，体现其特有的审美功能和象征功能等。

因此，家具与室内设计人员不能不研究心理学和应用心理学。家具与室内设计中的心理学的掌握和应用，是启发创造性思维的金钥匙，是塑造美的形式和接受美的形式的共同语言，是打开通向消费者心灵深处的必由之路。

4.2　造型设计概述

4.2.1　造型设计

当人们在接近一个美的形体的时候，就会不自主地产生喜爱的情感并由此引起情绪波动，把具有这种艺术价值的形体或物叫做艺术造型，简称造型；把谋求造型实现的过程叫造型设计。"造型"一词有两层意思，一是作名词解释，"造型"即被创造出来的物体形象；二是作动词理解，"造型"即创造物体形象。

造型物主要有两大类型：一类是审美的造型，是指雕塑、绘画、工艺美术品等不受功能制约的具有独立性的艺术欣赏品；一类是实用与审美相结合的造型，是指建筑、家具、家用电器、交通工具、日用品等在内的受功能效应制约而又以美的形象来体现的物质用品或造型物。

在造型的内涵中，形是重要的因素，所谓"形"就是物的形状实体，是视觉上可见的，触觉上可感知的物，除了形以外，还有色彩、肌理和质感等造型因素。

现代造型基础理论系统介绍了形态、形态认知方法和表现方法，从剖析、透视、错觉到宏观与微观，从具象、抽象、三维、四维到多维，从视觉、触觉、听觉至嗅觉等，全方位地反映了视觉传达系统的表现范畴。

4.2.2 家具造型设计

家具造型设计是指在设计中运用一定的手段，对家具的形态、质感、色彩、装饰以及构图等方面进行综合处理，构成完美的家具形象。家具造型设计是属于建立在功能、材料、结构和工艺技术基础上的艺术创作，是设计者对家具的艺术形象的主观看法的外在表现，具有独特的个性。

家具造型是体现功能、材料、结构特征和工艺技术水平的艺术形象，是通过点、线、面、体、色彩、肌理、质感、装饰等要素按一定的方式构成的，并依据形式美法则、时代特征、民族风格等多方面的要求综合处理的结果。家具不同于绘画与雕塑等纯粹的艺术品，必须同时满足人的直接使用用途，并受材料、结构与工艺技术等因素所限制。在影响家具造型的各种因素中，功能是目的，材料和结构以及相应的工艺技术是达到目的的手段，而家具形象则是体现实用功能和审美功能的综合形式。

家具造型是一种在特定使用功能要求下，一种自由而富于变化的创造性造物手法，它没有一种固定的模式，但是根据家具的演变风格与时代的流行趋势，现代家具以简练的抽象造型为主流，具象造型多用于陈设性观赏家具或家具的装饰构件。根据现代美学原理及传统家具风格可以把家具造型分为抽象理性造型、有机感性造型、传统古典造型三大类。

（1）抽象理性造型：是以现代美学为出发点，采用纯粹抽象几何形为主的家具造型构成手法。抽象理性造型手法具有简练的风格、明晰的条理、严谨的秩序和优美的比例。在结构上呈现数理的模块、部件

的组合。从时代的特点来看，抽象理性造型手法是现代家具造型的主流，它不仅利于大工业标准化批量生产，产生经济效益具有实用价值，在视觉美感上也表现出理性的现代精神。抽象理性造型是从包豪斯年代后开始流行的国际主义风格，并发展到今天的现代家具造型手法。

（2）有机感性造型：是以具有优美曲线的生物形态为依据，采用自由而富于感性意念的三维形体为家具造型设计手法的造型。造型的创意构思是从优美的生物形态风格和现代雕塑形式汲取灵感，结合壳体结构和塑料、橡胶、模压胶合板等新兴材料。有机感性造型涵盖非常广泛的领域，它突破了自由曲线或直线所组成形体的狭窄单调的范围，可以超越抽象表现的范围，将具象造型同时作为造型的媒介，运用现代造型手法和创造工艺，在满足功能的前提下，灵活地应用在现代家具造型中，具有独特的生动趣味的效果。最早的有机感性造型家具是20世纪40～50年代美国建筑与家具大师沙里宁（Eero Saarinen，1910～1961）和伊姆斯（Charles Eames，1907～1978）创作并确立的。

（3）传统古典造型：是以中外历代传统家具的优秀造型手法和流行风格为源泉，采用古典的装饰要素、精美的造型款式、考究的木材用料、严谨的繁简结构、精细的制作手法等进行的家具造型。这类家具造型体现了精美、典雅、古典、高档、豪华的传统风格，在今天仍然受到人们的喜爱并占有一定的市场份额。然而，其关键问题是要通过研究、欣赏、借鉴中外历代优秀古典家具，清晰地了解家具造型发展演变的文脉，从中得到启迪，在对传统古典家具的深层次的学习和研究中注入现代家具设计的成分，提炼出中国家具风格的元素，全面借鉴学习古今中外的所有优秀家具文化的营养，为今天的家具造型设计所用，最终设计创造出具有中国风格和特色的现代中国家具。

4.3 造型要素

家具主要是通过各种不同的形状、不同的体量、不同质感和不同的色彩等一系列视觉感受，取得造型设计的表现力。这就需要我们了解和掌握好一些造型的基本构成概念、构成方法和构成特点，也就是造型设计基础，它包括形态（点、线、面、体）、色彩、质感和装饰四个基本要素，并按一定法则构成美的立体形象。因此，造型要素是家具设计的基础。下面归结四个方面加以简述。

4.3.1 形 态

造型设计而成的形体的形式美主要是靠人们的视

觉感受到的，而人们视感所接触到的东西总称为"形"，而形有各种不同的状态。因此，人们视觉所感知的有关形的大小、方圆、曲直、厚薄、宽窄、高低、轻重等要素的总的状态，常称为"形态"。

家具的造型是由抽象的、概念的形态构成的，它和几何学一样，最基本的、可见的形态因素是点、线、面和体。作为造型要素，这里可暂且将家具的材料、质感和色彩等剥离开，来研究家具造型的形态因素，并在研究几何上的点、线、面、体的形成、类型与情感特征的同时，将这些要素在家具形体上的具体体现与应用情况作了说明。

4.3.1.1 点

"点"是形态构成中最基本的或是最小的构成单位。

（1）点的概念：在几何学的概念里，点是只有位置没有大小和方向的，但在造型设计中，点必须具有一定的大小、方向或面积、体积、色彩、肌理、质感等，否则就失去了存在的意义。那么多大的形状可以称之为点呢？这是不能用量的概念或不能由其单独的形态来规定的，它必须依附于具体形象并用相对的概念来确定，即要和周围的场合、比例关系等相对意义上来评价它的不同特征。

凡相对于整体或背景而言，其面积或体积较小的形状均可称为点。同样一个点，相对于大的背景可称作为点，而相对于小的背景则失去了点的特征而成了面或体。如图4-1所示，图（a）中黑圈具有点的特征；图（b）中由于背景局限在一个小正方形中，同样大的点具有了面的感觉；图（c）中的圆圈由于面积较大，也就不称其为点了。

（2）点的类型：点在形状上并无限制。点的理想形状一般认为是圆状的，如圆形（二次元的平面）或球体（三次元的立体）。但椭圆形、长方形、正方形、三角形、多边形、星形及其他不规则形等，只要它与对照物之比显得很小时，就可称点。即使是立体的东西，在相对的条件下，感觉也是点。

在家具造型中，柜门或屉面上各种不同形状的拉手、销孔、锁型，沙发软垫上的装饰包扣、泡钉，以及家具上的五金件和局部装饰配件等，相对于家具整体而言，都是较小的面或体，一般都表现为点的形态特征，所以都可以理解为点。这些点在家具造型中的效果往往有画龙点睛的作用，是家具造型中不可多得的具有较好装饰效果的功能附件。

（3）点的情感特征：在造型设计的要素中，点是一切形态的基础，是力的中心，点在空间起着标明位置的作用。在一个平面内放一个点，视线的注意力就会被吸引到这个点上来，构成视觉中心。

从点本身的形状而言，曲线点（如圆形）饱满充实，富于运动感；而直线点，如方点则表现坚稳、严谨，具有静止的感觉。从点的排列形式来看，等间隔排列会产生规则、整齐的效果，具有静止的安详感；变距排列（或有规则地变化）则产生动感，显示个性，形成富于变化的画面。

如果家具表面通过安装一定形状、质地和色彩的拉手或其他五金件，便可打破板件的单调感，丰富立面造型。通过家具表面拉手（点）等的不同排列和组合，还能形成一定的节奏和韵律感，在变换位置时显得有生气，而同一形式和色彩的拉手，又加强了统一感。

在家具造型设计中，可以借助于点的各种表现特征，加以适当的运用，能取得很好的表现效果。图4-2为家具表面点的应用示例。

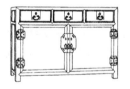

俯视图

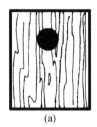
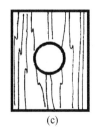

图4-1 点的概念

（a）　　　　　（b）　　　　　（c）

图4-2 点的应用

4. 3. 1. 2 　线

线决定着家具的造型，不同的线条构成了千变万化的造型式样和风格。优美的线形是构成家具不同风格的一个重要的造型要素。

（1）线的概念：在几何学的定义里，线是点移动的轨迹。从直觉和理念来看，线又是面的界限或面与面的交界，以及点与点的连接。线只有长度和位置，而不具有宽度和厚度。但作为造型要素的线，在平面上它必须有宽度，在空间必须有粗细，这样对于视觉才有存在的意义。因此通常把长宽相差悬殊的称作线，反之则为面。线以长度和方向为主要特征，如果缩短长度或增加宽度，就会失去线的特征，而成为点或面。

（2）线的类型：线是构成一切物体的轮廓形状的基本要素。线的形状有直线和曲线两大体系，两者共同构成和决定一切形象的基本要素，因为一切形象皆由直线、曲线或由二者共同组成。

点的移动方向一定时就成为直线；点的移动方向不断变化时就成为曲线；介于两者之间的是折线，它是经一定距离后改变点的运动方向而形成的间隔变化的线（每一部分都是直线）。此外，根据线的方向、位置、粗细等，直线还可分为垂直线、水平线、斜线、粗线、细线、子母线等；曲线则有几何曲线（弧线、抛物线、双曲线、螺旋线和高次函数曲线等）和自由曲线（C形、S形和涡形等）。

在家具造型中，线即表面为线型的零件，如木方、钢管等；板件的边线；门与门、抽屉与抽屉之间的缝隙；门或屉面的装饰线脚；板件的厚度封边条；以及家具表面织物装饰的图案线等，这些都属于线的范畴。

（3）线的情感特征：线的表现特征主要随线型的长度、粗细、状态和运动的位置而异，从而在人们的视觉心理上产生不同的感觉。线富于变化，对动、静的表现力最强，一般直线表示静，曲线表示动，线在造型设计中是最富有表现力的要素，比点具有更强的心理效果。

① 直线：给人以单纯、简朴、明了、直率、严格、强劲、具男性美之感。不同形式的直线有不同的表情和情感特征。

垂直线有庄严高耸、挺拔向上、严肃端正及支持、超越之感。在家具设计中着力强调的垂直线条，似乎能产生进取和庄重等效果，如这些线条伸向高处，还会有一种抱负和超越的感受。

水平线有沉着宁静、平稳安定、宽广叙展之感。在家具设计中，它能强调家具与地面之间的关系，有一种非同凡响的宁静和惬意的感受，同时，利用水平线划分立面，容易达到舒展、宁静、安定感觉的目的。

斜线有散射、奔驰、突破、活动、变化、上升及不安和方向性的动势感。在家具设计中应谨慎使用，如果用得不当能产生破损感，而合理使用能起到静中有动、变化而又统一的调和效果。

细线表现轻快、敏捷、锐利的性格。

粗线表现厚重、强健与力量，同时显示钝重、粗笨的特征，具有粗犷的力度美。

② 曲线：给人以轻松、优雅、愉悦、活泼、柔和而富有变化的感觉，以及缓慢的运动感和波浪起伏的节奏感等。它象征女性性格，显示出温和、丰满、圆润的特点，也象征着自然界美丽的春风、流水、云彩等。曲线因长度、粗细、形态的不同而给人的感觉也不同。

几何曲线规律性强，给人以饱满、柔软、弹性、理智、明快之感。

自由曲线婉转曲折，优美、轻快、流畅，最有奔放、自由、丰富、华丽之感。

古典家具中的曲线，特别是法国洛可可式和英国安妮女皇式家具、索尼特的曲木椅、阿尔托的弯曲胶合椅、沙里宁的有机家具等，具有圆润、丰富、柔和的特点，给人以流动奔放或轻快闲适的感受，是曲线美造型在家具中的成功应用典范。

目前，在家具造型中线条的应用或构成有三种：

纯直线构成的家具：能给人以刚劲、安定、庄严的感觉，常体现"力"的美。现代家具由于采用木材、金属、玻璃等新材料，并采用机械化生产方式，线条多为直线，从而具有刚健、雄劲的男性风格之美。

纯曲线构成的家具：能给人以活泼、流畅、优美的感觉，常体现"动"的美。故大多采用曲线构成的古典传统家具和以曲线造型为主的现代家具，具有气势盎然、雅气可掬、婉转曲折、柔软优雅、流畅自如之美。

直线与曲线结合构成的家具：不但具有直线稳重、挺拔的特点，而且还能给人以流畅、活泼等曲线优美的感觉，使家具造型具有或方或圆、有柔有刚、形神兼备的特点。中国传统的明式家具都以直线与曲线结合构成，打破了直线僵硬感，使之富有变化，这是直曲线完美的结合。

用直线、曲线或二者结合构成的家具，可以产生不同的形象，使家具具有某种特殊的情感特征，或形成完全不同的风格。因此，应针对不同家具造型设计的要求，以线型的不同表现特征取得家具造型的丰富变化和创造出家具造型的各种不同风格（图4-3）。

图 4-3　以线为主构成的家具

4.3.1.3　面

（1）面的概念：面是由点的扩大、点的密集、线的移动、线的加宽、线的交叉、线的包围等而形成的，具有二维空间（长度和宽度）的特点。直线平行移动形成矩形面，直线回转运动形成圆形面，直线倾斜移动形成菱形，直线的不同支点摆动则形成扇形与双扇形等平面图形。此外，体的剖切或面的分割还可以形成更多的不同形状的面。关于面的分割（即平面构成）可参见本章 4.5 节所述内容。

（2）面的类型：面可分为平面与曲面。平面有垂直面、水平面与斜面；曲面有几何曲面与自由曲面。其中平面在空间常表现为不同的形，主要有几何形和非几何形两大类。

几何形是以数学的方式构成的，包括直线形（有正方形、长方形、三角形、梯形、菱形等多边形）、曲线形（有圆形、椭圆形等）和曲直线组合形。

非几何形则是无数学规律的图形，包括有机形和不规则形。有机形是以自由曲线为主构成，它不如几何图形那么严谨，但也并不违反自然法则，它常取形于自然界的某些有机体造型；不规则形是指人有意创造或无意中产生的平面图形。

（3）面（形）的情感特征：不同形状的面具有各自截然不同的情感特征。

几何学构成的外形，形状规则整齐，具有简洁、明快、秩序、条理之美感，它的组合不能过于繁复，复杂的几何外形会丧失其特有的性格。

正方形由垂直和水平两组线条组成，所以对任何方向都能呈现安定的秩序感，它象征着坚固、强壮、稳定、静止、正直与庄严。但正方形却有使人感到单调的感觉。为了克服这一缺陷，可以通过与之配合的其他的面或线的变化来丰富造型，打破单调感。

三角形的斜线是它的主要特征，它丰富了角与形的变化，显得比较活泼。正立的三角形能唤起人们对山丘、金字塔的联想，是锐利、坚稳和永恒的象征；倒置的三角形有不稳定感，但作为家具造型总体中的一个构件，却能使人感到轻松活泼。

梯形上小下大，具有良好的稳定感和完美的支持承重效果。家具中呈梯形状向外倾斜的桌、椅脚，有着优雅轻快的支持效果和视觉上的平稳感。

矩形和多边形是一种不确定的平面形，富于变化则使人感到丰富、活跃、轻快。其变数的增加可产生接近曲线的感觉。

圆形由一条连贯的环形线所构成，具有永恒的运动感，象征着完美与简洁，同时有温暖、柔和、愉快的感觉。椭圆也较为明快，而且长短轴的改变，会给人以缓急变化的印象，在家具设计中运用椭圆能产生一种流畅、秀丽、温馨的感觉。

有机形具有淳朴的视觉特征，产生具有秩序的象征美感。

不规则形能根据人的思维概念，把自己的感情表现出来，其形态活泼可亲，具有温暖感。不规则形是个性化的特征，常给人以轻松活泼的感觉，在家具中采用不规则形是仿生手法之一，会使家具形象丰富，性格突出。

曲面温和、柔软，具有动感和很浓的亲切感。几何曲面具有理智和感情，而自由曲面则性格奔放，具有丰富的抒情效果。曲面在软体家具、壳体家具和塑料家具中得到广泛应用。

面是家具造型设计中的最重要构成因素，有了面家具才具有实用的功能并构成形体。家具造型中的面是由形的封闭而构成，也就是根据使用要求的实体物件组合而成。面或形在家具造型中的应用，一是以板面或其他实体的形式出现；二是由条块零件排列构成面；三是由线型零件包围而成面。这些面分别以几何

图4-4　以面为主构成的家具

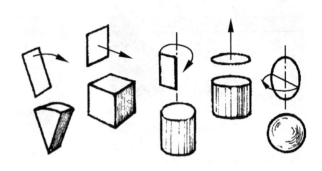

图4-5　体的形成

形或非几何形出现。平面由于较单纯，具有直截了当的表情，所有的人造板材都是面的形态，因而在现代家具造型中得到广泛的应用。

除了形状外，家具中的面的形状还具有材质、肌理、颜色的特性，在视觉、触觉上产生不同的感觉以及声学上的特性。

在家具造型设计中，我们可以灵活恰当运用各种不同形状的面、不同方向面的组合，以构成不同风格、不同样式的丰富多彩的家具造型（图4-4）。

4.3.1.4　体

（1）体的概念：按几何学定义，体是面移动的轨迹，在造型设计中，体是由点、线、面围合起来所构成的三维空间（具有高度、深度及宽度或长度）。所有的体都是面的移动和旋转或包围而占有一定的空间所形成的，如图4-5所示。

（2）体的类型：体有几何形体和非几何形体两大类。几何体有正方体、长方体、圆柱体、圆锥体、三棱锥体、多棱锥体和球等形态。非几何体一般指一切不规则的形体。一切几何体，特别是长方体在家具中得到了广泛的应用，非几何体中的仿生的有机体也是家具经常采用的形体。

体可以通过如下方法构成：线材空间组合的线立体构成；面与面组合的面立体构成；固体的块立体构成；面材与线材、块立体的综合构成。体的切割与叠加还可以产生许多新的体。关于体的分割与叠加（即立体构成）可参见本章4.5节所述内容。

体根据构成的方式不同可分为实体与虚体。由块立体构成或由面包围而成的体叫实体；由线构成的由面、线结合构成，以及具有开放的空间的面构成的体称为虚体。虚体根据其空间的开放形式，又可以分为通透型、开敞型与隔透型。通透型即用线或用面围成的空间，至少要有一个方向不加封闭，保持前后或左

右贯通；开敞型即盒子式的虚体，保持一个方向无遮挡，向外敞开；隔透型即用玻璃等透明材料作围合的面，在一向或多向具有视觉上的开敞型的空间，也是虚体的一种构成形式。

体的虚实之分是产生视觉上的体量感的决定性因素，也是丰富家具造型的重要手法之一，在家具形体中，用细长零件围组式空间，如台桌、椅、凳类；或用开放式的柜面处理；以及用玻璃围合的空间等都是形成虚空间的具体办法；而用固态块体或用围合的全封闭体则是形成实体的常用手法。在家具造型设计中，正方体和长方体是用得最广的形体，如桌、椅、凳、柜等。

（3）体的情感特征：几何体所表现的情感与几何形相似，任何几何体和非几何体都可形成一定的体量感。体量是指体形给人在视觉上感到的分量。体量大使人感到形体突出，产生力量和重量感；体量小则使人感到小巧玲珑，有亲近感。形体呈实体时，使人有稳固牢实之感；形体呈虚体时则显得轻巧活泼。决定家具形体体量大小和虚实程度的是功能尺寸、材料和结构形式及艺术处理的需要。

在家具形体造型中，实体和虚体给人心理上的感受是不同的。虚体（由面状形线材所围合的虚空间）使人感到通透、轻快、空灵而具透明感；实体（由体块直接构成实空间）给以重量、稳固、封闭、围合性强的感受；凡是形成一个整体的家具都感到非常稳定，有某种壮观的感觉；凡是各部分之间体量虚实对比明朗的家具，会感到造型轻快、主次分明、式样突出，有一种亲切感。

家具是各种不同形状的立体组合构成的复合型体，在家具立体造型中凹凸、虚实、光影、开合等手法的综合应用，可以搭配出千变万化的家具造型。体是设计、塑造家具造型最基本的手法，在家具设计中要充分注意体块的虚、实处理给造型设计带来的丰富

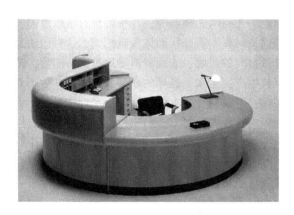

图 4-6　实体家具

变化。在设计中掌握和运用立体形态的基本要素，同时结合不同的材质、肌理、色彩，是表现家具造型非常重要的基本功（图 4-6）。

4.3.2　色　彩

色彩是造型的基本要素之一，在工业产品造型设计中常运用色彩以取得赏心悦目的效果，家具设计也不例外。

关于色彩的基本概念、表现特点、设计方法（即色彩构成）以及色彩在家具设计中的应用等可参见本章 4.6 节所述内容。

4.3.3　质　感

家具的造型要使用各种各样的材料，每一种材料都有其特有的材质与情感，这一要素就称为质感。在家具的美观效果上，质感的处理和运用也是很重要的手段之一。

4.3.3.1　质感的概念与种类

不同的材料具有不同的材质。材质（或肌理、质地）是指物体表面材料产生的一种特殊品质，是物体表面的组织构造，用来形容物体表面的粗糙与平滑程度，如木材的纹理、石材的粗糙、钢材的坚韧、纺织品的柔和及编织纹路等。每种材料都有它特有的质地，给人们以不同的感觉，如金属的硬、冷、重；木材的韧、温、软；塑料的软、密、轻；织物的软、细、暖；玻璃的晶莹剔透等。因此，质感是指物体表面质地给人的触觉与视觉器官所感知到的感觉。

质感有两种基本类型，一是触觉质感，在触摸时可以感觉出材质（肌理）的粗细、疏密、软硬、轻重、凹凸、糙滑、冷暖等，触觉质感是真实的；二是视觉质感，用眼睛看到的暗淡与光亮、有光与无光、光滑与粗糙、有纹与无纹等，视觉质感可能会是一种错觉，但也可能是真实的。通常，触觉质感均能给人以视觉质感，但视觉质感是无法通过触摸去感受，而是由视觉感受引起触觉经验的联想来产生触觉质感。因此，质感是人们触觉和视觉紧密交织在一起而感觉到的。

不同材料的质地或肌理（图 4-7），可给人以不同的情绪感受。就主要的几种肌理而言，它们分别具有如下的情感特征：粗糙无光时，显得笨重、含蓄、温和；细腻光滑时，显得轻快、柔和、洁净；质地柔软时，显得友善、可爱、诱人；质地坚硬时，显得沉重、排斥、醒目。

所有材料都有一种质感。质地的纹理越细，其表面呈现的效果就越平滑光洁；反之则粗糙。它受尺度大小、视距远近、光线强弱的影响，可使人们对质地的感受以及对它所覆盖的表面感觉都有所不同。例如，质地的相对尺寸可以影响一个面的外形和位置，有方向性纹理的质地能够强调一个面的长度或宽度；粗糙的质地可使一个面感觉更近一些，加大它在视觉上的重量感，而减少了它的尺度感；粗糙的质地在近看时，才能表现出来粗糙的程度，在远处看时就会呈现出某种相对的平整效果；平滑光亮的表面，质地清

图 4-7　材质与肌理

晰并反射出耀眼的光线；粗糙或中等粗糙度的表面吸收并扩散光线；用直射光照在粗糙的表面，会形成清楚的光影图案，它比同类颜色光滑表面质地会显得暗些。

4.3.3.2 质感的应用

不同的材料有不同的材质、肌理，即使同一种材料，由于加工方法的不同也会产生不同的质感。家具材料的质地感，可以从两方面来把握：

（1）材料本身所具有的天然质感。如木材、金属、竹藤、柳条、玻璃、塑料等，由于质感差异，可以获得各种不同的家具表现特征。木制家具由于其材质具有美丽的自然纹理、质韧、富弹性，给人以亲切、温暖、轻软、透气的材质感觉，显示出一种雅静的表现力。金属家具则以其光泽、冷静而凝重的材质，给人以坚硬、冰冷、沉重、密实、光滑的材质感觉，更多的表现出一种工业化的现代感。竹、藤、柳家具则在不同程度的手感中给人以柔和、轻软、凉爽、透气的质朴感，充分的展现来自大自然的淳朴美感。

（2）对材料施以不同加工处理所显示的质感。是指在同一种材料上，运用不同的加工处理，可以得到不同的艺术效果。对木材进行不同的切削加工，可以获得不同的纹理组织，如径切面纹理通直平行、均齐有序、美观；弦切面纹理由直纹至山形纹渐变，较美观；旋切面纹理呈云形纹，变幻无序，美观性较低；从径切面、弦切面至旋切面，轻软、温暖、弹性等质感渐次降低。对木材进行不同的涂饰装饰，也具有不同的表面质感，如不透明涂饰不露木纹，呈现较冷、重、硬、实之感；透明涂饰显现木纹，展现木材温、软、韧、半透明之感；亮光涂饰光泽明亮，呈现偏硬、偏冷、反光之感；亚光（消光）涂饰，光泽柔和，具有温暖感。对金属施以不同的表面处理，如镀铬、烤漆、喷塑等，效果也各不相同。再如竹藤的不同编织法，表达了不同的美感效果。这一切，都对家具的造型产生直接影响。

家具用材丰富多彩，家具肌理随之千变万化，家具设计就是将同种材料通过不同的加工处理或利用结构造型将木材、皮革、金属、玻璃等不同材料通过合理搭配，而实现肌理的变化和不同质地的对比，获得不同的质感效果，有助于家具造型表现力的丰富与生动。但要注意获取优美的质感效果，不在于多种材料的堆积，而在于体察材料质地美的鉴赏力上，精于选择适当而得体的材料，贵在材料的合理配置与质感的和谐运用。

一般来说，家具造型设计并不利用装饰设计来掩饰材料，而是注重显示材料的原状。例如露木纹的暖色木质、光亮的大理石等，几乎都没有施以色彩，尽可能保持材料本质原状和体现自然美，这种做法通称为尊重材料的质感。表现材料质地美的新潮流，是现代家具生产工艺水平提高的表现。现代家具生产要求机械化、产量高、成本低、便于生产。这就必然促使设计师们去发掘材料本身的质地美，以代替过去用手工生产那种费工费时的精雕细刻和掩饰材料的虚假装饰。尊重材料的质感，利用材料对比的表现手法，已成为现代家具造型设计最基本的手法之一。

4.3.4 装 饰

装饰是家具形体表面美化和局部微细处理的重要组成部分，是在大的形体确定之后，进一步完善和弥补由于使用功能与造型之间的矛盾，为家具造型带来的不足，所以，家具的装饰是家具造型设计中的一个重要手段。一件造型完美的家具，单凭形态、色彩、质感和构图等的处理是不够的，必须在善于利用材料本身表现力的基础上，以恰到好处的装饰手法，着重于细部的微妙设计，力求达到简洁而不简陋、朴素又不贫乏的审美效果。

关于家具装饰的基本概念、装饰方法等可参见第6章所述内容。

4.4　构图法则

在家具设计中，家具与家具之间在室内的布置，以及家具的各组成部分与家具整体之间的配合关系，这种布置与配合关系就是家具构图。

在现代社会中，家具已经成为艺术与技术结合的产物，家具与纯造型艺术的界线越来越模糊，家具设计与其他造型艺术设计的各个领域在美感的追求和美的物化等方面并无根本的不同，而且在形式美的构成要素上有着一系列共同的规律和法则，这就是造型的构图法则或形式美法则。

造型的构图法则是形式构图的原理，或者是形式美的一般规律。家具造型构图法则就是形式构图原理或形式美的一般规律在家具造型设计中的应用法则，即家具的形式美规律或艺术处理手法。

造型的构图法则是人类在长期的生产与艺术实践中，从自然美和艺术美的不同形态中概括和提炼出来的艺术手法，并适用于所有艺术创作。要设计创造出一件美的家具，必须掌握艺术造型的构图法则，而且家具造型设计的构图法则是在几千年的家具发展历史中由前人经过长期的艺术设计实践总结出来的，并在家具造型的美感中起着主导的作用。家具造型的构图法则和其他造型艺术一样，具有民族性、地域性、社会性，同时家具造型又有它自己鲜明的个性特点，并受到功能、材料、结构、工艺等具体因素的制约，因而在应用构图法则时，应遵循不违背材料的特性和结构的要求，不违背使用功能的实用性和工艺技术的可行性等原则。

家具造型设计所遵循的构图法则主要有比例与尺度、统一与变化、韵律与节奏、均衡与稳定、模拟与仿生、错觉的运用等。

4.4.1　比例与尺度

凡造型艺术都有个比例的问题，家具造型也是如此。家具是用点、线、面、体等几何语言来表现造型与描绘造型的，因此良好的比例与正确的尺度是获得家具理性美的重要条件。

4.4.1.1　比　例

家具比例是指家具整体的宽、深、高各方向度量之间，家具局部与整体之间以及家具各局部彼此之间的大小关系。包括上下、左右、前后、主体和构件、整体与局部之间的长短、大小、高低等相对尺寸关系。比例也叫比率，就是尺寸与尺寸之间的数比。比例相称的形状能给人以美的感受，设计家具必须具有恰到好处的比例。

家具设计时必须合理地确定各部分的比例关系。决定家具比例的因素有：

（1）家具本身的功能形式与要求：使用功能是决定比例的主要因素，不同类型的家具有不同的功能形式，如高直的衣柜、低矮的沙发等，不同的功能形式有着不同的使用要求，因此，不同的功能形式和使用要求决定了不同家具产品有不同的比例，同类家具由于使用对象不同也有不同的比例。这种比例关系是数千年来逐渐形成的，习惯成自然，功能的比例也就转化为美的比例。但即使是同一功能要求的家具，由于比例的不同，所得到的艺术效果也不同，如图4-8所示的家具比例。

（2）制作家具所用的材料、结构及工艺：这些因素是构成一定比例的物质基础。随着这些因素的变化，家具比例也会发生相应的变化。如用木材加工的和钢管加工的相同规格的折椅，在它的部件尺寸本身以及与专题的尺寸关系上就表现为不同的比例，对造型也会产生不同的艺术效果。任何家具造型都依赖于当时的材料和先进技术。传统的木家具，采用卯榫结构，其构件断面较大，使整体具有粗壮、稳重的比例效果；而现代木家具采用人造板生产家具则为比例的选择提供了自由；现代金属家具由于金属腿支架强度较高，用很小断面就能满足使用要求，所以形成纤细、轻巧的比例效果；采用塑料成型的家具，改变了

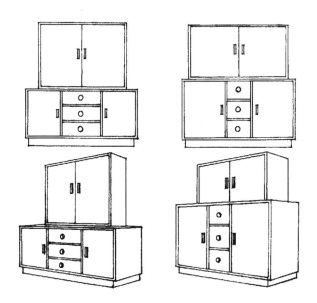

图4-8　家具的比例

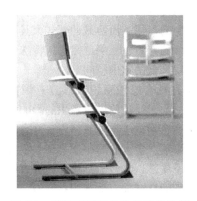

图4-9　不同材料与结构的家具比例

图4-10　室内配套家具比例

几千年所沿用的卯榫结构技术，使产品造型产生了质的飞跃，其力学结构达到了完美的应用，其比例也随之简洁概括，形成了一个全新的比例系统（图4-9）。可以看出不同结构体系和不同材料的运用得出的家具基本比例是有极大差别的。

（3）室内空间及其家具配套整体性：在室内布置中，一个房间里要布置许多不同使用要求的家具，

每个家具的功能需要支配着单体家具的尺寸比例，但仅仅考虑单体家具的比例设计是不够的，还应该有家具与家具之间，以及家具与室内空间的整体的比例关系。为求得整体的比例协调，要有一个很好的综合考虑，应该强调那些重要部位的比例，使其支配其他次要部分，即从位置上、尺寸上和设计上强调最重要和主要使用部位。也就是说，在群体家具中，总要有一些占控制地位的要素，它的尺寸必须压倒其他尺寸，使其他一些看上去是中等尺寸的部位和小尺寸的部位统一起来。此时，有些家具宽深高的关系，既不依附结构要求，也不可以随意选取，而只能以它在整套家具中的局部功能为依据，如餐厅中的餐桌、会议室中的会议桌、沙发和茶几，是根据其在相应室内的使用要求而变化的（图4-10）。

（4）不同地区不同民族的生活风俗与传统习惯：人的生活环境和生活习惯也造成了家具的不同比例。如我国北方的炕桌具有独特的比例，这是由于北方的气候而形成的传统的生活方式所决定的，适合于保留古代席地而坐的习惯；而西藏的藏式家具，则具有多功能、较低矮的特点，比例自然也就特殊了，这也是为适应藏居层高低的室内空间。

（5）某种社会思想意识或宗教意识：在中外家具发展史上，由于受这些思想意识的影响，促使人们把这些思想观念融贯于家具造型中，并有意识地采用艺术夸张的手法，扩大或缩小家具某些零部体的相对尺寸，以造成庄严、华贵、雄伟的气氛。如中外皇帝的宝座、教堂的高背椅、法官的高背椅等，都有特殊的比例，目的无非是显示和助长帝王或法官的威严，或渲染某种宗教气氛，或为了与相应的室内空间尺度相协调。

（6）比例的数学法则与某些具有肯定外形的图形：某些几何形体本身以及若干几何形体间的组合，存在着某种良好的比例关系。这些比例关系经过人们长时期的观察、探索与应用，为造型设计积累了丰富的经验，并逐渐形成了一些数学的法则。对于几何形体本身来说，某些具有肯定外形而又引人注目的图形，如应用和处理得当，就可以产生良好的比例，获得美的效果。所谓肯定外形即形体周边的比例和位置不能加以任何改变，只能按比例放大与缩小，否则就会失去其形状特征的图形，如圆形、正方形、等边三角形等，这些形状在家具中得到了广泛的应用。对于长方形，其周边可以有不同的比例仍不失为长方形，所以没有肯定的外形，但经过人们长期的实践，摸索出了若干具有美的比例或被认为具有肯定外形的长方形，如黄金比长方形（0.618:1、1:1.618）、根号比长方形（1:$\sqrt{2}$、1:$\sqrt{3}$）等均具有良好的比例。长为宽的整数倍的长方形会令人联想到是几个正方形的组

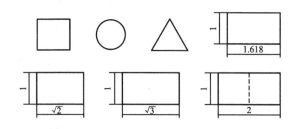

图4-11　具有肯定外形的几何图形

合，外形也较肯定、较美。这些长方形的比例关系将在本章4.5节《构成设计》中加以阐述。图4-11所示为具有肯定外形的几何图形。

4.4.1.2　尺　度

尺度是指家具造型设计时，根据人体尺度或使用要求所形成的特定的尺寸范围，家具的比例也必须通过具体尺度来体现。家具的尺度是指家具整体绝对尺寸的大小和家具整体与零部件、家具容量与存放物品、家具与室内空间环境及其他陈设相互衬托时所获得的一种大小印象。这种不同的大小印象会给人以不同的感觉，如舒畅、开阔、宜人、闭塞、拥挤、沉闷等，这种感觉就叫尺度感。

为了获得良好的尺度感，除了从功能要求出发确定合理的尺寸之外，还要从审美要求出发，调整家具在特定条件下或特定环境中的某些整体或零部件等相应的尺度，以获得家具与人、家具与家具、家具与物、家具与室内环境的协调。图4-12所示为家具与人体尺度。

（1）对于支承人体的支承类家具，如椅、凳、沙发、床等，主要是根据人在坐、躺、卧时的形态特征和人体尺度来确定其外形尺寸，使人坐得舒适、躺得满意、睡得安稳，有利于提高工作效率或消除疲劳。如椅坐的前高就是根据人的小腿平均长度加上鞋底厚度；椅宽是根据臀部尺寸加上适当的活动范围；坐深则是根据大腿长度并使腿内侧与椅前沿保持适当间隙。

（2）对于贮存类家具，如橱、柜、架等，主要是先确定存放物品所需要的内部尺寸，并考虑人体尺度与人体动作范围，然后在适当考虑比例和造型要求而确定其外部尺寸，为人们提供需要的贮存空间和满足相应的贮存使用条件，方便人们存取和使用。如大衣柜的深度主要考虑使用时挂放衣服的宽度尺寸及其厚薄；大衣柜高度主要是根据大衣挂放时的长度要求、挂衣架的有效高度再加上挂衣棍与柜顶以及衣服下端与底板之间的适当间距来确定的。对于通透型、隔透型和开敞型的搁板层高应与计划陈列的或可能放置的物品尺寸相协调，要求放置物品后，既不过于空

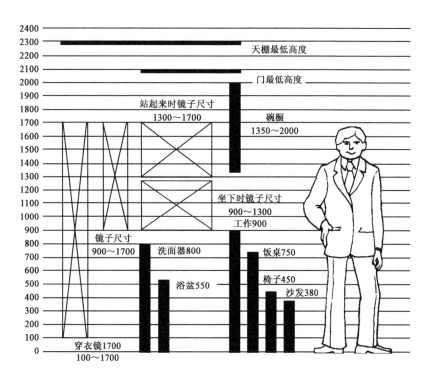

图4-12 家具与人体尺度（单位：mm）

虚，又不过于充实，要求疏密有致，舒适美观。要求如同裁剪得体的衣服，既不过于宽大，也不过于窄小。

（3）对于凭倚类家具，如桌、几、台等，既要满足人体尺度和生理卫生的要求，也要考虑放置玻璃板及其他文具物品的需要。如写字台高度的确定是在椅坐高度的基础上再加上适当的距离，使之满足合理的视距要求（350mm左右）；办公室用的办公桌一般均比住宅民用和宾馆旅客用的写字台尺寸大、抽屉多。对于小件家具，特别是小桌、小茶几之类，在不影响功能与结构的前提下，应尽量采用小的零件断面尺寸。不同的零件尺寸将形成不同的尺度感。如两个小茶几，尽管外形轮廓尺寸完全相同，但由于零件粗细不同，粗的显得呆滞，细的则显得轻巧，整体尺度感也就产生了差异。

（4）对于室内成套家具布置，还包括家具与家具之间，以及家具与室内空间的比例。大空间室内的家具应有较大的尺度，小空间的家具应配以相应较小的尺度。例如大会堂的讲台就应比普通教室的讲台高大，并配以相应较高的坐椅；大的客厅应配以大尺度的地柜、大的电视机、大的沙发。同时，在设计成套家具时，不要为了追求统一而忽略对大小相差悬殊的家具，在零件尺寸方面作出相应的调整，如零件的断面尺寸、板件的厚度等。这些目的都是为了获得良好的尺度感。

4.4.2 统一与变化

统一与变化是适合于任何艺术表现形式的一个普遍规律，也是最为重要的构图法则。多样与统一的结合，才能给人以美感。从变化和多样中求统一，在统一中又包含多样性，力求统一与变化的完美结合，这便是家具造型设计必须采用的表现手法。

家具由一系列的零部件构成，各种零部件通过一定的结构形式与连接方法，构成完整的家具式样。家具各部分的联系和整体性就是家具造型的统一，而家具各部分的区别和多样性就是家具造型的变化。统一与变化是矛盾的两个方面，它们既相互排斥又相互依存。统一是在家具系列设计中整体和谐，形成主要基调与风格。变化是在整体造型元素中寻找差异性，使家具造型更加生动、鲜明、富有趣味性。统一是前提，变化是在统一中求变化。

4.4.2.1 统 一

统一是指把若干个不同的组成部分（如家具与家具之间以及家具各部分之间）按照一定的规律和内在联系，有机地组成一个完整的整体，造成一种一致的或具有一致趋势的感觉。对称、均衡、整齐、重复、协调（调和）、呼应等都倾向于稳定的状态，都近于统一的要求。

统一在家具中的最简单的表现手法是协调和重复，将某些因素协调一致，将某些零部件重复使用，在简单的重复中得到统一。家具造型尤其是成套家具中的统一主要表现为协调一致，即要求各种不同的线条、形状、色彩、材料质地、结构部件、表面装饰以及线型（型面）、脚型、拉手、五金配件、装饰件等服从于同一基调和格式，使尺度比例各不相同的家具互相协调，显得融洽无间。如果多观察一些典型成套家具，就不难看出统一在成套家具中显得特别重要，也表现得最为充分。

在家具造型设计中，主要运用协调、主从、呼应等手法来达到统一的效果。

（1）协调：是通过缩小差异程度的手法，把各部分有机地组织在一起，使整体和谐、完整一致。其强调同一要素中的不同程度的共通，以表现相互联系、彼此和谐、呈现共性、显示统一的特点。具体表现为：线、形及色彩的协调。

（2）主从：运用家具中次要部位对主要部位、细部对整体、一般与重点的从属关系来烘托主要部分，突出主体，求得统一，形成统一感。

（3）呼应：家具中的呼应关系主要体现在线条、构件和细部装饰上的呼应。在必要和可能的条件下，可运用相同或相似的线条、构件在造型中重复出现，以取得整体的联系和呼应。

4.4.2.2 变化

变化是在不破坏整体统一的基础上，将性质相异的东西并置在一起，强调造型各部分的差异，造成显著对比的一种感觉。对比、反衬、运动、差异、多样等都处于激化的状态，强调对抗的效果，近于变化的要求。变化的目的主要是为取得生动、多变、活泼、丰富、别致的效果。

家具在体量、空间、形状、线条、色彩、材质等各方面都存在差异，在造型设计中，恰当地利用这些差异，就能在整体风格的统一中求变化。变化是家具造型设计中的重要法则之一，变化在家具造型设计中的具体应用主要体现在对比方面，几乎所有的造型要素都存在着对比因素。

对比就是把造型诸要素中的某一要素，如线或形，按显著的差异程度组织在一起加以对照和衬托，以产生一种特定的艺术效果。其强调同一要素中不同程度的差异，以相互衬托、呈现个性。具体表现为：

线条——长与短、曲与直、粗与细、横与竖等。

形状——大与小、方与圆、宽与窄、凹与凸等。

色彩——浓与淡、冷与暖、明与暗、强与弱等。

肌理——软与硬、粗与细、光滑与粗糙、透明与不透明等。

形体——大与小、虚与实、开与闭、疏与密、简与繁等。

体量——大与小、轻与重、笨重与轻巧等。

方向——高与低、前与后、左与右、垂直与水平、垂直与倾斜、顺纹与横纹等。

在家具设计中，不论是单件还是成套家具的造型式样、构图、色彩等方面，都离不开统一和变化，在统一中求变化，变化中求统一，这就是设计创造的着眼点，并贯穿于设计的全过程。一个好的家具造型设计，处处都会体现造型上的对比与和谐，在具体设计中，许多要素是通过统一与变化的规律组合在一起综合应用的，以取得完美的造型效果，如图4-13、图4-14所示。

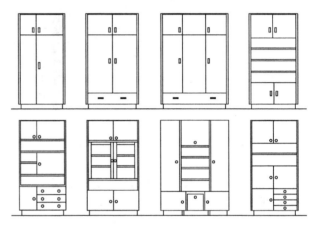

图4-13 家具造型的统一与变化

图4-14 统一与变化

4.4.3 韵律与节奏

韵律与节奏是任何物体构成部分有规律重复的一种属性。世间万物的运动都带有韵律的关系，如白天与黑夜、音乐与诗歌、工作与休息、呼吸与心跳等都是一种富有韵律感的自然现象。把对于人们有感染力的形、色、线有计划、有规律地组织起来，并符合一定的运动形式，如渐大渐小、递增递减、渐强渐弱等有秩序按比例地交替组合运用，就产生出旋律的形式。可以说，自然界中的万物皆潜在着韵律现象或旋律美感。

韵律美是一种有起伏、有规律、有组织的重复与变化；节奏美则是条理性、重复性、连续性的艺术形式表现。它们之间相互的关系为节奏是韵律的条件，韵律是节奏的深化。

4.4.3.1 韵 律

韵律是艺术表现手法中有规律地重复和有组织地变化的一种现象。这种重复和变化常常会使形象生动活泼并具有运动感和轻快感。无论是造型、色彩、材质，乃至于光线等静态形式要素，当在组织上合乎某种规律时，在人们视觉和心理上都会引起律动效果，这种韵律是建立在比例、重复或渐变为基础的规律之上的。重复是产生韵律的条件，韵律是重复的艺术效果。

韵律按其形式特点可分为连续的韵律、渐变的韵律、起伏的韵律、交错的韵律等多种不同类型，如图4-15所示。

（1）连续的韵律：是由一种或几种要素，按一定距离和规则连续重复排列而形成的韵律。这种韵律的形式应用范围较广，在家具设计中可以利用构件的排列取得连续的韵律感，如椅子的靠背、橱柜的拉手、家具的格栅等。

（2）渐变的韵律：是在连续重复排列中，按照

一定的秩序或规律逐渐变化某一要素的大小、长短、宽窄、数量或形式等而产生的韵律。如家具设计中常见的成组套几或有渐变序列的橱柜。

（3）起伏的韵律：是将渐变的韵律加以高低起伏的反复，并在总体上有波浪式的起伏变化和节奏感的韵律。如家具造型中壳体家具的有机造型起伏变化、家具的高低错落排列等。

（4）交错的韵律：各组成部分连续重复的要素按一定规律相互穿插或交织排列而产生韵律。如中国传统家具的博古架、竹藤家具的编织花纹和木质家具的木纹拼花等。

四种韵律的共性就是重复与变化，重复中有简单的重复与复杂的重复，变化中有形的变化或量的变化。通过起伏的重复和渐变的重复，可以强调变化，丰富家具造型形象；通过连续的重复或交错的重复，可以彼此呼应，加强统一效果。

在家具造型设计中，通过家具功能构件的重复排列或交替出现，雕刻装饰图案的重复和连续，木纹拼花的交错组合，织物条纹的配合应用，家具形体各部分的有规律增减和重复，组合成套家具中某些形、线、色彩的变化和反复应用，拉手、脚型的反复出现等，都是形成产品韵律的方式和手段。如图4-16所示。家具的功能特性、结构形式和装饰点缀等常常是形成韵律感的基本前提，可以加强整体的统一性，能得到丰富多彩的变化。

4.4.3.2 节 奏

节奏是条理与反复组织原则的具体体现。它由一个或一组要素作为单位进行反复、连续、有条理地排列，形成较复杂的重复，不仅是简单韵律的重复，还常常伴有一些要素的交替。也就是说，形成任何节奏排列，都有主动的因素（音节）和被动的因素（间歇）的互相交替，包括组成部分的某些属性有规律的变化，即它们的数量、形式、大小等增加或减少。

从图4-17中可以看出，图（a）的构成因素是大小形状不变，间隔变化，利用间歇休止打破精确重复，但由于它是相同的重音和间歇重复所组成的系列，所以是最简单常见的一种排列。图（b）的构成因素间隔不变，形状变化，注入重音形成节奏。图（c）的构成因素是形状变化，并注入间隔变化，既利用休止表现间隔，又有音调的轻重，造成新颖丰富的组合变化。图（d）的构成因素是形状的变化、间隔的变化，注入方向的因素。这样图（b）、图（c）、图（d）三图构成具有重音和间歇，是较复杂的节奏排列，要保证这种排列的统一，必须依靠其中一些个别因素尺寸的重复和基本节奏图形的构成规律。

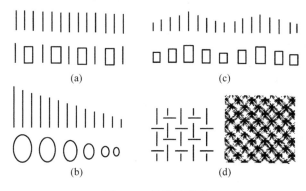

图4-15 韵律的类型

（a）连续的韵律 （b）渐变的韵律
（c）起伏的韵律 （d）交错的韵律

图 4-16　车木和织物及外表装饰形成的韵律

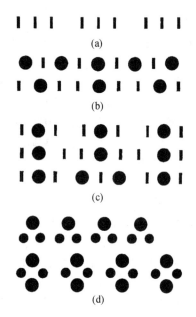

图 4-17　节奏的组成

节奏在音乐、舞蹈、电影等具有时间形式的艺术中，是以听觉和视觉来表现的。节奏本身没有形象的特征，只是用来标明形象在运动中的急缓、强弱、起伏、行停和运动方向的改变等。在不具备时间要素的造型设计中，也有不少情况把节奏认作是反复的形态和构造、连续的线、断续的线等，即便是静止的造型，观察的视线也必定要追寻所表示的线和形态要素的排列。这样视线在时间上的运动就能使人感觉到节奏。

对于节奏的特征来说，重要的是进一步考虑主动节奏因素和被动节奏的关系，及互相的布置，应当使相互间直接呈重音关系和间歇关系，表明排列的活跃和节奏的增大或减小，诸因素间的对比越显著，构图就越生动。

在现代家具造型设计中，其韵律是指家具的体、形、线富有曲直、起伏或大小排列变化的律动；节奏是指这种律动在构图上作缓急的渐变或连续的排列，使某些特点不断呈现，通过家具的组合、构件的排列以及装饰、色彩来表现。节奏和韵律有着明显的规律性，这种规律又可以用极其简单的逻辑程序来反映，而简单的逻辑程序是实现经济、先进的加工工艺的基础。在现代家具工业生产中，由于零部件标准化生产、系列化组合工艺的实现，使这种单元构件有规律的重复、循环和连续的出现与应用，都成为现代家具节奏与韵律美的体现。

4.4.4　均衡与稳定

家具是由一定的体量和不同的材料构成的实体，常常表现出一定的重量感，因此家具造型必须研究家具重量感方面的均衡与稳定的问题，正确处理好造型中家具各部分的体量关系，以获得家具的完整性与稳定性，达到使家具均衡而又不失生动、稳定而又轻巧的效果（图 4-18）。

4.4.4.1　均　衡

均衡是指家具左、右、前、后各部分之间的轻重关系或相对重量感。自然界静止的物体都遵循力学的原理，以平静安稳的形态出现。在家具造型设计时也要求家具的各部分的重量关系必须符合人们在日常生活中形成的均齐、平衡、安稳的概念。对称与均衡便是基于这一自然现象的美学原则，它要求在特定空间范围内，使形体各部分之间的视觉力保持平衡。家具也必须遵循这一原则。

图 4-18 家具的均衡与稳定

均衡有两大类型，即静态均衡与动态均衡（图
4-19）。静态均衡是沿中心轴左右构成的对称形态，
是等质等量的均衡，静态均衡具有端庄、严肃、安稳
的效果；动态均衡是不等质不等量非对称的平衡形
态，动态均衡具有生动、活泼、轻快的效果。

（1）静态均衡：在家具造型设计中，要获得家
具的均衡感，最普遍的手法就是以对称的形式安排形
体。对称的形式很多，在家具造型中常用的有如下
几类：

① 镜面对称：是最简单的对称形式，它是基于
几何图形两半相互反照的均衡。这两半彼此相对地配
置同形、同量、同色的形体，有如物品在镜子中的形
象一样，镜面对称也称绝对对称（图 4-20）。如果对
称轴线两侧的物体外形相同，尺寸相同，但内部分割
不同则称相对对称（图 4-21）。相对对称有时候没有
明显的对称轴线。

② 轴对称：是围绕相应的对称轴用旋转图形的
方法取得的。它可以是三条、四条、五条、六条中轴
线相交于一个中心点，作三面、四面、五面、六面等
多面均齐式对称（图 4-22）。

③ 旋转对称：是以中轴线交点为圆心，图形绕
圆心旋转，单元图形本身不对称，由此而形成的二
面、三面、四面、五面等旋转式图形即旋转对称
（图 4-23）。

用绝对对称、轴对称和旋转对称格局设计的产
品，普遍具有整齐、稳定、宁静、严谨的效果，如处
理不当，则有呆板的感觉。对于相对对称的形体，则
要求利用表面分割的妥善安排，借助虚实空间的不同
重量感、不同材质、不同色彩造成的不同视觉力来获
得均衡的效果。

（2）动态均衡：对于不能用对称形体安排来实

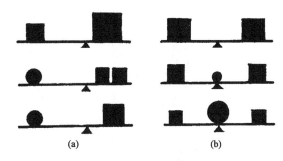

图 4-19 均衡的类型
（a）动态均衡 （b）静态均衡

现均衡的家具，常用动态均衡的手法达到平衡。动态
均衡的构图手法主要有等量均衡和异量均衡两种
类型：

① 等量均衡：即在中心线两边形和色不相同的
情况下，通过各组合单体或部件之间的疏密、大小、
明暗及色彩对比的安排，对局部的形和色作适当调
整，把握图形均势平衡，使其左右视觉分量相等，以
求得平衡效果。这种均衡是对称的演变，在大小、数
量、远近、轻重、高低的形象之间，以重力的概念予
以平衡处理，具有变化、活泼、优美的特征。如图
4-24 所示。

② 异量均衡：形体无中心线划分，其形状、大
小、位置可以各不相同。在家具造型的构图中，常将
一些使用功能不同、大小不一、方向不同、组成单体
数量不均的体、面、线和空间作不规则的配置。这种
异量均衡的形式比同形同量、同形异量的均衡具有更
多的可变性和灵活性。在形式上能保持或接近保持均
等，在不失重心的原则下把握力的均势，能给人一种
玲珑、活泼、多变的感觉。如图 4-25 所示。

图 4-20　绝对对称

图 4-21　相对对称

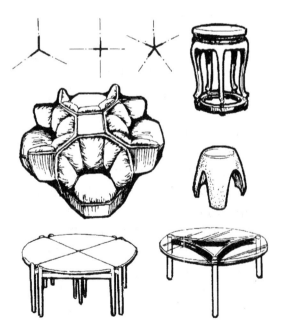

图 4-22　轴对称

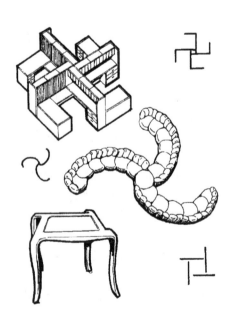

图 4-23　旋转对称

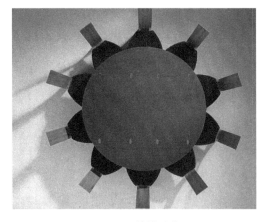 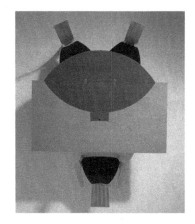

图 4-24　等量均衡　　　　图 4-25　异量均衡

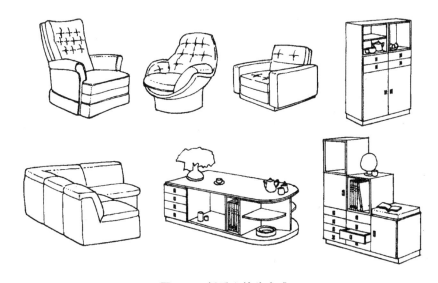

图 4-26　低重心的稳定感

4.4.4.2　稳　定

自然界的一切物体，为了维护自身的稳定，靠地面的部分往往重而大，从而使人们从这些现象中得出一个规律，那就是重心低的或底面大的物体是稳定的。一般说来，线条和体量简单的物体会产生稳定的效果，如果尺寸大，则会产生力量的感觉，如果尺寸小，会使人感到轻巧。家具与自然界一切物体一样，必须遵循稳定而又轻巧这一形式美的规律，其形体必须符合重心靠下或具有较大底面积的原则，使家具的形体保持一种稳定状态的感觉。

稳定是指物体上、下的轻重关系；轻巧则是在稳定的外观上赋予活泼的处理手法，主要指家具形体各部分之间的大小、比例、尺度、虚实所呈现的协调感而言。稳定与轻巧是家具形式美的构成因素之一，也是现代家具设计构图的基本法则之一。

家具对稳定的要求包括两方面，一是实际使用中所要求的稳定，二是视觉印象上的稳定。一般情况下，实际使用中稳定的家具，在视觉上也是稳定的。

（1）实际使用中的稳定：属于科学研究的范畴，所运用的是逻辑思维的方法。在家具造型设计中，实际应用的稳定是首要的，它直接关系到造型的功能使用。任何物体的稳定和它的重心都有密切关系，形体重心比较低，处在物体下部，由于造型自身的重力作用，实际效果是稳定的，这种造型放在哪里都不容易倒，比较平稳（图4-26）。即使造型底部比较小些或整体比例关系是属于高型的，但由于重心低，仍可达到稳定的要求。造型的重心比较高，功能使用又在上部，就需要加大底部，使造型达到稳定的要求。

因此，在家具设计时，可将其脚向外伸展，或靠近轮廓范围边缘；底部大一点，上部小一点，下面重一点；上面轻一点等。这些手法便是实际使用中的稳定性原则。

（2）视觉印象上的稳定：属于美学研究的范畴，所运用的是形象思维的方法。视觉上的稳定是一个复杂问题，它既有人的经验与习惯，也有心理作用和内在感觉。视觉上的稳定与家具的形式美密切相关，要

图 4-27　现代椅子的轻巧感

求既稳定又轻巧。要获得视觉上的稳定，按实际使用的经验，可使其具有底面积大重心低的特点；要获得轻巧的效果，则可提高重心的位置，加大上部体量和缩小底部面积（图 4-27）。并且，稳定与轻巧效果的获得除了与重心、体量和底面积有关之外，还与线条、虚实、色彩、质地等造型要素密切相关。

4.4.5　模拟与仿生

大自然永远是造型设计取之不尽、用之不竭的创造源泉。从艺术的起源来看，人类早期的艺术造型活动都来源于对自然形态的模仿和提炼。大自然中任何一种的动物、植物，无论造型、结构，还是色彩、纹理，都呈现出一种天然的、和谐的美。所以，现代家具造型设计在遵循人体工程学原则的前提下，运用模拟与仿生的手法，借助于自然界和生活中常见的某种形体或动物、植物的某些生物学原理和特征，结合家具的具体造型与功能，进行创造性的构思、设计与提炼，是家具造型设计的又一重要手法。

模拟与仿生可以给设计者以多方面的提示与启发，使产品造型具有独特的生动的形象和鲜明的个性特征，可以给使用者在观赏和使用中产生美好的联想和情感的共鸣；使造型式样能够体现出一定的情感与趣味。模拟与仿生的共同之处就是模仿，模拟主要是模仿某种事物的形象或暗示某种思想情绪，而仿生重点是模仿某种自然物的合理存在的原理，用以改进产品的结构性能，同时以此丰富产品。

4.4.5.1　模拟

模拟即是比喻和比拟，是较为直接地模仿自然形象或通过具象的事物形象来寄寓、暗示、折射某种思想感情。这种情感的形成需要通过联想这一心理过程

图 4-28　模　拟

来获得由一种事物到另一种事物的思维的推移与呼应。家具设计具有自己的特性，它不是通过直接描写或刻画现实生活中的人和物的具体形象，因而模拟手法的运用，就具有再现自然的现实意义。具有这种特征的家具造型，往往会引起人们美好的回忆与联想，产生艺术印象延展效应，丰富家具的艺术特色与思想寓意，给家具增加一定的艺术色彩。

运用模拟手法，不能照抄照搬自然形体的形象，而是要抓住模拟对象的特点，根据使用环境，进行提炼、概括和加工（图 4-28）。它是一种设计手段，并不是目的，最终的要求是创作实用、经济、美观的家具。在家具造型设计中，模拟的形式与内容主要有三种：在整体造型上进行模拟，在局部造型上进行模拟，在装饰图案中进行模拟。

4.4.5.2　仿　生

仿生学是一门边缘科学，是生命科学和工程技术科学互相渗透、彼此结合而产生。从生物学的角度来看，仿生学是应用生物学的一个分支，因为它把生物学原理应用在工程技术上；从工程技术的角度来看，仿生学为设计和建造新的技术设备提供了新原理、新方法和新经验。它是生物学和工程技术学相结合而产生的，反过来又促进这两门学科的发展。现代仿生学的介入为现代设计开拓了新的思路，通过仿生设计去研究自然界生物系统的优异功能、美好形态、独特结构、色彩肌理等特征，有选择地运用这些特征，设计制造出美的产品。

仿生设计是先从生物的现存形态受到启发，在原理方面进行深入研究，然后在理解的基础上进行联想，并应用于产品某些部分的结构与形态。在建筑与家具设计上，许多现代经典设计都是仿生设计。如壳体家具、壳体建筑就是根据仿生学原理，模仿自然界某些生物（如贝壳、蛋壳、龟壳等）的壳体形状与结构，运用现代材料和工艺技术（如薄板多层胶压弯曲、玻璃钢成型、塑料模压等）所进行的设计；再如充气沙发、充气床垫以及水床等家具，是利用软质充气或充水结构使生物机体提高了抗震、缓冲、抗压和支撑的能力。这些结构形式在现代家具的仿生设计中得到了广泛的应用，它给人以轻快、舒适、安稳的感觉。

总之，在应用模拟与仿生的造型手法时，应该是取其意象，而不应过分追求形式，并且不能滥用，除了保证使用功能的实现外，同时必须注意材料、结构、工艺、环境的科学性与合理性，使家具的功能使用与材料、结构、工艺、形式、人们的视觉概念等有机地统一起来，创造出一件功能合理、造型优美的家具产品。

4.4.6　错觉的运用

眼睛是人们认识世界的重要感觉器官之一。它能辨别物体的外部个别特征，如形状、大小、明暗、色彩等，这便是视觉；将视觉与其他感觉互相联系起来，就能较全面的反映物体的整体，这就是知觉；在实际生活中，由于环境的不同以及某些光、形、色等因素的干扰和影响，加上心理和生理上的原因，人们对物体的视觉会产生偏差，这就是视差；人们对物体所获得的印象与物体实际形状、大小、色彩等之间有一定的差别，产生对物体的知觉的错误，这就是错觉。错觉是因视差而产生的，它会歪曲形象，使造型设计达不到预期的效果。

因此，在家具造型设计中，为了求得家具的实际效果和设计意图尽可能一致，除了运用上述一些基本法则之外，还必须对人的视觉印象进行研究，注意了解和认识错觉现象，掌握和运用错觉原理，通过对不良效果（错觉）事先加以必要的矫正，并恰当地加以利用来达到预期的造型效果。

4.4.6.1　错觉现象

各种错觉的产生，主要是由于视觉和知觉的背景的对照影响而形成的结果，其现象主要反映在以下几个方面。

（1）线段长短错觉：如图4-29所示，指由于线段的方向和附加物的影响，同样长的线段会产生长短不等的错觉。

（2）面积大小错觉：如图4-30所示，指由于形、色（明度影响最大）或方向、位置的影响，即使同等面积的形状也会给人以大小不等的错觉。

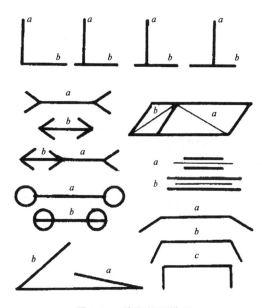

图4-29　线段长短错觉

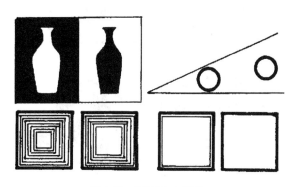

图4-30　面积大小错觉

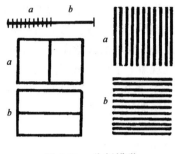

图 4-31　分割错觉

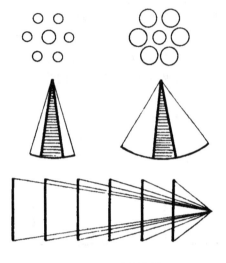

图 4-32　对比错觉

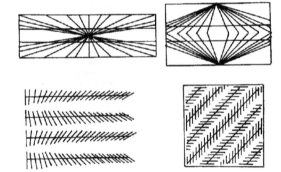

图 4-33　图形变形错觉

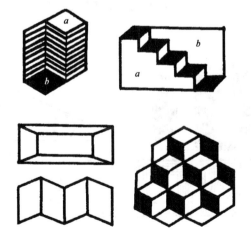

图 4-34　双重性错觉

（3）分割错觉：如图 4-31 所示，指同一几何形状或同一尺寸的东西，由于采取不同的分割方法，也会给人以其形状与尺寸发生了不同变化的错觉。一般来说，采用横线分割显得宽矮；采用竖线分割显得高瘦；分割间隔越多，物体显得比原来宽些或高些。

（4）对比分割：如图 4-32 所示，指同一形、色在两种相对立的情况下（如大小、长短、高矮、深浅等），由于双方差异较大，也会给人以其形状与尺寸都发生了不同变化的错觉。

（5）图形变形错觉：如图 4-33 所示，指由于其他线形各个方向的外来干扰或相互干扰，对原来线形造成歪曲的感觉，会给人以原来平行的一组平行线好像不再平行了的错觉。

（6）双重（多重）性错觉：如图 4-34 所示，指同一图形由于色彩、方向、位置或排列的两重或多重性，加上人的注意力具有变动性，便幻生出两种或多种图形时而交替出现的错觉。

4.4.6.2　错觉运用

在家具造型设计中，为了达到理想的视觉效果，可根据需要有意识地对错觉加以利用或纠正，通常采用"利用错觉"和"矫正错觉"的方法。

（1）利用错觉：前面介绍的部分错觉现象的表现形式，都可以在家具设计中加以利用，以更充分地显示出产品的造型效果。下面举例介绍部分错觉在家具设计中的应用情况。

图 4-35 中，当圆柱直径与方材边长相等时，由于断面形状不同，对零件的大小感觉也有一定的影响。其透视的大小效果却不同，方材往往比圆柱显得粗壮，这是因为方材在透视上的实感是对角线的宽度，而圆柱却是直径。采用方材柱形零件（如腿），易求得平实刚劲的视觉效果；而采用圆柱形零件则更能显示挺秀圆润的美感效果。为了避免方材的透视错觉，可以将方材的正方形断面直角改为圆角或带内凹线的多边形，以减少对角线的长度，改变透视形象，使其具有圆柱的圆润感。

图 4-36 中，利用不同方向的线分割后，使相同高度的家具显示出了不同高度的感觉。图（a）中从左到右，高度的感觉逐渐降低，宽度的感觉逐渐增加；图（b）中两个面积相等的正方形表面，由于木纹方向的干扰，纵向木纹的显得略高，横向木纹的显得略宽；图（c）中两个面积和形状相同的矩形表面，竖向放置的采用竖向木纹，横向放置的采用横向木纹，使高的更高，宽的更宽，可以加强起伏感，扩大对比效果。

（2）矫正错觉：人们在实际中看到的家具形象通常都是在透视规律作用下的效果，因此，应对可能

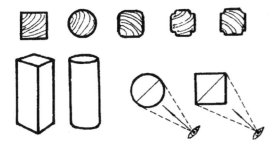

图 4-35　零件形状的透视变形

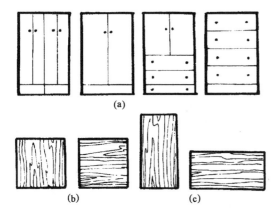

(a)

(b)　　　　　(c)

图 4-36　表面分割与木纹方向的错觉

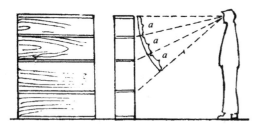

图 4-37　竖向透视变形的矫正

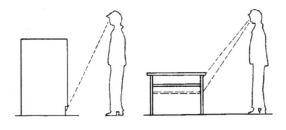

图 4-38　透视遮挡变形的矫正

出现的透视变形或其他视觉错觉，在设计时能事先加以矫正。

图 4-37 所示为竖向透视变形的矫正。在室内，人们通常站在较近的位置观察与使用家具，家具的竖向透视尺度的缩小是逐步显著的。为了缓和上大下小的不稳定感，在设计时可考虑这种透视变形并事先加以矫正处理，即将上部缩小或下部放大，从立面图看，从上到下各层依次增高，但实际透视尺度看上去

却比较一致，效果较好。

图 4-38 所示为透视遮挡变形的矫正。由于人在使用时，视高高于台面，特别是站得较近的时候，由于门面板或台面的遮挡作用，下面的部分就几乎看不见，造成了透视的遮挡现象。为了矫正这种透视的变形，设计时可以进行必要的调整，如将底座适当放高或把底座后退于门面的差距拉小、将桌几的搁板适当放低、将桌椅凳的望板尺寸适当加宽、将桌椅凳的脚或腿略向外展开等，从而避免因透视遮挡后的比例失调，获得良好的实感效果。

4.5　构成设计

构成是研究物质世界形态要素及其组合规律的科学。它不以客观物象为模特进行写生，而是从造型要素入手，把客观物象分解为点、线、面、体，然后按照一定的秩序重新组合，构成一个新的形态。构成与设计是有区别的：

（1）构成研究的内容是涉及各个艺术门类之间的、相互关联的立体因素，从整个设计领域中抽取出来，专门研究它的视觉效果和造型特点，从而做到科学、系统、全面地掌握形态。

（2）构成能为设计提供广泛的发展基础。构成的构思不完全依赖于设计师的灵感，而是把灵感和严密的逻辑思维结合起来，通过逻辑推理，并结合美学、工艺、材料等因素，确定最后方案。

（3）构成可为设计积累大量素材。构成在于培养造型的感觉能力、想像能力和构成能力，在基础训练阶段创造的作品可成为今后设计的丰富素材。

（4）构成是包括技术、材料在内的综合训练。在构成过程中须结合技术和材料来考虑造型的可能性。因此，作为设计师来讲，不仅要掌握造型规律，而且要了解或掌握技术、材料等方面的知识和技能。

今天，一切造型活动都离不开构成的理论与方法，即所谓"三大构成"方法，它包括平面构成、立体构成与色彩构成。同样，家具造型设计也需要进行这些构成设计。现代设计的三大构成是在德国的包豪斯学院得到初步确立的，三者作为艺术设计的基础训练系统是相互关联的。本节主要介绍平面构成和立体构成两部分的内容。

4.5.1　家具表面分割设计

平面构成是着重于长、宽二维空间的造型活动，主要研究平面上各种视觉形象的组合形式。也就是要培养一种理性的、逻辑的创新思维，把从事艺术与设计活动中无序的感性思维训练得有规律、有秩序、有

理智。通过对平面设计中的基本形态要素点、线、面的特性与相互关系的理解；通过对美的形式法则中的比例、均衡、对比、统一、节奏、韵律等规律的认识，将各形态要素以一种新的秩序重新组合，从而再创造出一种新的形象。

平面设计包括点的构成、线的构成和面的构成等内容，其中面的分割设计是平面构成设计的重要内容之一。书籍的封面、商标、广告，以及报纸的版面设计自然离不开分割设计，家具等立体产品的构成也不能例外。柜类家具表面的门、屉、搁板及空间的划分都是平面分割设计的内容，它是外形基本确定以后的内部设计。

分割设计所研究的主要是整体和部分、部分和部分之间的均衡关系，就是运用数理逻辑来表现造型的形式美。它一方面研究家具形式上某些常见的而又容易引起人们美感的几何形状；另一方面则研究和探求各部分之间获得良好比例关系的数学原理。美的分割可以使同一形体表现出千变万化的形态来，对加强形态的性格具有重要意义。由此可见，分割设计是造型设计中的一个重要手段。

4.5.1.1　表面分割设计的原理

表面外形本身有美的也有不美的，其所以美主要取决于外形的肯定性，即它们的周边并非偶然的凑合，而是受到一定数值的制约，这种制约越严格，引起美感的可能性越大。如正方形、圆和正三角形等无论多大，其周边的比率和所成的角度都是不变的，只能按比例放大与缩小，否则就会失去其形状特征的图形；而长方形则不然，它的周边可以有不同的比率而仍不失为长方形，因此有些是美的，而有些并不美，如周边比率为 0.618:1 和 1:1.618 的黄金比长方形、$1:\sqrt{2}$、$1:\sqrt{3}$ 等的根号比长方形、长为宽的整数倍的长方形，都由于受到数理关系的制约而具有明确的肯定性，即能够被等分为若干个与原来形状相似的部分，这些就具有美感，否则就不一定美。

各种外形放在一起，各形之间必须调和才能有美感，调和的方法有两种：

（1）形的相似与近似，即形状相同、大小不一的形（图4-39），相似形可获得和谐美的效果。这主要表现为它们的对角线平行或边的垂直。它是非规律性的变动，也是重复的轻度变异，它虽然没有严格的重复规律，但仍有其基本规律，在设计各近似基本形时，应以一个理想的基本形为起点，并在这个基本形中求出各种近似的变化。

（2）形的重复，即一个基本形不断的出现，重复是设计构成最简单的方法，只要在一个形的空间内划分成相同的形就能构成重复（图4-40），它能使设

计产生统一感，并取得调和。

分割是对有限范围内的内部规划与设计，是整体造型的核心问题之一。任何美的造型整体都是由两个或两个以上的若干独立结构单元或造型部分所构成的一个统一体或具有独立品位的对象物。这些独立结构单元或造型部分之间具有良好的比例（或数理）关系，这种比例（或数理）关系就是分割的内在联系，也是分割设计的依据和原理。凡是优秀的家具作品，都存在着基本几何形状的重复，并以此基本形状进行组合和分解，构成整体与部分、部分与部分之间的相似，从而产生和谐，并具有明显的艺术表现力和美的效果。

4.5.1.2　表面分割设计的类型

任何物体的外形都是按照一定的用途要求并根据面的分割而来的，有的完全根据表现上的需要而分割，也有的根据两者的混合条件进行分割。在造型设计中，将平面加以分割，在分割部分就会产生比例关系，这个比例往往就决定这个平面之均衡、调和等要素。面的分割主要有等份分割、倍数分割、数学级数分割、黄金比分割、根号比分割和自由分割六个类型。

（1）等份分割：是把一个总体分割成若干个相等而又相同的部分，即等量同形分割。一般以二等份、三等份、四等份或多等份分割，如图4-40所示。这种分割常表现为对称的构成，给人以安定、坚实、均衡、均匀的印象。等份分割在家具中被广泛应用，但有平凡、单调、呆板之感。

（2）倍数分割：是指分割的各部分之间、部分与整体之间依据1:1、1:2、1:3、1:4、1:5等整数比的倍数关系所进行的分割，如图4-41、图4-42所示。由于其数比关系简单，给人以条理清晰，秩序井然之感。在柜类家具表面分割中得到了较为广泛的应用。

（3）数学级数分割：是按照某种规则排列的数列（或级数）所进行的分割，如图4-43所示为等差级数（算术级数）和等比级数（几何级数）的分割。这种分割的间距具有明显的规律性，它比等份分割更富于变化和韵律美。

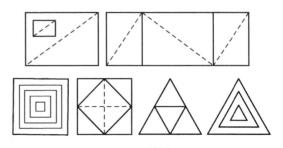

图4-39　形的相似

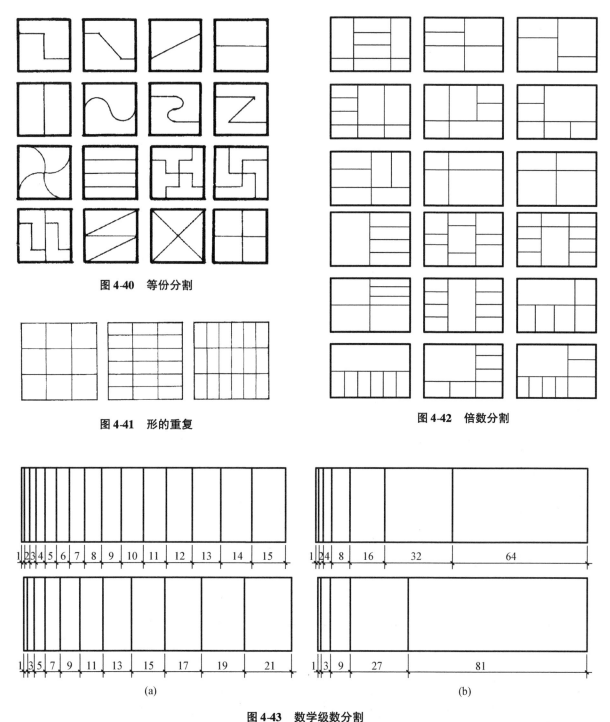

图 4-40 等份分割

图 4-41 形的重复

图 4-42 倍数分割

(a)

(b)

图 4-43 数学级数分割

（a）等差级数分割 （b）等比级数分割

（4）黄金比分割:是按照黄金比例关系(0.618：1 或 1:1.618)进行的分割，如图 4-44 所示。黄金比分割是公认的古典美比例，在设计中应用最为广泛。

（5）平方根比分割：是按照平方根的根值比（1:$\sqrt{2}$或 1:$\sqrt{3}$等）进行的分割，如图 4-45 所示。平方根比分割有类同黄金比分割的美感，而且，不同的比率各有特点，为家具造型提供了广泛的选择余地。

（6）自由分割：是运用美学法则，凭个人感觉和爱好而进行的分割，如图 4-46 所示。它可以创作出富有个性的构成，但如果分割不当，会产生一种无秩序的混乱感。因此，在分割时，要注意寻找共同因素来求得协调与统一，包括比率的接近或渐变、图形的相似以及对角线的平行或垂直等。这种分割是上述各种分割的综合应用，在家具表面分割设计中应用最为广泛。

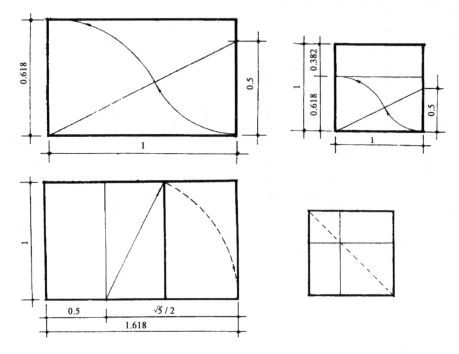

图 4-44　黄金比分割

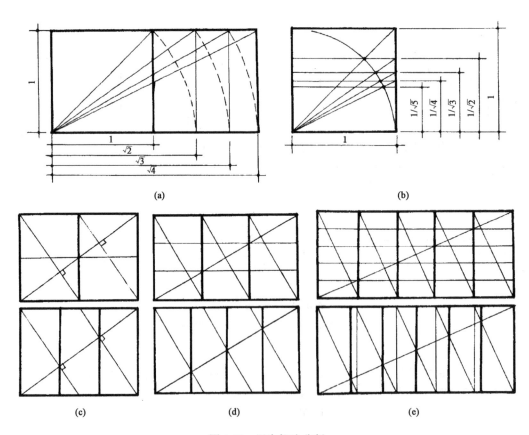

(a)　　　　　　　　　　　　　　　(b)

图 4-45　平方根比分割

（a）正方形外作图　　（b）正方形内作图

（c）√2分割　　（d）√3分割　　（e）√5分割

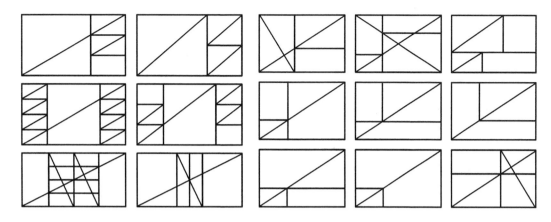

图4-46　自由分割

4.5.1.3　表面分割设计的应用

表面（或几何形）的分割在家具造型设计中应用很多，对于家具，尤其是柜类家具的造型是十分重要的。如各种柜类家具立面的门扇、抽屉、搁板、隔板等的划分与配置，都是根据面的分割而来的。家具表面分割设计的原则为：一是要符合特定的用途、功能等要求；二是要满足表现形式的需要，即形与形之间的相似性和依存性，以及面积大小的均衡与协调；三是要考虑材料的性能与结构的限制。

分割设计可以丰富表面的变化，加强艺术表现力，但不能忽视产品的功能特性与工艺要求。因此，家具表面的分割设计必须综合各种因素，灵活运用分割的原则，这样才能创造出符合功能、材料、结构、工艺条件和形式美的要求的分割配置形式。

4.5.2　家具立体构成设计

在平面设计中，如家具表面的分割设计，仅是具有高、宽二维的二次元设计。在平面上用透视的方法所表现的立体，只是表现特定角度下立体的某一形状，不能表达完整的整个立体形象。而立体构成是具有高、宽、深三维空间的三次元设计，是将造型要素按照美的原则组成新的立体的过程。立体所表达的才是真实的空间实体。家具是一种具有三维尺度的空间立体，要通过三维空间范畴的立体构成来表现，所以要求设计者应有立体的概念，应掌握立体构成的原理、方法和技巧，使产品能经得起从上下、左右、前后各个方向观察的考验，要求在不同方向上都具有形式美的感觉。

抽象的立体构成是造型艺术的基础学科，本节将在抽象的立体构成基础上，结合一些家具实例，介绍家具立体构成的基本形式和基本方法，为家具新产品开发在形态创造和造型设计方面提示方向，启迪思维。

4.5.2.1　家具立体构成的基本形式

在造型设计中，按照立体构成原理和功能构成方法的不同进行分类，家具立体构成可以分为以下两种基本形式。

（1）根据立体构成原理，家具立体构成的基本形式有：

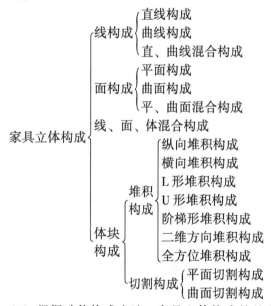

（2）根据功能构成方法，家具立体构成的基本形式有：

家具立体构成 ｛小型／迭叠／组合与分解／堆砌／套装／系列

4.5.2.2　由立体构成原理引出的家具立体构成基本形式

（1）线的构成：这里的线是指线材（或管材）。

在家具构成中，主要指钢管、钢丝、藤条、竹竿、木方材、木板条等。尽管这些材料也是具有一定形状的实体，但端面尺寸与长度相差悬殊，所以仍被看成是线材。在实际应用中，一般可以采用直线线材、曲线线材或两者混合构成家具。但完全用线材构成的家具较少，主要是椅凳类、沙发类和搁架类等。图4-47所示为几种用不同线材加工而成的典型家具。

（2）面的构成：面是构成家具最普遍的形式，在家具构成中常指木质板材（包括用各种人造板制作的板式部件）、金属薄板、塑料板材、玻璃板等。家具可以由平面板件、曲面板件或两者的混合构成。曲面板件常用塑料模压、浇铸成型、金属模压、玻璃纤维与树脂模塑成型、单板多层胶压弯曲成型等工艺制作而成，是构成现代家具（尤其是坐类家具）的常见形式，具有优美多姿，新颖奇特，轻巧等特点。平面板件也可以独立构成各类家具，是构成现代板式家具的重要部件，如果用板件围成封闭形则成为体的概念，所以把柜类家具的构成归于体的构成，尽管它还是板件所构成。图4-48为几种用平、曲面板件构成的典型家具。

（3）线面体的混合构成：体是指物质块体，是家具的重要构成形式。体可以独立构成家具，也可以与面、线混合构成家具。在家具立体构成中，线与面、线与体、面与体以及线面体配合构成的家具，有着更为广泛的天地。在桌、椅类家具中，线与面配合构成是最普遍的形式，直线、曲线、几何平面、非几何平面、曲面等相互交错配合，使得家具形体千姿百态，美不胜收。特别在现代桌椅类家具的设计中更显得丰富多彩，而不受传统形式的约束，使得构成的方

式发挥得淋漓尽致。图4-49为几种用线、面、体构成的典型家具。

（4）体的堆积构成：沙发类和橱柜类等家具，在视觉上常以不同形状和大小的各种块体形式出现，这些块体的内部可能是一个储藏空间或结构空间。体有平面立体、曲面立体、几何体和有机形体等形状。体的堆积可以理解为不同形体的组合，而不管它结构上是否为一整体。在结构上表现为一个整体时，是单件家具；在结构上表现为多个单体时便是组合家具，如组合柜、组合沙发等。从体的数量上分，有双体、三体或多体组合。从堆积形式上有垂直纵向堆积、水平横向堆积、L形堆积、二维（垂直和水平）堆积和全方位堆积等。全方位堆积就是在上下、左右、前后三向均有堆积层次出现，一般在室内居中出现，四面均可使用，形似一小岛，所以又可称之为孤岛式组合。体的堆积是沙发类和橱柜类等家具的主要组合形式。图4-50为几种用体堆积构成的典型家具。

（5）体的切割构成：切割构成是体的另一种构成方法。切割是设计思维上的切割，是相对于简单的几何体而言。切割是为了功能或造型的需要，把家具形体设计成有凹口或凸块的形体，使其与简单的几何体相比，好像切割掉某些部分后所留下的体。借用切割概念与手法，可以使家具形体凹凸分明，层次丰富，变化无穷。平面切割的形体刚劲有力，曲面切割的立体委婉动情。有时候某一形体既可以看做是切割构成，也可以理解为堆积构成，但这并不影响我们概念上的划分，对于设计实践也毫无影响。切割构成的形式常表现在桌面、柜体或沙发的形体变化上。图4-51为几种由体的切割构成的典型家具。

图4-47　不同线材构成的典型家具

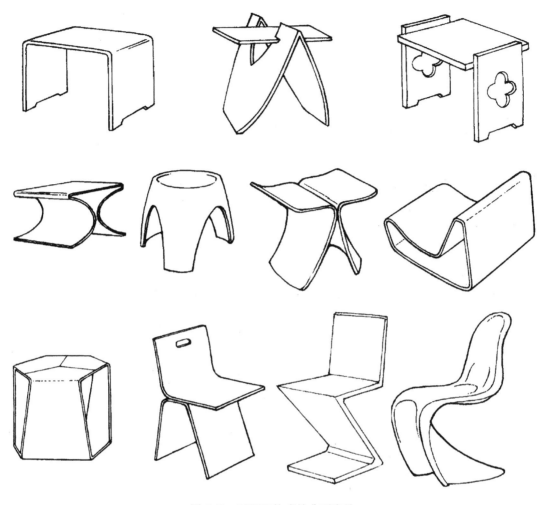

图 4-48 不同面构成的典型家具

4.5.2.3 由功能构成方法引出的家具立体构成基本形式

（1）小型：是指在体积、面积等方面不及一般或不及比较对象，但又具有一定机能的造型。家具产品的小型化主要体现在轻、短、小、薄等方面，使各零部件尽可能紧凑地结合在一起而又不失其整体性能。设计这类家具产品，不仅必须以小型化的零部件来装配，还要考虑使用环境的小型化，即使用空间的小型化，这就是小型化设计的本意所在。在生活中常见的小型化家具有不少，如厨房灶台边拐角处的存放作料等的小搁柜、门厅入口处小角落里的存放雨伞和鞋的小柜、专供床上使用的茶几、家庭使用的"迷你"酒吧、娱乐场所的小吧凳，以及小型的茶几、电话台、书架、花架等。小型化家具是随着人们起居环境、工作模式的变化以及适应人体机能的必要性而产生的。小型化家具具有趣感效应。

（2）迭叠：是指在设计整体产品时，使用可以折合、堆叠、抽拉、伸展、翻转等活动装置，使产品在使用时某些部件可自由展开，不用时可收敛叠置在一起。这些具备可变形结构设计的家具，可以节约空间，便于运输、携带，同时具有某种趣味性。

（3）组合与分解：分解式的家具造型，是在系统的前提下整体可以解体成单体或部件。产品的单体（或部件）之间既然可以分解，当然也可实现相互关联的整体构成，这就是组合。所以，这类家具又称组合式家具，它包括单体组合式家具、部件组合式家具等。单体组合式家具即为由体的堆积（或堆砌）而构成的家具；部件组合式家具即是拆装式家具。拆装式与迭叠式的形态相反，因迭叠产品具有可移动的结构装置，部件彼此间并不分离。分解式设计的目的是便于产品的搬运与使用。例如在设计产品时，不但须考虑家具与门洞的尺寸（需上楼层的家具还要考虑楼梯间的尺寸），还要考虑运输过程中的积载条件

图 4-49　线面体构成的典型家具

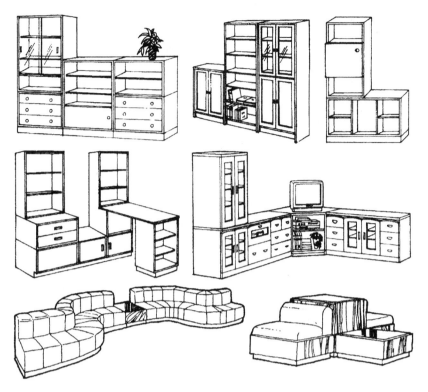

图 4-50 体堆积构成的典型家具

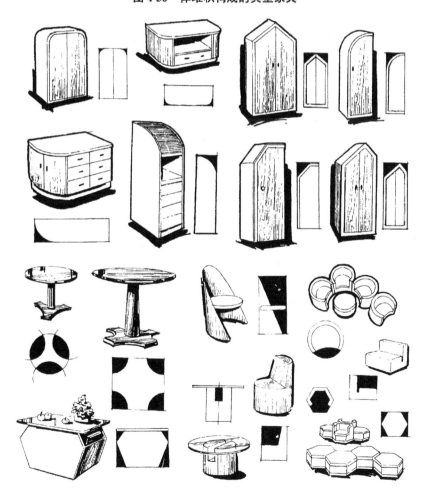

图 4-51 体切割构成的典型家具

等一系列问题。必须指出，单体（或部件）之间的组合并非只能是一种形式的组合，所以分解也意味着可分解的单体（或部件）有多种形式的组合，这样家具在功能不变的同时可以使造型丰富多样。

（4）套装（叠）：这里所指的套装，是指造型一致、结构相同、大小各异的产品可以叠套起来的构成设计方法。这种设计既可使产品在不使用时节约使用空间，又便于包装和运输，更可以使产品具有趣味性，如常见的套几、套凳等。

（5）系列：与设计意图和目的相关联的、近似的成组成套的一组造型称为系列，它适用于同一商标系统或同一厂家的产品设计。产品配套的形式通常有三种：第一种是同品种不同规格的配套，这类配套的产品常见的有造型一致或近似的床、茶几、办公台、文件柜等；第二种是同品种同规格，但选材、色彩部分或全部不同的产品的配套，这类产品常见的有软体家具面料的选材和色彩（图案）的变化，同一件（套）家具的不同选材、涂装套色方案等；第三种是品种不同而相互之间有密切联系的产品配套，如客厅中的沙发、茶几和矮柜的配套，卧室中床、床头柜、梳妆台、衣柜的配套，以及客厅家具与卧室家具、餐厨家具的配套等，都属于这类配套，它是通常意义上人们所说的"套装家具"，即指几件或多件结构相似的整套式家具。系列化设计应考虑在把功能放在首位的前提下，力求使各单件产品的形态一致或相似，并保持各产品间色彩和装饰格调的一致，以造成一种统一的视觉形象。系列化设计往往易于识别，并能适应不同层次消费者和不同使用环境的需求，有利于树立企业、品牌的形象，增加产品的市场竞争力。

4.6 色彩设计

色彩是一切造型艺术中不可缺少的基本构成要素之一。在造型设计中，常运用色彩以取得赏心悦目的艺术表现力。作为造型艺术中的家具设计也不例外，虽然一件完美的家具是综合形、色和材料的美而产生，但家具的第一感觉都是色彩的配合。由于家具颜色不同，有些华丽，有些朴素，或明或暗，或冷或暖，从而表现出各种不同的感情效果。因此，家具色彩处理得好坏，常会对其造型产生很大影响，所以学习和掌握色彩的基本规律，并在设计中加以恰当的运用，是十分必要的。

4.6.1 色彩的基本知识

色彩是物体受光照射后通过人的视网膜在人脑中反映的结果。人们平常能够看到的色彩，就是由于光

照射到物体上而被物体表面吸收或反射的结果，不同物体因物理特征不同而反射的色光各异，从而呈现各自不同的色彩。光照到物体上，呈完全反射的为高亮度的白光；完全吸收的为最低照度的黑色；而一般的色彩，介于这两个极端之间，属中照度色彩。

4.6.1.1 色彩的分类

大千世界，万紫千红，到目前为止，人们能辨别的颜色数以百万计，但从自然界来分析，色彩大致可分成两大类，一种是从光谱中反映出红、橙、黄、绿、青、蓝、紫所组成的有色系统（有彩色）；另一类是光谱中不存在的黑、灰、白的无色系统（无彩色）。

（1）基本色：是指光谱上的红、橙、黄、绿、青、蓝、紫七种不同波长的色光。

（2）三原色：也称第一次色，是指红、蓝、黄，如图4-52所示，这三种色是任何其他色调不出来的，其本身不能再分解，但相互混合调配可产生无数种色彩。原色的色素单纯，色泽鲜艳。

（3）三间色：也称第二次色，是指橙、绿、紫，由三原色中任何两原色等量调和而成，如红＋黄＝橙，黄＋蓝＝绿，红＋蓝＝紫，如图4-52所示。如果不等量调和，又可产生各种不同的间色；如果三原色三者等量调和即为黑色。间色色素增加，鲜艳度减低。

（4）复色：也称第三次色，是由原色与间色（由其他两原色构成）、间色与间色调配而成，如红与绿、黄与紫、蓝与橙、红与黄与绿、蓝与紫与白等。其中，又将某一原色与其他两原色构成的间色互称为补色，如红与绿、黄与紫、蓝与橙。由于调和量不同，可以得到无穷的复色。复色色素复杂，色泽混浊，发暗发灰。

（5）素色：是指黑与白，它是色带之外的色，黑与白调和能产生各种灰色，也能与原色、间色、复色调和为深浅不一的同类色。

（6）光泽色：是指金与银，是具有光泽效果的特殊色，一般不能与其他色彩相调和，但具有光泽夺目的特征。

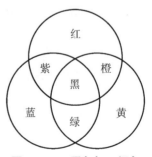

图4-52 三原色与三间色

4.6.1.2 色彩的三要素

人们为了研究的方便和确切地显示某一色彩的特征，按色彩的性质和特点，必须通过色彩的三个要素来全面界定。

（1）色相：又称色别、色性，是指各种色彩的相貌和名称。如红、橙、黄、绿、蓝、紫以及各种间色、复色、黑、白、灰等都是不同的色相。色相主要是用来区分各种不同的色彩。对光谱的色顺序按环状排列即为色环，一般有7色环、8色环、10色环、12色环、24色环等。图4-53为12色环中有彩色的主要色相。

图4-53　12色环

（2）明度：也称亮度、色度，即色彩的明暗或深浅程度。明度取决于两个因素：一是指色彩（色相）本身的明度，如白色明度最高，黑色明度最低，它们之间是深浅不同的灰色；有彩色的明度一般以无彩色的黑、白作标准，黄色明度高（色明快），紫色明度则低（色暗淡），橙与红和绿与蓝介于两者之间。二是指色彩加黑或白之后产生的深浅变化，含白色越多，明度越高，含黑越多，明度越低，如红加黑则越加越暗、越浓，加白或黄则越来越明亮。

（3）纯度：也称彩度、饱和度，是指色的鲜明或强弱程度，即某一颜色中所含彩色成分的多少，或色彩中色素的饱和程度的差别。原色和间色是标准纯色，色彩鲜明饱满，所以在纯度上亦称"正色"或"饱和色"。如加入白色，纯度减弱，呈"未饱和色"，而明度增强了，成为"明调"；如加入黑色，纯度同样减弱，呈"未饱和色"，但明度也随之减弱，成为"暗调"。

4.6.1.3 色彩的色调

色调就是色彩的主调或基本调，也就是色彩的整体感，它是指颜色的冷暖或明暗效果。这对表达气氛和构成意图具有重要的意义。色调的构成与色彩的三要素有着密切的关系。

（1）按色相分：有红色调、黄色调、绿色调、蓝色调等。

（2）按明度分：有明调（亮调）、灰调和暗调，具体有对比鲜明的色调（如不同色相的对比）、柔和的色调（以类似色、邻近色为主）、明快的色调（以明度高的色彩为主）、浓郁的色调（以明度低的颜色为主）。

（3）按纯度分：有冷调、暖调、中性调，具体有鲜艳的色调、淡雅的色调。

一般情况下，各种色调不是倾向冷就是倾向暖，所以冷暖色调是研究色调的中心问题。不同的色调可以给人以不同的艺术感受。

4.6.1.4 色彩的感受

由于人的生理和心理的原因，大自然色彩会赋予人们不同的感觉，以表现各种不同的色彩感情。人对色彩的感受主要包括两个方面：

（1）色彩的情绪性感受：人对色彩的情绪性感受，即色彩的心理效应，主要反映在兴奋与沉静，活泼与忧郁，华丽与朴素等方面。

兴奋与沉静：红、橙、黄的纯色都给人以兴奋感，叫兴奋色；蓝、绿的纯色给人以沉静感，叫沉静色；白色和黑色以及纯度高的色彩给人以紧张感，有兴奋作用；灰色及纯度低的颜色给人以舒适感，有镇静作用。设计时，为了求得强烈的华丽感，可以用红色系统的色；为得到沉静、文雅的效果可以使用蓝色系统的色。

活泼与忧郁：以明度的明暗为主，伴随彩度的高低、色相的冷暖而产生。明度高的颜色（如红、橙、黄等暖色）使人感到活泼轻快，明度低的混浊色（如蓝、绿等暗色）使人感到忧郁；白色与其他色相配时使人感到活泼，深灰或暗黑色使人感到忧郁。

华丽与朴素：一般纯度高的色彩使人感到华丽，纯度低的色彩使人感到朴素；明度高的色华丽，明度低的色朴素；白色和金属色华丽，黑色则朴素。

（2）色彩的功能性感受：色彩的功能性感受，即色彩的生理效应，主要表现在冷暖感、轻重感、软硬感、大小感、远近感、疲劳感等方面。

温度感觉：红、橙、黄色有温暖感，叫暖色；蓝、绿色有寒冷感，称冷色。暖色温暖、明快，具有欢乐感，很引人注目；冷色清新、宁静，具有镇静感。

重量感觉：明度高的色彩使人感到轻；明度低的色彩使人感到重。明度相同时，纯度高的色彩比纯度低的色彩使人感到轻。

软硬感觉：中等明度和中间纯度的色彩柔和，如淡绿、淡蓝、浅黄、粉红、灰色；纯度高明度低的色彩坚硬，黑色、白色均为坚硬色。

体量感觉：暖色和明度高的色彩有扩张感，称为膨胀色；冷色和明度低的色彩有缩小感，称为收缩色。

距离感觉：暖色和明度高的色彩能显示出比实际位置更接近的感觉，称为前进色；冷色和明度低的色彩能显示出更远的距离，称为后退色。

疲劳感觉：色彩的纯度很强时，对人的刺激很大，就易于疲劳。一般暖色系色彩对疲劳的影响比冷色系色彩的大。许多色相在一起，明度差或纯度差较大时，易于感觉疲劳。

4.6.1.5　色彩的联想

人类长期生活在多彩的世界里，根据自己的生活经验对不同色彩就产生了一定的联想和象征意义。当人们看到红色时，就会想到太阳、火光或血，给人以热烈向上的感觉，象征着发展；当看到蓝色时，就会想到大海、水或天空，给人以寒冷的感觉，象征着宁静和清爽；当看到绿色时，就会想到森林、田野和草原，给人以年轻、新鲜、希望、平静和安稳的感觉，象征着生机、和平和安定。同时，红、黄、橙等暖色属于积极的色彩，具有明朗、热烈和欢快的象征；蓝、黑等属于消极的色彩，具有安详、冷静与平和的象征；绿、紫等中性色彩则具有较为中庸的一些象征。色彩给人以丰富的联想，并通过联想产生不同的感受。表4-1所示为色彩的联想与象征。

色彩都具表情，容易令人产生联想。由于色彩联想的社会化、大众化，并形成习惯，在感情上不同色彩就产生了心理上的个性象征。下面分别说明色环中六个主色的个性特征。

（1）红色：是一个极度激奋的色彩，有一种刺激感觉的效果，所以能使人产生欲情、冲动甚至愤怒的感觉，适用于文化娱乐空间和喜庆欢乐的环境，可使整个空间展现出高贵、华丽的气魄。红色与白、黄、金等色调和，与蓝、绿色产生对比效果。

（2）橙色：具有活泼、热闹、庄重和温馨的感觉，散发着一种强烈的温暖气氛，也是属于激奋的色彩之一，但比起红色要具有轻快感与欢欣的效果，好像踏入淡雅闲适的空间，有别于缤纷璀璨的都市感觉，它与白、黄、棕色调和，与蓝、紫色产生对比。

（3）黄色：在有彩色中明度最高，能充分反射光线，有阳光明朗的效果，是一种最具舒适和愉悦的快乐色彩，与白、棕色调和，与紫色成对比补色效果。

（4）绿色：显得和睦与宁静，是介于冷暖两种色彩的中间色，因此在明亮色彩和淡灰色的背景上是一个很好的暖色系列的衬景，如果在暖色的背景下则是一个冷色调的主色。它与金黄、白色配合，能有优美和安宁的效果。

（5）蓝色：有清朗和凉爽的感觉，是最具凉快感的色彩，与白色混调后，适用于光线充足的暖热环境中的家具配色，可显示出柔和、淡雅、清爽的气氛。

（6）紫色：是半暖、半冷最具神秘感的色彩，在其最高程度的高强度上能产生压抑而带有神秘的气氛，是最难使用的色彩。但以明亮处理成为淡紫色，则有舒宁、柔雅的感觉，可现出豪华、尊贵不凡的高雅气氛。

色彩感并非天生就固定，而是受生长环境、工作环境或日常生活所影响。随着当事者对色彩的关心，所培养出来的色彩感也不同。各民族和各国都有其独特的色调传统爱好。

4.6.1.6　色彩的光照影响

色彩是光线照射到物体上经不同程度的反射或吸收所形成的，由于照射光线的性质不同，被照射到的物体的颜色也有很大的差异，物体呈现的色彩随着光源的不同（自然光与人工光）和光源的强弱以及环

表4-1　色彩的联想与象征

色相	抽象联想	具体联想	象征意义
红	喜悦、热情、艳丽、兴奋、紧张、活泼	太阳、火焰、红旗、鲜血	革命、活力、危险、欢庆
橙	温情、华美、阳光、嫉妒、虚伪、热烈	橘子、橙子、蛋黄、秋叶	富丽、辉煌、成熟、精神
黄	希望、快活、愉快、发展、明朗、幸福	黄金、玉米、香蕉、柠檬	稳定、吉祥、庄严、色情
绿	年轻、希望、生长、新鲜、遥远、安全	森林、田野、草原、绿叶	青春、健全、和平、安定
蓝	沉静、冷清、凉爽、理想、优雅、消极	天空、海洋、湖泊、血管	永恒、悠久、诚实、希望
紫	优美、娇艳、幽雅、古朴、哀伤、悒念	彩霞、花朵、葡萄、紫藤	高贵、雍容、尊严、神秘
黑	静寂、悲哀、绝望、沉默、恐怖、不安	夜、炭、墨、黑板、地道	严肃、死亡、坚固、罪恶
灰	温和、忧郁、阴郁、暗淡、空虚、中立	阴天、灰尘、混凝土、铅	平凡、谦让、朴素、荒废
白	洁白、明快、清洁、纯洁、纯真、空旷	雪地、白云、瀑布、白纸	正派、清白、神圣、不吉

境的变化而有所不同。

一般来说，太阳发出的白光照射到物体上，被反射的光色就是物体的颜色。如红色物体吸收了橙、黄、绿、蓝、紫色，反射出红色，因而呈现红色；白色物体因反射出大部分光色而呈白色；黑色物体因吸收了大部分光色而呈黑色；灰色物体则对每种光色都部分吸收和反射而呈现明暗不等的灰色。

当物体在人工灯具的照射下，物体的颜色看上去与太阳下的色彩效果有所不同。表4-2所示为使用有色钨丝灯照射下的物体颜色；表4-3所示为使用白色荧光灯照射下的物体颜色。

表4-2　使用有色钨丝灯照射下的物体颜色

物体色	灯光色			
	红	蓝	绿	黄
白	粉红	深蓝	深绿	深黄
黑	暗红黑	藏青	暗绿黑	黑棕
深蓝	暗红蓝	鲜蓝	暗绿蓝	鲜红蓝
淡蓝	暗红紫	鲜蓝	暗绿蓝	鲜红绿
绿	橄榄绿	蓝绿	鲜绿	黄绿
黄	红橙	红褐	鲜绿黄	鲜橙
茶	红褐	蓝茶	暗绿茶	橙茶
红	鲜红	暗蓝红	黄红	鲜红

表4-3　使用白色荧光灯照射下的物体颜色

色相	物体色	灯光色
红	红	暗红
红	淡红	胡萝卜红
红	小豆红	红棕
橙	红砖红	暗红橙
橙	淡棕	淡黄橙
橙	淡橙	暗橙
黄	淡黄	淡黄

4.6.2　色彩构成基础

色彩构成是色彩设计领域常用的一种科学方法。它通过逻辑的方式认识与研究色彩在物理、生理、心理及美学方面的理论。在工业产品色彩设计中引入色彩构成内容，通过系统的联系实践的方式，将理性的色彩理论贯通到感性的色彩实践中，可培养设计者创造性思维能力、灵活运用色彩和自由表现色彩的能力，从而对色彩的认识由个体感性喜好上升到科学、美学意义的艺术境界。

4.6.2.1　色彩的对比

日常生活中所见到的颜色几乎没有单一的情况，总是要与周围的颜色联系在一起，两种色彩相互影响，显示出色彩的差别。色彩的对比就是指两个以上的色彩之间能比较或显示出明确差别的现象，通俗地说，就是指相同的色彩由于背景或相邻的色彩不同，会产生不同的感觉。当相邻或接近的两种色彩被同时看到时所产生的对比，称为同时对比；当两种色彩按时差依次被看到时所产生的对比，称为先后对比。先后对比会在短时间内消失，通常所说的色彩对比是指同时对比。

色彩对比由差别中产生，差别越大则对比越强。因为画面中的色彩对比涉及的因素较多，如果牵涉色块的形状、大小，在构图中的分布和色块所表达的形象等，那么对比效果比较间接；而色相、明度、纯度、色性、面积以及视觉感受中的同时对比等，对比效果就比较直接。同时对比是同时看两种不同色时，每个色对其他色彩的影响，同时与色相、明度和纯度等发生关系，因此，色彩的对比方法又可分为色相对比、明度对比、纯度对比、冷暖（色性）对比、面积对比等。

（1）色相对比：是指由色相间的差别造成的色彩对比，即是将两个不同色相并列时，两色就有向色环相反的方向移动的感觉。如同一橙色分别放在红与黄底上，红底上的橙色带黄味，黄底上的橙色带红味。当两个补色（如红与绿、黄与紫、蓝与橙）并列时，其色相影响很大，色相对比最强，这种现象又称为补色对比。

（2）明度对比：是指由明度差别或深浅差别形成的色彩对比，即是将不同明度的两色并列时，可以看到明的色更明、暗的色更暗的感觉。如把明度相同的灰色分别放在白和黑底上，白底上的灰色感到暗，黑底上的灰色则感到亮。

（3）纯度对比：是指由纯度间的差别造成的色彩对比，即是将不同纯度的两色并列时，可以看到鲜的色更艳、浊的色更灰的感觉。如在一种色中加白、加黑或加入其他原色、间色、复色都可产生纯度差别，利用纯度变化可产生很多中间灰色，这些带有色彩倾向的灰色在色彩运用中有重要作用。因为具有色彩倾向的灰色，有柔和、悦目的视觉效果，若对比过于强烈，不仅可用金、银、黑、白、灰来调和，而且还可用这种低纯度的灰色来调和，这是一种常用的配色方法。

（4）色性对比：也就是色彩的冷暖对比（色彩的这种冷暖倾向被称为色性），即为色彩的冷暖感觉。色彩的冷暖关系有相对的含义，如红和黄相比，黄就感觉冷一些，黄与蓝相比，黄又暖一些。冷色、暖色出于人的生理感觉和感情联想。对红、橙、黄一类颜色会联想到火、太阳、热血等，称为暖色；对青、蓝一类的色会联想到海水、蓝天、冰雪、月夜等，被称为冷色；绿、紫等一类兼有冷暖感觉的颜色被称为中性色（或温色）；黑和白以及由黑和白调出的灰无冷暖倾向。一般，橙为最暖色，红、黄是暖色，红紫、黄绿是中性微暖色，紫、绿是中性微冷色，蓝紫、蓝绿是冷色，蓝为最冷色。

（5）面积对比：是指因各种色块在构图中所占据量的比重或面积大小而效果不同的感觉。这种对比与色彩本身的属性没有直接关系，但效果却非常明显。等面积的红和等面积的绿在一起、等大的补色在一起比较刺激，没有什么美感，调整一下两色的面积比例，如大片的绿中配小块的红，就成了"万绿丛中一点红"的配色要诀。面积对比还体现在色块的分割运用上，把等大的红与绿，分割成许多小条、小块、小点，做交叉排列，效果也会截然不同。另外，色块的形态、位置、肌理等因素也会影响色彩的对比关系。

4.6.2.2　色彩的调和

两种以上色彩的配合称为配色。当配色给人以愉快、协调、和谐的感觉时，这种配色称为色彩调和；相反，如果配色使人感觉不愉快、不协调时，则为色彩不调和。

色彩调和的意义或掌握色彩调和方法的目的主要有两方面：一是当发现色彩的搭配不协调，为构成和谐而统一的整体所作的调整；二是根据色彩调和方法，自由灵活构成符合目的性的美的色彩关系。当两个以上的色彩因差别很大，产生了刺激不调和感时，增加各色的同一因素，使强烈刺激的各色逐渐缓和。

调和是配色的方法与原则，其包括同一调和、类似调和、秩序调和等。

（1）同一调和：选择同一性很强的色彩组合，或增加对比色各方的同一性，避免、削弱尖锐刺激感的方法称为同一调和。它包括：

同色相调和：可使色彩配置产生简洁、爽快、单纯的美。

同明度调和：可产生含蓄、丰富、高雅的美。

同纯度调和：在讲述纯度对比时，已提到了纯度调和的方法。

非彩色调和：指无纯度的黑、白、灰之间的调和。

（2）类似调和：以类似要素的结合，比同一调和的变化多，但仍是以统一为原则配色。给人的感觉是温和丰富。它包括：

类似色相的调和：它以色相的明度、纯度关系来辅助搭配和协调的配色方法。

类似明度的调和：在类似明度色调中也可选择有对比性的色彩或补色色相来丰富画面效果，但要避免过强的色相变化与明度变化之间的冲突。

类似纯度的调和：这种调和突出纯度的变化，明度和色相关系要相应减弱，以达到优美、雅致的配色效果。

（3）秩序调和：无论是色相、明度、纯度，只要画面上的色彩成一种渐变系列，如等差或等比，都是比较和谐的。在强烈的色彩对比中，也可进行面积的变化，形成有节奏序列的调和效果。

不同色彩之间的构成所产生的美感是千变万化的，但色彩的形式美法则归纳起来总离不开两条规律：对比和调和。色彩的对比和调和是相互依存的矛盾两个方面。减弱对比就能出现调和的结果，对比的同时就存在着调和。绝对的对比会产生刺激，绝对的调和给人苍白无力感，走向任何一个极端都很难产生美的感觉。因此，色彩的运用关键在于怎样处理好色彩的对比与调和的关系，也就是色彩的变化与统一的运用。它涉及色彩的色相、明度、纯度、冷暖以及面积、形状与位置等诸多因素，如何处理这些因素的变化与统一关系，是获得色彩美感的最重要的保证之一。色彩的变化与统一与色彩的对比与调和一样是相辅相成、相互补充的两个方面，二者缺一不可。只求统一而无变化的配色，会产生刻板、单调、无力、乏味之感；只讲变化而无统一，会使色混乱无序，失去和谐之美。只有在对比中求统一，调和中求变化，才能达到既生动又和谐的色彩效果。另外，配色与形态内容相结合需有宾主之分，色彩的主导色，并不等于主调色，面积也不一定大，一般处于重要的主体部分，应配以较为夺目、吸引力较强的色彩，以形成配色的中心主导色。宾色起烘托作用，没有作为陪衬的宾色，也就不会有主色。主次分明是获得具有感染力配色的重要因素。

4.6.3　家具的色彩设计

目前，家具装饰色彩是极为丰富的，有使人感到兴奋的奶油色、苹果色、桃红色、天蓝色、翠绿色、橘黄色等；有使人感到深沉凝重的咖啡色、栗壳色、荔枝色、蟹青色等；有使人感到古雅趣生的柚木色、红木色、胡桃木色、樱桃木色、柞木色、水曲柳色等。可谓五光十色，琳琅满目。

4.6.3.1　家具色彩的形成

家具的装饰色彩主要通过如下途径获得：

（1）木材的固有色：家具是以木质材料为主要

基材的一种工业产品。木材是一种天然材料，附在木材上的本色就是木材的固有色。木材种类繁多，其固有色也十分丰富，如栗木的暗褐、红木的暗红、檀木的黄色、椴木的象牙黄、白松的奶油白等。木材的固有色或深沉或淡雅，都有着十分宜人的特点。木材的固有色可通过透明涂饰或打蜡抛光表现出来。保持木材固有色和天然纹理的家具一直受到世人的青睐。

（2）保护性的涂饰色：大多数家具都需进行涂饰处理，以提高其耐久性和装饰性。涂饰分为两大类，一类是显现纹理的透明涂饰，另一类是覆盖纹理的不透明涂饰。透明涂饰大多数需进行染（着）色处理，染（着）色可以改变木材的固有色，使深色变浅，浅色变深；使木材色泽更加均匀一致；使低档木材具有名贵木材的外观特征。不透明涂饰是一种人造色，色彩加入涂料中，将木材纹理和固有色完全覆盖，可有相当丰富的色彩供选用，所以在流行家具中得到广泛应用。

（3）贴面材料的装饰色：现代家具大多采用人造板作为基材，为了充分利用胶合板、中密度纤维板以及表面质量较差的刨花板，通常需要对它们进行贴面处理。贴面材料的装饰色既可以模拟珍贵木材的色泽纹理，也可以加工成多样的色彩及图案。

（4）配件的工业色：家具生产中常常要用到金属和塑料配件，特别是钢家具。钢管通过电镀、喷塑得到的富丽豪华的金、银色以及各种彩色，进一步丰富了家具的色彩；通过各种成型工艺加工的塑料配件，也是形成家具局部色彩的重要途径。

（5）软包织物的附加色：床垫、沙发、躺椅、软靠等家具及其附属物、包面织物的色彩对床、椅、凳、沙发等人体类家具的色彩常起着支配或主导作用，是形成家具色彩的又一重要方法。软包织物也是渲染室内色彩气氛的重要组成部分。

4.6.3.2 家具色彩的确定原则

在对家具进行色彩设计时，应考虑如下诸方面的因素：

（1）产品的功能要求：家具的色彩设计和造型设计一样，应服从产品的功能要求。如办公家具应以沉着冷静的灰绿色调为主，以便提高工作效率；餐厅家具应以橙色等暖色调为主，以激发食欲；卧室家具应以淡雅的冷色调为主，使人有沉静感和安宁感，以利于休息；医院家具以白色为主，以显示洁净和避免色彩干扰，以利于治疗养病等。

（2）室内环境与光照要求：对于具体室内环境而言，家具一般应与室内界面，即墙面、地面、天花板色彩相适应，以使整个室内的色调和谐统一；同时家具色彩又可以作为前景被墙面所衬托，故可采用对

比的手法。这两种方法应根据具体的要求和条件而定。采光较好的室内宜采用浅色调，或中等色调的家具，使室内典雅清淡；而采光条件较差的室内则应采用纯度较高的家具，以便突出家具形体。如果房间面积较小，墙面为冷色调，家具也宜采用冷色调，纯度和明度可以略有差异，呈间色关系，使家具退隐到墙壁中，与墙体浑然一体，形成同一个的背景，以扩大室内空间感；如房间较大，家具也不多，则家具色彩宜与墙面色彩有较大的差异，甚至成补色关系，由此突出家具的前景位置，使墙面起衬托背景作用，这样可减少房间的空旷感。家具色彩还应与室内风格相协调，例如传统风格的室内宜采用沉稳的深色调家具；日本和式风格的室内家具宜采用木本色等；法式风格的室内多采用浅色调的家具，如奶白色，浅粉红色等；而现代感较强的室内家具宜用纯度较高的色彩。另外，为了打破家具与室内色彩协调一致带来的单调感，可以在家具的局部小面积（如柜体面板的边线部位、床体的床腿部位、抽屉间的间隔部位等）采用与家具整体色彩有效大差异的色彩，从而形成对比，以活跃气氛，带来新鲜感；也可以在板式部件中嵌入一些小面积的与整个部件色彩有较大色差的线条或块面图案纹样（同质或异质）等。

（3）人的生理与心理要求：家具色彩因人而异。一般老年人喜欢古朴深沉的色彩；年轻人喜欢流行的色彩；男人喜欢庄重大方的色彩；女人喜欢淡雅而富丽的色彩；儿童则喜欢活泼明丽的色彩；体弱的病人与老人喜欢暖色以便心绪愉快并增进新陈代谢机能；年轻的病伤者则喜欢冷色以有利于抑制冲动和暴躁；人口少的家庭宜用暖色以便消除寂寞；人口多家庭适用冷色以免觉得喧闹；窗户较小的室内，家具用亮色；司机和炼钢工人的居室宜用冷色，以保证眼睛得到充分的休息等。

（4）民族传统与风俗习惯：不同地区和不同民族因地理环境、气候条件、生活习俗、宗教信仰、文化沿革的不同，对色彩有着不同的好恶和禁讳性。如我国和东方各民族视红色为喜庆、热情、幸福的象征；信奉伊斯兰教的民族，对绿色特别亲切，视之为生命之色，而他们最讨厌黄色，因为他们把黄色与不毛之地沙漠联系在一起；西方某些国家，认为绿色有嫉妒的意思；在我国和古罗马，黄色作为帝王之色而受到尊重，但在信奉基督教的国家，黄色被认为是叛徒犹大的服装色，视为卑劣可耻之色。因此，家具的设计不能不考虑各地区各民族对色彩的独特感情以及用色习惯。

（5）施工工艺与材料质感：有的色彩可能因施工的工艺条件和采用的原材料不同而产生不同的效果。如黑色在一般涂装家具中很少采用，但如果采用

聚酯漆或推光漆工艺，表面加工光滑如镜，则可使黑色富丽高雅，身价百倍。家具的设色，也要与各种使用材料的质感相配合。因为各种不同材料，如木材、织物、金属、竹藤、玻璃、塑料等所表现的粗、细、光、毛等质感，由于受光和反光的程度不同，反过来也都会相互影响色彩上的冷、暖、深、浅。现代家具十分讲究运用木材的自然本色，以它质朴的材料质感，赢得了很好的艺术效果。

（6）时代流行色：流行色是在某一段时期之内人们对日用工业产品所崇尚的颜色，它是利用人们对色彩的喜新厌旧的心理特征而得以流行的。家具作为一种工业产品当然要受到流行色的影响。在家具设计中要成功地应用流行色，必须经常性地调查研究、系统学习色彩理论、注重与生产工艺相结合，力求使色彩在家具造型上起到吸引顾客、刺激消费和指导消费的作用。

4.6.3.3　家具色彩的设计方法

根据色彩和谐原理，家具色彩设计可分为调和色和对比色两种基本方法。

（1）调和色设计：是以相同或相似的色彩共同组织而成，在色环上应用单一的或相邻的色相，并在相同的色环行列上混合邻近的色彩而产生新的色相，使之达到调和的目的。调和色设计包括单色设计和类似色设计两种方法。

①单色设计：是根据空间综合需要，采用一个适宜的色相在深浅上做变化排列，以统筹整个空间环境的色彩效果。为了打破单色调的单调感，可以利用纯度及明度的变化，适量加入无彩色的配合，可取得统一中的微妙变化。如加入白色可转为明快，加入黑色较有深度，加入灰色便为柔和。这种基于同一、和谐的色彩设计，最大的特点是具有统一的易于创造鲜明的色彩感，充满单纯而特殊的色彩韵味，这种方式适于功能要求高的公共建筑及小型动态活动空间的家具设计。

②类似色设计：是根据空间综合情况选择一组适宜的类似色，并灵活应用其彩度与明度的配合，适当加入无彩色，加白时可使彩色结构更为清新，加黑时有厚重的感觉，加灰时显得柔和，使一组色彩组合成统一中富有变化的效果。根据色彩和谐原理，在色环上类似色包括二间隔对、三间隔对、四间隔对三种形式。如黄与蓝之间的绿、黄绿、蓝绿，皆具有类似和谐的效果，这种类似色设计，可以创造出丰富的视觉效果。

（2）对比色设计：是以互相加强的相异色彩共同结合，在色环上应用彼此相对和对立的色彩，由此产生极端和强烈的视觉效果。对比色设计包括补色设计和等角设计两种基本方法。

①补色设计：在色环上相对的两个色称为补色，如红和绿、黄和紫、蓝与橙。补色设计是建立在一对或一组组合的基础上，因为它包括着冷暖色相，故有浓重而丰富的变化。在补色对比基础上加以变化，又可得出分裂补色设计和双重补色设计两种方法。

分裂补色设计是由一个色相与一组类似色共同对比，采取两种补色的一方分裂补色，即两边相邻的类似色与其相对的补色对比，形成为三种色相对比，如黄的补色为紫色，紫色的分裂色为红紫和蓝紫色。从比较的角度看，它的对比性较补色略小，而统一性与变化性都较大，且具有强烈而丰富的视觉效果，适用于大型动态活动空间家具的设计。

双重补色设计是补色对比进一步扩大，在色环上选择两种直接连接的补色，成为两组类似色的共同对比，这样就形成四种色彩对比，其强烈程度较分裂补色为弱，变化性与统一性却大为增加。这种方法富于华丽的效果，适用于大型空间动态活动的家具设计。

②等角设计：等角设计可分为三角色设计和四角色设计两种。

三角色设计是在色环上选择一组成正三角关系的三角色，如红、黄、蓝或橙、绿、紫等，凡是在近似三角形尖端上的色相皆可认为是三角色，在组合上较富于弹性，可以取得华丽而喧闹的效果，适用于娱乐性和儿童环境中的家具应用。如果将色彩的明度、纯度降低，则可得到既豪华富丽，又精致高雅，气氛亲切柔和的感觉。

四角色设计是在色环上选择一组成正方形关系的四角色，可产生四种颜色的对比，它较双重补色的设计，更具鲜明强烈、有华丽多彩的特征，适用大型活动和娱乐场所的应用。在一件家具上采用四角对比法会得到更具富丽堂皇的效果。

（3）色彩三要素的运用：色彩三要素为色相、明度、彩度，三者之间互相关联，色相方案仅仅勾画出可能组合出的色相构成的大轮廓，一个色彩方案的设计，还应考虑色彩在其他方面的关系。

明度是色光的明暗量，亦是光亮的意思。无彩色由白到灰再到黑的整个过程中都是明度所形成的。因此对低明度来说，即是明暗，这是色相加黑后的暗效果；而高明度是明亮，这是色相加白后的亮效果。每种色相都有一标准明度，若将白色、黑色或某种补色调入一种颜色中就可改变其明度，而其纯度亦会降低。黄色家具，若加入白色则亮度增加，形成高明度淡黄色，和任何一种颜色都会形成强烈对比，吸引人的注意，突出家具的特点。如加入少许红色则亮度降低，并形成带有橙色的黄色，有温馨、愉快的亲切感。高明度是愉快的，中明度是平和的，低明度令人忧郁。

纯度是指色彩的鲜艳度，亦即色彩学里的彩度范围。色彩越强烈则纯度越高，也是彩度越高，可以说它的最高彩度即是完全脱了黑或相互补色的各种混调。黄色是高彩度的，在视觉上被认为是活跃的并富刺激性，并有扩张感而使物体显得较大，低彩度的沙发是暗黄色，显得消沉而松弛，并有收敛感，但却有统一和谐、高雅宁静的气氛。

明度高的饱和色之间会产生一种强烈的对比，能限定出形状，突出外观和形态，吸引着人们的注意力。高纯度的色彩对比、明度高的色彩都会引人注目，特别是黑白会更加突出。中间纯度和中间明度的对比效力较低，可产生平安的调和感。但如果色相和明度相近，它们所显出的限定界限就会模糊。

（4）无色彩的运用：黑、白、灰称为无彩色。无彩色没有纯度，但在色彩组合搭配时，常成为基本色调之一，因为它们与任何色彩都可配合，能显示沉静、优雅的特点。

黑色的表面能吸收所有的光线，而不产生反射现象，当它与某个色彩相处一起时，可使这个色彩显得更为鲜艳，所以黑色系列家具能提高和增强同一空间内的色彩纯度。

白色的表面不能吸收光线，却能反射和转移同一空间邻近的色彩，会产生一种混闪色，如白色家具上会隐约映出邻近的红色家具而产生粉红色的色光。所以任何色彩在白色的衬托下将会减低其纯度，能冲淡并吸收空间环境中的过分强烈的色彩，使之整体色彩调和。

灰色是黑白相间的中间调无彩色，具有黑白两色的综合特性，用以衬托强烈的色彩，能冲淡、中和、协调各个色相之间的关系。一些对比极为强烈的色彩也可借助灰色而调和。灰色一般是由黑白两色混调而成，但也可自色环上的两个互补色彩采用不等量的混调而出，使之产生偏重其中一色的灰色，这种带色彩的灰色看来较有生气和装饰意味，在家具色彩设计中颇为实用。

黑、白、灰综合应用可衬托其他色彩起着背景的作用，多用在使用功能很强的家具，如高雅商店中陈列货架，虽然它朴实无华，但却能突出商品的个性，会更多地吸引顾客。

4.6.3.4 家具色彩的应用处理

色彩是表达家具造型美感的一种很重要的手段，如果运用恰当，常常起到丰富造型，突出功能的作用，并表达家具不同的气氛和性格。色彩在家具上的应用处理，主要包括两个方面：家具色彩的调配和家具造型上色彩的安排，也就是定好主色调与色彩的协调。具体表现在色调、色块和色光的运用。

（1）色调：家具的设色，很重要的是要有主色调（基本色调），也就是应该有色彩的整体感。通常多采取以一色为主，其他色辅之以突出主调的方法。常见的家具色调有调和色和对比色两类，若以调和色作为主调，家具就显得静雅、安详和柔美，若以对比色作为主调，则可获得明快、活跃和富于生气的效果。但无论采用哪一种色调，都要使它具有统一感。既可在大面积的调和色调中配以少量的对比色，以收到和谐而不平淡的效果；也可在对比色调中穿插一些中性色，或借助于材料质感，以获得彼此和谐的统一效果。所以在处理家具色彩的问题上，多采取对比与调和两者并用的方法，但要有主有次，以获得统一中有变化，变化中求统一的整体效果。在色调的具体运用上，主要是掌握好色彩的调配和色彩的配合。主要有下面几个方面：

首先根据使用场合的要求和家具使用者的职业、年龄、爱好等选定主色调，形成主色调的因素有多种。从冷暖上可分为冷调、暖调和温调；从明度上可分为明调、灰调和暗调；从色相上可分为黄调、棕调等。

在一套家具或一件家具中使用两种以上的色彩时，色彩间需要协调。一方面，色彩间必须调和，以求统一；另一方面，色彩间又需有适量对比，以求变化。调和显得柔和平静；对比显得生动明快。但单纯的调和又显得呆板；过分的对比又变得怪诞。庄重、高雅的家具需强调调和，活泼轻快场合家具适量加强对比，对比还用于突出重点家具或部件。

要考虑色相的选择，色相的不同，所获得的色彩效果也就不同。这必须从家具的整体出发，结合功能、造型、环境进行适当选择。例如居住生活用的套装家具，多采用偏暖的浅色或中性色，以获明快、协调、雅静的效果。

在家具造型上进行色彩的调配，要注意掌握好明度的层次。若明度太相近，主次易含混、平淡。一般说来色彩的明度，以稍有间隔为好；但相隔太大则色彩容易失调，同一色相的不同明度，以相距三度为宜。在色彩的配合上，明度的大小还显示出不同的"重量感"，明度大的色彩显得轻快，明度小的色彩显得沉重。因此，在家具造型上，常用色彩的明度大小来求得家具造型的稳定与均衡。

在色彩的调配上，还要注意色彩的纯度关系。除特殊功能的家具（如儿童家具或小面积点缀）用饱和色外，一般用色，宜改变其纯度，降低鲜明感，选用较沉稳的"明调"或"暗调"，以达到不刺目、不火气的色彩效果。所以在配色时，对色彩的纯度要把握住一定的比例，使家具能表现出色调倾向。

（2）色块：家具的色彩运用与处理，还常通过色块组合方法构成。所谓色块，就是家具色彩中一定形状与大小的色彩分布面。显然，它与面积有一定关系，同一色彩如面积大小不同，给人的感觉就不相同，如当面积小的红、绿色交织在一起，远看时便觉得红、绿混而为一，接近于灰；而面积大的红、绿色块，则能给人以强烈对比的印象。所以家具在色块组合上需要注意以下几点：

一般用色时，必须注意面积的大小，面积小时，色的纯度可较高，使其醒目突出；面积大时，色的纯度则可适当降低，避免过于强烈。

除色块面积大小之外，色的形状和纯度也应该有所不同，使它们之间既有大有小，有主有衬而富有变化。否则，彼此相当，就会出现刺激而呆板的不良效果。

色块的位置分布对色彩的艺术效果也有很大影响，如当两对比色相比邻时，对比就强烈；如两色中间隔有中性色，则对比效果就有所减弱。

有的家具中，任何色彩的色块不应孤立出现，需要同类色（或明度相似）色块与之呼应，不同对比色块要相互交织布置，以形成相互穿插的生动布局，但须注意色块间的相互位置应当均衡，勿使一种色彩过于集中而失去均衡感。

（3）色光：色彩在家具上的应用，还须考虑色光问题，即结合环境、光照情况。如处于朝北向的室内，由于自然光线的照射，气氛显得偏冷，此时室内环境多近于暖色调，家具的色彩就可运用红褐色，金黄色来配合；如环境处于朝南向，在自然光照射下，显得偏暖，这时室内多近偏冷色调，家具的颜色可使用浅黄褐或淡红褐色相配合，以取得家具色彩与室内环境相协调统一。除此，在日光下，色彩的冷暖还会给人一种进退感，如同样的家具，在自然光照射下，暖色调的家具比冷色调的家具显得突出，体量也显得大些，而冷色调则有收缩感。因此在家具造型上，有时就运用了这种色彩的进退的表现特征，如家具常通过运用浅色、偏冷色的艺术处理，来获得心理上较大的空间感。

色彩在家具的具体应用上，绝不可脱离实际，孤立地追求其色彩效果，而应从家具的使用功能、造型特点和材料、工艺等条件全面地综合考虑，给予恰当地运用。

第**5**章
家具材料与家具结构设计

家具的造型需要精心的设计、巧妙的构思，好的想法需要通过好的材料、合理的结构构造以及精致的加工，才能实现预先的设想，取得好的结果。家具的安全性与舒适度直接取决于材料特性和结构方法，家具的表现形式也与材质和制作技法密切相关。家具所使用的材料的质地传达出来的材质美、精巧的结构传达出来的技术美和巧夺天工的加工所传达出来的工艺美，都为家具的整体造型增加无限的光彩。因此，家具设计师应该了解和掌握有关家具材料、家具构造和家具加工工艺的基本知识和最新科技成果，并运用到家具设计的实践中去。

5.1 家具材料

家具是由各种材料通过一定的结构技术制造而成的。材料是家具造型和结构的物质基础，以自身的科学性、外观性、经济性，能动地为造型和结构服务。选择用材是家具设计中首先要考虑的问题之一。不同的材料有不同的加工工艺和设备，并产生不同的形态特征和装饰效果；即使是同种材料，加工工艺的不同也可以产生不同的效果。因此在决定造型设计和相应的加工形式之前，必须熟悉材料的各种特征，善于利用材料本身的属性。尊重材料本质是家具设计的根本原则，合理地选用材料是家具设计的重要任务。

家具材料的种类繁多，按其性质可分为自然材料和人工材料两大类。自然材料大致按照单一意义来决定，如选定某一材料，其光泽、质地、色彩、纹理也就决定出来；而人工材料由于是工业生产，品种多样，将会有挑选光泽、质地、色彩、纹样的自由。虽然天然材料和人工材料都可以充分发挥各自的特殊品质和满足设计效果，但在实际应用上却多按照家具设计实际需要，分别采取适宜的自然材料或人工材料，综合处理，以便发挥各自的特长，满足功能需要。

制作家具的材料，按其用途，一般可分为结构材料、装饰材料和辅助材料三大类。结构材料因其性质的不同有木材、金属、竹藤、塑料、玻璃、大理石等，其中木材是制作木质家具的一种传统材料，至今仍占主要地位。随着我国木材综合利用和人造板工业的迅速发展，各种木质人造板材也广泛地应用于制作家具；用于家具的装饰材料主要有涂料（油漆）、贴面材料、蒙面材料等；用作家具的辅助材料主要有胶黏剂和五金配件等。

通常，采用一种材料制成的家具显得单纯而易于显示特殊材质效果，而更多家具则采用两种或多种材料共同组成，活泼多变，可以满足不同造型、结构和舒适性的要求。

5.1.1 天然木材

木材是一种质地精良、感觉优美、易于加工成型的自然材料，是一种沿用最久、最好、最多的家具材料。家具用材对木材材质的要求：木材质量适中，变形小，具有足够的硬度，材色悦目，纹理美观，易于油漆装饰。

木材和木质材料是最主要的家具材料，但木材又是一种自然资源。优质木材生长周期长，随着资源的日益减少，因而日显珍贵。为此在设计家具时必须考虑木材资源持续利用的原则。具体说就是要尽量利用以速生材、小径材和中纤维板为原料，减少大径木材的消耗。对于珍贵木材应以薄木的形式覆贴在人造板上，以提高珍贵木材的利用率，对珍贵树种应做到有节制和有计划的采伐，以实现人类生存环境的和谐发展和木材资源的持续利用。

5.1.1.1 木材的种类

木材种类很多，一般可分为针叶材和阔叶材两大类。

（1）针叶材（又称软材）：树干通直而高大，纹理平直，材质均匀，木质轻软，易于加工，强度较高，表观密度及胀缩变形小，耐腐蚀性强。在室内装饰中主要用于木墙裙、隔栅、木地板及各种龙骨料和结构用材，也可用于家具制造。常见的针叶材有红松、落叶松、白松、云杉、冷杉、铁杉、柳杉、红豆杉、杉木、柏木、马尾松、华山松、云南松、北美黄杉（花旗松）、智利松、辐射松等。

（2）阔叶材（又称硬材）：树干通直部分一般较短，材质较硬，难加工，密度较大，强度高，胀缩翘曲变形大，易开裂，常用作尺寸较小的构件，有些树种具有美丽的纹理与色泽，适于作家具、室内装修及胶合板等。常用的阔叶材树种有水曲柳、白蜡木、椴木、榆木、杨木、槭木（色木）、枫香（枫木）、枫杨、桦木（白桦、西南桦）、酸枣、漆树、黄连木、冬青、桤木（冬瓜木）、栗木、槠木、锥木（栲木）、泡桐、鹅掌楸、楸木、黄杨木、榉木、山毛榉（水青冈、麻栎青冈）、青冈栎、柞木（蒙古栎）、麻栎、橡木（栎木）、橡胶木、樱桃木、胡桃木（核桃木、山核桃）、樟木（香樟）、楠木、檫木、柳桉、红柳桉、柚木、桃花心木、阿比东、龙脑香、门格里斯（康巴斯）、塞比利（沙比利）、紫檀、黄檀、酸枝木、香木、花梨木、黑檀（乌木）、鸡翅木、铁力木等。

5.1.1.2 木材的优点

（1）具有天然的色泽和纹理：木材是天然的材料，有独特的质地与构造。木材因年轮和木纹方向的不同而形成各种粗细直斜纹理，经锯切、旋切或刨切以及拼接等多种方法，可以制成各种美丽丰富的花纹；不同树种的木材具有深浅不同的天然颜色和光泽，材色美观悦目，这为家具及室内装饰提供了广阔

的途径，是其他材料无法相比的。

（2）典型的绿色材料：木材本身不存在污染源，其散发的自然清新气味和纯真美丽的视觉感受有益于人们的身心健康。与塑料、钢材等材料相比，木材是可循环利用和永续利用的材料。

（3）质轻强度高：具有较高的弹性和韧性，木材是一种轻质材料，一般它的密度仅为 0.4～0.9 g/cm³；但木材单位质量的强度却比较大，能耐较大的变形而不折断，耐冲击和振动。木材无论是宏观、微观还是超微结构上均显示出多孔性，它是一种"蜂窝状"结构。

（4）容易加工：木材经过采伐、锯截、干燥等便可使用，加工简便。使用简单工具或机械就可以进行锯、铣、刨、磨（砂）、钻等切削加工；也可以采取榫、胶、钉、螺钉、连接件等多种接合方式；也易于漂白（脱色）、着色（染色）、涂饰、贴面等装饰处理；另外，还可以进行干燥、弯曲、压缩、切片（刨切、旋切）、改性（强化、防腐、防火、阻燃）等机械或化学处理。

（5）电声传导性小：由于木材是有孔性材料，它的纤维结构和细胞内部留有停滞的空气，空气是热、电的不良导体，因此，绝缘性能好，热传导慢，热膨胀系数小，热胀冷缩的现象不显著，常给人以冬暖夏凉的舒适感和安全感。

（6）木材环境学特性：包括视觉特性、触觉特性、调湿特性、空间声学性质以及对生物体的调节特性。有木材（或木材制品）存在的空间会使人们的工作、学习和生活感到舒适和温馨，从而提高学习兴趣和工作效率，改善生活质量。木材的视觉心理量与木材材色物理量有着密切的关系。例如，明度高的木材，如白桦、鱼鳞云杉，使人感到明快、华丽、整洁、高雅和舒畅；明度低的木材如红豆杉、紫檀，使人有深沉、稳重、肃雅之感，说明了材色明度值的改变对心理感觉产生影响。

木材可以吸收阳光中的紫外线，减轻紫外线对人体的危害；同时木材又能反射红外线。

当室内环境的相对湿度发生变化时，具有吸放湿特性的室内装饰材料或家具等可以相应地从环境吸收水分或向环境释放水分，从而起到缓和湿度变化的作用，这就是所谓的材料的湿度调节功能。与混凝土、塑料等材料相比较，木材具有优良的吸放湿特性，因而具有明显的湿度调节功能。

木材为多孔性吸声材料，木质地板、天花板和木制家具在控制环境混响时间、抑制环境噪声方面比较有利，能创造较好的室内声环境，在交谈时可拥有良好的清晰度，且有较好的隔音效果，人处于其中，比在混凝土、砖等材料结构的室内感到舒适。

5.1.1.3　木材的缺点

（1）吸湿性（胀缩性、干缩湿胀性）：在含水率低于纤维饱和点时，木材具有干缩湿胀性。木材解吸时其尺寸和体积的缩小称为干缩，相反吸湿引起尺寸和体积的膨胀称为湿胀。干缩和湿胀并不是在任何含水率条件下都能发生的，而只有在纤维饱和点以下才会发生。木材的干缩湿胀在不同的方向上是不一样的，横向干缩较纵向要大几十倍至上百倍，横向干缩中弦向约为径向的 2 倍。木材的干缩湿胀随树种、密度以及晚材率的不同而异。针叶材的干缩较阔叶材要小；软阔叶材的干缩较硬阔叶材要小；密度大的树种干缩值越大；晚材率越大的木材干缩值也越大。湿胀和干缩是木材固有的不良特性，它对木材的加工、利用影响极大，不仅会造成木材尺寸、形状和强度的改变，而且会导致板材的变形、开裂、翘曲和扭曲等现象。

（2）异向性（各向异性）：木材在构造上是非均一的材料。木材的力学强度、干缩和湿胀、对水分或液体的贯透性、导热、导电以及传播声音等性质比匀质材料要复杂得多。造成木材异向性的主要原因是由木材的组织构造所决定的。

（3）变异性：通常是指因树种、树株、树干的不同部位及立地条件、造林和营林措施等的不同，而引起的木材外部形态、构造、化学成分和性质上的差异。同一树种木材的构造和物理、力学性质，也只是在一定的范围内近似而已。

（4）天然缺陷：根据木材缺陷的成因可分为三大类：①在树木生长过程中，有的受周围环境因子等影响，生长发育不正常，如应力木；有的是树木生长正常的生理现象，如节子、斜纹，都称木材天然缺陷；②在树木伐倒前或伐倒后因病、虫危害而产生的缺陷称生物危害缺陷，如变色、腐朽、虫害；③木材在机械加工或干燥处理过程中产生的缺陷称干燥及机械加工缺陷，如干裂、皱缩、翘曲、缺棱、锯口缺陷等。我国原木缺陷标准（GB/T 155）和锯材缺陷标准（GB/T 4823）将木材缺陷分为节子、变色、腐朽、虫害、裂纹、树干形状缺陷、木材构造缺陷、伤疤、木材加工缺陷、变形等十大类。这些缺陷致使木材各种性能受到影响，降低了木材的使用价值和利用率。有时在物理、力学性质的意义上应属于缺陷，但在装饰意义上不属于缺陷，例如节子、乱纹、树瘤等，虽然降低了木材的强度性质，另一方面却给予了材面美丽的花纹，制成的单板刨片可供作装饰材料，所以缺陷在一定程度上有相对的意义。

（5）易受虫菌蛀蚀和燃烧：木材在保管和使用期间，经常会受到虫菌的危害，使木材产生虫蛀和腐朽现象，也极易着火燃烧。为防虫蛀和防火，通常采用干燥（含水率在 18% 以下）、油漆以及防腐、防火、阻燃处理。

天然木材由于生长条件和加工过程等方面的原因，不可避免地存在着各种缺陷；同时，在木材加工和家具生产中，由原木经过制材加工剖分成板方材（此时出材率大约为 70%），而后由板方材再经配料锯解成毛料（此时出材率为 60%～70%），最后毛料通过机械加工成家具净料和零部件（此时出材率为 80%～90%），经过各种切削加工到制成产品，木材的利用率一般仅有原木的 40%～50% 或板方材的 60%～70%，产生大量的边角余料，浪费很大。因此，为了克服天然木材的缺点，充分合理地利用木材，提高木材利用率和产品质量，在家具生产中，除少数的方材部件必须用实材外，大部分板材部件则多采用各种木质人造板。

5.1.2　木质人造板

木质人造板是将原木或加工剩余物经各种加工方法制成的木质材料。其种类很多，目前在家具生产中常用的有胶合板、刨花板、纤维板、细木工板、空心板、多层板以及层积材和集成材等。它们具有幅面大、质地均匀、表面平整、易于加工、利用率高、变形小和强度大等优点。采用人造板生产家具，结构简单、造型新颖、生产方便、产量高、质量好，便于实现标准化、系列化、通用化、机械化、连续化、自动化生产。目前，人造板已逐渐代替原来的天然木材而成为木质家具生产中的重要原材料。

5.1.2.1　胶合板

胶合板是原木经旋切或刨切成单板，涂胶后按相邻层单板的纤维方向互相垂直组坯胶合而成的三层或多层（奇数）板材。

（1）胶合板特点：

① 胶合板具有幅面大、厚度小、密度小、木纹美丽、表面平整、不易翘曲变形、轻巧坚固、强度高、加工简便、便于弯曲等优良特性，被广泛地应用于家具生产和室内装修。

② 胶合板的结构决定了它的各向物理力学性能比较均匀，它克服了天然木材各向异性的缺陷。在使用性能上要比天然木材优越。

③ 胶合板可以合理地使用木材，提高木材利用率。每 2.2m³ 原木可生产 1m³ 胶合板；生产 1m³ 胶合板，可代替相等使用面积的 4.3m³ 左右原木锯解的板材使用。

④ 胶合板可与木材配合使用。它适用于家具上大幅面的部件，如各种柜类家具的门板、面板、旁

板、背板、顶板、底板，抽屉的底板和面板，以及成型部件如折椅的靠背板、坐面板、沙发扶手、台面望板等。

（2）胶合板种类：

① 按树种（面板）分：阔叶材胶合板和针叶材胶合板。

② 按胶层耐水性分：按照胶合板使用的胶黏剂耐水和耐用性能、产品的使用场所，可分为室内型胶合板和室外型胶合板两大类，或Ⅰ类（耐气候、耐沸水）胶合板、Ⅱ类（耐水）胶合板、Ⅲ类（耐潮）、Ⅳ类（不耐水）胶合板四类。

③ 按结构和制造工艺分：普通胶合板，又分薄胶合板，即厚度在 4mm 以下，三层（3 厘）板；厚胶合板，即厚度在 4mm（五层）以上，多层（5 厘、9 厘、12 厘等）板；装饰胶合板，即表面用薄木、木纹纸、浸渍纸、塑料薄膜以及金属片材等贴面做成的装饰贴面板；特殊胶合板，即特殊处理、专门用途的胶合板，如塑化胶合板、防火（阻燃）胶合板、航空胶合板、船舶胶合板、车厢胶合板、异型胶合板等。

（3）胶合板规格与标准：胶合板厚度规格主要有 2.6mm、2.7mm、3mm、3.5mm、4mm、5mm、5.5mm、6mm、7mm、8mm……（8mm 以后以 1mm 递增）。一般三层胶合板为 2.6～6mm；五层胶合板为 5～12mm；七～九层胶合板为 7～19mm；十一层胶合板为 11～30mm 等。胶合板幅面（宽×长）主要有 915 mm×1830mm（3′×6′）、915 mm×2135mm（3′×7′）、1220 mm×1830mm（4′×6′）、1220 mm×2440mm（4′×8′），常用为 1220 mm×2440mm（4′×8′）等。

胶合板的规格尺寸及尺寸公差、形位公差、物理力学性能、外观质量等技术指标和技术要求可参见胶合板国家标准中的相关规定。

5.1.2.2　刨花板

刨花板是利用小径木、木材加工剩余物（板皮、截头、刨花、碎木片、锯屑等）、采伐剩余物和其他植物性材料加工成一定规格和形态的碎料或刨花，并施加胶黏剂后，经铺装和热压制成的板材，又称碎料板。

（1）刨花板特点：

① 刨花板具有幅面尺寸大、表面平整、结构均匀、长宽同性、无生长缺陷、不需干燥、隔音隔热性好、有一定强度、利用率高等优点。

② 刨花板具有表观密度大、平面抗拉强度低、厚度膨胀率大、边部易脱落、不宜开榫、握钉力低、切削加工性能差、游离甲醛释放量大、表面无木纹等

缺点。

③ 刨花板可以综合利用小径木和碎料，节约木材资源，提高木材利用率。每 1.3～1.8m³ 废料可生产 1m³ 刨花板；生产 1m³ 刨花板，可代替 3m³ 左右原木锯解的板材使用。

④ 刨花板须经二次加工装饰（表面贴面或涂饰）后广泛用于板式家具生产和建筑室内装修。

（2）刨花板种类：

① 按制造方法分：挤压法刨花板（纵向静曲强度小、一般都要用单板贴面后使用）和平压法刨花板（平面上强度较大）。

② 按结构分：单层结构刨花板（拌胶刨花不分大小粗细地铺装压制而成，饰面较困难）、三层结构刨花板（外层细刨花，胶量大，芯层粗刨花、胶量小，家具常用）、渐变结构刨花板（刨花由表层向芯层逐渐加大，无明显界限，强度较高，用于家具及室内装修）。

③ 按刨花形态分：普通刨花板（常见的细刨花板）和结构刨花板（OSB 定向刨花板和华夫刨花板）。

④ 按原料分：木质刨花板和非木质刨花板（竹材刨花板、棉秆刨花板、亚麻屑刨花板、甘蔗渣刨花板、秸秆刨花板、水泥刨花板、石膏刨花板等）。

（3）刨花板规格与标准：刨花板的常用厚度规格主要有 4mm、6mm、8mm、9mm、10mm、12mm、14mm、16mm、19mm、22mm、25mm、30mm 等。刨花板的幅面（宽×长）主要为 915mm×1830mm（3′×6′）、915mm×2135mm（3′×7′）、1220mm×1830mm（4′×6′）、1220mm×2440mm（4′×8′）及大幅面等，常用 1220mm×2440mm（4′×8′）等。

刨花板的规格尺寸及尺寸公差、形位公差、物理力学性能、外观质量等技术指标和技术要求可参见刨花板国家标准中的相关规定。

5.1.2.3　纤维板

纤维板是以木材或其他植物纤维为原料，经过削片、制浆、成型、干燥和热压而制成的板材，常称为密度板。

（1）纤维板特点：

① 软质纤维板（SB、IB、LDF）：密度不大、物理力学性能不及硬纤板，主要在建筑工程中用于绝缘、保温和吸音等方面。

② 中密度纤维板（MDF）和高密度纤维板（HDF）：幅面大、结构均匀、强度高、尺寸稳定变形小、易于切削加工（锯截、开榫、开槽、砂光、雕刻和铣型等）、板边坚固、表面平整、便于直接胶贴各种饰面材料、涂饰涂料和印刷处理，是中高档家

具制作和室内装修的良好材料。

（2）纤维板种类：

① 按原料分：木质纤维板、非木质纤维板。

② 按密度分：软质纤维板（LDF，密度小于 0.4g/cm³）、中密度纤维板（中密度纤维板 MDF，密度 0.4～0.8g/cm³）、高密度纤维板（高密度板 HDF，密度一般为 0.8～0.9g/cm³）。

（3）纤维板规格与标准：中密度纤维板（MDF）的常用厚度规格为 6mm、8mm、9mm、12mm、15mm、16mm、18mm、19mm、21mm、24mm、25mm 等。其常用幅面（宽×长）尺寸为 1220mm×2440mm（4′×8′）等。

中密度纤维板（MDF）的规格尺寸及尺寸公差、形位公差、物理力学性能、外观质量等技术指标和技术要求可参见国家标准 GB/T 11718 中的相关规定。

5.1.2.4　细木工板

细木工板俗称大芯板，它是将厚度相同的木条，同向平行排列拼合成芯板，并在其两面按对称性、奇数层以及相邻层单板纹理互相垂直的原则各胶贴一层或两层单板而制成的实芯覆面板材，所以细木工板是具有实木板芯的胶合板，也称实心板。

（1）细木工板特点：

① 与实木板比较：细木工板幅面宽大、结构尺寸稳定；不易开裂变形、表面平整一致；利用边材小料、节约优质木材；板面纹理美观、不带天然缺陷；横向强度高、板材刚度大。

② 与"三板"比较：细木工板与胶合板相比，原料要求较低；与刨花板、纤维板相比，质量好、易加工；与胶合板、刨花板相比，用胶量少、设备简单、投资少、工艺简单、能耗低。

③ 细木工板的结构稳定，不易变形，加工性能好，强度和握钉力高，是木材本色保持最好的优质板材，广泛用于家具生产和室内装饰，尤其适于制作台面板和坐面板部件以及结构承重构件。

（2）细木工板种类：

① 按结构分：芯条胶拼细木工板（机拼板和手拼板）、芯条不胶拼细木工板（未拼板或排芯板）。

② 按表面状况分：单面砂光细木工板、两面砂光细木工板、不砂光细木工板。

③ 按耐水性分：Ⅰ类胶细木工板（耐气候、耐沸水，主要用于室外场所）、Ⅱ类胶细木工板（耐水，主要用于室内场所及家具）。

（3）细木工板规格与标准：细木工板的常用厚度规格为 12mm、14mm、16mm、18mm、19mm、20mm、22mm、25mm 等。其常用幅面（宽×长）尺寸为 1220mm×1830mm（4′×6′）、1220mm×2440mm

（4′×8′）等。

细木工板的规格尺寸及尺寸公差、形位公差、物理力学性能、外观质量等技术指标和技术要求可参见细木工板国家标准 GB/T 5849 中的相关规定。

5.1.2.5　空心板

空心板是由轻质芯层材料（空心芯板）和覆面材料所组成的空心复合结构板材。家具生产用空心板的芯层材料多由周边木框和空芯填料组成。在家具生产中，通常把在木框和轻质芯层材料的一面或两面使用胶合板、硬质纤维板或装饰板等覆面材料胶贴制成的空心板称为包镶板。其中，一面胶贴覆面的为单包镶；两面胶贴覆面的为双包镶。

（1）空心板特点：

① 空心板具有质量轻、变形小、尺寸稳定、板面平整、有一定强度，是家具生产和室内装修的良好轻质板状材料。

② 空心板在结构上是由轻质芯层材料（或空心芯板）和覆面材料所组成。

芯层材料或空心芯板多由周边木框和空芯填料组成，其主要作用是使板材具有一定的充填厚度和支承强度。周边木框的材料主要有实木板、刨花板 PB、中密度纤维板 MDF、多层板、层积材 LVL、集成材等。空芯填料主要有单板条、纤维板条、胶合板条、牛皮纸等制成的方格形、网格形、波纹形、瓦楞形、蜂窝形、圆盘形等。

（2）空心板种类：空心板根据其空芯填料的不同主要有木条栅状空心板、板条格状空心板、薄板网状空心板、薄板波状空心板、纸质蜂窝状空心板、轻木茎秆圆盘状空心板等。

（3）空心板规格：家具生产用空心板通常多无统一标准幅面和厚度的板材，由家具制造者自行生产；而室内装修用空心板，除此之外还有一种只有空芯填料而无周边木框的芯层材料，这种空心板是具有统一标准幅面和厚度的成品板。

5.1.2.6　集成材

集成材是将木材纹理平行的实木板材或板条在长度或宽度上分别接长或拼宽（有的还需再在厚度上层积）胶合形成一定规格尺寸和形状的木质结构板材，又称胶合木或指接材。

（1）集成材特点：集成材能保持木材的天然纹理、强度高、材质好、尺寸稳定不易变形，是一种新型的功能性木质结构板材，广泛用于建筑构造、室内装修家具和木质制品的生产中。

① 小材大用、劣材优用：由于集成材是板材或小方材在厚度、宽度和长度方向胶合而成的，所以用

胶合木制造的构件尺寸不再受树木尺寸的限制，可按需要制成任意大小的尺寸，做到小材大用；同时，在胶合木制作过程中，可以剔除节疤、虫眼、腐朽、弯曲、空心等生长缺陷，做到劣材优用以及合理利用木材。

② 构件设计自由：因胶合木是由一定厚度的小材胶合而成的，故可制得能满足各种尺寸、形状以及特殊形状要求的木构件，为产品结构设计和制造提供了空间。而且集成材可按木材的密度和品级不同而用于木构件的不同部位。在强度要求高的部分用高强板材，低应力部分可用较弱的板材。含小节疤的低品级材可用于压缩或拉伸应力低的部分，也可根据木构件的受力情况，设计其断面形状，如中空梁、变截面梁等，如制作家具异型腿等构件时，可先将木材胶合制成接近于成品结构的半成品，再经仿型铣等加工，节约大量木材。

③ 尺寸稳定性及安全系数高：集成材采用坯料干燥，干燥时木材尺寸较小，相对于大块木材更易于干燥。含水率不均匀等干燥缺陷少，有利于大截面和异型结构木质构件的尺寸稳定。相对于实木锯材而言，胶合木的含水率易于控制、尺寸稳定性高。由于胶合木制成时可控制坯料木纤维的通直度，因而减少了斜纹理或节疤部紊乱纹理等对木构件强度的影响，使木构件的安全系数提高。这种材料由于没有改变木材的结构和特性，因此它和木材一样是一种天然的基材。

（2）集成材种类：

① 按使用环境分：室内用集成材和室外用集成材。

② 按长度方向形状分：通直集成材和弯曲集成材。

③ 按断面形状分：方形结构集成材、矩形结构集成材和异形结构集成材。

④ 按用途分：非结构用集成材、非结构用装饰集成材、结构用集成材、结构用装饰集成材。

（3）集成材标准与规格：集成材的规格尺寸及尺寸公差、形位公差、物理力学性能、外观质量等技术指标和技术要求可参见 GB 11954《指接材》和 GB 11916《指接材物理力学性能试验方法》以及有关国际标准中的相关规定。

① 用于制作不承重的部件制品，适用于楼梯侧板、踏步板、扶手、门、壁板等装修和家具行业（非结构用集成材）：非结构用集成材、非结构用装饰集成材。

② 用于制作承重部件制品，适用于建筑行业的梁、柱、桁架等（构造用集成材）：结构用集成材、结构用装饰集成材。

5.1.2.7 单板层积材

单板层积材（简称 LVL）是把旋切单板多层顺纤维方向平行地层积胶合而成的一种高性能产品。

（1）层积材特点：

① 单板层积材可以利用小径材、弯曲材、短原木生产，出材率可达 60% ~ 70%（而采用制材方法只有 40% ~ 50%），提高了木材利用率。

② 由于单板（一般厚度为 2 ~ 12mm，常用 2 ~ 4mm）可进行纵向接长或横向拼宽，因此可以生产长材、宽材及厚材，实现连续化生产。

③ 由于采用单板拼接和层积胶合，可以去掉缺陷或分散错开，使得强度均匀、尺寸稳定、材性优良，可方便进行防腐、防火、防虫等处理。

④ 单板层积材可作板材或方材使用，使用时可垂直于胶层受力或平行于胶层受力。主要用于家具的台面板、框架料和结构材；建筑的楼梯板、楼梯扶手、门窗框料、地板材、屋架结构材以及内部装饰材料；车厢底板、集装箱底板、乐器及运动器材。

（2）层积材种类：

① 按树种分：针叶材 LVL 和阔叶材 LVL。

② 按承重分：非结构用 LVL 和结构用 LVL。

（3）层积材标准与规格：单板层积材的规格尺寸及尺寸公差、形位公差、物理力学性能、外观质量等技术指标和技术要求可参见有关国际标准中的相关规定。

如在日本农林规格标准 JAS 中：

非结构用 LVL 的规格：厚度 9 ~ 50mm、宽度 300 ~ 1200mm、长度 1800 ~ 4500mm；

结构用 LVL 的等级和规格：分特级（12 层以上）、1 级（9 层以上）、2 级（6 层以上）；厚度 25mm 以上、宽度 300 ~ 1200mm、长度根据需要定。

5.1.2.8 科技木

科技木，也称工程木，是以普通木材为原料，采用电脑虚拟与模拟技术设计，经过高科技手段制造出来的仿真甚至优于天然珍贵树种木材的全木质新型材料。它既保持了天然木材的属性，又赋予了新的内涵。科技木既可制成木方，也可将木方刨切成薄木（又称人造薄木）。

科技木和天然木材相比，具有以下特点：

（1）色泽丰富、品种多样：科技木产品经电脑设计，可产生不同的颜色及纹理，色泽更加光亮、纹理立体感更强、图案充满动感和活力。

（2）成品利用率高：科技木克服了天然木材的虫洞、节疤和色变等天然缺陷。科技木产品因其纹理的规律性、一致性，因此不会像天然木产品那样由于原木不同、批次不同而使纹理、色泽不同。

（3）产品发展潜力大：随着国家禁伐措施和天然林保护政策的实施，可利用的珍贵树种日渐减少，使得科技木产品成为珍贵树种装饰材料的替代品。

（4）装饰幅面尺寸宽大：科技木克服了天然木径级小的局限性，根据不同的需要可加工成不同的幅面尺寸。

（5）加工处理方便：易于加工及进行防腐、防蛀、防火（阻燃）、耐潮等处理。

5.1.3　贴面材料

随着家具生产中各种木质人造板的应用，需用各种贴面和封边材料对人造板进行表面装饰和边部封闭处理。贴面（含封边）材料按其材质的不同有多种类型，其中，木质类的有天然薄木、人造薄木、单板等；纸质类的有印刷装饰纸、合成树脂浸渍纸、装饰板等；塑料类的有聚氯乙烯（PVC）薄膜、聚乙烯（PVE）薄膜、聚烯羟（Alkorcell 奥克赛）薄膜等；其他的还有各种纺织物、合成革、金属箔等。贴面材料主要起表面保护和装饰两种作用。不同的贴面材料具有不同的装饰效果。装饰用的贴面材料，又称饰面材料，其花纹图案美丽、色泽鲜明雅致、厚度较小。表面用饰面材料的实心板，称为饰面板，又称贴面板。如薄木贴（饰）面板、装饰纸贴（饰）面板、浸渍纸贴（饰）面板、装饰板贴（饰）面板、PVC塑料薄膜贴（饰）面板等。目前，贴面和封边材料被广泛地应用于家具生产和室内装修。现分别介绍各类贴面材料的特点和用途。

5.1.3.1　薄　木

薄木是一种具有珍贵树种特色的木质片状薄型饰面或贴面材料。采用薄木贴面工艺历史悠久，能使零部件表面保留木材的优良特性并具有天然木纹和色调的真实感，是家具制造与室内装修中最常采用的一种天然木质的高级贴面材料。至今仍是深受欢迎的一种表面装饰方法。

装饰薄木可以按以下进行分类：

（1）按制造方法分：主要有锯制薄木、刨切薄木、旋切薄木和半圆旋切薄木。

（2）按薄木形态分：主要有天然薄木、人造薄木和集成薄木。

（3）按薄木厚度分：主要有厚薄木（＞0.5mm）、薄型薄木（0.2～0.5mm）和微薄木（＜0.2mm）。

（4）按薄木花纹分：主要有径切纹薄木、弦切纹薄木、波状纹薄木、鸟眼纹薄木、树瘤纹薄木和虎皮纹薄木。

（5）按薄木树种分：主要有阔叶材薄木和针叶材薄木。

5.1.3.2　印刷装饰纸

装饰纸是一种通过图像复制或人工方法模拟出各种树种的木纹或大理石、布等图案花纹，并采用印刷滚筒和配色技术将这些图案纹样印刷出来的纸张，又常称木纹纸。

印刷装饰纸贴面是在基材表面贴上一层印刷有木纹或图案的装饰纸，然后用树脂涂料涂饰，或用透明塑料薄膜再贴面。这种装饰方法的特点是工艺简单、能实现自动化和连续化生产；表面不产生裂纹、有柔软性、温暖感和木纹感，具有一定的耐磨、耐热、耐化学药剂性。适合制造中低档家具及室内墙面与天花板等的装饰。

印刷装饰纸贴面工艺中，保丽板是一种常见的饰面人造板，它是以胶合板为基材，在其表面胶贴上印刷木纹装饰纸，然后涂饰一层不饱和聚酯树脂漆，待其固化后，就构成了具有较好装饰性能的材料，可直接使用。保丽板具有亮光和柔光两种装饰效果。亮光的保丽板板面有光泽，表面硬度中等，耐热、耐烫性能优于一般涂料的涂饰面，有一定的耐酸碱性，表面易于清洗；柔光的保丽板耐烫和耐擦洗性能比较差。

印刷装饰纸的分类、分等、规格尺寸及尺寸公差、外观质量等技术指标和要求可参见有关标准或产品说明书中的相关规定。

5.1.3.3　浸渍纸

浸渍纸是将原纸浸渍热固性合成树脂后，经干燥使溶剂挥发而制成的树脂浸渍纸（又称树脂胶膜纸）。

常用的合成树脂浸渍纸贴面，不用涂胶，浸渍纸干燥后合成树脂未固化完全，贴面时加热熔融，贴于基材表面，由于树脂固化，在与基材黏结的同时，形成表面保护膜，表面不需要再用涂料涂饰即可制成饰面板。根据浸渍树脂的不同有冷—热—冷法和热—热法胶压。对于一些树脂含量低（50%～60%）的浸渍纸（又称合成薄木），干燥后树脂完全固化，贴面时需要在基材表面涂胶，贴面后表面可用涂料涂饰。

合成树脂浸渍纸的分类主要有：三聚氰胺树脂浸渍纸、酚醛树脂浸渍纸、邻苯二甲酸二丙烯酯树脂（DAP）浸渍纸和鸟粪胺树脂浸渍纸。

树脂浸渍纸的分类、分等、规格尺寸及尺寸公差、外观质量等技术指标和要求可参见有关标准或产品说明书。采用树脂浸渍纸贴面装饰后的人造板材的技术指标和要求可参见国家标准 GB/T 15102《浸渍胶膜纸饰面人造板》中的相关规定。

5.1.3.4　装饰板

装饰板，即三聚氰胺树脂装饰板，又称热固性树脂浸渍纸高压装饰层积板（HPL）或塑料贴面板，俗称防火板，是由多层三聚氰胺树脂浸渍纸和酚醛树脂浸渍纸经高压压制而成的薄板。第一层为表层纸，位于装饰板的最上层，经浸渍三聚氰胺树脂后，具有高度的透明性与坚硬性，主要对装饰板表面起保护作用并使板面具有优良的物理化学性能，这种纸细薄，并且具有较高的吸收性能；第二层为装饰纸，又称为木纹纸，在产品结构中是放在表层纸下面，其表面印有各种花纹图案，主要起装饰作用。装饰纸要求表面平滑，同时具有良好的吸收性能和适应性，有底色的要求色调均匀，彩色的要求颜色鲜艳；第三层为覆盖纸，位于装饰纸与底层纸之间，其主要作用是为了防止生产浅颜色装饰板时，底层纸所浸渍的颜色深的酚醛树脂渗透到表层，从而污染板面，如生产深颜色装饰板或装饰纸有足够的遮盖性时可以不用覆盖纸；第四层为底层纸，用来做装饰板的基材，使板材具有一定厚度与强度，通常用牛皮纸浸渍酚醛树脂制成；第五层为隔离纸，位于装饰板的最下面。

装饰板可由多层热压机或连续压机加热加压制成。具有模拟木材纹理、大理石花纹、纺织布纹等图案及各种色调，是一种久已广泛应用的饰面材料。具有良好的物理力学性能、表面坚硬、平滑美观、光泽度高、耐火、耐水、耐热、耐磨、耐污染、易清洁、化学稳定性好，常用于厨房、办公、机房、实验室、学校等家具及台板面的制造和室内的装修。

装饰板的分类主要有：

（1）根据表面耐磨程度分类有：高耐磨型（900~6500r）、平面型（>400r）、立面型（>100r）和平衡面型。

（2）根据表面性状分类有：有光型、柔光型和浮雕型。

（3）根据性能分类有：滞燃型、抗静电型、后成型型和普通型。

装饰板的分类、分等、规格尺寸及尺寸公差、形位公差、物理力学性能、外观质量等技术指标和技术要求可参见国家标准GB7911《热固性树脂浸渍纸高压装饰层积板HPL》以及有关标准或产品说明书中的相关规定。

5.1.3.5 塑料薄膜

目前，家具板式部件贴面和封边用的塑料薄膜主要有聚氯乙烯（PVC）薄膜、聚乙烯（PVE）薄膜、聚烯羟（Alkorcell奥克赛）薄膜、聚酯（PET）薄膜以及聚丙烯（PP）封边带、聚酰胺（PA，尼龙）封边带、丙烯腈-丁二烯-苯乙烯三元共聚物（ABS）封边带等。

聚氯乙烯（PVC）薄膜是最常用的塑料薄膜，薄膜表面印有模拟木材的色泽和纹理、压印出导管沟槽和孔眼，以及各种花纹图案等。薄膜色调柔和、美观逼真、透气性小，具有真实感和立体感，贴面后可减少空气湿度对基材的影响，具有一定的防水、耐磨、耐污染的性能，但表面硬度低、耐热性差、不耐光晒，其受热后柔软，适用于室内家具中不受热和不受力部件的饰面和封边，尤其是适于进行浮雕模压贴面（即软成型贴面或真空异型面覆膜）。

聚乙烯（PVE）薄膜表面涂有防老化液，薄膜表面压印有木纹图案和管孔沟槽，色泽柔和，木纹真实感强，具有耐高温、防水、防老化等性能，适用于室内用家具的饰面和封边处理。

聚烯羟（Alkorcell奥克赛）薄膜表面印有各种色调，并显示出木材管孔的沟槽，能保持天然木材纹理的真实感和立体感；其背面具有不同化学药剂的涂层，适用于脲醛胶、聚醋酸乙烯酯乳液胶和热熔胶等不同胶黏剂的胶贴，可以采用冷辊压、热辊压、冷平压、热平压、包贴及真空成型等加工方式胶压于部件表面。当采用Alkorcell薄膜贴于家具表面上后，可以隔离人造板材中释放出来的甲醛有害气体，不至于危及人们的身体健康。Alkorcell薄膜表面的浮雕花纹不会因加压而变形或消失。在Alkorcell薄膜表面有一层热固性漆膜，所以在一般情况下，贴面后不需再涂饰涂料，特殊情况下可以使用质量好的聚氨酯漆进一步装饰。此外，Alkorcell薄膜具有耐液性、耐擦性、耐磨性、抗热性、体积稳定性、抗湿温性和加工时不影响刀具使用寿命等性能。

5.1.3.6 热转印箔

热转印箔（也称高温转印膜或烫印膜）是由聚乙烯薄衬纸及装饰木纹印刷层、表面保护层、底色层、脱模层、热熔胶层等构成。通过高温硅酮橡胶印辊将压力和温度施加于转印箔上，使装饰木纹印刷层、表面保护层、底色层构成的转印层与聚乙烯薄衬纸脱离，转印到所需装饰的部件表面而形成了装饰层（0.01~0.015mm）。其耐磨性、耐热性、耐光性及耐洗涤剂性能均较好，色调稳定、工艺简单、无污染、不需使用胶黏剂等，易于修补，可在其表面采用各种清漆进行涂饰处理（通常称为贴膜转印木纹涂饰或烫印木纹涂饰）。常用热转印箔适用于由中密度纤维板或高密度纤维板构成的部件表面装饰，并能完全遮盖基材的材质、颜色及缺陷，转印的纹理和颜色即制品的纹理和颜色。

5.1.3.7 金属箔

将厚度为0.015~0.2mm的金箔、铝箔等饰面材料胶贴于人造板基材表面，具有仿金、仿银的装饰效果。其耐热性和力学强度高。

5.1.4　竹藤材

竹藤材虽然是两种不同材种，但在使用中具有许多共同的特性：材质坚韧、富有弹性、便于弯曲，表皮润滑光洁，纤维组成无数纵直的毛管状，易于纵向割裂，表皮可纵剖成极薄的皮条供编织用，有吸湿性，在空气干燥情况下暴露过久，竹材易于纵裂，藤材易于折裂。

竹藤家具在品种上多以椅子、沙发、茶几、书报架、席子、屏风为多。近年来开始用金属钢管、现代布艺与纤维编织相结合，使竹藤家具更为轻巧、牢固、同时也更具现代美感。

5.1.4.1　竹　材

竹材是亚洲的特产，在我国西南、中南和华东各地到处都生长着茂密的竹林。它生长得比树木快得多，仅需三五年时间便可加工应用，因而从供应上来看，可谓"取之不尽，用之不竭"的天然资源。在我国黄河以南各地普遍使用着竹材家具。

竹材中空，长管状，有显著的节，挺拔丝细，色黄绿，日久呈黄色，制成的家具光滑宜人，有一种清凉、简雅之意，粗壮豪放之感。竹的可用部分是竹竿，竹竿外观为圆柱形，中空有节。

（1）原竹：竹材与木材相比，具有以下基本特性：①强度高、韧性大；②易加工、用途广；③直径小、壁薄中空、具尖削度；④结构不均匀、各向异性明显；⑤易虫蛀、腐朽与霉变。由于竹材的基本特性，各种木材加工的方法和机械都不能直接应用于竹材加工。因此，千百年来竹材多数都是以原竹的形式或经过简单加工用于农业、渔业、建筑业和编织生活用具及农具、传统的工艺品等，最广泛最常见的竹家具是圆竹家具和竹编家具等。

（2）竹材人造板：随着竹材加工技术的发展，竹材可以锯切成竹片、旋切成竹单板、刨切成竹薄木；而且，可以进行防霉、防蛀、炭化、软化、漂白、染色等改性处理；同时，竹材胶合板、竹材层积材（层压板）、竹材集成材、竹材刨花板、竹材中密度纤维板、竹木复合板等各种竹材人造板得以出现和批量生产。竹材人造板和竹材相比较，具有以下特性：①幅面大、变形小、尺寸稳定；②强度大、刚性好、耐磨损；③可以根据使用要求调整产品结构和尺寸，并满足对强度和刚度等方面的要求；④具有一定的防虫、防腐性能；⑤改善了竹材本身的各向异性；⑥可以进行各种覆面和涂饰装饰，以满足不同的使用要求。竹材人造板的生产为竹材板式家具的发展提供了新的原材料来源。

5.1.4.2　藤　材

藤材盛产于热带和亚热带丛林之中。生长、分布在亚洲、大洋洲、非洲等热带地区。藤材为实心体，成蔓秆状，有不甚显著的节，藤的茎是植物中最长的，表皮光滑，质轻而坚韧，极富有弹性，便于弯曲，易于割裂，富有温柔淡雅之感，偏于暖调的效果，在家具设计上应用范围很广，仅次于木材。一般长至 2m 左右都是笔直的。藤茎粗为 4～60mm 左右。

藤不但可以单独地用来制造家具，而且还可以与木材、竹材、金属材配合使用，特别是藤条、藤芯、藤皮等可以进行各式各样的花式编结，成为一种优良的柔软材料。藤皮就是割取藤茎表皮有光泽的部分，加工成薄薄的一层，可用机械或手工加工取得，手工操作的质量较好，厚度和宽度都均匀，宽度为 1～7mm，厚度为 0.5～1.2mm。藤芯是藤茎去掉藤皮后的部分，根据形状有圆芯、半圆芯（也称扁芯）、扁平芯（也称头刀黄、二刀黄）、方芯和三角芯等。

藤家具构成方法有多种，由于是手工制作，可形成多种式样、图案、造型，其特点是纤细而富于变化。

5.1.5　金属材料

金属材料是现代家具的重要材料，现代家具的主框架乃至接合零部件与装饰部件的加工等，许多都由金属来完成。金属具有很多优越性：质地坚韧、张力强大，防火防腐，熔化后可借助模具铸造，固态时则可以通过辗轧、压轧、锤击、弯折、切割、车旋、冲压、焊接、铆接、辊压、磨光、镀层、复合、涂饰等加工方法而制造各种形式的构件。

金属可分为铁金属和非铁金属两大类。铁金属又称黑色金属，包括铁和钢，强度和性能受碳元素影响，含碳量少时质较强度小，容易弯曲而可锻性大，热处理欠佳；含碳量多时则质硬可锻性小，热处理效果好。根据含碳量标准分为铸铁、锻铁、钢三种基本类型。非铁金属又称为有色金属，主要包括金、银、铜、铝、铅、锡及其合金等。应用于家具制造的金属材料通常是由两种或两种以上的金属所组成的合金，主要有铁、钢、铝合金、黄铜等。

5.1.5.1　铁

（1）铸铁：含碳量在 2% 以上的黑色金属称为铸铁。晶粒粗而韧性弱，硬度大而熔点低，适合铸件生产，在欧洲维多利亚时代是最受欢迎的家具材料，主要用在那些希望有一定质量的部件上，在家具上常用来制作坐椅的底座、支架及装饰构件等。

（2）锻铁：含碳量在 0.15% 以下的黑色金属称为锻铁、熟铁或软钢。硬度小而熔点高，晶粒细而韧性强，不适合锻造，但易于锤去锻制。利用锻铁制造家具历史较久，传统的锻铁家具多为大块头，造型上繁复粗犷者居多，可称为一种艺术气质极重的工艺家具，也称铁艺家具。锻铁家具线条玲珑，气质优雅，款式多变，由繁复的构图到简洁的图案装饰，式样繁多，能与多种类型的室内设计风格配合。

5.1.5.2 钢

含碳量在 0.03% ~ 2%，强度大而富弹性，抗拉及抗压强度均高，制成的家具强度大，断面小，能给人一种浑厚、沉着、朴实、冷静的感觉。钢材表面经过处理，可以加强其色泽、质地的变化，如钢管电镀后有银白色略带寒意的光泽，减少钢材的重量感。不锈钢属于不发生锈蚀作用的特殊钢材，是现代家具的制作材料。

不锈钢是以铬为主要合金元素的合金钢。铬元素含量越高，其耐腐蚀性越好。不锈钢中的其他元素如镍（Ni）、钛（Ti）、锰（Mn）、硅（Si）等也都对不锈钢的强度、韧性和耐腐蚀性有影响。

不锈钢具有高耐腐蚀性，经过抛光加工可以得到很高的装饰性能和光泽保持能力，并具有良好的加工性能，是金属家具中常用的材料。另外采用表面加工技术可以在不锈钢板的表面做出金黄、红、紫等多种颜色，这种彩色不锈钢板保持了不锈钢材料耐腐蚀性好及机械强度高的特点，是综合性能远胜于铝合金彩色装饰板的新型高级装饰材料。

5.1.5.3 铝及铝合金

铝属于有色金属中的轻金属，质轻，密度为 2.7g/cm³。铝呈银白色，反射能力很强，并具有很好的导电性和导热性；铝具有良好的延展性及塑性，易加工成板材及管材等；但铝的强度及硬度较低，为提高其实用价值，常在铝中加入适量的铜、镁、锰、硅、锌等元素组成铝合金，其机械性能明显提高，并仍能保持铝质量轻的固有特性。应用到家具上主要是铝合金型材，通过挤压加工而成的铝型材可作家具骨架、需承受压力加工和弯曲加工的构件，通过铸造可制成户外家具。家具的铝合金包边条、装饰嵌条及各种型材一般选购铝合金成品加工。

5.1.5.4 铜及铜合金

铜是我国使用最早，用途较广的一种有色金属，也是一种古老的建筑材料，并广泛用做装饰及各种零部件。在现代建筑装饰中，铜可用于拉手、门锁、铰链等家具五金配件，还可用于卫生器具的配件，如淋浴器配件、洗面器配件等。

在铜中掺加锌、锡等元素可制成铜合金，铜合金主要有黄铜（铜和锌的合金）、青铜和白铜，家具制造中常用的是黄铜。

家具中所用的黄铜主要有拉制黄铜管和铸造黄铜，主要用于制造铜家具的骨架及装饰件。而家具所用的黄铜拉手、合页等五金配件，一般采用黄铜棒、黄铜板加工而成。

青铜在家具上被用来制造高级拉手和其他配件。

将金属材料广泛应用于家具设计是从 20 世纪 20 年代的德国包豪斯学院开始的，第一把钢管椅子是包豪斯的建筑师与家具师布鲁耶于 1925 年设计，随后又由包豪斯的建筑大师密斯·凡德罗设计出了著名的 MR 椅，充分利用了钢管的弹性与强度的结合，并与皮革、藤条、帆布材料相结合，开创了现代家具设计的新方向。

5.1.6 玻 璃

玻璃是一种透明性的人工材料，有良好的防水、防酸碱的性能，以及适度的耐火耐磨的性质，并具有清晰透明、光泽悦目的特点。受光有反射现象，尤其是那些经过加工处理，可琢磨成各种棱面的玻璃，产生闪烁折光。也可经截锯、雕刻、喷砂、化学腐蚀等艺术处理，得到透明或不透明的效果，以形成图案装饰，丰富了家具造型立面效果。

玻璃是柜门、搁板、茶几、餐台等常用的一种透明材料。木材、铝合金、不锈钢与玻璃相结合，可以极大地增强家具的装饰观赏价值。现代家具日益重视与环境、建筑、室内、灯光的整体装饰效果，特别是家具与灯具的设计日益走向组合，玻璃由于透明的特性，更是在家具与灯光照明的效果的烘托下起了虚实相生、交映生辉的装饰作用。

家具制造中常用的玻璃种类有：

（1）磨光玻璃：普通平板玻璃经过机械磨光、抛光后制成的高透明度的玻璃。其特点为表面平整光亮、厚度均匀。常用做高级的镜面及家具台面等。

（2）钢化玻璃：是将玻璃加热到接近玻璃软化点的温度以迅速冷却或用化学方法钢化处理所得的玻璃深加工制品。钢化玻璃机械强度高，抗冲击性强，具有良好的热稳定性，是安全玻璃的一种。钢化玻璃不能进行切割和加工，只能在钢化前对玻璃进行加工至需要的形状，然后再进行钢化处理。安全性钢化玻璃按形状分为平面钢化玻璃和曲面钢化玻璃。平面钢化玻璃厚度有 4mm、5mm、6mm、8mm、10mm、12mm、15mm 等规格；曲面钢化玻璃厚度有 5mm、6mm、8mm 三种。常用做家具台面等。

（3）弯曲玻璃：将玻璃置于模具上加热后依玻璃自身重量而弯曲，再经过冷后而制成。

（4）彩色玻璃：又称有色玻璃。它是在玻璃原料中加入一定量的金属氧化物的玻璃，不同的金属氧化物使玻璃具有不同色彩。彩色玻璃的颜色有蓝色、黑色、绿色、茶色、黄色等多种。

（5）镜面玻璃：它是利用银镜反应或真空镀膜工艺在平板玻璃表面镀上一层银膜或铝膜，制成后的玻璃镜表面无波纹，适用于衣柜的立镜等。

5.1.7 塑 料

塑料是新兴的并不断改进的人工合成材料。自19世纪初以来，发展神速，用途广泛，60年代中期意大利设计界倡导塑料家具开发，为现代家具另辟新径。塑料家具以丰富的色彩和简洁富于变化的造型，将复杂的功能糅合在单纯的形式中，突破了以往形式的束缚，兼具经济实用的价值。塑料家具质轻而坚固，有良好的光泽，色彩多变，耐水、耐油、耐腐蚀，绝缘性能强，耐热性较有机物高，原料丰富、价格低廉、容易成型、使用简单，生产率高。由于这个原因，塑料家具几乎通常由一个单独的部件组成，不用接合或连接其他构件，它的功能与造型已摒弃以往木材和金属家具的形式，而富有创新的造型和结构。塑料制成的家具具有天然材料家具无法代替的优点，尤其是整体成型自成一体，色彩丰富，防水防锈，成为公共家具、室外家具的首选材料。塑料家具除了整体成型外，通常制成家具部件与金属、玻璃配合组装成家具。

目前，塑料家具常用的材料主要有以下四种：

5.1.7.1 强化玻璃纤维塑料（FRP）

强化玻璃纤维塑料又称玻璃钢（fiberglass reinforced plastic），是强化或增强塑料之一。由于FRP具有优越的机械强度，且质轻透光、强韧而微有弹性，又可自由成型，任意着色，成为注塑家具的理想材料。它可以将所有细部构件组成完整整体，而形成FRP成型家具。以椅子为例，椅座、椅背和扶手等构件皆可与腿一次注塑成型而连成一体、无接合痕迹，在感觉上比金属远为暖和轻巧。

除了直接作为家具构件外，也常用做基层构件，如沙发的靠背、坐面基层，代替传统沙发的框架，表面加以泡绵和纺织物面料作软垫处理。

5.1.7.2 苯乙烯－丁二烯－丙烯腈三元共聚物树脂（ABS）

ABS树脂是由丙烯腈（A）、丁二烯（B）、苯乙烯（S）三种单体共聚而成。ABS具有"坚韧、刚性、质硬"的综合性能，同时耐热性好，尺寸稳定，耐化学药品，易成型加工。ABS塑料呈浅象牙色，可以染成各种颜色，鲜艳美观。ABS树脂又称"合成

木材"，是一种坚韧的材料，目前已广泛用于制造家具零部件及整个椅子框架部件、各种受力较大的装饰配件等。

5.1.7.3 丙烯酸树脂（压克力）

丙烯酸树脂（acrylic resins）又称压克力树脂，主要特点是无色透明、坚固强韧、耐药品性与耐候性皆良好，有类似玻璃的表面质地。颜色有纯天然的、有带色的，带色的有透明和不透明两类，不透明的从黑白到彩色可有六七十种。形状有各种厚度的板状、圆柱状、管状等，可以利用简单而便宜的成型和折叠技术，做出各种形状，也可以用很便宜的真空成型或加温折弯方法。

在压克力家具制造中多是通过各种形状的成品切割加热弯曲接合成型。由于压克力材料本身具有易塑性特点，便于弯曲、折叠、切割和压铸等优点，使得在制作家具时，有着广泛的造型可能。压克力家具接合方法很多，当使用两片以上板时，最普通的方法是用胶黏剂胶接，由于胶接易产生起泡现象，影响接合处美观，所以压克力板其固定接合方式多采用镀铬和一些其他金属连接件。

5.1.7.4 聚氨酯泡沫塑料（发泡塑料）

聚氨酯泡沫塑料又称聚氨基甲酸酯泡沫塑料（polyurethane foams）。按主要原料不同分为聚醚型和聚酯型两种，其中聚醚型价格低廉，应用广泛。按产品软硬程度不同分为硬质、半硬质和软质三类。硬质聚氨酯泡沫塑料具有优良的刚性和韧性，良好的加工性与黏附性，是一种质轻、强度高的新型结构材料，国内外在家具上已被应用于制作椅类的骨架、三维弯曲度的整体模塑部件和产品，以及具有浮雕装饰图案的零部件和进行板式部件的封边等；软质聚氨酯泡沫塑料具弹性强、柔软性好，压缩变形与导热系数小，透气性和吸水性良好等特点，是家具上良好的软垫材料，能制成多种型式，不同厚度的软垫，减少了生产软家具的工序，提高了软垫材料的利用率，构成了具有舒适感和外观能随受力部位而发生变化款式新颖的软家具。此外，聚氨酯泡沫塑料软垫还可以和面料一次模压成型，改变了传统生产软椅需进行面料裁剪，缝制等工作，提高了生产效率。

聚氨酯发泡塑料是一种用途很广的结构原料，用于模塑或挤压成型。用这种发泡塑料生产家具成型部件和产品的工艺，是将各种原材料通过高压混合后，倒入模具中发泡成型，待物料固化后脱模，经熟化一段时期，再通过三维锯边铣边机等作进一步加工，可以形成坐椅、沙发、坐垫、休闲卧铺等发泡成型家具。一般应用于坐椅家具的方式是先把坐椅内套缝好

后张架而注入发泡塑料，几分钟之后即发泡膨胀成型，内套成型后再装潢外表布料或皮料，便成为一张柔软舒适的泡绵坐椅，它自成一体，无须与其他配件接合。其造型稳重，线条简明，轮廓极为柔美、高雅和大方，可以有效地支撑人体的重量，这种沙发坐椅不仅功能巧妙，同时组成椅、垫、床等的变化性又多，而且又可利用各种颜色来丰富造型变化。发泡家具更适合以单元为单位大批量生产，可根据需要进行组合。

塑料已广泛地应用在现代家具上，除上述外，还有很多塑料，如聚氯乙烯（PVC）、聚乙烯（PE）、聚丙烯（PP）、聚酰胺（PA，尼龙）等，都应用在家具设计制作上。

利用PVC塑料可以制作单体及坐卧两用的多功能充气家具。它是利用充气成型，质轻，便于运输，携带也十分方便。除了直接作为沙发之外，也可安装在沙发的框架上，形成一组有特色的家具。塑料薄膜装饰贴面板是家具板材大量应用的材料，板面装饰形象逼真，典型自然，具有坚固耐水防水特点。用塑料制成的家具辅助零件有拉手、合页、按钮等，在结构和色彩方面可多样化，具有装饰性。

综合地说，塑料虽然在心理感受上缺乏自然材料的温暖与厚实，但在许多性能方面实际已超过了自然材料。而且自然材料资源有限，塑料工业的大量生产和相对低廉的成本，在未来家具设计中，塑料的重要性及其应用必将日益扩大发展。

5.1.8 软垫材料

软垫材料具有一定的弹性、柔软度和舒适度，主要有弹簧、泡沫塑料、皮革、布织物和填充材料等。软垫材料主要应用在与人体直接接触并使之合乎人体尺度增加舒适度的沙发、坐椅、坐垫、床垫、床榻等，是一种应用很广的家具。随着科技的发展，新材料的出现，软体家具从结构、框架、成型工艺等方面都有了很大的发展，软体家具正从传统的固定木框架逐步转向调节活动的金属结构框架，填充料从原来的天然纤维如山棕、棉花、麻布转变为一次成型的发泡橡胶或乳胶海绵。

5.1.9 石 材

石材是一种质地坚硬耐久而感觉粗犷厚实的自然材料，其外形色彩沉重丰厚，肌理粗犷结实，而且纹理造型自由多变，具有雄浑的刚性美感。不足之处是不保温、不吸音等。

用于家具生产的石材主要有天然石材和人造石材。天然石材可锯成薄板并打磨成光滑面材，适于作桌儿、橱柜的面板，切割成块材可作桌儿的腿和基座，全部用石材制作家具，可以显示出石材单一的风

貌，配合其他材料可有生动的变化。利用不同色彩的薄板，经锯割拼装后，可设计出多种不同形式的图案，带有山水云纹的石片作为装饰可镶嵌在家具上，并可车旋和雕刻成型制作各种工艺品用做家具的部件，以突出家具的情调。很多室外庭园家具，室内的茶几、花台是全部用石材制作的。人造石材是近年来广泛应用于厨房，卫生间台板的一种石材。其抗污力，耐久性及加工性、成型性优于天然石材，同时便于标准化部件化批量生产，特别是在整体厨房家具、整体卫浴家具和室外家具中广泛使用。

5.1.10 胶黏剂

在家具生产中，胶黏剂（胶料）是必不可少的重要材料，如各种实木方材胶拼、板材胶合、零部件接合、饰面材料胶贴等，都需要采用胶黏剂来胶合，胶黏剂对家具生产的质量起着重要作用。

胶黏剂的种类不同、属性不同，使用条件也就不一样，各种既定的胶黏剂，只能适用一定的使用条件。因此，应根据各种胶黏剂的特性、被胶合材料的种类、胶接制品的使用条件、胶接工艺条件、经济成本等来合理选择和使用胶黏剂，才能最大限度地发挥每种胶黏剂的优良性能。

家具生产中所用的胶黏剂按其化学组成、物理形态、固化方式、耐水性能等分类（表5-1），可分为以下几种。

5.1.10.1 脲醛树脂胶（UF）

脲醛树脂胶是以尿素与甲醛缩聚而成。这类胶的外观为微黄色透明或半透明黏稠液体，属于水分散型胶黏剂，其固体含量一般在50%～60%；同时也可制成粉末状，使用时加入适量水分和助剂即可成胶液。其成本低廉、操作简便、性能优良、固化后胶层无色、工艺性能好，是目前木材工业中使用量较大的合成树脂胶黏剂，一般用于木制品和木质人造板的生产以及木材胶接、单板层积、薄木贴面等。由于脲醛树脂胶属于中等耐水性胶（胶接制品仅限于室内用），固化时收缩大，胶层脆易老化，在使用过程中常存在释放游离甲醛污染环境的问题，所以近年来常对其进行改性。

5.1.10.2 酚醛树脂胶（PF）

酚醛树脂胶是由酚类与甲醛缩聚而成。外观为棕色透明黏稠液体，具有优异的胶接强度、耐水、耐热、耐候等优点，属于室外用胶黏剂，但颜色较深、成本高、有一定脆性、易龟裂、固化时间长、固化温度高。酚醛树脂胶使用时既可加热固化也可室温固化，主要用于纸张或单板的浸渍、层积木和耐水木质人造板。

表5-1　胶黏剂分类

分类			胶种
化学组成	天然系	蛋白质型	豆胶、血胶、皮胶、骨胶、干酪素胶、鱼胶等
	合成系	树脂型 热固性	脲醛树脂胶、酚醛树脂胶、间苯二酚树脂胶、三聚氰胺树脂胶、环氧树脂胶、不饱和聚酯胶、聚异氰酸酯胶等
		树脂型 热塑性	聚醋酸乙烯酯乳液胶、乙烯－醋酸乙烯酯共聚树脂热熔胶、聚乙烯醇胶、聚乙烯醇缩醛胶、聚氨酯胶、聚酰胺胶、饱和聚酯胶等
		橡胶型	氯丁橡胶、丁腈橡胶等
		复合型	酚醛－聚乙烯醇缩醛胶、酚醛－氯丁橡胶、酚醛－丁腈橡胶、环氧－丁腈橡胶、环氧－聚酰胺胶、环氧－酚醛树脂胶、环氧－聚氨酯胶等
物理形态	液态型	水溶液型	聚乙烯醇胶、脲醛树脂胶、酚醛树脂胶、三聚氰胺树脂胶等
		非水溶液型	氯丁橡胶、丁腈橡胶等
		乳液（胶乳）型	聚醋酸乙烯酯乳液胶、聚异氰酸酯胶、氯丁橡胶、丁腈橡胶等
		无溶剂型	环氧树脂胶等
	固态型	粉末状	干酪素胶、聚乙烯醇胶、脲醛树脂胶、三聚氰胺－脲醛树脂胶等
		片块状	鱼胶、热熔胶等
		细绳状	环氧胶棒、热熔胶等
		胶膜状	酚醛－聚乙烯醇缩醛胶、酚醛－丁腈、环氧－丁腈、环氧－聚酰胺等
	胶带型	黏附型、热封型	聚氯乙烯胶黏带、聚酯膜胶黏带等
固化方式	溶剂挥发型	溶剂型	聚乙烯醇胶、氯丁橡胶、丁腈橡胶等
		乳液型	聚醋酸乙烯酯乳液胶、聚异氰酸酯胶、氯丁橡胶、丁腈橡胶等
	化学反应型	固化剂型	脲醛树脂胶、酚醛树脂胶、间苯二酚树脂胶、三聚氰胺树脂胶、环氧树脂胶、聚异氰酸酯胶等
		热固型	酚醛树脂胶、三聚氰胺树脂胶、环氧树脂胶、聚氨酯胶等
	冷却冷凝型		骨胶、热熔胶、聚酰胺胶、饱和聚酯胶等
耐水性能	高耐水性胶		酚醛树脂胶、间苯二酚树脂胶、三聚氰胺树脂胶、环氧树脂胶、异氰酸酯胶、聚氨酯胶等
	中等耐水性胶		脲醛树脂胶等
	低耐水性胶		蛋白质类胶等
	非耐水性胶		皮胶、骨胶、聚醋酸乙烯酯乳液胶等

5.1.10.3　间苯二酚树脂胶（RF）

间苯二酚树脂胶是由含醇的线性间苯二酚树脂液体和一定量的甲醛在使用时混合而成。间苯二酚胶可用于热固化和常温冷固化。其耐水、耐候、耐腐、耐久以及胶接性能等极其优良，主要用于特种木质板材、建筑木结构、胶接弯曲构件、指接材或集成材等木制品的胶接。

5.1.10.4　三聚氰胺树脂胶（MF）

三聚氰胺树脂胶是由三聚氰胺（又称蜜胺）与甲醛在催化剂作用下经缩聚而成。外观呈无色透明黏稠液体。其具有很高的胶接强度，较高的耐水性、耐热性、耐老化性，胶层无色透明，有较强的保持色泽的能力和耐化学药剂能力，但价格较贵、硬度和脆性高。三聚氰胺树脂胶有较大的化学活性，低温固化能

力强、固化速度快，不需加固化剂即可加热固化或常温固化。在木材加工和家具生产中，主要用于树脂浸渍纸、树脂纸质层压板（装饰板或防火板）、人造板直接贴面等。

5.1.10.5　聚醋酸乙烯酯乳液胶（PVAc）

聚醋酸乙烯酯乳液胶是由醋酸乙烯单体在分散介质水中，经乳液聚合而成一种热塑性胶黏剂。外观为乳白色的黏稠液体，通常称乳白胶。其具有良好而安全的操作性，无毒、无臭、无腐蚀，不用加热或添加固化剂就可直接常温固化，胶接速度快、干状胶合强度高、胶层无色透明、韧性好、易于加工、使用简便，在家具木制品工业中已取代了动物胶的使用，应用极为广泛，对纤维类材料及多孔性材料黏接良好，如榫接合、板材拼接、装饰贴面等。但由于其耐水、

耐湿、耐热性差，因此，只能用于室内用制品的胶接，并且要求木材含水率应在5%～12%，当含水率大于12%时，会影响胶接强度。常温胶压后需放置一定时间（通常夏季需放置6～8h，而冬季则需24h）才能达到较为理想的胶接强度。

5.1.10.6 热熔树脂胶

热熔性胶黏剂（简称热熔胶）是在加热熔化状态下进行涂布，再冷却快速固化而实现胶接的一种无溶剂型胶黏剂。乙烯－醋酸乙烯酯共聚树脂热熔胶（EVA）是目前用量最大、用途最广的一类。热熔胶胶合迅速，可在数秒钟内固化，适合连续自动化生产；不含溶剂，无毒无害、无火灾危险；耐水性、耐化学性、耐腐性强；能反复熔化再胶接。但其耐热性和热稳定性差，胶接后的使用温度不得超过100℃，胶接产品不应接近高温场所或长时间暴晒，否则胶层会软化使胶合强度下降。热熔胶对各种材料都有较强的黏合力，应用范围较广，在木材和家具工业中，主要用于单板拼接、薄木拼接、板件装饰贴面、板件封边、榫结合、V形槽折叠胶合等。

5.1.10.7 橡胶类胶黏剂

橡胶类胶黏剂是以合成橡胶或天然橡胶为主制成的胶黏剂。其胶层柔韧性好、能在常温低压下胶接、对多种材料都能胶接，尤其是对极性材料（如木材）有较高的胶接强度。在木材和家具工业中应用较多的是氯丁橡胶胶黏剂和丁腈橡胶胶黏剂。

（1）氯丁橡胶胶黏剂：是由氯丁二烯聚合物为主加入其他助剂而制成。其有优良的自粘力和综合抗耐性能，胶层弹性好，涂覆方便，广泛用于木材及人造板的装饰贴面和封边黏接，也用于木材与沙发布或皮革等的柔性黏接和压敏黏接。

（2）丁腈橡胶胶黏剂：是由丁二烯和丙烯腈经乳液聚合并加入各种助剂而制成。其胶层具有良好的挠曲性和耐热性，在木材和家具工业中，主要用于把饰面材料、塑料、金属及其他材料胶贴到木材或人造板基材上进行二次加工，提高基材表面的装饰性能。

5.1.10.8 聚氨酯树脂胶黏剂

聚氨酯胶黏剂是以聚氨基甲酸酯和多异氰酸酯为主的胶黏剂的统称。按其组成的不同，主要有多异氰酸酯胶黏剂、封闭型异氰酸酯胶黏剂、预聚体型聚氨酯胶黏剂、热塑性聚氨酯胶黏剂四类。由于聚氨酯胶黏剂分子链中含有氨基甲酸酯基（—NHCOO—）和异氰酸酯基（—NCO），因而具有高度的极性和活性，对多种材料具有极高的黏附性能，不仅可以胶接多孔性的材料，而且也可以胶接表面光洁的材料。它具有强韧性、弹性和耐疲劳性、耐低温性，既可加热固化，也可室温固化，黏合工艺简便，操作性能良好，已在木材和家具工业中得到重视和广泛用于制造木质人造板、单板层积材、指接集成材、各种复合板和表面装饰板以及PVC、ABS、橡胶、塑料、皮革的黏接等。

5.1.10.9 环氧树脂胶黏剂（E）

环氧树脂胶黏剂是由含两个以上环氧基团的环氧树脂和固化剂（如乙二胺、二乙烯三胺、间苯二胺等多元胺类以及酸酐类、树脂类等）两大组分组成。它是一种胶接性能强、机械强度高、收缩性小、稳定性好、耐化学腐蚀的热固性树脂胶，故常被称做"万能胶"。这种胶黏剂对大部分金属、非金属材料都有较强的黏接强度。

5.1.10.10 蛋白质胶黏剂

蛋白质胶黏剂是以含蛋白质的物质（植物蛋白和动物蛋白）为主制成的一类天然胶黏剂。主要有皮骨胶、鱼胶、血胶、豆胶、干酪素胶等。它们一般是在干燥时具有较高的胶接强度，但由于其耐热性和耐水性差，已被聚醋酸乙烯酯乳液胶等合成树脂胶所代替，目前，一般用于木质工艺品以及其他特殊用途。

5.1.11 涂 料

涂料是指涂布于物体表面能够固化形成坚韧保护膜的物料的总称，是一种有机高分子胶体混合物的溶液或粉末。木质家具表面用的涂料一般由挥发分和不挥发分组成，涂布在家具表面上后，其挥发分逐渐挥发逸出散失，而留下不挥发分（或固体分）在家具表面固化形成漆膜，可起到保护和装饰家具的作用，延长家具的使用寿命。因此，使用时应根据漆膜装饰性能、漆膜保护性能、施工使用性能、层间配套性能、经济成本性能等性能要求或原则选择涂料。

涂料通常是由主要成膜物质、次要成膜物质和辅助成膜物质三部分组成（表5-2）。

家具上使用的涂料种类很多，根据涂料的组成中含有颜料量、含有溶剂量以及施工用途可分为不同的类型（表5-3）。

5.1.11.1 油脂漆

油脂漆是指单独使用天然植物油或动物油脂作主要成膜物质的涂料，也称油性漆。它的优点是涂饰方便，渗透性好，价格低廉，有一定的装饰性和保护

表 5-2　涂料的基本组成

组　成			原　料
主要成膜物质	油料	植物油	干性油：桐油、亚麻油、苏子油等；半干性油：豆油、葵花油、棉子油等；不干性油：蓖麻油、椰子油等
	树脂	天然树脂	虫胶、大漆、松香等
		人造树脂	松香衍生物、硝化纤维等
		合成树脂	酚醛树脂、醇酸树脂、氨基树脂、丙烯酸树脂、聚氨酯、聚酯树脂等
次要成膜物质	颜料	着色颜料	白色：钛白、锌白、锌钡白（立德粉）；红色：铁红（红土）、甲苯胺红（猩红）、大红粉、红丹；黄色：铁黄（黄土）、铅络黄（络黄）；黑色：铁黑、炭黑、墨汁；蓝色：铁蓝、酞菁蓝、群青（洋蓝）；绿色：铅络绿、络绿、酞菁绿；棕色：哈巴粉；金属色：金粉（铜粉）、银粉（铝粉）等
		体质颜料	碳酸钙（老粉、大白粉）、硫酸钙（石膏粉）、硅酸镁（滑石粉）、硫酸钡（重晶石粉）、高岭土（瓷土）等
	染料	酸性染料	酸性橙、酸性嫩黄、酸性红、酸性黑、金黄粉、黄钠粉、黑钠粉等
		碱性染料	碱性嫩黄、碱性黄、碱性品红、碱性绿等
		分散性染料	分散红、分散黄等
		油溶性染料	油溶浊红、油溶橙、油溶黑等
		醇溶性染料	醇溶耐晒火红、醇溶耐晒黄等
辅助成膜物质	溶剂		松节油、松香水（200 号汽油）、煤油、苯、甲苯、二甲苯、苯乙烯、醋酸乙酯、醋酸丁酯、醋酸戊酯、乙醇（酒精）、丁醇、丙酮、环己酮、水等
	助剂		催干剂、增塑剂、固化剂、防潮剂、引发剂、消光剂、消泡剂、光敏剂等

表 5-3　家具用涂料类型

分类方法	类　型	特　性
组分数	单组分漆	只有一个组分，即开即用，不必分装与调配（稀释除外），施工方便
	多组分漆	两个以上组分分装，使用前按一定比例调配混合，现用现配，施工麻烦
含颜料量	清漆	不含着色颜料和体质颜料的透明液体，作透明涂饰
	色漆	含有着色颜料和体质颜料的不透明黏稠液体（各种色调），作不透明涂饰
漆膜光泽	亮光漆	涂于表面干后的漆膜呈现较高的光泽
	亚光漆	含消光剂的漆涂于表面干后的漆膜只具较低光泽（半亚光）或无光（亚光）
含溶剂量	溶剂型涂料	含有挥发性有机溶剂，涂于家具表面后，溶剂挥发形成漆膜
	无溶剂型涂料	不含有挥发性有机溶剂和稀释剂，成膜时无溶剂等的挥发
	水性涂料	以水作为溶剂和稀释剂
	粉末涂料	不含有挥发性有机溶剂和稀释剂，呈粉末状态
固化方式	挥发性漆	依靠溶剂挥发而干燥成膜的涂料，可被原溶剂再次溶解修复
	反应型漆	成膜物质之间或与溶剂之间发生化学交联反应而固化成膜的涂料
	气干型漆	不需特殊加热或辐射便能在空气中直接自然干燥的涂料
	辐射固化型漆	必须经辐射（如紫外线）才能固化的涂料
涂层施工工序	腻子	含有大量体质颜料的稠厚膏状物，有水性腻子、胶性腻子、油性腻子、虫胶腻子、硝基腻子、聚氨酯腻子、聚酯腻子等，嵌补虫眼、钉孔、裂缝等
	填孔漆（剂）	含有着色颜料和体质颜料的一种稍稠浆状体，填充木材的管孔（导管槽）
	着色漆（剂）	含有颜料或染料或两者混合的浆状体或清漆，用于基材着色和涂层着色
	底漆	涂面漆前最初打底用的几层涂料，封闭底层、减少面漆耗用量
	面漆	家具表面最后几层罩面用的涂料，可用各种清漆或色漆

性；缺点是漆膜干燥缓慢、质软、不耐打磨和抛光，耐水、耐候、耐化学性差。适用于一般质量要求不太高的家具涂饰。主要有清油（光油）、厚油（铅油）和调和漆。

5.1.11.2 天然树脂漆

天然树脂漆以天然树脂为主要成膜物质的一类涂料。其常用的漆种有：

（1）油基漆：是由干性油与天然树脂经加热熬炼后加入溶剂和催干剂制得的涂料。其中含有颜料的为磁漆（因其漆膜呈现磁光色彩而得名），不含颜料的为清漆。木家具常用的品种为酯胶清漆（俗称凡立水）和酯胶磁漆，其漆膜光亮、耐水性较好，有一定的耐候性，用于一般普通家具表面的涂饰。

（2）虫胶漆（俗称洋干漆、泡立水）：是指虫胶（又称漆片、紫胶、雪纳）的酒精（乙醇）溶液。它在木家具涂饰工艺中应用较普遍，主要用作透明涂饰的封闭底漆、调配腻子等，有时也作一般家具面漆，但不用作罩光漆。其优点是施工方便，可以刷涂、喷涂、淋涂，漆膜干燥快、隔离和封闭性好，但耐热、耐水性差，易出现吸潮发白、剥落等现象。

（3）天然漆（又称大漆）：是漆树的一种分泌物，是我国传统特产漆，主要用于高级硬木（红木类）家具的表面涂饰。其漆膜坚硬富有光泽，附着力强，具有突出的耐久、耐磨、耐溶剂、耐水、耐热等优良性能，但其颜色深、性脆、黏度高、不易施工、工艺复杂，不适宜机械化涂饰，干燥时间长，毒性大，易使人皮肤过敏。天然漆可分为：①生漆（又称提庄、红贵庄），是采集后经过滤和除去杂质、脱去部分水分所制成的一种白黄或红褐色的浓液；②熟漆（又称推光漆），是生漆经日晒或低温烘烤处理再去除部分水分所制成的一种黑色大漆；③广漆（又称金漆、笼罩漆），是在生漆中加入桐油或亚麻油经加工成为紫褐色半透明的漆；④彩漆（又称朱红漆），是在广漆中加入颜料调和制成的各种颜色的彩色漆。

5.1.11.3 酚醛树脂涂料

酚醛树脂涂料是指以酚醛树脂或改性酚醛树脂为主要成膜物质的一类涂料。它的漆膜柔韧耐久，光泽较好，耐水、耐磨和耐化学药品性均较强，但颜色较深、清漆品种颜色偏黄、干燥慢、表面粗糙、光滑度差。由于其性能较好、价格便宜、涂饰方便，仍广泛用于一般普通家具的涂饰。常用酚醛漆的品种有酚醛清漆、酚醛调和漆、酚醛磁漆等。

5.1.11.4 丙烯酸树脂涂料

丙烯酸树脂又称阿克力树脂或压克力树脂，是由丙烯酸及其酯类、甲基丙烯酸及其酯类和其他乙烯基单体经共聚而生成的一类树脂。用这类树脂为主要成膜物质的涂料就是丙烯酸涂料。它具有良好的保色、保光性和较高的耐热、耐腐、耐药剂、耐久性，漆膜丰满坚硬，光泽高不变色，既可制成水白色的清漆，也可制成纯白色的磁漆。

5.1.11.5 醇酸树脂涂料

醇酸树脂是由多元酸、多元醇经脂肪酸或油改性共聚而成的树脂。醇酸树脂涂料是以醇酸树脂为主要成膜物质的一类涂料。它能在常温下自然干燥，其漆膜具有耐候性和保色性，不易老化，且附着力、光泽、硬度、柔韧性、绝缘性等都较好，但流平性、耐水性、耐碱性差。用干性油改性的醇酸树脂涂料是一个独立的涂料，能制成用于家具涂饰的清漆、磁漆、底漆、腻子等；用不干性油改性的醇酸树脂可与多种其他树脂共聚或混制成多种涂料品种，如酸固化氨基醇酸树脂涂料、硝基涂料、过氯乙烯涂料等。

5.1.11.6 酸固化氨基醇酸树脂涂料

酸固化氨基醇酸树脂涂料（又称AC漆）是由氨基树脂、不干性醇酸树脂、流平剂（水溶性硅油或乙酸乙酯溶液）、溶剂（丁醇与二甲苯）、酸性固化剂（盐酸酒精溶液）等组成。其操作容易、施工方便、干燥快、漆膜坚硬耐磨、丰满有光泽、机械强度高、附着力好，耐热、耐水、耐化学药品和耐寒性高，清漆颜色浅、透明度高。但抗裂性差、易开裂，施工时有少量刺激性游离甲醛气味，须加强通风，在酸固化涂饰、遇碱性着色剂或填充剂时，应有一封闭隔离层，以免可能发生变色、起泡、固化不良等涂饰缺陷。

5.1.11.7 硝基涂料

硝基涂料（又称NC漆、蜡克）是以硝化纤维素为主要成膜物质并加有增塑剂和专用稀释剂（俗称香蕉水或天那水，即酮、酯、醇、苯等类的混合溶剂）的一种溶剂挥发型涂料。硝基涂料是一种高级装饰涂料，广泛应用于中高级（尤其是出口）木质家具涂饰。其特点是可采用刷、擦、喷、淋等多种涂饰方法，漆膜干燥迅速、坚硬光亮、平滑耐磨，耐弱酸、弱碱等普通溶剂侵蚀，容易修复。其缺点为一次成膜较薄，需进行多遍的涂饰才能达到理想的装饰效果。工艺繁复、成本高、环境污染大，受气候影响涂膜易泛白、鼓泡和皱皮等，施工时须注意底面层涂料的配套以免产生咬底（可与虫胶底漆配套，不能作油脂漆、酚醛漆或醇酸漆的面漆，不宜作聚氨酯漆的底漆）。硝基漆的品种有透明腻子、透明底漆、透明着色剂、各种清漆、亚光漆以及不透明色漆、特色裂纹漆等。

5.1.11.8 聚氨酯树脂涂料

聚氨酯树脂涂料（又称 PU 漆）是以聚氨基甲酸酯高分子化合物为主要成膜物质的一类涂料。其性能比较完善，漆膜坚硬耐磨、光泽丰满、附着力强，耐酸碱、耐水、耐热、耐寒和耐温差变化的性能好，是目前木质家具表面涂饰中使用最广泛、用量最多的涂料品种之一。其中最多的聚氨酯涂料多属羟基固化异氰酸酯型的双组分聚氨酯涂料，并可分为两类：一类是含羟基聚酯与含异氰酸酯预聚物的甲乙双组分聚氨酯涂料（常见"685"聚氨酯涂料）；另一类是含羟基的丙烯酸酯共聚物与含异氰酸酯基的氨基甲酸酯树脂的甲乙双组分聚氨酯涂料（俗称 PU 聚酯漆）。使用时，通常按 2∶1 的甲乙组分比例配合，并加入适量的混合稀释剂（俗称天那水）调节施工黏度。可用刷涂、喷涂和淋涂（由于干燥快，多用喷涂）施工。由于聚氨酯涂料通常用环己酮、乙酸丁酯、二甲苯等强溶剂，所以用聚氨酯涂料作面漆时，应注意底层涂料的抗溶剂性。通常醇酸底漆、酚醛底漆等油性底漆不能作为涂饰聚氨酯涂料的底漆使用，否则会产生底漆皱皮脱落。同时应适当控制涂饰的层间间隔时间，以免因间隔时间过短而引起气泡、橘纹和流平性差等涂膜病态。

5.1.11.9 聚酯树脂涂料

聚酯树脂涂料（又称 PE 漆）是以不饱和聚酯树脂为基础的一种独具特点的高级涂料（也称不饱和聚酯涂料），是高级木质家具和木制品涂饰的主要漆种之一。它用乙烯基单体作活性稀释剂和成膜组成物，以过氧化环己酮或过氧化甲乙酮为引发剂、环烷酸钴为促进剂，组成一个能以自由基聚合交联生成不溶不熔的涂膜，因此这类不饱和聚酯涂料为无溶剂型涂料。聚酯树脂涂料漆膜坚硬耐磨、丰满厚实、光泽极高，耐水、耐热、耐酸碱、耐溶剂性好，保光保色，并具绝缘性，一次涂饰即可获得较厚的涂膜层。但聚酯涂料也存在性能脆、抗冲击性差、附着力不强、难以修复等弱点。目前，木质家具涂饰中广泛使用的聚酯树脂涂料主要有非气干型和气干型两类。

（1）非气干型（又称隔氧型）聚酯涂料：是指不饱和聚酯树脂与苯乙烯溶剂的聚合反应会受到空气中氧的阻聚作用而在空气中不能彻底干燥，里干外不干，因而需要隔氧施工。目前主要采用浮蜡法（蜡型）和覆膜法（膜型）来隔氧。

（2）气干型聚酯涂料：是指不需隔氧而使不饱和聚酯涂料在空气中就能正常直接气干固化成膜。这种涂料常采用喷涂方法（又称喷涂聚酯涂料），施工方便、性能优异，不受部件曲面限制，在家具工业中广泛使用。

5.1.11.10 光固化涂料

光固化涂料也称光敏涂料（又称 UV 漆），是指涂层必须在紫外线照射下才能固化的一类涂料。它是由反应性预聚物（也称光敏树脂，如不饱和聚酯、丙烯酸环氧酯、丙烯酸聚氨酯等）、活性稀释剂（如苯乙烯等）、光敏剂（如安息香及其醚类，常用安息香乙醚）以及其他添加剂组成的一种单组分涂料。光敏涂料干燥时间短，当将其涂于家具表面上经紫外光照射后便能很快（在几秒至 3～5min 内）固化成膜；不含挥发性溶剂，施工卫生条件好，对人体无危害；漆膜综合性能优良；但只能用于平板表面零部件（如板式家具部件、地板、木门等）的涂饰，不适于复杂形状表面或整体装配好的制品的涂饰。

5.1.11.11 烘 漆

烘漆（又称烤漆）是金属家具零部件经过喷涂涂料后，再经高温烘烤固化所获得的一层坚韧的漆膜。金属构件常用的烘漆主要有沥青烘漆、氨基烘漆、丙烯酸烘漆、环氧树脂烘漆等。

5.1.11.12 粉末涂料

粉末涂料，不含挥发性物质，对环境友好，特别适合于形状复杂特异表面的涂饰，过量粉末涂料还可以回收，并能循环使用，粉末喷涂不用着底漆，如果喷涂得不理想，在固化前可将其吹掉，重新喷涂，一般只需喷涂一次（最多两次）即可达到要求涂层，可实现自动化操作，因无溶剂而不产生漆膜沉积物，喷涂后的表面呈化学惰性，机械强度好，为产品表面和外观设计提供了更多的可能性。

金属家具常用粉末涂料主要有热固性静电粉末涂料（如环氧树脂、环氧—聚酯混合树脂、聚酯树脂等种类）和热塑性硫化床粉末涂料（如高压聚乙烯粉末）等。粉末涂料最初仅用于金属表面涂饰，因为需要 150℃ 以上的高温，限制了其在可燃材料上的应用。随着科学技术的发展，粉末喷涂已开始用于中密度纤维板的涂饰，该技术是以紫外粉末、红外或紫外固化炉以及先进的粉末循环系统为基础，采用低熔点 UV 固化粉末涂料和静电喷涂设备对中密度纤维板进行喷涂。粉末涂料越来越流行，正在进入木材涂饰技术之中，此项技术有很好的发展前景。

5.1.12　五金配件

五金配件是家具产品不可缺少的部分，特别是板式家具和拆装家具，其重要性更为明显。它不仅起连接、紧固和装饰的作用，还能改善家具的造型与结构，直接影响产品的内在质量和外观质量。

家具五金配件按功能可分为活动件、紧固件、定位件及装饰件等。按结构分有铰链、连接件、抽屉滑轨、移门滑道、翻门吊撑（牵筋拉杆）、拉手、锁、插销、门吸、搁板承、挂衣棍承座、滚轮、脚套、支脚、嵌条、螺栓、木螺钉、圆钉等。国际标准（ISO）已将家具五金件分为九大类：锁、连接件、铰链、滑动装置（滑道）、位置保持装置、高度调整装置、支承件、拉手、脚轮及脚座。其中，铰链、连接件和抽屉滑道是现代家具中最普遍使用的三类五金配件，因而常被称为"三大件"。

5.1.12.1　铰　链

铰链主要是柜类家具上柜门与柜体的活动连接件，用于柜门的开启和关闭。按构造的不同，又可分为明铰链、暗铰链、门头铰、玻璃门铰等。

（1）明铰链：通常称为合页，安装时合页部分外露于家具表面。主要有普通合页、轻型合页、长型合页、抽芯与脱卸合页、弯角合页、仿古合页等。

（2）暗铰链：安装时完全暗藏于家具内部而不外露，使家具表面清晰美观和整洁。主要有杯状暗铰链、百叶暗铰链、翻板门铰、折叠门铰等。

（3）门头铰：安装在柜门的上下两端与柜体的顶底结合处，使用时也不外露，可保持家具正面的美观。主要有片状门头铰、弯角片状门头铰、套管门头铰等。

（4）玻璃门铰：可分为玻璃门暗铰链（安装在柜体旁板内侧上，玻璃门打孔）、玻璃门头铰（安装在柜体旁板内侧底部或顶板与底板上，玻璃不打孔）两种形式。

5.1.12.2　连接件

连接件是拆装式家具上各种部件之间的紧固构件，具有多次拆装性能的特点。按其作用和原理的不同，可分为偏心式、螺旋式、挂钩式等。

（1）偏心式连接件：由偏心锁杯与连接拉杆钩挂形成连接。偏心锁杯有锌合金压铸和钢板冲压制两种；连接拉杆根据用途不同，可分为螺纹拉杆（直接拧入式）、倒刺胀管拉杆（一端配有带倒刺的塑料胀管或金属胀管）、终端外露拉杆、双连拉杆等；安装后可用塑料盖板遮盖偏心锁杯以及因钻孔带来的不整洁等。

（2）螺旋式连接件：由各种螺栓或螺钉与各种形式的螺母配合连接。按构造形式的不同主要有：圆柱螺母式、空心圆柱螺母式（又称四合一连接件）、倒刺螺母式、直角倒刺螺母式、胀管螺母式、平板螺母式、套管螺栓式、空心螺钉式、单个螺钉式等。

（3）挂钩式连接件：由挂钩螺钉与连接片或两块连接片相互挂扣、钩拉或插扎形成连接。

5.1.12.3　抽屉滑轨

抽屉滑轨主要用于使抽屉（含键盘搁板等）推拉灵活方便，不产生歪斜或倾翻。目前，抽屉滑轨的种类很多，常用的可按以下分类：

（1）按安装位置可分为托底式、侧板式、槽口式、搁板式等。

（2）按滑动形式可分为滚轮式（尼龙或钢制滚轮）、球式、滚珠式、滑槽式等。

（3）按滑轨长度一般有12种以上（从250～1000mm按50mm进级）。

（4）按滑轨拉伸形式可分为部分拉出（单节拉伸，每边一轨或两轨配合）和全拉出（两节拉伸，每边三轨配合）。

（5）按安装形式可分为推入式（只要把抽屉放在滑轨上，往里推即可完成安装）、插入式（只要把抽屉放在拉出的滑轨上，使滑轨后端的钩子钩上，栓钉插入抽屉底部孔中即可完成安装）。

（6）按抽屉关闭方式可分为自闭式（自闭功能使得抽屉不受重量影响能安全平缓关闭）、非自闭式（不含自闭功能，需要外力推入才能关闭）。

（7）按承载质量可分为每对10kg、12kg、15kg、20kg、25kg、30kg、35kg、40kg、45kg、50kg、60kg、100kg、150kg、160kg等。

5.1.12.4　移门滑道

移门滑道及其配件主要用于各种移门（又称趟门）、折叠门等的滑动开启。它一般由滑动槽、导向槽、滑动配件（常为滚轮）和导向配件（常为滚轮或销）等组成。根据移门或折叠门的安装形式，滑动装置可分为嵌门（内置门）式和盖门（前置门）式；根据滑道的结构，滑动装置可分为重压式（下面滑动、上面导向）和悬挂式（上面滑动、下面导向）。滑道（滑动槽、导向槽）的材料有塑料和金属两种，使用时可根据需要来截取长度。

5.1.12.5　桌面拉伸导轨与转盘

为适应桌台面的拉伸或转动要求，一般需要安装桌面拉伸导轨或桌面转盘等配件。

5.1.12.6 翻门吊撑

吊撑（又称牵筋拉杆）主要用于翻门（或翻板），使翻门绕轴旋转，最后被控制或固定在水平位置，以作搁板或台面等使用。

5.1.12.7 拉手

各种家具的柜门和抽屉，几乎都要配置拉手，除了直接完成启、闭、移、拉等功能要求之外，拉手还具有重要的装饰作用。按材料可分为黄铜、不锈钢、锌合金、硬木、塑料、塑料镀金、橡胶、玻璃、有机玻璃、陶瓷等；按形式可分为外露（突出）式、嵌入（平面）式和吊挂式等；按造型可分为圆形、方形、菱形、长条形、曲线形及其他组合形等。

5.1.12.8 锁和插销

锁和插销主要用于门和抽屉等部件的固定，使门和抽屉能够关闭和锁住，不至于被随便碰开，保证存放物品的安全。锁的种类很多，有普通锁、箱搭锁、拉手锁、写字台连锁、玻璃门锁、玻璃移门锁、移门锁等。家具上最常用的是普通锁，它又有抽屉锁和柜门锁之分，柜门锁又分左开锁和右开锁，锁的接口是门与抽屉面上打上的圆孔。办公家具（尤其是写字台）中的一组抽屉常用整套连锁（又称转杆锁），锁头的安装与普通锁无异，只是有一通长的锁杆嵌在旁板上所开的专用槽口内。根据结构不同，锁头的位置又分安装在抽屉正面和侧面两种，或安装在抽屉的后部，与每个抽屉配上相应的挂钩装置。插销也有不少种类，常用的有明插销和暗插销等。

5.1.12.9 门吸

门吸又称碰头，主要用于柜门的定位，使柜门关闭后不至于自开，但又能用于轻轻拉开。常用的有磁性门吸、磁性弹簧门吸、钢珠弹簧门吸、滚子弹簧门吸、塑料弹簧门吸、弹簧片卡头门吸等。

5.1.12.10 搁板撑

搁板撑主要用于柜类轻型搁板的支承和固定。根据搁板固定形式，搁板撑主要有活动搁板销（套筒销）、固定搁板销（主要有杯形连接件和 T 形连接件等）、搁板销轨等种类。

5.1.12.11 挂衣棍承座

挂衣棍承座主要用于衣柜内挂衣横管的支承和固定。根据安装位置，支承座有侧向型（固定在衣柜的旁板上）和吊挂型（固定在衣柜顶板或搁板上）；

根据挂衣棍固定形式，支承座有固定式（按端面形状可分为圆形管支承、长圆形管支承和方形管支承）和提升架式等种类。

5.1.12.12 脚轮与脚座

脚轮包括滚轮和转脚，两者都装在家具的底部。滚轮可以使家具向各个方向移动；转脚则是使家具向各个方向转动。目前，常将两者结合在一起制成万向轮，使家具（尤其是椅、凳、沙发等）的使用更为方便。

脚座包括支脚和脚套（脚垫）。支脚是家具的结构支承构件，用于承受家具的重量，支脚通常含有高度调整装置，用于调整家具的高度与水平；脚套或脚垫套于或安装于各种家具腿脚的底部，减少其与地面的直接接触和磨损，同时还可增加家具的外形装饰作用。

5.1.12.13 螺钉与圆钉

螺钉、螺栓、螺柱一般用于五金件与木质家具构件之间的拆装式连接。

木螺钉可分为普通木螺钉（自攻螺钉、木螺丝）和空心木螺钉两种。普通木螺钉适用于非拆装零部件的固定连接，按其头部槽形不同，有一字槽和十字槽之分；按其头部形状不同，又有沉头、半沉头、圆头之分。空心木螺钉适用于拆装式零部件的紧固，用这种螺钉经常拆装，不会破坏木材和产生滑牙现象。用木螺钉作连接时，可防止滑动，钉着力比圆钉强，尤其适用于经常受到震动部位的接合。

圆钉在木家具生产中主要起定位和紧固作用。圆钉可用锤子钉入木材内，也可用钳子等工具自木材中拔出，但木材将会受到损害。圆钉常与胶黏剂配合使用而成为不可拆接合。使用钉子的数量不宜过多，只要能达到要求的强度即可，过多地使用钉子或使几个钉子排列于同一木纹内，反而会破坏木材结构，降低接合强度。中高档家具应该少用或不用圆钉为佳。

5.1.12.14 镜子

将玻璃经镀银、镀铝等镀膜加工后成为照面镜子（镜片），具有物像不失真、耐潮湿、耐腐蚀等特点，可作衣柜的穿衣镜、装饰柜的内衬以及家具镜面装饰用。常用厚度有 3mm、4mm、5mm 等规格。

5.1.12.15 装饰嵌条

装饰嵌条一般采用铝合金、薄板条、塑料等材料制成，主要镜框、家具表面、各种板件周边的镶嵌封边和装饰。

5.2 木质家具的结构与工艺

木质家具主要是指以木材或木质人造板材料为主，采用各种加工方法和各种接合方式所制成的一类家具。它是由若干个零件、部件和配件按一定的结构形式相互连接组装构成成品。

5.2.1 家具零部件的名称

零件是组成部件或产品的最小单元，经过机械加工而没有装配。常用的零件如立挺、帽头、竖档、横档、嵌板、脚、腿、望板、屉面板、屉旁板、屉后板、屉底板、塞角和挂衣棍等。如图5-1（a）所示。

部件是由两个以上的零件装配而成或由经过贴面的板件构成。常用的部件如顶板、旁板、面板、底板、背板、门、脚架、抽屉、中隔板和搁板等。如图5-1（b）所示。

5.2.1.1 家具零件名称

立挺：框架两边的直立零件。
帽头：框架上下两端的水平零件。
竖档：框架中间的直立零件。
横档：框架中间的水平零件。
望板：连接脚（腿）和底板或面板的水平板件。
腿：直接支撑面板或底板的着地零件。
脚：家具底部支撑主体的落地零件。
拉档：望板下连接腿与腿或脚与脚的横档。
塞角：用于加固角部强度的零件。
嵌板（装板）：装嵌在框架槽中的板件。

屉面板：抽屉的面板。
屉旁板：抽屉的侧板。
屉底板：抽屉底部的板件。
屉背板：抽屉的背板。
挂衣棍：柜内用于挂衣架的杆状零件。

5.2.1.2 家具部件名称

顶板（面板）：柜类家具上部连接两旁板的顶部水平板件称为顶板（面板），其中低于视平线（1500mm）的称为面板，高于视平线（1500mm）的称为顶板。
背板：封闭柜体背部的板件。
底板：柜体底部与旁板及底座连接的板件。
中隔板：柜体内分隔柜体空间的垂直板件
搁板：柜体内分隔柜体空间的水平板件。
脚架：由脚和望板构成的用于支撑家具主体的部件。
抽屉：柜体内可灵活抽出推入的盛放东西的匣形部件。

5.2.2 木质家具的接合方式

木质家具常用的接合方式有榫接合、钉接合、木螺钉接合、胶接合和连接件接合等。采用的接合方式是否正确对家具的美观、强度和加工过程以及使用或搬运的方便性都有直接影响。

5.2.2.1 榫接合

榫接合是由榫头嵌（插）入榫眼、榫孔或榫沟所组成的接合。榫头与榫眼的各部分名称，如图5-2所示。

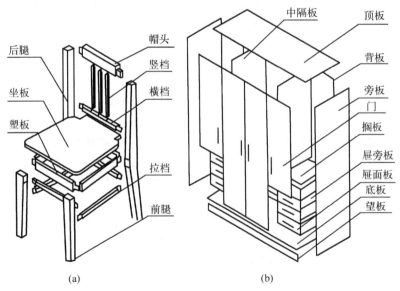

(a)　　　　　　　(b)

图5-1　家具零部件名称

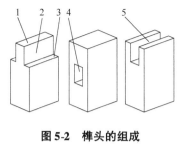

图 5-2　榫头的组成

1. 榫端　2. 榫颊　3. 榫肩

4. 榫眼　5. 榫槽

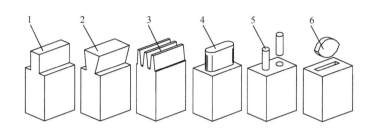

图 5-3　榫头的形状

1. 直角榫　2. 燕尾榫　3. 指榫　4. 椭圆榫

5. 圆榫　6. 片榫

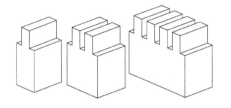

图 5-4　单榫、双榫、多榫

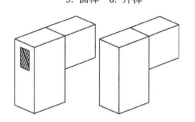

图 5-5　明榫、暗榫

图 5-6　开口贯通榫、半开口贯通榫、半开口不贯通榫、闭口贯通榫和闭口不贯通榫

     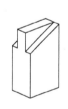

图 5-7　单肩榫、双肩榫、三肩榫、四肩榫、夹口榫和斜肩榫

（1）榫接合的种类：

①按榫头基本形状分：有直角榫、燕尾榫、指榫、椭圆榫（长圆榫）、圆榫和片榫等，如图 5-3 所示。

②按榫头与工件本身的关系分：有整体榫和插入榫。整体榫是在方材零件上直接加工而成，如直角榫、椭圆榫、燕尾榫和指榫；而插入榫与零件不是一个整体，单独加工后再装入零件预制的孔或槽中，如圆榫、片榫等，如图 5-3 所示。插入榫和整体榫比较，可以节约木材，因为配料时省去榫头的尺寸。

③按榫头数目分：有单榫、双榫和多榫，如图 5-4 所示。增加榫头的数目就能增加胶接面积，使制品强度提高，一般木框中的方材接合，多采用单榫和双榫，如桌子、椅子等；箱框的接合，用多榫，如木箱、抽屉等。

④按榫眼（孔）深度分：有明榫（榫）和暗榫

（不贯通榫），如图 5-5 所示。明榫又称为贯通榫，接合后榫头贯通榫眼，榫端外露。由于榫端露在制品的外面，因而影响装饰质量；暗榫又称为不贯通榫，接合后榫端不外露，一般家具均采用这种结合，尤其是外部结构，这种接合可避免榫端外露，增加了产品的美观性。

⑤按榫眼侧开程度分：有开口贯通榫、半开口（半闭口）贯通榫、半开口（半闭口）不贯通榫、闭口贯通榫和闭口不贯通榫，如图 5-6 所示。

开口贯通榫：接合后榫端及榫头的全部侧边均显露在外表面。其特点为加工容易，但强度较差，并影响美观，主要用于窗扇、门扇的立梃与帽头的结合处。

半开口榫：结合后可以看到榫头的部分侧边，分为贯通和不贯通两种。半开口榫接合，既可防止榫头的侧向移动，又能增加一些胶接面积。因而具有开口榫和闭口榫两者的优点。一般应用于能被家具某一部分所掩盖的接合处以及家具的内部框架，如用在椅档和椅腿的接合处。

闭口榫：结合后看不到榫头的侧边，分为贯通和不贯通两种。其特点为接合强度高，外观较好，但有时易于侧向转动。

⑥按榫头肩颊切削形式分：有单肩榫、双肩榫、三肩榫、四肩榫、夹口榫和斜肩榫等，如图5-7所示。

（2）榫接合的技术要求：家具产品的破坏常常出现在接合部位，对于榫接合必须遵循其接合的技术要求以保证其应有的接合强度。

①直角榫

榫头厚度：一般按零件尺寸而定，为了保证榫接合强度，单榫的厚度接近于方材厚度或宽度的2/5～1/2；当榫接合零件断面尺寸超过40 mm×40 mm时，应采用双榫，这样既可以增加接合强度，又可以防止方材的扭动。双榫的总厚度也接近方材厚度或宽度的2/5～1/2。为了使榫头易于插入榫眼，常将榫端的两面或四面削成30°的斜棱。榫头与榫孔配合时采用的是基孔制原则。榫头厚度常用的有6mm、8mm、9.5mm、12mm、13mm、15mm等几种规格。榫头厚度应根据软、硬材质不同，若比榫眼宽度小0.1～0.2mm，则抗拉强度为最大。如果榫头的厚度大于榫眼宽度，强度反而下降，因为榫头与榫眼接合时要涂胶，当榫头厚度大于或等于榫眼宽度时，胶料被挤出，接合处不易形成胶层，将使接合强度下降。如果榫头厚度大于榫眼宽度，安装时也会使榫眼劈裂，破坏了榫接合。

榫头宽度：一般比榫眼长度大0.5～1.0mm（硬材大0.5mm，软材大1.0mm），当榫头宽度在25mm以上时，榫头宽度的增大对抗拉强度的提高并不明显，鉴于上述原因，当榫头宽度超过40mm时，应从中间锯切一部分，分成两个榫头。这样可以提高榫接合强度。

榫头长度：是根据接合形式决定的，采用贯通（明）榫时，榫头长度应等于或稍大于榫眼零件的宽度或厚度。如为不贯通（暗）榫接合，榫头的长度不应小于榫眼零件宽度或厚度的1/2，并且榫眼深度应当比榫头长度大2～3 mm，以免因榫头端部加工不精确或由于木材吸湿膨胀而触及榫眼的底部，同时也保证榫肩配合严密；榫头长度不应太大，一般控制在25～35mm较为理想。

榫头数目：直角榫的榫头数目计算方法见表5-4。

②椭圆榫：是一种特殊的直角榫。它与普通直角榫的区别在于其两榫侧都为半圆柱面，榫孔两端也与之相同。这样的榫孔可以用带侧刃的端铣刀加工而变

表5-4　直角榫的榫头数目

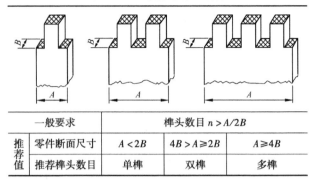

一般要求		榫头数目 $n > A/2B$		
推荐值	零件断面尺寸	$A < 2B$	$4B > A \geq 2B$	$A \geq 4B$
	推荐榫头数目	单榫	双榫	多榫

注：遇到下列情况之一时，需增加榫头数目：①要求提高接合强度；②按上表确定数目的榫头厚度尺寸太大，一般榫头厚度以9.5mm为适宜，以15.9mm为极限。

得简便；但榫头加工则需要用椭圆榫专用机床。椭圆榫接合的尺寸和技术要求基本上与直角榫接合相同，只是在以下方面有所区别：椭圆榫只可设单榫，无双榫与多榫；两榫侧及两榫孔端均为半圆柱面，榫宽通常与榫头零件宽度相同或略小。

③圆榫：圆榫接合的技术要求应符合QB/T 3654《圆榫接合》。

圆榫材种：密度大、纹理通直细密、无节无朽、无虫蛀等缺陷的硬材，如水曲柳、青冈栎、柞木、桦木、色木等。

圆榫含水率：应比被接合的零部件低2%～3%，通常小于7%，这是因为圆榫吸收胶液中水分后会膨胀；备用圆榫应密封包装、保持干燥、防止吸湿。

圆榫形式：圆榫按表面构造状况的不同主要有光面圆榫、直槽（压纹）圆榫、螺旋槽圆榫、网槽（鱼鳞槽）圆榫四种，按沟槽的加工方法有压缩槽纹和铣削槽纹两种。如图5-8所示。用圆榫接合时，圆榫表面和榫眼内表面的接合力是接合强度的主要因素。为了保持较高的接合强度，这两个面要紧密接触并且保持较薄的胶层，由于圆榫表面有压缩纹，在圆榫插入时能紧密地嵌和，使胶黏剂不至于压入榫眼的内部而保持在圆榫的表面上。在圆榫插入后，表面胶液中的水分为圆榫吸收，压纹润胀起来，使圆榫表面

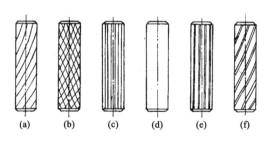

图5-8　圆榫的种类

（a）压缩螺旋槽　（b）压缩网槽　（c）压缩直槽
（d）光面　（e）铣削直槽　（f）铣削螺旋槽

和榫眼内表面紧密结合。在圆榫接合中，有槽纹的圆榫比光面的圆榫好，压缩槽纹比铣削法的优越。压缩螺旋槽圆榫最好，其原因是螺纹正好像木螺丝那样，需要回转才能拔出，抗拔力相当高。压缩直槽圆榫抗拔力低于压缩螺旋槽，但破坏时抗拔力急剧消失，而压缩螺旋槽的圆榫折断后拔不出来。压缩网纹圆榫，则因其表面压纹过细，破坏时，容易从破坏的表面层剥离开，表面光滑的圆榫，虽然用机械方法可同时插入几个，不易插歪，但由于部分胶液被挤掉，容易缺胶。

圆榫直径：一般要求等于被接合零部件板厚的 2/5 ~ 1/2。

圆榫长度：一般为圆榫直径的 3 ~ 4 倍。榫端与榫孔底部间隙应保持在 0.5 ~ 1.5mm。

圆榫配合：有过盈配合和间隙配合。当圆榫用于固定接合（非拆装结构）时，采用有槽圆榫的过盈配合，其过盈量为 0.1 ~ 0.2mm，并且一般应双端涂胶；当圆榫用于定位接合（拆装结构）时，采用光面或直槽圆榫的间隙配合，其间隙量为 0.1 ~ 0.2mm，定位的一端不要涂胶，通常与其他连接件一起使用。

圆榫施胶：非拆装结构采用圆榫接合时，一般应双端涂胶（榫、孔同时涂胶）接合。常用胶种按接合强度由高到低为：脲醛胶与聚醋酸乙烯酯乳白胶的混合胶（又称两液胶）、脲醛胶、聚醋酸乙烯酯乳白胶、动物胶等。

圆榫数目：为了提高产品的强度和防止零件转动，通常要至少采用 2 个以上的圆榫进行接合；多个圆榫接合时，圆榫间距应优先采用 32mm 模数（系统），在较长接合边用多榫连接时，榫间距离一般为 100 ~ 150mm。

5.2.2.2　钉接合

钉接合一般是指将两个零部件直接用钉接合在一起。其特点为结合工艺简单，生产效率高，但结合强度小，影响外观。钉子的种类很多，有金属、竹制、木制三种，其中常用金属钉。金属钉主要有圆钢钉、扁头圆钢钉、骑马钉（U 形钉）、鞋钉、鱼尾钉（三角钉）、U 形气钉等。钉接合容易破坏木材，强度小，只适用家具内部的接合处和表面不显露的部位以及外观要求不高的地方，如用于抽屉滑道的固定或者用于贴胶合板（包镶板）、钉线脚、包线等处。通常将钉接合与胶接合配合使用，属于不可拆接合。竹钉、木钉在我国手工生产中应用较为普遍。装饰性的钉常用于软家具制造。

钉接合一般都是与胶料配合进行，有时则起胶接合的辅助作用；也有单独使用的，如包装箱生产等。钉接合多数是不可以拆装的。钉接合的钉着力（握

钉力）与基材的种类、密度、含水率、钉子的直径、长度以及钉入深度和方向有关。比如，刨花板侧边的钉着力比板面的钉着力低得多，因而刨花板侧边不宜采用钉接合；圆钉应在持钉件的横纹理方向进钉，纵向进钉接合强度低，应避免采用。

5.2.2.3　木螺钉接合

木螺钉也叫木螺丝，有平头螺钉和圆头螺钉两种。木螺钉接合是利用木螺钉穿过一个被接合零件的螺钉孔拧入另一个被接合零件中而将二者牢固地连接起来。其优点为工艺简单、成本低，木螺钉接合不能用于多次拆装，否则会影响接合强度。木螺钉外露于家具表面会影响外观，一般应用于家具的桌面板、柜面板、背板、柜顶板、椅座板、脚架、塞脚、抽屉撑等零件的固定和各种连接件以及拉手、门锁、屉锁等配件的安装。此外，包装箱生产、客车车厢和船舶内部装饰板的固定也用木螺钉接合。一字槽的螺钉适合于手工装配；十字槽螺钉适合于机械装配。沉头木螺钉应用最为广泛。木螺钉的钉着力与钉接合相同，也与基材的种类、密度、含水率，木螺钉的直径、长度以及拧入深度和方向有关。木螺钉应在横纹理方向拧入，纵向拧入接合强度低，应避免使用。

被紧固件的孔可预钻，与木螺钉之间采用松动的配合。被紧固件较厚时（20mm 以上），常采用沉孔法以避免螺钉太长或木螺钉外露。

5.2.2.4　胶接合

胶结合是指单独用胶黏剂来胶合家具的主要材料或构件而制成零部件及整个产品的结合方法。其优点为可以做到小材大用、短料长用、劣材优用，既可以节约木材，又可以提高家具的强度和表面装饰质量，改善产品外形。近年来，由于新胶种出现，家具结构的新发展，胶接合的方法越来越多，如生产中常见的短料接长，窄料胶拼成宽板，薄板层积和板件的贴面和封边等均采用胶接合。胶接合还常应用于不宜采用其他接合方式的场合，例如薄木或装饰板的胶贴。

5.2.2.5　连接件接合

五金连接件是一种特制并可多次拆装的构件，也是现代拆装式家具必不可少的一类家具配件。它可以由金属、塑料、尼龙、有机玻璃、木材等材料制成。目前，常用的五金家具连接件主要有螺旋式、偏心式和挂钩式等几种形式。对家具连接件的要求是：结构牢固可靠、多次拆装方便、松紧能够调节、制造简单价廉、装配效率要高、无损功能与外观、保证产品强度等。连接件接合是拆装家具尤其是板式拆装家具中应用最广的一种接合方法，采用连接件接合使拆装家

具的生产能够做到零部件的标准化加工，最后组装或由用户自行组装，这不仅有利于机械化流水线生产，也给包装、运输、储藏带来了方便。

5.2.3　木质家具的基本构件

木质家具或家具的木质结构部分的基本构件主要有方材、板件、木框和箱框四种形式。可根据家具的不同类型和需要进行选配。基本构件之间需要采用适当的接合方式进行相互连接，它们本身也有一定的构成方式。

5.2.3.1　方　材

方材是木质家具的最简单的构件。有各种不同的断面形状、尺寸和结构。其最主要的特征是宽度小于2倍厚度，而长度总是超过其断面尺寸许多倍的长形零部件。

一般断面的方材多为整体结构。制造大型部件，常需采用方材胶合的方法，用小块方材胶合成的大型部件还可以减少木材干缩湿胀而引起的变形，保证产品的尺寸稳定性。方材胶合包括宽度上胶拼、长度上胶接以及厚度上胶合。

（1）宽度上胶拼：宽度上胶拼主要用于制造宽幅面的部件，如桌面、椅面、门板等。宽度拼接可用平拼或榫槽接合方式。平拼接合是先将小方材侧边刨平后再涂胶拼接而成，主要用于长度不大，板面平整的毛料，例如椅面胶拼。长料胶拼时需先加工平面作基准，再铣削侧边和涂胶拼合。常用胶黏剂为动物胶、聚醋酸乙烯酯乳液、脲醛树脂胶。

（2）长度上胶接：方材长度上胶合的方法普遍地用于建筑及家具生产中。常用的接长方式有对接、斜面接合和指形接合（图5-9）。对接为木材端面接合，强度最低，常用于各种覆面板芯板。斜面接合强度随斜面长度加大而增大，但材料消耗较大。因此，指接方式应用越来越多。用指接方式胶接的材料又称胶合指接术，可用于制造结构材、非结构材等。如木制门、窗和家具及建筑装修部件等。

指接榫型有三角形和梯形两类。三角形指榫主要用于指长为4～8mm的微型指榫接合。一般指接材常用梯形榫。指接的木材应尽量用同一树种或选用材性相似、密度相近的树种，混合使用木材含水率应一致。接长的胶合面应平整光洁，确保胶接紧密与牢固。方材接长的两个接合面均需涂胶，以保证形成均匀连续的胶层。

（3）厚度上胶合：断面尺寸大的部件和稳定性有特殊要求的部件不仅要在长度上和宽度上胶合，还需要在厚度上胶合。加工过程为：小方材接长→加工平面和侧边→宽度胶拼→厚度加工→厚度胶合→最后

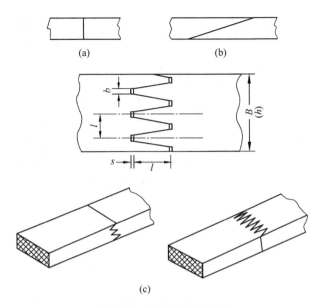

图5-9　长度上胶接方式
（a）对接　（b）斜接　（c）指榫接合

加工。

厚度胶合主要采用平面胶合，各层拼板长度上的接头要错开。

5.2.3.2　板　件

按照材料和结构的不同，木质板件主要有整拼板、素面板、覆面板和框嵌板四种。

（1）整拼板：将数块窄板通过一定的侧边拼接方法拼合成所需宽度的板件。其常用于各类家具的门板、面板及椅凳座板等实木部件中。为了尽量减少拼板的收缩和翘曲，窄板的宽度应有所限制，一般不超过200mm。为保证拼板形状稳定，窄板的树种和含水率也应尽可能一致。其拼接方法主要有平拼、企口拼、搭口拼、穿条拼、插入榫拼、螺钉拼等。如图5-10所示。

①平拼：是依靠与板面垂直或倾斜一定角度的平直侧边，通过胶黏剂胶合黏接而成。为保证其接合强度，应首先将窄板边缘刨平刨光，使相邻两窄板完全紧密接触。此法加工简单，但接合强度较低，拼接时窄板的板面不易对齐，表面易产生凹凸不平现象。由于不开榫打眼，在材料利用上较经济，是构成家具拼板最常用的方法。

②企口拼：将每块窄板的一边加工成榫簧，另一边加工成相应形状和大小的凹槽（榫槽），然后胶拼起来，成为拼板。这种接合操作简单，而且接合后的拼板表面不容易发生不平现象。但在木材利用上没有平拼接合经济。

③搭口拼：又称高低缝接合，此法易胶拼，材料消耗与企口拼接合相同。

④穿条拼：将窄板的两边加工出凹槽，拼合时再

向槽中插入涂过胶的木板条，插入木板条的纤维方向应与窄板的纤维方向相垂直。也可利用胶合板的边条作成穿条，嵌于槽中。

⑤插入榫拼：在窄板的边部钻出长方形或圆形孔，再在孔中插入与其形状，大小相适合的榫头，此法要求加工准确。接合面要刨光，打上圆孔，涂上胶液，插入圆榫，加压而成。

⑥螺钉拼：有明螺钉拼与暗螺钉拼两种。明螺钉拼接时。在拼板背面先钻出螺钉孔，可以涂胶或不涂胶。暗螺钉拼接较复杂，需先在窄板的一侧开出钥匙头形的槽孔，在相拼的另一窄板侧面拧上螺钉，螺钉头套入以后，再向下压，使之挤紧，即可获得牢固的接合。

拼板拼接时，为了保证其尺寸稳定，尽量减少拼板的收缩和翘曲变形，常采用的方法有：

①串带法：在拼板的背面，距拼板端头150～200mm处，加工出燕尾形或方形榫槽，然后在榫槽中嵌入相应断面形状的木条。插入木条的厚度可以高出板面，也可以刨平，此法常用于工作台的台面，乒乓球台面等［图5-10（h）］。

②嵌端法：将拼板的两端加工成榫簧，另外用方材加工成相应的榫槽。嵌端方材的宽度要适当，太窄会削弱防止拼板翘曲的力量，太宽时本身又会发生翘曲。此法多用于绘图板或工作台面上［图5-10（i）］。

③嵌条拼：将拼板的两端加工出榫槽，在榫槽中插入矩形或三角形断面的木条。

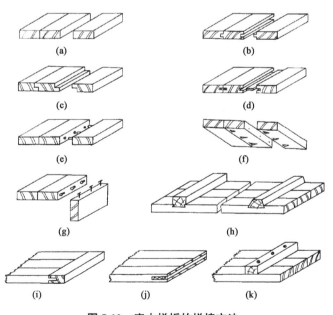

图5-10　实木拼板的拼接方法

（a）平口拼（平拼、胶拼）　（b）企口拼　（c）搭口拼
（d）穿条拼　（e）插榫拼　（f）明螺钉拼　（g）暗螺钉拼
（h）穿带拼　（i）嵌端拼　（j）嵌条拼　（k）吊带拼

④吊带拼：在拼板的背面，用螺钉固定相应断面形状的木条［图5-10（k）］。

（2）素面板：指将未经饰（贴）面处理的木质人造板基材直接裁切而成的板式部件，又称素板。它可分成两类：一类为薄型素板，主要有胶合板、薄型刨花板、薄型中密度纤维板等；另一类为厚型素板，主要有厚型胶合板、厚型刨花板、厚型中密度纤维板和多层板等。素面板在直接裁切制成具有一定规格尺寸的板式部件后，根据家具产品表面装饰的需要，还应进行贴面或涂饰以及封边处理。

（3）覆面板：它是将覆面材料（主要是指贴面材料）和芯板胶压制成所需幅面的板式部件。采用覆面板作为板式部件，不仅可以充分利用生产中的碎料，提高木材利用率，而且可以减少部件的收缩和变形，改善板面质量。覆面板种类很多，常用的覆面板主要有实心板和空心板两种，如图5-11所示。实心板是以细木工板、刨花板、中密度纤维板以及多层板等人造板为基材，再胶贴覆面材料或饰面材料后制成的板材（又称饰面板），较耐碰压，既可作立面，也可作承重面；空心板是指木框或木框内带有各种空心填料，经单面或双面胶贴覆面材料所制成的板材，质轻，但板面平整度和抗压性能较差，宜作产品的立面部件，一般不宜作平面承重部件。覆面材料的作用有两种，一是结构加固，二是表面装饰。它是将芯层材料纵横向联系起来并固定，使板材有足够的强度和刚度，保证板面平整丰实美观，具有装饰效果。

（4）框嵌板：是指在木框中间采用裁口法或槽口法将各种成型薄板材、拼板等装嵌于木框内所构成的板材。分裁口法和槽口法两种。

①裁口法嵌板：又称装板，如图5-12（a）～（c）所示，是在木框中做出铲口，再在铲口中装入薄板材、拼板，并加入各种线型的压条。此法结构装配简单，板件损坏后也易于更换，还可利用木条构成突出于框面的线条，提高板件整个表面的立体装饰效果。

②槽口法嵌板：如图5-12（d）～（g）所示，在木框内侧开出槽构，在装配框架的同时装入嵌板。这种结构嵌装牢固，但更换嵌板时会破坏木框结构，因此不易拆装。

目前框嵌板多用于高档家具的门板结构。在木框中固定嵌板时，嵌板槽深一般不小于8mm（同时需要预留嵌板自由收缩和膨胀的空隙），槽边距框面不小于6mm，嵌板槽宽常用10mm左右，木框的榫头应尽量与沟槽错位，以免破坏榫头的结合强度。如图5-12所示。

在木框内嵌装玻璃或镜子时，需利用断面呈各种形状的压条，压在玻璃或镜子的周边，然后用木螺钉将它与木框紧固［图5-13（a）］。设计时压条与木框表面不要求齐平，以节省安装工时。当玻璃或镜子装在木框里面时，前面最好用三角形断面的压条与木螺钉将镜子固定在木框上，在木框后面还需安装薄胶合板或纤维板，以使镜子嵌入槽内不易损坏；当玻璃或镜子不嵌在木框内，而是装在板件上时则需用金属或木制边框，用螺钉使之与板件相接合，如图 5-13（b）所示。

5.2.3.3　木　框

木框通常是由四根以上的方材按一定的接合方式纵横围合而成。随着用途不同，可以有一至多根中档（撑档），或者没有中档。常用的木框主要有门框、窗框、镜框、框架以及脚架等。

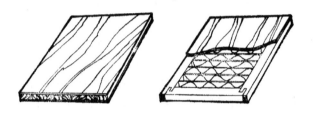

图 5-11　实心板与空心板（覆面板）

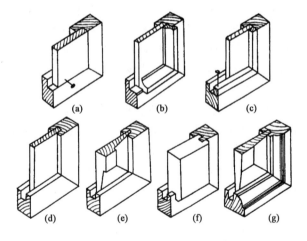

图 5-12　框嵌板的结构与种类

（a）～（c）裁口法嵌板　　（d）～（g）槽口法嵌板

（1）木框角部接合：

①直角接合：如图 5-14 所示。开口贯通单榫，用于门扇、窗扇角接合处以及覆面板内部框架等。常以销钉作为附加紧固。闭口贯通榫，应用于表面装饰质量要求不高的各种木框角接合处。闭口不贯通榫，应用于柜门的立边与帽头的接合，椅后腿与椅帽头的接合等。半闭口贯通榫与不贯通榫，应用于柜门，旁板框架的角接合以及椅档与椅腿的接合处等。燕尾榫接合，比平榫接合牢固，榫头不易滑动，应用于长沙发脚架或覆面板成型框架的角接合处。

②斜角接合：如图 5-15 所示。木框的角部除上述直角接合外，还可采用斜角接合。斜角接合就是将相接合的两根方材的端部榫肩切成 45°的斜面或单肩切成 45°的斜面后再进行接合，以免露出不易涂饰的方材端部。但斜角接合与直角接合比较起来，强度较小，加工较复杂。单肩斜角榫［图 5-15（a）］，适于大镜框以及桌面板镶边等的角接合。双肩斜角贯通单榫或双榫［图 5-15（b）］，适于衣柜门、旁板或床屏木框的角部接合。双肩斜角暗榫［图 5-15（c）］，适于木框两侧面都需涂饰的如镜框、沙发扶手的角接部位，床屏的角接合等。插入圆榫［图 5-15（d）］，适用于各种斜角接合，但要求钻孔准确。插入板条［图 5-15（e）］，适于断面小的斜角接合，插入板条可用胶合板或其他材料。

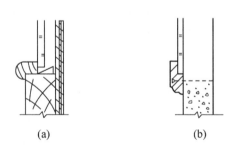

图 5-13　镜子的安装方法

（a）嵌装镜子　　（b）在板面上安装镜子

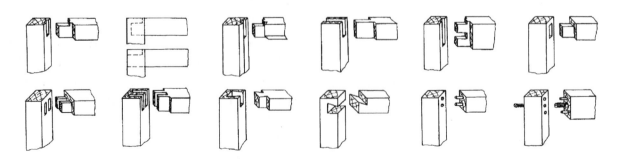

图 5-14　木框直角接合的典型方式

（摘自《木材工业实用大全·家具卷》）

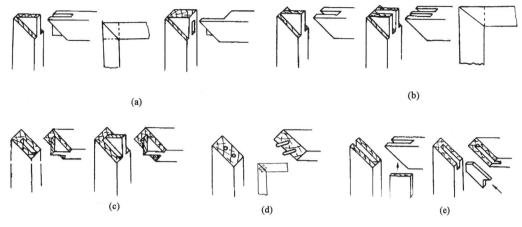

图5-15 木框斜角接合的接合方式

（a）单肩斜角榫 （b）双肩斜角明榫 （c）双肩斜角暗榫 （d）插入圆榫 （e）插入板条

（摘自《木材工业实用大全·家具卷》）

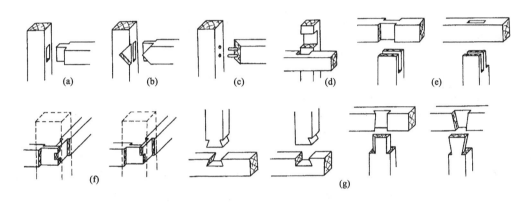

图5-16 木框中档接合（二方丁字形结构）

（a）直角榫 （b）插肩榫 （c）圆榫 （d）十字搭接 （e）夹皮榫 （f）交叉榫 （g）燕尾榫

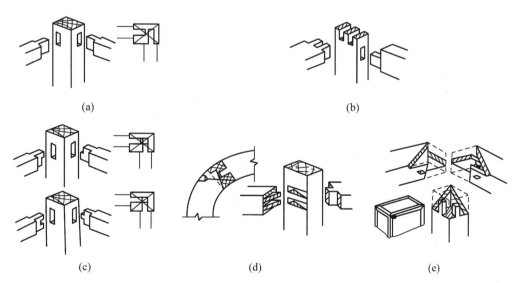

图5-17 三方汇交榫结构的形式与应用

（a）普通直角榫 （b）错位直角榫 （c）插配直角榫 （d）横竖直角榫 （e）综角榫（三碰肩）

（摘自《木材工业实用大全·家具卷》）

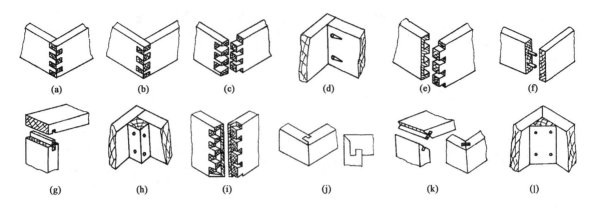

图 5-18　箱框的结构种类与固定式接合方式

(a) ~ (h) 直角接合　　(i) ~ (l) 斜角接合
(a) 直角榫　(b) 斜形榫　(c) 明燕尾榫　(d) 暗螺钉　(e) 半隐燕尾榫　(f) 圆榫
(g)、(k) 插条榫　(h) 方形木条塞角　(i) 全隐燕尾榫　(j) 搭槽榫　(l) 三角木条塞角
(摘自《木材工业实用大全·家具卷》)

（2）木框的中档接合（二方丁字形结构）：它包括各类框架的横档、竖档、桌椅凳的牵脚档等，通常是两根方材的丁字形连接，其接合方式如图 5-16 所示。直角榫及燕尾榫接合 [图 5-16（a）、（g）]，直角榫接合的纵向方材易被拉开，燕尾榫接合则可避免，这几种都适于空心板内框架的中撑接合。夹皮榫接合 [图 5-16（e）]，强度大，适用于衣柜或写字台等处的接合。十字搭接法 [图 5-16（d）]，适用于门扇、窗扇中撑以及方格空心板内部衬条的接合。

（3）木框三维接合（三方汇交榫结构）：桌、椅、凳、柜的框架通常是由纵横竖三根方材以榫接合相互垂直相交于一处形成三维接合，一般采用三方汇交榫结构。三方榫结构的形式因使用场所而异，其典型形式如图 5-17 所示。

5.2.3.4　箱　框

箱框是由四块以上的板件按一定的接合方式构成的。常用的箱框如抽屉、箱子等。箱框的结构包括箱框的角部接合和中板接合，角部接合可以采用直角接合或斜角接合。

（1）箱框的角部接合：

①直角接合：是指箱框接合后，其周边板的端面外露的接合。特点：牢固大方，加工方便，但欠美观，为一般箱框常用的接合方法。如图 5-18（a）~（h）所示。贯通开口直角多榫接合 [图 5-18（a）]，接合方法简单，强度较大，但当木材含水率改变时露在外面的榫端会在表面形成不平，影响美观，一般用于抽屉旁板、抽屉背板以及仪器箱、包装箱等的角接合；贯通开口斜形榫接合 [图 5-18（b）]：接合强度大，适于各种仪器箱的角接合，因榫头是倾斜的，即使在仪器箱很重的情况下，也不致破坏榫接合；贯通

开口燕尾榫接合 [图 5-18（c）]，适用于各种包装箱的角接合，抽屉、衣箱的后角接合等；半隐燕尾榫接合（图 5-18（e）），在零件尺寸相同的条件下，由于接合处胶层面积缩小，所以接合强度低于贯通开口燕尾榫接合，如抽屉的面板与旁板以及衣箱的角接合等。

②斜角接合：是指箱框接合后，其周边板的端面均不外露的接合。其特点：较美观，但强度较低，主要用于对外观美要求较高的箱框接合。如图 5-18（i）~（l）所示。斜角接合中的插条榫 [图 5-18（k）] 及插槽榫接合 [图 5-18（j）] 不露端面，外观较好。全隐燕尾榫接合 [图 5-18（i）]，板材两端的榫头与榫沟只占板厚的 3/4，而其余的 1/4 切削成 45° 的斜角。这种接合的外表面看不到榫端，但是制造复杂，用在特殊要求的产品上。

（2）箱框的中板接合：常采用直角槽榫、燕尾槽榫、直角多榫、插入榫（带胶）等固定式接合，如图 5-19 所示。

（3）箱框设计要点：

①箱框为实木板件，其角部的接合宜用整体多榫。其中，明燕尾榫接合强度最高，斜形榫次之，直角榫最次。

②箱框角接合为燕尾榫：外观较美，全隐榫接合其榫端都不露，最为美观；半隐燕尾榫一面榫端不外露，能保证一面美观；明燕尾榫其榫端都外露，最不美观，但接合强度最大。因此，全隐燕尾榫多用于包脚前角的接合；半隐燕尾榫可用于抽屉前角及其包脚后角的接合；明燕尾榫可用于要求接合强度较大的框角接合（隐蔽结构）。

③接合强度要求较大的箱框角接合：可采用斜行多榫、直角多榫接合。

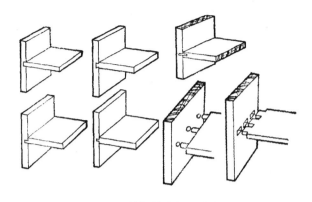

图 5-19　箱框的中板接合方式

④柜类家具的柜体所用的各种板式部件宜用各类连接件接合，不宜用整体多榫接合。

5.2.4　木质家具的局部典型结构

5.2.4.1　柜类家具典型结构

各种木质家具的结构以柜类家具等最为复杂，为了能进一步了解木家具零部件的接合形式及其局部具体结构，现以柜类木家具等为例，对其结构作如下简要剖析。

柜类木质家具的种类很多，按其使用功能可分为大衣柜、小衣柜、床头柜、书柜、文件柜、厨具柜、陈设柜等。这些柜类家具尽管使用功能和外形尺寸有所不同，但基本上都是由旁板、隔板、搁板、顶（面）板、底板、背板、柜门板、底座、抽屉等主要部件采用一定的接合方式所组成的。根据柜类家具的用途和形式不同，柜体结构按其材料和结构形式可分为柜式结构与板式结构，固定式结构与拆装式结构。

（1）底座：柜类家具（包括桌类家具等）各种柜体的底座，又称脚架、脚盘、底盘。它是支撑家具主体的部件，与底板、旁板、中隔板可采用各种拆装的或不可拆装的接合。底座可以是实木拼板、木框或其他人造板等。底座的形式很多，常见的有框架式、装脚式、包脚式、旁板落地式、塞角式，其中框架式和装脚式又统称为亮脚式。

①框架式：框架式的底座大多是由脚与望板或横档接合而成的木框结构。脚与望板常采用闭口或半闭口直角暗榫接合等，如图 5-20 所示。脚和望板的形状根据造型需要设计或选择。当移动家具时，很大的力作用于脚接合处，因此，榫接合应当细致加工、牢固可靠。

通常，底座或脚架经与柜体的底板相连后构成底盘，然后再通过底板与旁板连接构成有脚架的柜体。脚架与底板间通常采用木螺钉连接。木螺钉由望板处向上拧入，拧入方式因结构与望板尺寸而异（图 5-20）。当望板宽度大于 50mm 时，由望板内侧开沉头斜孔，用木螺钉拧入和固定于底板；当望板宽度小于 50mm 时，由望板下面向上开沉头直孔，用木螺钉拧入和固定于底板；当脚架上方有线条时，先用木螺钉将线条固定在望板上，然后由线条向上拧木螺钉将脚架固定于底板。

②装脚式：是指脚通过一定的接合方式单独直接与家具的主体接合的脚架结构，如图 5-21 所示。装脚是一个独立的亮脚，彼此不需要用牵脚档连成脚架，而是直接安装在柜子的底板下或桌、几的面板下，脚与脚之间无望板相连。装脚式底座具有节约木材、易于清洗的特点，并可以根据需要，与室内陈设进行搭配。当装脚式底座比较高时，通常将装脚做成锥形，这样可使家具整体显得轻巧，但是脚的锥度不

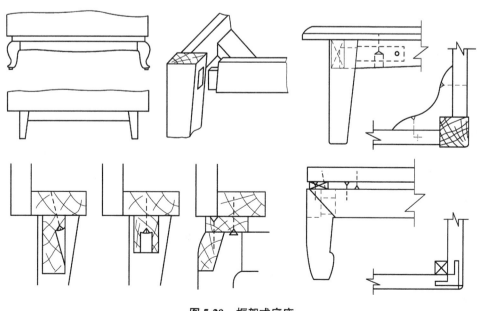

图 5-20　框架式底座

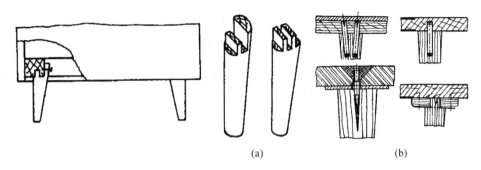

图 5-21　装脚式底座

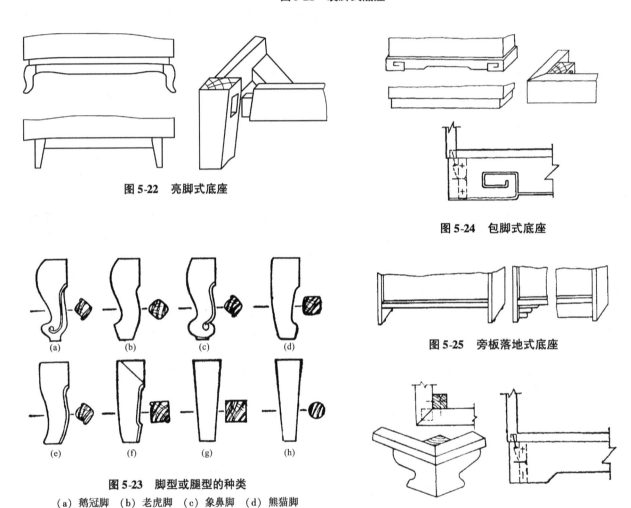

图 5-22　亮脚式底座

图 5-24　包脚式底座

图 5-25　旁板落地式底座

图 5-23　脚型或腿型的种类

（a）鹅冠脚　（b）老虎脚　（c）象鼻脚　（d）熊猫脚
（e）狮子脚　（f）马蹄脚　（g）方尖脚　（h）圆尖脚

图 5-26　塞角式底座

宜太大，否则地面过小，会在地面上留下压痕。为增强柜体的稳定性，常在前后脚之间用横档加固。当装脚式为固定结构时，常在脚的上端开有直角单榫或双榫或用插入圆榫等与柜体底板直接接合；当柜体容积超过 0.25m³，脚的高度在 250mm 以上时，为了便于运输和保存，通常应将装脚式做成拆装结构，拆装式一般用贯通或不贯通的圆榫与底板接合或先将脚与附加方材接合后，再用螺钉将方材与底板接合。装脚可用木材、金属或塑料制作，用螺栓安装在底板上。如图 5-21（b）所示，采用这种结构可提高运输效率，

但移动柜体时必须小心。

亮脚包括框架式底座中的脚和装脚式底座中的脚，亮脚的脚型或腿型有直脚和弯脚两种。如图 5-22 所示。弯脚（仿型脚）包括鹅冠脚、老虎脚、狮子脚、象鼻脚、熊猫脚、马蹄脚等，大多装于柜底四边角，使家具具有稳定感；直脚一般都带有锥度，上大下小，包括方尖脚、圆尖脚、竹节以及各种车圆脚等，往往装于柜底四边角之内，并向外微张，可产生既稳定又活泼的感觉。我国古代传统家具多用此种结构。如图 5-23 所示。

③包脚式：其脚型属于箱框结构，又称箱框型脚。是由各种板件接合而成，如图5-24所示。包脚形式的底座与柜体底板的接合一般采用连接件拆装式结构，也可用胶黏剂和圆榫或用螺钉进行固定式接合。包脚的角部可用直榫、圆榫或插入板条接合，也可用三角形的塞角或附加方材加固；一般前角采用全隐燕尾榫，后角采用半隐燕尾榫接合。包脚式底座能够承受较大的载荷，显得稳定而气派，应用较为广泛。通常用于存放衣物、书籍或其他较重物品的大型柜类家具。但包脚式底座不便于通风和室内清扫。因此，常在构成包脚式底座的板件底面中部开出至少高20~30mm的凹档，以便放置在不平的地面上时能够保持柜体的稳定，并借以改善柜体下面及其背部的空气流通。

④旁板落地式：以向下延伸的旁板代替柜脚，两"脚"间常加设望板连接，或仅在靠"脚"加塞角，以提高强度和美观性，如图5-25所示。旁板落地处需前后加垫或中部上凹，以便于落地平稳和稳放于地面。

⑤塞角式：常用的结构有两种形式，一种是将柜体旁板直接落地作为柜体支撑，在旁板与底板接合处的角部加设塞角脚，如图5-25所示；另一种基本同装脚式，在柜体底板四边角直接装设上塞角构成小包脚结构，如图5-26所示。

（2）旁板与顶板（面板）、旁板与隔板：

①旁板与顶板（面板）：柜类家具上部连接两旁板的水平板件称为顶板或面板，其中高于视平线（约为1500mm）的顶部板件称为顶板，低于视平线的称为面板，顶板或面板可采用框架结构或拼板结构。根据不同用途，可以是实心板、空心板和框嵌板。空心板和框嵌板可大大减轻产品重量，又节省木材。用细木工板、刨花板，中密度纤维板等制成的，虽然重量大，但尺寸稳定性较好。顶板或面板可以安装在旁板的上面（搭盖结构），也可安装在旁板之间（嵌装结构），如图5-27所示。板间搭头可以齐平、凸出或缩入。

为了增加顶板或面板表面及侧边的美观并提高其强度，需要采用各种贴面和封边材料进行表面装饰和边部封闭处理，以确保其强度和稳定性，并对其表面及侧边起到保护和装饰作用。

②旁板与隔板：底板与顶板之间用旁板连成一体，即构成了柜体，隔板将内部再分隔成几部分。大多数柜类家具的旁板与隔板都可由刨花板、细木工板或空心板等制成。旁板与底板、顶板的连接可根据家具容积大小采用固定接合（图5-28）或可拆装的活动接合（图5-29）。当柜类家具容积超过1.1m³时，应采用各种连接件接合的拆装结构，这样便于运输和

储藏。当柜体深度大于480mm时，在每一角部接合处要用两个连接件，以保证足够的强度。常用连接件的种类有偏心、带锁止销的、螺栓与螺母、直角连接件等。

（3）搁板：是分隔柜体内部空间的水平板件，它用于分层陈放物品，以便充分利用内部空间。搁板可采用实木整拼板，或由细木工板、刨花板、中密度纤维板等实心覆面板，或空心板等各种板式结构，其外轮廓尺寸应与柜体内部尺寸相吻合，常用厚度为16~25mm。陈列轻型物品的搁板也可用玻璃。搁板与柜体的连接分固定式安装和活动式安装两种。

固定式安装实际上是一种箱框中板结构，搁板安装后一般不可进行调整，通常采用直角槽榫、燕尾槽榫、直角多榫、插入圆榫（带胶）或固定搁板销连接件（杯形连接件和T形连接件）等与旁板或隔板紧固接合。如图5-30所示。

活动搁板使用时可按需随时拆装，随时变更高度。活动式安装又分为调节式安装和移动式安装，调节式安装的搁板可根据所陈放物品的高度来调整间距，安装方法有木节法、木条法、套筒搁钎法（活动搁板销或套筒销）、活搁板销法（搁板销轨）等，如图5-31；移动式安装的搁板使用时能沿水平方向前后移动，必要时还可以拉出来作为工作台面，这种移动搁板也可以做成像抽屉那样的托盘，以方便于陈放物品。可移动搁板的结构见图5-32。

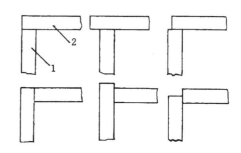

图5-27　顶（台面）板与旁板及隔板的接合形式
1. 旁板　2. 顶（台面）板
（摘自《木材工业实用大全·家具卷》）

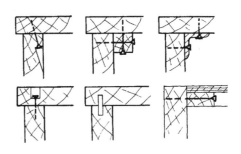

图5-28　顶（台面）板、底板与旁板、隔板的不可拆装结构
（摘自《木材工业实用大全·家具卷》）

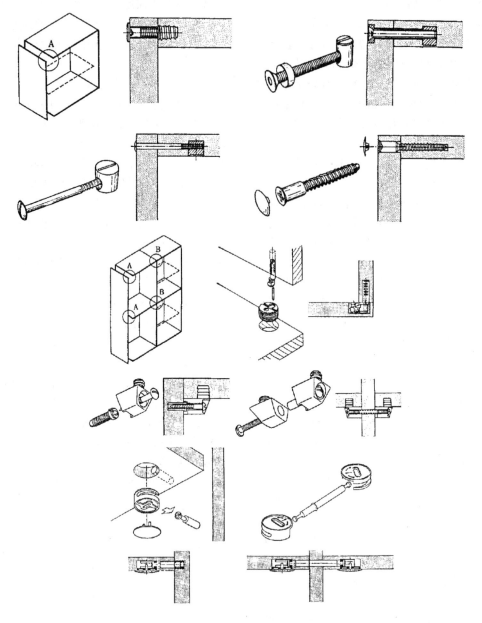

图 5-29 顶（台）板、搁板与旁板及隔板的拆装结构

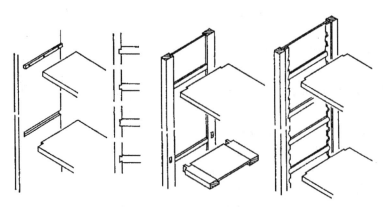

图 5-30 搁板与旁板或隔板固定结构

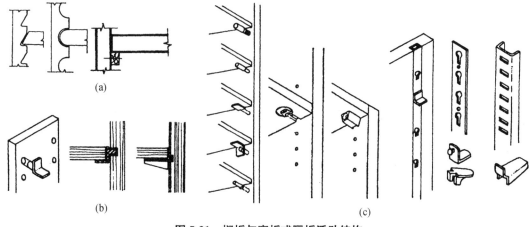

图 5-31　搁板与旁板或隔板活动结构

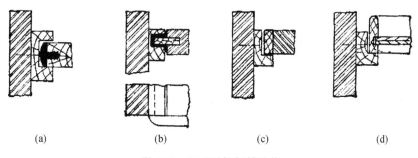

图 5-32　可移动搁板的结构

（a）带有塑料镶边的　　（b）贴有板条将滑道掩盖起来的
（c）在裁口板条上移动的　　（d）可以取下或可以拉出的

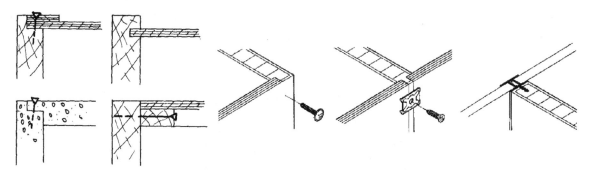

图 5-33　固定式背板安装形式

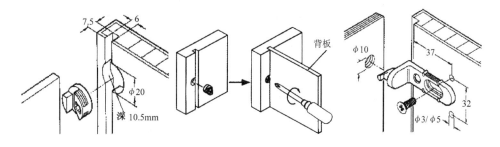

图 5-34　拆装式背板安装形式（单位：mm）

（4）背板：是覆盖柜体背面的板材部件。它既
可封闭柜体，又可加固柜体，对提高柜体的刚度和稳
定性有着不可忽视的作用，当柜体板件之间用连接件

接合时，更是如此。

背板可采用胶合板、硬纤维板、薄型中密度纤维板
或框嵌板等，其安装形式有固定式和拆装式两种。固

定式背板的安装形式主要有裁口安装、不裁口安装和槽口安装，如图5-33所示。

槽口嵌板结构的背板很稳定，前后较整齐，但费工费料，一般需在柜体构成的同时装入，多用于高档家具和柜体。

目前常采用胶合板或薄型中密度纤维板直接采用裁口或不裁口的方法与柜体安装连接，并且大多数采用胶合板条或木条等压条（宽度30～50mm，行间距应不大于450mm）辅助压紧，以保证背板平整和接合牢固；对于要求较高的柜类家具，也有在旁板或隔板的后侧面上开槽口，背板采用插入式（或嵌入式）安装，以保证美观和方便拆装，如图5-33所示。尺寸小的柜体，其背板可以是整块的；尺寸大的柜体可采用几块背板组合起来或大尺寸整块背板，分块背板的接缝应落在中隔板或固定搁板上，大尺寸整块背板应纵向或横向加设撑档来增加强度和稳定性。

对于拆装式家具，一般采用塑料或金属制的背板连接件安装。目前，背板连接件与背板常为锁扣连接，主要有穿扣式（直角锁扣式）、端扣式（偏心锁扣式）两种形式，如图5-34所示。

（5）柜门：柜门的种类很多。按不同的使用功能可分为开门、翻门、移门、卷门和折门等；按安装方式不同可分为盖门和嵌门等。这些门各具特点，但都应要求尺寸精确、配合严密、以防止灰尘进入柜内，同时开关方便、形状稳定并具有足够的强度。下面介绍这几种柜门的结构。

①开门：是指绕垂直轴线转动而启闭的门。其种类有单开门、双开门和三开门等。常见开门的结构有拼板门、嵌板门、实心门、空心门以及百叶门、玻璃门等。

拼板门：又称实板门，通常采用数块实木板拼接而成。它是最原始的门板结构。用天然实木板做门，结构简易，装饰性较好，但门板容易翘曲开裂，为此常在门板背面加设穿带木条，如图5-35所示。

嵌板门：通常采用木框嵌入薄拼板、小木条、覆面人造板或玻璃或镜子等构成，这类门包括嵌板门、百叶门、玻璃门。其结构工艺性较强，造型和结构变化较大，立体感强，装饰性好，是中外古典或传统家具常用的门板结构，但该类门板不便于涂饰，如图5-36所示。

实心门：是指通常采用细木工板、刨花板、中密度纤维板、厚胶合板等经覆贴面装饰所制成的实心板件。目前，在这类门板表面，也常辅以雕刻、镂铣或胶贴各种材料的花型来提高其装饰效果，这是现代家具设计中应用最广的一类门板。

空心门：又称包镶门，通常是指在木框（或木框内带有各种空心填料）的一面或两面覆贴胶合板所构成的空心板件，一面覆贴的称为单包镶门，两面覆贴的称为双包镶门。为防止门板的翘曲变形，目前大多数都采用双包镶门板。空心门板结构表面平滑，便于加工和涂饰，重量轻、开启方便、稳定性好。

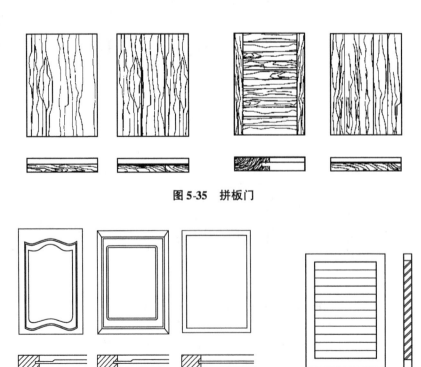

图5-35 拼板门

图5-36 嵌板门　　　　　图5-37 百叶门

图 5-38　开门安装形式

（a）嵌门　（b）半盖门　（c）盖门

（摘自《木材工业实用大全·家具卷》）

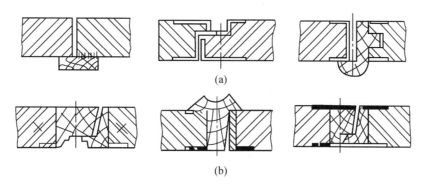

图 5-39　对开门接合处门边成形的方法

（a）直接装上板条，不需铲口　（b）另装或不装板条，但需铲口

百叶门：具有遮挡视线的作用，适用于厨房家具等需要通风的场合，如图 5-37 所示。

开门安装时根据门板和旁板的安装位置不同其安装形式主要有嵌门、盖门和半盖门三种。门板嵌装于两旁板之间，为嵌门或内开门结构；门板覆盖旁板侧边，即为盖门或外开门结构（如为半覆盖旁板侧边的即为半盖门结构），如图 5-38 所示。双扇对开嵌门的中缝可靠紧，也可相距20～40mm，另设内掩线封闭或以线脚遮挡；双扇对开盖门的外侧可与旁板外面齐平，也可内缩5mm 左右，如图 5-39 所示。两门相距或内缩的装门法有利于门扇的标准化生产和互换性装配，宜在大量生产中采用。

开门与柜体的连接可采用不同种类和形式的铰链活动连接。选用任何一种铰链，首先要考虑柜门的开度（90°、180°等），不能妨碍柜体内抽屉等东西的拉出；另外，要根据家具外观要求以及成本档次，选用不同的铰链和不同的安装方法。

普通薄铰链或合页 [图 5-40（a）、（b）] 安装在旁板与门板之间的角部，可形成嵌门式或盖门式安装，它能使门具有较大的开度（大于90°），并可防止开门时将相邻的旁板边碰坏，但其外露会影响制品外观效果，多用于传统式样家具以及普通家具的连接。

暗铰链 [图 5-40（c）] 不露在外表面，它的一个翼片（圆盘）用胶和螺钉装在门内侧的孔里，另一翼片与底片（支承板）接合并拧在旁板上，且由于翼片上有长孔，在一定范围内可以调整螺钉的位置，这样就为门的拆装和安装提供了方便，如中高档家具的盖门式安装常采用暗铰链，能调整门的位移，正确配置门与旁板之间的位置，可简化门的安装工作。

门头铰 [图 5-40（d）] 是安装在柜门的两端，其优点是不显露，缺点是柜门为嵌门式安装，只能开启90°，为了使门不至于顶住和碰坏旁板上的边部装饰条，安装时对门的开度应以适当限制。安装时必须准确地确定它的旋转点。

玻璃门铰链 [图 5-40（e）] 主要用于玻璃开门与旁板的连接。

除了长型铰链之外，每扇门一般用两个铰链。门头铰装于门的两端，其他铰链装在距门上下边缘约为门高的1/6 处。当门高超过 1200mm 时，用 3 个铰链；门高超过 1600mm 时，要用 4 个铰链。门洞与门扇之间的间隙要相宜，既要开关畅顺，又要封闭严密。适宜的间隙可参考 GB/T 3324—1995《木家具通用技术条件》。

在使用无锁紧功能的铰链时，为保证门板关闭紧密，不自行松动和脱开，常需在门板与柜体间安装各种碰头、碰珠或门夹。门扇外侧常装设拉手，位置在门扇中部或稍偏上。根据需要还可设插销、锁，锁常装设在门扇中部或稍偏下。

②翻门：是指沿着水平轴线启闭的门，适用于宽度远大于高度时的门扇。翻门分为下翻 [图 5-41（a）]、上翻和侧翻 [图 5-41（b）] 三种。其中下翻门较为常用，因为它可以兼做临时台面，下翻时容易

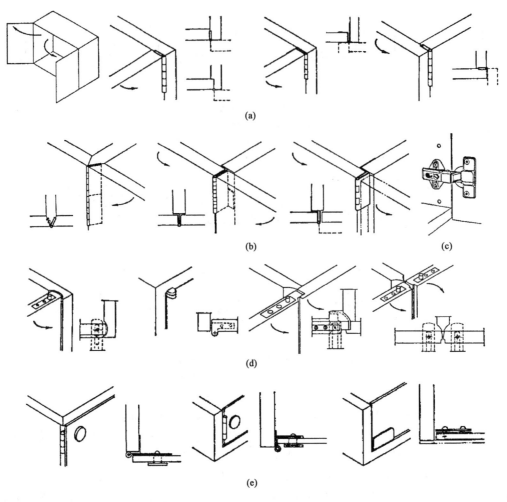

图 5-40　开门铰链及其安装方法

（a）普通薄铰链或合页　　（b）普通薄铰链或合页　　（c）暗铰链　　（d）门头铰铰链　　（e）玻璃门铰链

定位，上翻门仅在高位门中使用。下翻门通常打开后被控制在水平位置上，常作为陈设物品，梳妆或作写字台面用，所以工作面应当用硬材料贴面，以提高其硬度和耐磨性。如作为写字台面用，应使翻门打开后与相连的搁板位于同一水平面上，因此翻门的下面边部要作出型面，使其与搁板边部紧密连接。上翻门和侧翻门开启后可以推进柜体的上部或侧面，可使柜体变成敞开的空间，启闭方便，常作电器柜的柜门。

翻门可用铰链安装成各种形式，如翻板铰链等，以便于旋转启闭。一般铰链要与拉杆或牵筋配合使用，以支撑翻下门扇的负荷。此外还应注意翻门打开时的可靠性，即它经受荷载的能力，这主要是决定于吊门轨（支撑件）的安装和吊门轨的形式。

③移门：能沿滑道横向移动而开闭的门称为移门或推拉门。移门的种类有木制和玻璃两种。移门启闭时不占柜前空间，可充分利用室内面积，但每次开启只能敞开柜体的一半，因此开启面积小。移门打开或关闭时柜体重心不会偏移，可以保持稳定，常用于柜类家具。

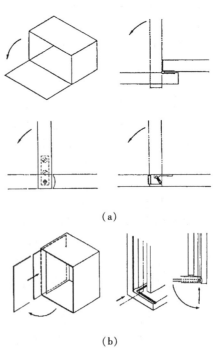

图 5-41　翻门的安装形式

（a）下翻门　　（b）侧翻门

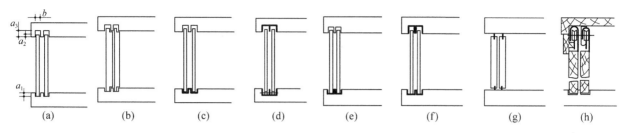

图5-42 移门的轨道安装形式

（a）、（b）直接开槽式 （c）~（g）镶嵌滑道式 （h）滚轮或吊轮式

（摘自《木材工业实用大全·家具卷》）

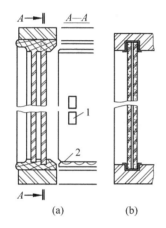

图5-43 玻璃移门用的滑道

（a）波状纹木条的滑道 （b）塑料滑道

1. 玻璃上磨出凹槽作拉手用　2. 由硬木材制成的滑道

移门至少需同时设置双扇、双轨，以便能使两门相错打开。通常采用不凸出表面的凹孔拉手，以免在滑动过程中相碰。移门主要靠摩擦而滑动，所以需要安装起导向作用的滑道或滑轨。移动时是否轻便，主要取决于门与滑道间的摩擦力。根据移门形式的不同，其滑道也有所不同，目前，滑道大部分由塑料、金属（如铝合金）和硬木制成，其安装形式（图5-42）主要有三类：直接在柜体的顶（台面）板、搁板、底板的外口上开出槽沟作为滑道，图5-42（a）、（b）所示；直接在柜体的顶（台面）板、搁板、底板的外口上镶装或在它们所开出的槽沟内嵌入滑道；较大或高窄的移门，如图5-42（c）~（g）所示。为防止歪斜、减少摩擦、易于移动，可带滚轮或吊轮，并在柜体上镶嵌滑道，如图5-42（h）所示。轨道的沟槽槽宽 b 稍大于门厚；下槽深 a_1 略小于槽宽 b，取 $a_1 = 0.8b$；移门上端高于柜体上口尺寸为 $a_2 = 1.5a_1$；上槽深 a_3 应能保证门扇可以抬起移出下槽，以便于更换和安装门扇，取 $a_3 = 2.5a_1 + 2$。如图5-42（a）所示。

移门要经常滑动，所以应坚实、不变形、不发生歪斜；因此，移门在制造安装时必须仔细地选择材料。安装下滑道的柜体搁板或底板，因其承受移门的重量，所以强度要高，刚性要大，不能发生很大的弯曲变形。移门沿滑道移动要灵活，而且门顶与上滑道间要留有间隙，以便于移门的安装和拆卸。

玻璃移门通常是安装在塑料、金属或硬材制成的滑道内，为了减少摩擦，可将滑道底部加工成波浪形，或安上小滚轮（图5-43）。玻璃门的上下边缘应当加圆，再加以磨光和抛光处理。

④折门：常用的折门是能够沿轨道移动并折叠于柜体一边的折叠状移门。它有一根垂直轴固定于旁板上，其余一部分相间的垂直轴上装有折叠铰链起折叠作用，另一部分相间的垂直轴的上下端的支承点分别可沿轨道槽移动（图5-44）。折叠门也可将柜子全部打开，取放物品比较方便。对于柜体较大时，采用折叠门可以减少因柜门较大所占有的柜前空间，而且可以使整个柜门连动。目前，折叠门多用于壁柜或用以分隔空间的整体墙柜。

⑤卷门：它是能沿着弧形导向轨道滑动而卷曲开闭并置入柜体的帘状移门，又称帘子门、软门、百叶门等。在弯曲的槽道内可左右移动、也可上下移动（图5-45）。其优点为打开时不占室内空间又能使柜体全部敞开，尤其适宜构成柱面门扇。但工艺复杂、制造费工。目前，常用于电话柜、酒柜、电视柜以及各种售票柜等。卷门一般是由许多小木条或厚胶合板条排列起来，再用麻布胶贴在反面连接而成。对于小木条应有较高的质量要求，因为只要其中一根变形或歪斜，就将妨碍整个门的开关。小木条必须纹理通直，没有节疤，厚度通常是10~15mm，断面尺寸为15mm×15mm，木条间距为0~2mm，含水率为10%~20%，选好木条两端要加工成8mm厚的单肩榫。由于对材料要求较高，因此，需用专门挑选的木板裁解。

卷门安装时要在柜体上设导向槽。槽宽比槽厚大1~1.5mm；两槽间距比榫肩距大3mm；导向槽弯曲部分的曲率半径不能小于100mm，导向槽要加工光滑，以保证卷门的开关灵活。

上下方向开关的卷门是沿着旁板上开出的槽内移

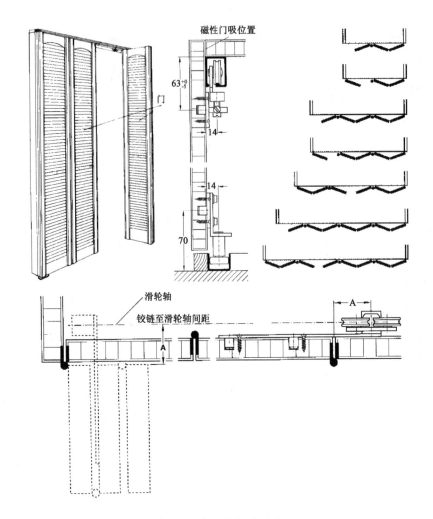

图 5-44　折门的轨道形式

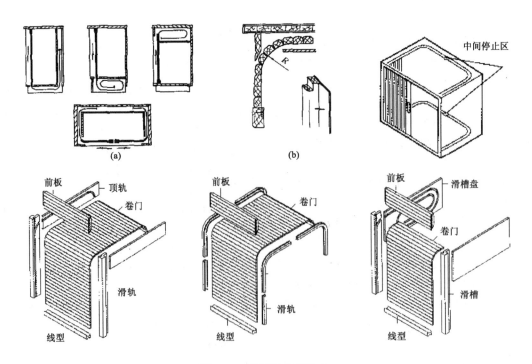

图 5-45　卷门的安装形式
（a）开启方式　（b）端面结构

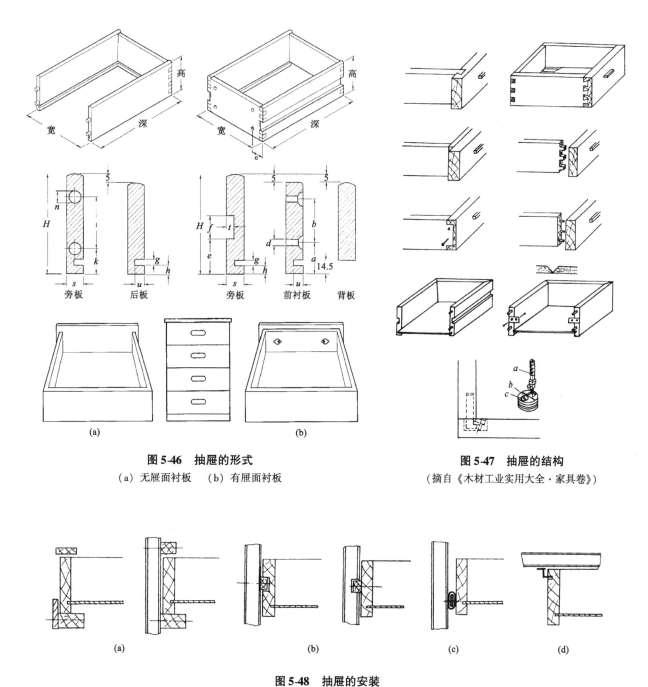

图 5-46 抽屉的形式

（a）无屉面衬板　（b）有屉面衬板

图 5-47 抽屉的结构

（摘自《木材工业实用大全·家具卷》）

图 5-48 抽屉的安装

（a）托屉木条　（b）侧向木条　（c）侧向滑道　（d）侧向吊装

（摘自《木材工业实用大全·家具卷》）

动的，开门时可以沿着槽道移入柜体背部夹层中，也可卷在柜体下部，还可卷在柜体上部的螺旋形槽道内。槽道的弯曲半径不宜太小并要加工光滑，以保证卷门的开关灵活自如。

（6）抽屉：柜体内可灵活抽出或推入的盛放物品的匣形部件即为抽屉。它是家具中用途最广、使用最多的重要部件。广泛应用于柜类、桌几类、台案类以及床类家具。

抽屉有露在外面的明抽屉和被柜门遮盖的暗抽屉

两种。明抽屉又有嵌入式抽屉（抽屉面板与柜体旁板相平）和盖式抽屉（抽屉面板将柜体旁板覆盖）两种；暗抽屉是装在柜门里面的，如抽屉面板较低时又称为半抽屉。

抽屉是一个典型的箱框结构。一般常见的抽屉是由屉面板、屉旁板、屉底板、屉背板等所构成，如图 5-46（a）所示；而较为高档的抽屉是先由屉面衬板与屉旁板、屉底板、屉背板等构成箱框后，再与屉面板连接而成，如图 5-46（b）所示；较大的抽屉需

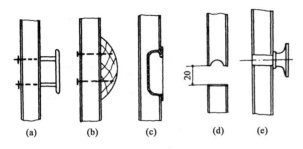

图 5-49　抽屉的安装

（a）（b）（e）突露拉手　　（c）嵌入拉手　　（d）凹槽拉手

（摘自《木材工业实用大全·家具卷》）

在底部加设一个托底档。抽屉的接合方式即采用箱框的接合方法。屉面板（或屉面衬板）与屉旁板常采用半隐燕尾榫、全隐燕尾榫、直角多榫（不贯通）、圆榫、连接件、圆钉或螺钉接合；屉旁板与屉背板常采用直角贯通多榫、圆榫接合，如图 5-47 所示。它们是由实木拼板、细木工板、刨花板、中密度纤维板、厚胶合板（多层板）等制成。屉面板厚一般为20mm；屉旁板和屉背板厚度一般为 12～15mm。屉旁板和屉后板还可以用聚氯乙烯（PVC）塑料薄膜覆面的刨花板、中密度纤维板开 V 形槽折叠而成，或用塑料以及铝合金型材等制成，并可与木质屉面相配成箱框。屉底板一般采用胶合板和纤维板等材料制成，它是插入在屉底板及屉旁板下部里侧所开的槽口中，并与屉背板采用螺钉或圆钉接合。抽屉承重，尤其是前角部，开屉时受到较大的拉力。所以应有牢固的接合。

为了使抽屉便于使用并保证结构的牢固性和反复推拉的灵活性，在每个抽屉的宽度或高度上都应具有滑道或导轨。一般安装在抽屉旁板的底部（即托屉）或上部（即吊屉）或外侧（图 5-48）。滑道根据材料不同有硬木条抽屉滑道、专用金属或塑料抽屉滑道。

除了上述对抽屉的支撑结构外，还应保证抽屉开关时不歪斜，拉出时抽屉不下斜。当在木框间装抽屉时，需同时设有抽屉撑、导向条（形成滑道）和压屉撑，有时还应设置定位销。压屉撑与屉旁板间距离 3mm。

（7）拉手：门扇和抽屉一般需安设拉手。每扇门、每个抽屉安设拉手一个，宽度超过 600mm 的抽屉设拉手两个。拉手安装高度居中偏上。拉手的安装形式主要有门扇钻孔安装法（用于突露式拉手的安装）、门扇开槽安装（用于嵌入式拉手的安装）。如图 5-49 所示。

（8）挂衣棍：柜内用于悬挂衣服的杆状零件称为挂衣棍。一般采用硬木或金属圆管、长圆形管和方形管制成。挂衣棍的安装有三种形式。

①平行安装：挂衣棍与柜门板平行，而与旁板垂直安装，则悬挂在衣架上的衣服平行于旁板。此法适宜于深度较大（大于 500mm）的衣柜，而对于深度较小的衣柜，采用此法衣服会被柜门压皱。平行安装时，根据挂衣棍安装位置，有侧向安装（固定在衣柜的旁板上）和吊挂安装（固定在衣柜顶板或搁板上）；根据挂衣棍固定形式，可以是固定安装（不可拆卸）、也可以是活动安装（可拆卸）和提升架式安装等种类。承座由硬木板、厚胶合板、金属或塑料等材料制成。

②垂直安装：挂衣棍与柜门板垂直，而与旁板平行安装，这时所悬挂的衣服通常是垂直于旁板。此法适宜于深度较小（小于 500mm）的衣柜。挂衣棍一般固定安装在柜体顶板或搁板的下面，为了能方便地取放衣服，常采用活动（滑动）结构的挂衣棍较为理想，滑道固定在顶板或搁板的下面，滑动的挂衣棍可以自由地拉出或推入，活动结构的挂衣棍（包括滑道）多为外购五金件，由硬木或金属制成。在柜类家具中，垂直安装的挂衣棍还有另一种形式，即专用于悬挂长裤等的栅状挂衣棍，它由许多挂衣棍构成。

③门后安装：此种安装多为领带杆，装设于柜门内侧（门后），用于挂置领带或其他轻型小件物品。领带杆为木制或金属。

（9）板式家具"32mm"系统："32mm 系统"是依据单元组合理论，以 32mm 为模数，通过模数化、标准化的"接口"来构筑家具的一种结构与制造体系。它是采用标准工业板材及标准钻孔模式来组成家具和其他木制品，并将加工精度控制在 0.1～0.2mm 水准上的结构与制造系统。从这个系统获得的标准化零部件，可以组装成采用圆榫胶接的固定式家具，或采用各类现代五金件的拆装式家具。"32mm系统"是一个具有高效率、高品质特征的家具现代加工系统。这是因为：

①能够一次钻出多个安装孔的加工手段是靠齿轮啮合传动的排钻设备，齿轮间合理的轴间距不应小于30mm，否则会影响齿轮装置的寿命。

②长期以来，欧洲习惯使用英制尺度，在确定标准孔距时喜欢选用与人们熟悉的英制尺度相接近，而选 1 英寸（= 25.4mm）作为轴间距显然不足，下一个习惯使用的英制尺度为（1 + 1/4）英寸（= 25.4 + 6.35 = 31.75mm），取整为 32mm。

③与 30（mm）的取值相比较，32（mm）是一个可以作完全整数倍分的数值，即它可以不断被 2 整除（因为 32 = 2^5），具有很强的灵活性和适应性。

④以 32mm 作为孔间距的模数，并不表示家具的外形尺寸一定是 32mm 的倍数，因此与建筑上的

30cm 模数并不矛盾。

　　"32mm 系统"以旁板为核心。旁板是家具中最主要的骨架部件，板式家具尤其是柜类家具中几乎所有的零部件都要与旁板发生关系，如顶（面）板、底板、搁板要与旁板连接，背板要插入或钉在旁板后侧，门的一边要与旁板相连，抽屉的导轨要装在旁板上等。因此，"32mm 系统"中最重要的钻孔设计与加工，也都集中在旁板上，旁板上孔的位置确定以后，其他部件的相对位置也就基本确定了。

　　在"32mm 系统"中，旁板前后两侧各设有一根钻孔主轴线，轴线按 32mm 的间隔等分，每个等分点都可以用来预钻安装孔。旁板上的预钻孔包括结构孔和系统孔。结构孔是形成柜体框架所必不可少的接合孔（位于旁板两端以及中间的两排或多排水平方向的孔），主要用于各种连接件的安装和连接水平结构板（顶板、底板、中搁板等）；系统孔是装配门、抽屉、搁板等所必需的安装孔（位于旁板前沿和后沿的两排垂直方向的孔），主要用于铰链、抽屉滑道、搁板撑等的安装，如图 5-50 所示。"32mm 系统"的设计原理与基本规范：

　　①所有旁板上的预钻孔（包括结构孔和系统孔）都应处在具有 32mm 方格网点的同一坐标内，一般结构孔设在水平坐标上，系统孔设在垂直坐标上。

　　②通用系统孔的主轴线分别设在旁板的前后两侧，前侧为基准主轴线。对于盖门，前侧主轴线到旁板前侧边的距离应为 37（或 28）mm；对于嵌门，则该距离应为 37（或 28）mm 加上门厚。前后主轴线之间以及其他辅助轴线之间均应保持 32mm 整数倍的距离。

　　③通用系统孔的标准孔径一般规定为 5mm，孔深规定为 13mm。

　　④当系统孔用作结构孔时，其孔径按结构五金配件的要求而定，一般常用结构孔的孔径系列为 5mm、8mm、10mm、15mm、25mm 等。

　　在"32mm 系统"板式部件的生产中，其关键问题是解决好"孔的加工"。由于钻孔时，板边是钻孔的定位基准，为了保证孔的加工质量，所以首先要保证板材的质量，即板材的尺寸精度、角方度和板边的加工质量。钻孔的基本要求是要按照设计要求确保孔位、孔距、孔径的加工精度。

5.2.4.2　实木桌椅框架结构

　　实木桌类家具主要由桌面板、支架或腿脚、望板等构成；实木椅类家具一般由椅面板（坐面板）、靠背板、支架或腿脚、望板、扶手等构成。桌面和椅面的面板常显露在视平线以下，要求板面平整、美观，

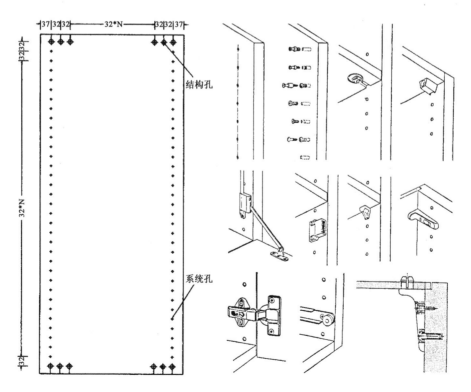

图 5-50　"32mm 系统"的设计原理及功用

所有连接或接合不允许显露于外表。实木框架式桌椅按结构和接合方式的不同，目前有固定式结构和拆装式结构两种。

（1）桌椅框架固定式结构：固定式结构的实木框架桌椅，其面板与望板、腿（或脚）与望板及横档的连接，一般采用各种榫接合或木螺钉接合等。桌面与脚架的结构形式如图5-51所示。

桌面和椅面支承负荷大，宜用实木拼板或实心覆面板制作。一般常通过望板内侧斜沉头孔用暗螺钉固定于望板之上。对于横纹边超过1000mm的拼板桌面，固定时需用长孔角铁或燕尾木条与长孔角铁，以使拼板能在横纹方向伸缩自由，如图5-52所示。

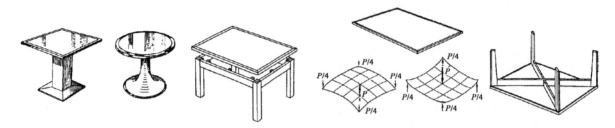

图5-51　桌面与脚架的结构形式

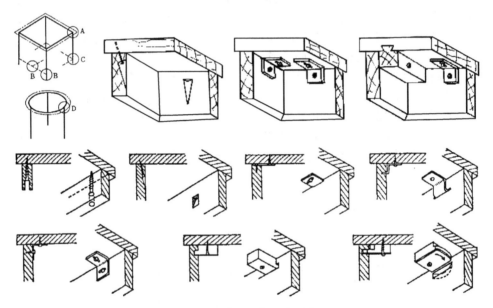

图5-52　桌椅面的固定形式

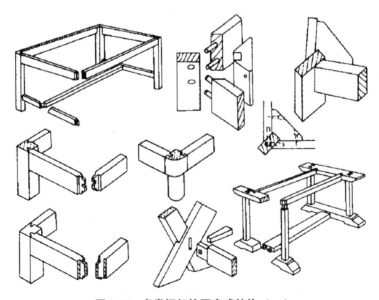

图5-53　桌类框架的固定式结构（一）

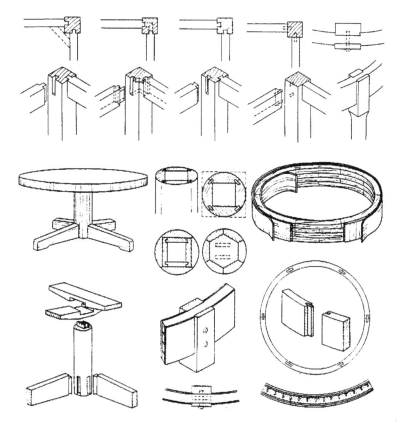

图 5-54　桌类框架的固定式结构（二）

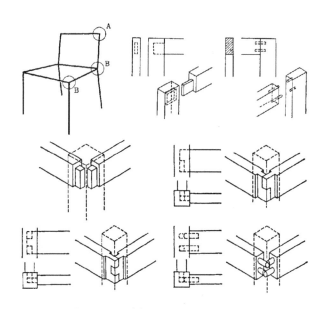

图 5-55　椅类框架的固定式结构（一）

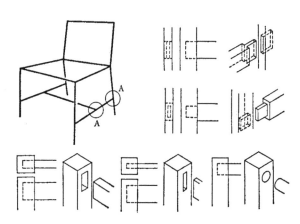

图 5-56　椅类框架的固定式结构（二）

桌类框架的固定式结构如图 5-53 和图 5-54 所示；椅类框架的固定式结构如图 5-55、图 5-56、图 5-57 和图 5-58 所示。

（2）桌椅框架拆装式结构：为了便于包装与运输，实木家具也可采用拆装结构。图 5-59 至图 5-62 为实木桌椅框架的常见拆装结构。望板与腿之间的拆装连接采用金属连接件。许多板式部件之间接合的连接件都同样适用于实木家具的拆装结构。零部件之间相互连接处，除了一个连接件拉紧之外，还需加两个圆榫定位，以防止零件转动。

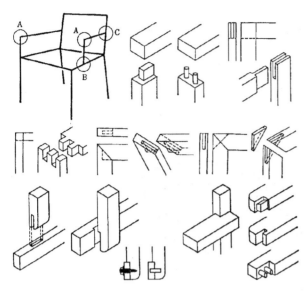

图 5-57　椅类框架的固定式结构（三）

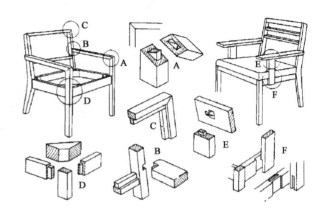

图 5-58　椅类框架的固定式结构（四）

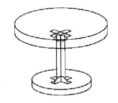

图 5-59　桌类框架的拆装式结构

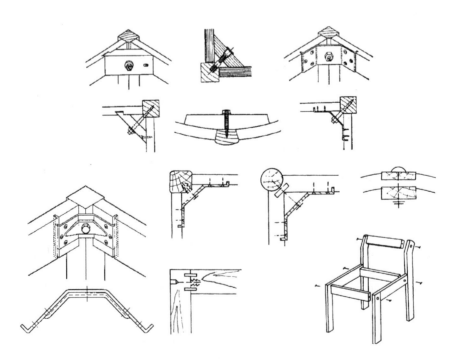

图 5-60　桌椅类框架的拆装式结构

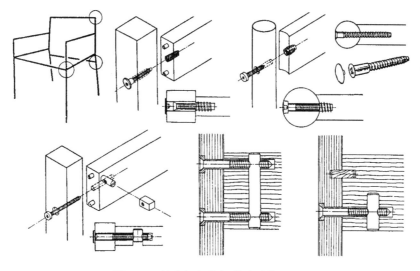

图 5-61　椅类框架的拆装式结构（一）

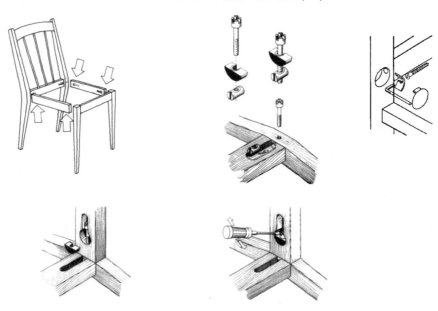

图 5-62　椅类框架的拆装式结构（二）

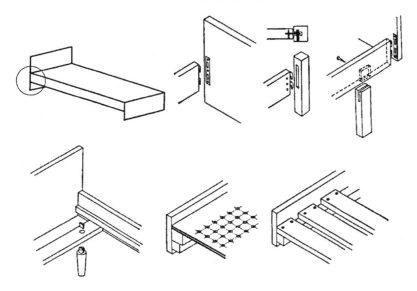

图 5-63　床类家具的结构

5.2.4.3 床类家具结构

常用的屏板式床一般有单头屏板和高低屏板两种。屏板式床的结构主要由屏板（或高低屏板）、床梃（床边板）、床铺板等零部件，通过一定的连接方式接合而成，如图5-63所示。

5.2.4.4 明式家具结构

明式家具主要采用紫檀、黄花梨、乌木、铁力木、鸡翅木等优质硬材以及榆木、楠木、樟木、黄杨木、核桃木等中硬木材，通过各种榫接合和严密配合，使构成的框架结构家具造型简洁端庄、线条挺秀流畅、材料美观华贵、结构稳定牢固。其结构的主要特点为：用材经济，尺寸合理，部件与结构纤细而不失牢固；木框嵌板结构（含穿带横档），预留伸缩余地，避免翘曲变形；各种榫卯接合，不用钉、胶，结构科学、精密、坚固、稳定。图5-64至图5-67为明式家具的常见榫卯结构形式。各结构名称及说明见表5-5。

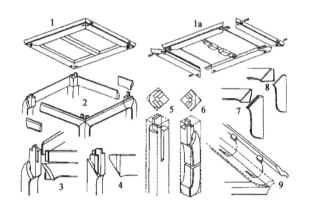

图5-64　明式家具的常见榫卯结构（一）

1. 木框嵌板　2. 长短榫　3. 抱肩榫　4. 挂榫

5. 托角榫　6. 马蹄榫　7. 斜角榫

8. 搭接榫　9. 卡榫

（摘自《明式家具研究》）

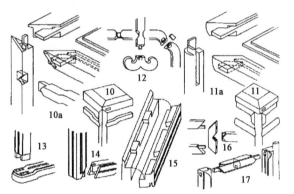

图5-65　明式家具的常见榫卯结构（二）

10. 单肩格角榫　11. 托角榫与长短榫　12. 暗榫

13. 明榫　14. 双肩斜角榫　15. 全隐燕尾榫

16. 双肩格角榫　17. 圆棱格角榫

（摘自《明式家具研究》）

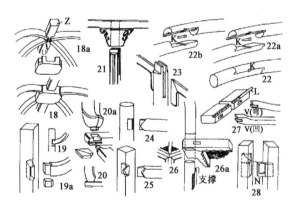

图5-66　明式家具的常见榫卯结构（三）

18. 加钉榫　19. 勾挂榫　20. 管脚榫　21. 夹头榫　22. 楔钉榫　23. 托角榫　24. 圆料格角暗榫　25. 方料格角暗榫

26. 穿榫　27. 编藤孔与压条　28. 勾挂榫

（摘自《明式家具研究》）

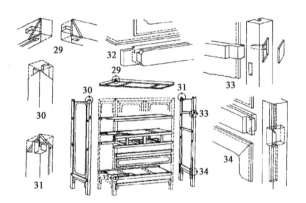

图5-67　明式家具的常见榫卯结构（四）

29、30、31. 综角榫　32. 木框嵌板与格角榫　33. 盖头榫

34. 暗榫、托角榫与嵌板

（摘自《明式家具研究》）

表5-5　明式家具的结构与接合

标号	结构名称	应用处	说　明
1	攒边或木框嵌板	桌面、坐面门、旁板	边框用斜角榫接合，薄型芯板开燕尾槽Z穿带，芯板四周减薄成簧榫，嵌入边框内槽
2	长短榫	脚架与板面间的接合	用双榫加固其上部木框的接合，用短榫是为了不伤上木框的榫头
3	抱肩榫	脚　架	单肩斜角接合
4	挂　榫	脚　架	用燕尾榫槽卡接，斜角接合
5	托角榫	脚　架	脚上部设长槽以嵌装牙子
6	马蹄脚	脚	脚中部挺直而上下微内弯，上部设长短榫，抱肩榫槽分别与面和横挡相接
7	斜角榫	木框内嵌装的较薄型牙子	双肩斜面接合
8	搭接榫	木框内嵌装的最薄型牙子	外侧肩为斜角接合
9	卡　榫	翘头的装设	钩榫从宽槽插入后向窄槽平移即卡紧
10	单肩格角榫	中　撑	榫肩中尖双斜45°
11	攒边托角榫与长短榫	圆腿的桌、椅、凳	面板攒边，脚上部开长槽，以嵌装牙子，脚上端设长短榫与面板连接
12	暗　榫	纹理改向处的连接	用直角榫或插入方榫
13	明　榫	与底托接合	用双榫加固
14	双肩斜角榫	门、旁板	嵌板槽与榫头错开
15	全隐燕尾榫	箱框连接	用燕尾榫头卡接，各面不露木材横断面
16	双肩格角榫	窗花格连接	两面斜肩45°
17	圆棱格角榫	圆棱、木框	斜角榫接合
18	加钉榫	霸王撑与面板中部的连接	直角榫连接，木钉加固，再用木块盖饰
19	勾挂榫	霸王撑与腿的连接	榫头里宽外窄，装后用木块塞紧
20	管脚榫	脚与托泥（落地底框）的连接	脚下端设直角方榫连接
21	夹头榫	双面均有牙子的腿部装设	双榫中沟拓深，用以容夹牙子
22	楔钉榫	弯料接长	对接后插入木钉卡紧
23	托角榫	嵌装牙子	框角内侧开长沟
24	圆料暗榫	中　撑	榫肩与圆料吻合密配
25	方料格角暗榫	中　撑	榫肩中尖双斜45°
26	穿　榫	后腿与坐面接合	背杆穿过面框，用嵌入牙板支承定位
27	藤编座	椅　座	藤条穿入边框孔洞绷紧，孔上用木条L遮饰，框中部加下凹木条支撑
28	勾挂榫	方子拼接	插入榫头里厚外薄，装入后平稳卡紧
29 30 31	综角榫	三面可见的柜体角部	纵横竖三方子交会，三面均取斜角接合。29为面框；30及31为竖挡
32	木框嵌板与格角榫	中下横撑	嵌板榫槽与榫头错开
33	盖头榫	接合牢固又需美观之处	明榫端部劈开加楔，最后用木片嵌盖
34	暗榫、托角榫与嵌板	下撑	方子开长槽装入牙板嵌板

5.2.5 框式家具生产工艺

5.2.5.1 框式家具典型生产工艺流程

（1）实木家具生产工艺流程：实木家具是以实木为基材做成框架或框架再覆板或嵌板的结构（以实木零件为基本构件）所构成的。如实木桌、椅等。这类产品既可以是固定式结构，也可以是拆装式结构。其主要工艺流程为：

实木板材（锯材）——→ 锯材干燥 ——→ 配料 ——→ 毛料加工（刨光、精截等）——→（胶拼或弯曲）——→ 净料加工（开榫、起槽、钻孔、打眼、雕刻、铣型、磨光等）——→ 部件装配 ——→ 部件加工与修整 ——→ 总装配 ——→ 装饰（涂饰）——→ 检验 ——→ 包装。

其中，总装配与装饰（涂饰）的先后顺序，可以是先总装配后装饰（涂饰），也可以先零部件装饰（涂饰）后总装配。可根据木质家具的结构形式和具体情况选择。

（2）实木方材弯曲家具生产工艺流程：

实木板材（锯材）——→ 配料 ——→ 毛料挑选 ——→ 毛料加工（刨光、精截等）——→ 软化处理 ——→ 加压弯曲 ——→ 干燥定型 ——→ 净料加工（开榫、起槽、钻孔、打眼、雕刻、铣型、磨光等）——→ 部件装配 ——→ 部件加工与修整 ——→ 总装配 ——→ 涂饰 ——→ 检验 ——→ 包装。

（3）薄板胶合弯曲家具生产工艺流程：

薄板（薄木、单板、锯制薄板、薄型 MDF 等）——→ 干燥 ——→ 剪拼 ——→ 涂胶 ——→ 配坯陈化 ——→ 弯曲成型（热压或冷压）——→ 陈放 ——→ 锯解或剖料 ——→ 毛料加工（刨光、精截等）——→ 净料加工（开榫、起槽、钻孔、打眼、雕刻、铣型、磨光等）——→ 部件装配 ——→ 部件加工与修整 ——→ 总装配 ——→ 涂饰 ——→ 检验 ——→ 包装。

5.2.5.2 实木家具生产工艺过程

实木家具生产主要以原木制材得到的天然实木锯材和各种木质人造板为原料。不同类型和结构的木家具，其工艺过程略有区别，通常由以下几个加工工段构成。

（1）干燥：目前，木家具生产企业直接购进锯材或成材。为保证家具的产品质量，生产中要求对锯材的含水率进行控制，使其稳定在一定范围值内，即与该家具使用环境的年平均含水率相适应，并且内外含水率均匀一致，以消除内应力，防止在加工和使用过程中产生翘曲、变形和开裂等现象，保证产品的质量。因此，锯材加工之前，必须先对木材进行干燥处理。

（2）配料：实木家具零部件的主要原材料是锯材。零部件的制作通常是从配料开始的，配料就是按照产品零部件的尺寸、规格和质量要求，将锯材锯制成各种规格和形状的毛料的加工过程。配料工段主要是在满足工艺加工和产品质量要求的基础上，使原料达到最合理地、最充分地利用。因此，配料是家具生产的重要前道工段，直接影响产品质量、材料利用率、劳动生产率、产品成本和经济效益等。

配料包括选料和锯制加工两大工序，选料工序要进行细致的选择与搭配，锯制加工工序要进行合理的横截与纵解。也就是说，在进行配料时，应根据产品质量要求合理选料；掌握对锯材含水率的要求；合理确定加工余量；正确选择配料方式和加工方法；尽量提高毛料出料率。这些是配料工艺的关键环节。配料方式主要有先横截后纵解、先纵解后横截、先划线后锯截、先粗刨后锯截、先粗刨与胶合再锯截等种类。配料设备主要采用横截圆锯、纵解圆锯、细木工带锯、单面压刨、双面刨（平压刨）或四面刨等。

（3）毛料加工：经过配料，将锯材按零件的规格尺寸和技术要求锯成了毛料，但有时毛料上可能因为干燥不善而带有翘曲、扭曲等各种变形，再加上配料加工时都是使用粗基准，毛料的形状和尺寸总会有误差，表面也是粗糙不平的。为了保证后续工序的加工质量，以获得准确的尺寸、形状和光洁的表面，必须对毛料进行加工。毛料加工是将配料后的毛料经基准面加工和相对面加工而成为合乎规格尺寸要求的净料的加工过程。主要是对毛料的四个表面进行加工和截去端头，切除预留的加工余量，使其变成具有符合要求而且尺寸和几何形状精确的净料。主要包括基准面加工、相对面加工、精截等；有时还需进行胶合、锯制弯曲等加工处理。

平面和侧面的基准面可以采用铣削方式加工，常在平刨或铣床上完成，如图 5-68 和图 5-69 所示。端面的基准面一般用推台圆锯机、悬臂式万能圆锯机或双头截断锯（双端锯）等横截锯加工，如图 5-70 所示。基准相对面的加工，也称为规格尺寸加工，一般可以在压刨、三面刨、四面刨、铣床、多片锯等设备上完成。

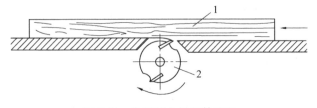

图 5-68 在平刨上加工基准面

1. 工件 2. 刀头

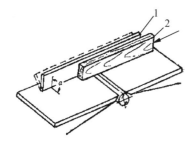

图5-69　在平刨上加工侧面
1. 导尺　2. 工件

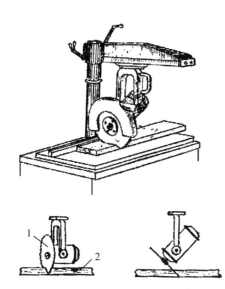

图5-70　在悬臂式万能圆锯上截端
1. 锯片　2. 工件

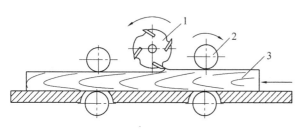

图5-71　压刨上加工相对面

（4）胶合与胶贴：实木家具中方材零件一般是从整块锯材中锯解出来，这对于尺寸不太大的零件是可以满足质量上的要求的，但尺寸较大的零件由于木材的干缩湿胀的特性，零件会因收缩或膨胀而引起翘曲变形，零件尺寸越大，这种现象就越严重。因此，对于尺寸较大的零部件可以采用窄料、短料或小料胶拼（即方材胶合或集成材加工）工艺而制成，这样不仅能扩大零部件幅面与断面尺寸，提高木材利用率、节约大块木材，同时也能使零件的尺寸和形状稳定、减少变形开裂和保证产品质量，还能改善产品的强度和刚度等力学性能。另外，为了节约珍贵木材，在实木家具生产中常会在基材（或零部件）上采用

薄木、装饰木纹纸、三聚氰胺树脂浸渍纸饰面材料等进行贴面和边部处理等。

（5）弯曲成型：弯曲部件或曲线形零部件可以通过锯制弯曲和加压弯曲的方法制成。锯制弯曲就是用细木工带锯或线锯将板方材通过划线后锯割成曲线形的毛料，再经铣削而成零部件的方法。锯制加工不需添置专门的设备，但因有大量木材纤维被横向割断，使零部件强度降低，涂饰较难。对于形状复杂和弯曲度大的零件以及圆环形部件，例如圈椅的靠圈、餐椅的后腿及靠背档等，还需拼接，加工复杂，出材率低。加压弯曲是用加压的方法把直线形的方材、薄板（旋切单板、刨切薄木、锯制薄板、竹片、胶合板、纤维板等）或碎料（刨花、纤维）等压制成各种曲线形零部件的方法。常见的主要有实木方材弯曲、薄板胶合弯曲、横向或纵向锯口弯曲、V形槽折叠成型、碎料模压成型等。这类加工工艺可以提高生产效率、节约木材，并能直接压制成复杂形状、简化制品结构，但需采用专门的弯曲成型设备。

实木方材弯曲的工艺主要包括毛料选择及加工、软化处理、加压弯曲、干燥定型、最后加工等过程。薄板弯曲胶合是将一叠涂过胶的薄板按要求配成一定厚度的板坯，然后放在特定的模具中加压弯曲、胶合成型而制成各种曲线形零部件的一系列加工过程，其工艺主要包括薄板准备、涂胶配坯、弯曲胶压成型、弯曲胶合件陈放、最后加工等过程。

（6）净料加工：毛料经过刨削、锯截和弯曲成型加工成为表面光洁平整和尺寸精确的净料以后，还需要进行净料加工。净料加工是按照设计要求，将净料进一步加工出各种接合用的榫头、榫眼、连接孔或铣出各种线型、型面、曲面、槽簧以及进行表面砂光、修整加工等，使之成为符合设计要求的零件的加工过程。各种榫头可以利用开榫机或铣床加工；各种榫眼和圆孔可以采用各种钻床及上轴铣床（镂铣机）加工；榫槽和榫簧（企口）一般可以用刨床、铣床、锯机和专用机床加工；零部件上的各种型面或曲面或型边通常在各种铣床上采用不同的成型铣刀或者借助于夹具、模具等的作用来完成，也可采用四面刨、仿型铣床、木工车床、镂铣机或数控镂铣机等来进行型面与曲面加工；表面修整通常采用各种类型的砂光机进行砂光处理，以除去各种不平度、减少尺寸偏差、降低粗糙度，使零部件形状尺寸正确、表面光洁，达到油漆涂饰与装饰表面的要求（细光或精光程度）。

（7）部件装配与加工：实木家具的部件装配是按照设计图纸和技术文件的规定的结构和工艺，使用手工工具或机械设备，将零件组装成部件。实木家具的部件装配主要包括木框装配和箱框装配。

在小型企业单件或少量生产时,部件加工基本上都是手工进行的,在批量生产的情况下,部件的修整加工都可以在机床上进行,修整加工的原则也和零件机械加工时一样,也是从精基准面开始的,先加工出一个光洁的表面作为基准面,然后再精确地进行部件修整加工。

(8)总装配:经过修整加工的零件和部件,在配套之后就可以按产品设计图纸和技术要求,采用一定的接合方式,将各种零部件及配件进行总装配,组装成具有一定结构形式的完整制品。结构不同的各种木家具,其总装配过程的复杂程度和顺序也不相同。

(9)表面涂饰:对于实木家具,一般都需要对木制白坯或表面采用薄木或装饰纸等装饰贴面后的零部件,进行表面涂饰处理,使其表面覆盖一层具有一定硬度、耐水、耐候等性能的膜料保护层,并避免或减弱阳光、水分、大气、外力等的影响和化学物质、虫菌等的侵蚀,防止制品翘曲、变形、开裂、磨损等,以便延长其使用寿命;同时,赋予其一定的色泽、质感、纹理、图案纹样等明朗悦目的外观装饰效果,给人以美好舒适的感受。

实木零部件涂饰一般采用喷涂方法,按漆膜能否显现木材纹理可分为透明涂饰和不透明涂饰;按其光泽高低可分为亮光涂饰、半亚光涂饰和亚光涂饰;按其填孔与否可分为显孔涂饰、半显孔涂饰和填孔涂饰;按面漆品种可分为硝基漆(NC)、聚氨酯漆(PU)、聚酯漆(PE)、光敏漆(UV)、酸固化漆(AC)和水性漆(W)等;按不同颜色还可分为本色、栗壳色、柚木色、胡桃木色和红木色等。

总装配与涂饰的顺序应视具体情况而言,它们的先后顺序也取决于产品的结构形式。非拆装式家具一般是先装配后涂饰;而拆装式家具则是先涂饰后装配。

(10)包装:对于非拆装式实木家具成品,一般采用整体包装;而对于拆装式实木家具,常对零、部件以拆装形式包装后发送至销售地点。后者适合于标准化和部件化的生产、储存、包装、运输、销售,占地面积小、搬运方便,是现代家具中广泛采用的加工方式。

5.2.6 板式家具生产工艺

5.2.6.1 板式家具典型生产工艺流程

板式家具是以木质人造板为基材和五金连接件接合的板件结构所构成的。由于接合方式的不同,板式结构具有可拆与不可拆之分,但一般多为拆装式结构。目前,根据板式家具所采用的木质人造板材的板件类型不同,可以归纳出以下几种主要的生产工艺流程:

(1)空心覆面板(包镶板)的板式家具生产工艺流程:

板材(干燥的实木锯材或厚人造板材)——→木框制备(配料、框条加工)——→组框排芯(木框、蜂窝纸空心填料)——→空心板覆面(覆面材料准备、涂胶、配坯、胶压)——→齐边加工(尺寸精加工)——→边部铣异型——→边部处理(直边与软成型封边、镶边、涂饰等)——→排钻钻孔(圆榫孔和连接件接合孔)——→(表面实木线型装饰)——→表面砂光——→涂饰——→零部件检验——→(装配)——→盒式包装。

(2)实心覆面板(以人造板为基材)的板式家具生产工艺流程:

板材(刨花板或中密度纤维板MDF等)——→配料(开料或裁板)——→定厚砂光——→贴面装饰(饰面材料准备、涂胶、配坯、胶压)——→齐边(尺寸精加工、精裁)——→边部铣异型(铣边)——→边部处理(直边与软成型封边、后成型包边、镶边、V形槽折叠、涂饰等)——→排钻钻孔(圆榫孔和连接件接合孔)——→(表面镂铣与雕刻铣型,或表面实木线型装饰)——→表面砂光——→涂饰——→零部件检验——→(装配)——→盒式包装。

根据板式家具的结构类型、基材种类、板件形式、装饰方法等的不同,产品既有贴面板式家具(以贴面装饰为主,一般无涂饰)和涂饰板式家具(表面最终为涂饰装饰,也可先贴面后再涂饰)之分;也有平直型板式家具(只进行表面贴面和封边或包边等平面装饰)和艺术型板式家具(表面采用镂铣与雕刻,或实木线型镶贴等立体艺术装饰)之分。因此,板式家具的生产工艺流程,应根据产品的结构类型、基材种类、板件形式、装饰方法和加工设备等具体情况来进行合理选择与确定。

5.2.6.2 板式家具生产工艺过程

(1)配料(开料、裁板):为了保证板式家具的装饰质量和效果,对各种人造板基材(又称素板)都应进行严格的挑选,必须根据板件的用途和尺寸来合理选择人造板的种类、材质、厚度和幅面规格等。各种人造板基材的饰面处理既可以在标准幅面板材上进行,也可以根据板式部件规格的大小,首先经过锯截加工,再进行饰面处理。人造板材的开料、裁板通常是在各种开料圆锯上进行的。一般采用推台式开料锯(又称为精密开料锯、导向锯)、电子开料锯(又称裁板机)、立式开料锯和数控裁板锯等。

(2)厚度校正(砂光):人造板基材的厚度尺寸总有偏差,往往不能符合饰面工艺的要求。在锯截成规格尺寸后或饰贴面之前,必须对基材进行厚度校正加工，否则会在贴面时产生压力不均、表面不平和胶合不牢的现象，在单层压机中贴面时，基材厚度公差不许超过 ±0.1mm。基材厚度校正加工的方法常用带式砂光机（水平窄带式或宽带式）砂光，近年来普遍使用宽带式砂光机，它的作用主要是校正基材厚度、整平表面和精磨加工，使基材达到要求的厚度精度。

（3）表面镂铣与雕刻铣型：在板式部件表面上镂铣图案或雕刻线型是板式家具的重要装饰方法之一。板式部件的表面如需铣削出各种线型和型面，一般可在上轴铣床、多轴仿型铣床、镂铣机和数控加工中心（CNC）等设备上采用各种端铣刀头对板式部件表面进行浮雕或线雕加工。

（4）覆面与贴面：为了美化产品外观，改善使用性能，保护表面，提高强度，家具的板式部件要进行表面饰面或贴面处理。通常各种空心板式部件在增加部件强度的覆面材料上要再贴上装饰用的饰面材料。实心板式部件一般是在刨花板、中密度纤维板等基材的表面上直接贴上饰面材料。饰面材料种类的不同，它们的贴面胶压工艺也不一样。薄木胶贴工艺常用的分别有干贴和湿贴、冷压和热压两种；装饰纸有预油漆和未油漆装两种，后者贴面后可用树脂涂料涂饰，贴面胶压可采用冷压、热压及连续辊压法；普通三聚氰胺树脂浸渍纸贴面采用冷—热—冷法，而低压短周期三聚氰胺树脂浸渍纸贴面工艺常采用热—热法；三聚氰胺树脂装饰板或层压板（HPL）适合于平面贴面，如果采用后成型防火板可进行板件的异型包边处理；聚氯乙烯（PVC）薄膜适合于平表面贴面和异型浮雕表面真空覆膜。

（5）齐边（精裁）与铣边：板式部件经过表面装饰贴面胶压后，在长度和宽度方向上还需要进行板边切削加工（齐边加工或尺寸精加工）以及边部铣型等加工。常采用精密开料锯或电子开料锯等进行精裁加工。边部铣型或铣边通常是按照型边要求的线型采用相应的成型铣刀在立式下轴铣床、立式上轴铣床（即镂铣机）、双端铣等各种铣床上加工，有的也可以通过成型封边机的铣刀进行加工等。

（6）边部处理：板件表面饰贴后，侧边显露出各种材料的接缝或孔隙，不仅影响外观质量，而且容易碰损、剥落、吸湿膨胀或变形。因此，应根据板件侧边的形状来选用封边、镶边、包边（后成型）、涂饰和 V 形槽折叠等方法进行侧边处理。

（7）钻孔加工：为了便于零部件间接合，板式部件经过贴面胶压、覆面齐边和边部处理后，还需要进行钻孔加工。钻孔是为板式家具制造接口，现代板式部件钻孔的类型主要有：圆榫孔（用于圆榫的安装或定位）、螺栓孔（用于各类螺栓、螺钉的定位或拧入）、铰链孔（用于各类铰链的安装）、连接件孔（用于各种连接件、插销的安装和连接）等。最简单的钻孔方式是采用普通台钻、单轴钻或手工钻，配以"标准钻孔板"或"通用钻模"、"钻削动力头"或"多轴钻座"来进行钻孔加工，常适用于小型规模的生产。为适应板式家具大量生产和流水线作业的需要，目前常用单排钻、三排钻和多排钻等，并根据"32mm 系统"原理和设计要求来选用不同直径的钻头和符合规定的孔距，便于实行"32mm 系统"的标准化、系列化、规格化及拆装式家具的生产。

（8）表面修整与砂光：为了提高板式部件表面装饰效果和改善表面加工质量，一般还需要对未贴面的板件或用薄木、单板贴面的板件进行表面修整与砂光处理，以消除生产过程中产生的加工缺陷，使板面平整光滑，再送往装配或涂饰工段。板件表面的最后砂光通常采用手工或窄带式、宽带式砂光机进行。

（9）表面涂饰：对于表面饰贴三聚氰胺树脂装饰板（防火板）、三聚氰胺树脂浸渍纸和 PVC 等塑料薄膜的板式部件，一般无须进行涂饰。而表面采用薄木（或单板）和印刷装饰纸贴面、直接印刷木纹、贴膜转印木纹以及镂铣、雕刻、镶嵌等艺术装饰后的板式部件，与实木家具一样，还必须再进行涂饰处理。从而延长木家具的使用寿命；加强和渲染木材纹理的天然质感，形成各种色彩和不同的光泽度，提高木家具的外观质量和装饰效果。

（10）包装：板式家具一般都是拆装式家具，产品通常以成套的零部件和配件（附有装配示意图和装配说明书等）采用分体包装后，运至销售点或使用地之后再总装配或由用户自装成制品。拆装式生产和包装，不仅可以使生产厂省掉在工厂内的装配工作，而且还可以节约生产面积、降低加工成本和运输及销售费用、提高劳动和运输效率。

5.3　软体家具的结构与工艺

凡支承面含有柔软而富有弹性软体材料的家具都属软体家具。软体家具分坐类和卧类两种，一般主要包括沙发、软椅、软凳、弹簧软床垫、软坐垫、软靠垫等，表面用软体材料装饰的床屏家具亦属于此类。

5.3.1　坐类软体家具结构与工艺

5.3.1.1　框架结构

坐类软体家具既承受静载荷，又要承受动载荷以及冲击载荷，因此，强度应满足要求。一般来说，坐类软体家具除含有软体部分外，多数都有支架（框架）结构作为支承，支架结构有传统的木结构、钢制结构、塑料成形支架及钢木结合结构，其中木结构最为常用。但也有不用支架的全软体家具，例如软床垫、软坐垫等。

（1）木框架的结构要求：

木支架为传统结构，一般属于框架结构。木框架质量的好坏是决定沙发使用寿命的重要因素之一，因此，为了保证沙发的使用效果和寿命，支架的用材要具有较高的强度和握钉力，一般含水率应控制在15%以下。对于受力大的部件需选用材质坚硬，弹性较好，且无虫眼、腐朽等缺陷的木材；有缺陷的木材，应安排在受力小的部位。因为有软体材料的包覆，除扶手和脚型等外露的部件，其他的构件的加工精度要求不高。

①外露木框架部分：如实木扶手、腿等，要求光洁平整、需加涂饰，接合处应尽量隐蔽，结构与木质家具相同，宜采用暗榫接合。

②被包覆木框架部分：如底座框架、靠背框架等，可稍微粗糙、无须涂饰，接合处不需隐蔽，但结构须牢固、制作简便，可用圆钉、木螺钉、明榫接合，需要持钉的木框厚度应不小于25mm。

（2）木框架的结构类型：木框架的接合常用榫接合、圆钉接合、木螺钉接合、螺栓接合和胶接合等形式。脚是受力集中的地方，它要承受沙发和人体的重量，所以常采用螺栓连接。螺栓规格一般为10mm，常将圆头的一端放在木框外，拧螺母的一端放在框架内侧，并且两端均得放垫圈。为了使接合平稳、牢固，不管是圆脚还是方脚，与框架的接合面都必须加工成平面。脚在安装之前，可预先将露出框架外的部分进行涂饰，涂饰的颜色要根据准备使用的沙发面料的颜色而定，使之相互协调。

坐垫框架和靠背框架的连接，因受力较大，一般采用榫接合，并涂胶加固或在框架内侧加钉一块10～20mm厚的木板，以增加强度。这部分的接合还可以采用半榫搭接和木螺钉固定。框架板件的厚度一般为20～30mm，不能太厚，以免增加沙发自重，造成搬动不便，且浪费材料；但也不能小于20mm，以免影响强度，造成损坏。全包木框架对光洁度的要求不高，只要刨平即可。

根据软体家具（如沙发、椅、凳等）的种类与造型的不同，其木框架的式样也有很多，图5-72和图5-73所示为几种沙发和椅子的典型框架结构。

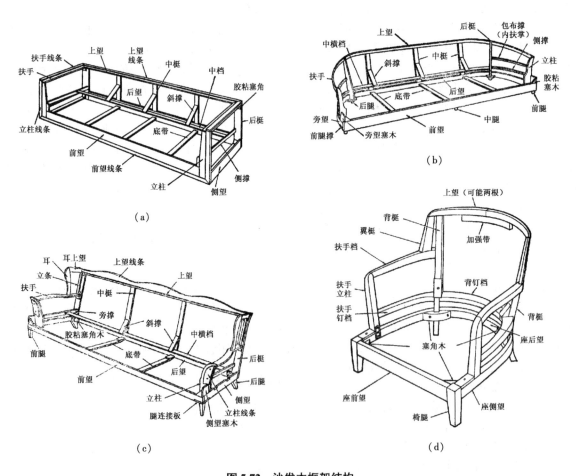

(a)

(b)

(c)

(d)

图5-72　沙发木框架结构

(a) ～ (c) 长沙发框架　　(d) 单沙发框架

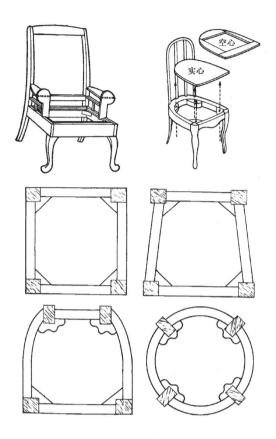

图 5-73　椅子木框架结构

5.3.1.2　软层结构

（1）软体结构种类：

①按软体厚薄不同，有薄型软体结构和厚型软体结构两种。

薄型软体结构：又称半软体结构，一般采用藤编、绳编、布、皮革、塑料编织、棕绷面等制成，也有采用薄型海绵与面料制作。这些半软体材料有的直接编织在坐椅框上，有的缝挂在坐椅框上，有的单独编织在木框上后再嵌入坐椅框内。

厚型软体结构：常有三种形式，第一种是传统的弹簧结构，利用弹簧作软体材料，然后在弹簧上包覆棕丝、棉花、泡沫塑料、海绵等，最后再包覆装饰面料。第二种为现代沙发结构，也叫软垫结构。整个结构可以分为两部分：一部分是由支架蒙面（或绷带）而成的底胎；另一部分是软垫，由泡沫塑料（或发泡橡胶）与面料构成。包括整体式软包、嵌入式软包和直接式软垫等种类。整体式软包与弹簧结构相同，只是以厚型泡沫塑料等代替弹簧；嵌入式软包是在支架（或底板）上由厚型泡沫塑料等蒙面（或绷带）而成的底胎软垫，可以固定在坐具框架上或用螺钉或连接件与框架做成拆卸结构；直接式软包是由厚型泡沫塑料等与面料直接构成的活动软垫，一般与坐具框架做成分体式，使用坐具时可用或不用活动软垫。

②按构成弹性主体材料的不同，软体部位的结构可分为螺旋弹簧、蛇簧和泡沫塑料等三类。

螺旋弹簧：弹性最佳，坐用舒适，材料工时消耗较多，造价较高，主要用于高级软体家具。

蛇簧：弹性尚佳，坐用较舒适，材料工时消耗与造价比螺旋弹簧低，常用于中、普级软体家具。

泡沫塑料：弹性与舒适性均不如螺旋弹簧和蛇簧，但省工、省料、造价低，一般用于简易的软体家具、软垫及单纯装饰性包覆。

（2）螺旋弹簧全包沙发典型软体结构：用螺旋弹簧为主体的全包沙发软体部分的典型结构如图5-74所示。

①全包沙发的软体结构：分为坐面、靠背和扶手三部分，其中坐面、靠背均含有螺旋弹簧。螺旋弹簧下部缝连或钉固于底托上，上部用绷绳绷扎连接并牢牢固定于木架上，使其能弹性变形而又不偏倒。在绑扎好的弹簧上面先覆盖固定头层麻布，再铺垫棕丝，然后覆盖固定两层麻布，再铺垫少量棕丝后包覆泡沫塑料或棉花，最后蒙上表层面料。其中弹簧的作用是提供弹性；棕丝、泡沫塑料、棉花等填料的作用在于将大孔洞的弹簧圈表面逐步垫衬成平整的坐面；加两层麻布有利于绷平，减少填料厚度。非高级家具可酌情减免头层麻布上面的材料层次。填料除上述典型的材料外，亦可选用其他种类，如亚麻丝、剑麻丝、椰丝、橡胶浸渍椰丝、木丝、木棉、西班牙苔藓、马毛、牛毛、猪毛、橡胶浸渍毛、羽绒、鸭毛、鹅毛等。根据产品档次和填料的回弹性能选用，回弹性能

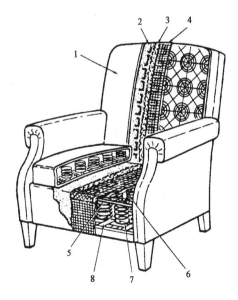

图 5-74　螺旋弹簧沙发结构
1. 面料　2. 棉花层　3. 泡沫填料　4. 麻布　5. 弹簧钢丝边　6. 弹簧绑结　7. 螺旋弹簧　8. 绷带

好的用于高档软家具。

②沙发的弹簧规格与用量：沙发坐面弹簧的可用高度为 102～267mm、钢丝号为 11 号～8 号，常用高度为 178～203mm、钢丝号为 11 号～10.5 号；沙发靠背弹簧的高度为 102～254mm、钢丝号为 14 号～12 号。单人沙发弹簧的最少用量，对于螺旋弹簧结构沙发，坐面部位最少为 9 个、靠背部位最少为 4 个；对于蛇簧结构沙发，坐面部位最少为 4 根、靠背部位最少为 3 根。双人、三人沙发的弹簧用量应相应增加。

③软体高度与靠背表面形状：软体部分的高度由绷扎后的弹簧高度和填料厚度构成，填料厚度应小于 25mm。弹簧绷扎后的高度据弹簧软度而定。对于硬性弹簧，弹簧自由高度为弹簧标准高度加 25～38mm；对于中等硬度弹簧，弹簧自由高度为弹簧标准高度减 25mm；对于软度弹簧，弹簧自由高度为弹簧标准高度减 50mm。不过，弹簧绷扎压缩量不得超过弹簧自由高度的 25%，为此，应适当选配弹簧高度，以满足这一要求。同时，弹簧应高出座望板上边至少 75mm，如图 5-75 所示。靠背的表面形状有平面和弧面两种类型。靠背的表面近于平面，其结构特点为座与背的靠外周边各设一根圈边的弹簧边钢丝，边钢丝绑接于螺旋弹簧的上外侧；靠背的表面呈弧形，座与背的靠外周边不加边钢丝。

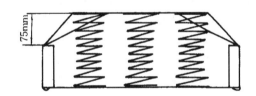

图 5-75　弹簧超出座望板高度

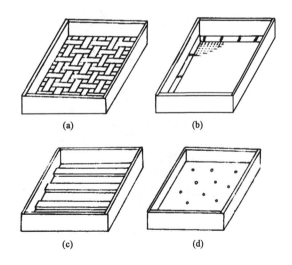

图 5-76　螺旋弹簧结构的底托类型
（a）绷带　（b）整网　（c）板带　（d）整板

④螺旋弹簧结构的底托类型：底托主要有绷带、整网式、板带、整板式四种结构类型，如图 5-76 所示。绷带结构是由相互交织的多行绷带构成，绷带常用麻织物、尼龙橡胶或钢丝、钢带制作。绷带都用钉子固定于木框架上。通常织物用 13mm 长的鞋钉，钉距约 40mm，其他用 15mm 长的鞋钉。绷带结构回弹性好，主要用于中高级家具，而钢绷带则用于普级家具。整网结构用纤维材料编织或用麻布制成，四周用螺旋穿簧固定于木框架上，其特点为回弹性好，用于中、高级家具。板带结构是在每行（或列）弹簧下设置一根板条，并钉固于木框架上，这种结构无弹性，主要用于普级家具。整板结构是用钻有透气孔的整块木板钉固在木框架上，也无弹性，常用于普级家具。

（3）蛇簧沙发典型软体结构：使用蛇簧的沙发，可以用蛇簧作其软体结构的主体，充作坐面与靠背的主要材料。数根蛇簧使用专用的金属支板或用钉子固定于木框上。座簧固定于前后望板，背簧固定于上下横挡，各行蛇簧用螺旋穿簧连接成整体，中部各行间亦可用金属连接片或拉杆代替螺旋穿簧。蛇簧沙发上、下部的结构与螺旋弹簧沙发相同，即上部有麻布填料和面料，下部设底布等。

（4）泡沫塑料软体结构：主要有整体式软包、嵌入式软包和直接式软垫三种结构类型。对于整体式软包结构，是以泡沫塑料为主要弹性材料的椅坐、椅背，在泡沫塑料下需设底托支承，底托种类同螺旋弹簧结构，上面覆棉花与面料，如图 5-77（a）所示。对于嵌入式软包结构，是椅框与软包坐框、软包背框分开的，坐面和靠背的软垫木框单独制作，待软包以后再嵌入椅框的槽口上，如图 5-77（b）所示。如果采用泡沫塑料外面包覆面料就可做成软垫直接使用。

5.3.1.3　制作工艺

（1）传统沙发的制作工艺流程一般为：

沙发材料的准备 ── 木框架制作（选料、配料、刨料、划线、开榫、打眼、组框等） ── 钉底带 ── 固定与绑结弹簧 ── 缝接与钉接底层（或头层）麻布 ── 铺装胎面填充层（棕丝等） ── 缝合与固定面层（或二层）麻布（绗针与锁边） ── 铺装面层衬垫材料（棕丝、棉花、泡沫塑料等） ── 面料及其衬布的裁剪与缝制 ── 蒙面（面料的钉接或缝接、绗条与拱丘、饰钉与纽扣装饰等） ── 钉接底布。

①木框架的制作：主要包括选料、配料、毛料的加工、净料的加工和装配等工艺。

②钉底带：用 50mm 宽的绷带做底带时，底带应横竖交错排列，密度依弹簧的数量和受力情况而定，

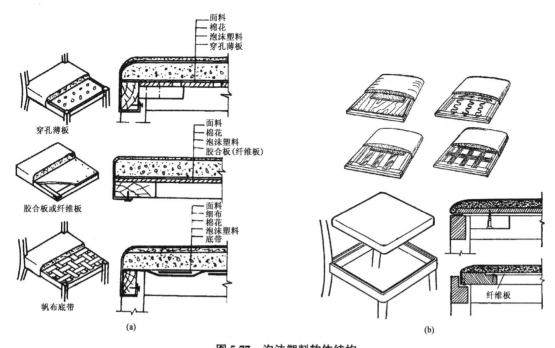

图 5-77　泡沫塑料软体结构
（a）整体式软包结构　　（b）嵌入式软包结构

底带两端用钉子分别固定在四周的边框上；也可用木底带，采用榫结合，同框架连为一个整体。木底带呈平行排列，间距 65～80mm。但木底带弹性较差。

③固定与绑结弹簧：分为软边弹簧固定、栓弹簧及靠背硬边弹簧固定。

④缝接与钉接底层布：选择适当的布（传统用麻布）做底层包覆材料，采用缝接和钉接的方法，将底布与弹簧、支架固定在一起。

⑤制作胎面填充层：胎面填充层主要有棕丝等。填充层厚度应均匀，主要受力部位可适当增加厚度，以平整柔软为标准，不可出现凹凸不平的现象。

⑥缝合与固定面层麻布、铺装面层衬垫材料、面料的裁剪与缝制。面层布主要起包覆固定填充层的作用，因此，面层布应具有一定的抗拉力。一般采用缝接和钉接的方法。

⑦蒙面：为使沙发饱满而富有弹性，在蒙面之前，可以先在面料背面缝制一层薄胶棉。将裁剪好的面料缝接在一起，与沙发的轮廓一致，最后用枪钉固定在边框上。

⑧钉底布：底布包括座面底布和靠背底布，是沙发的一层保护性材料，防止灰尘进入沙发内部。一般采用泡钉固定。

（2）现代沙发制作工艺：现代沙发制作在工艺上更为简单，一般不再采用弹簧作为软体材料，而采用发泡橡胶或泡沫塑料为软体材料。制作时先做框架，然后根据设计要求包覆发泡橡胶，在包覆时应使形状与外形一致。接着应在发泡胶上包覆一层柔软的

薄胶棉，以提高沙发的柔软度与平整度，最后是蒙面，做法同传统方法。

5.3.2　软体床垫结构与工艺

软体床垫是以弹簧及软体衬垫材料为内芯材料，表面罩有织物面料或软席等材料制成的卧具。

软体床垫有三种基本类型：泡沫式、填充式和弹簧式。高质量的泡沫式床垫至少应当有 11cm 厚。填充式床垫的承受能力取决于它的弹性和填充物的质量，以及是否有一个弹性底座支承。

一般来说，弹簧床垫基本由三大部分组成：床网（由弹簧组成）、填充物和面料。其内部结构如图 5-78 所示。

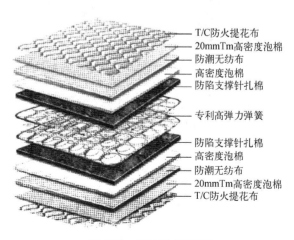

—— T/C防火提花布
—— 20mmTm高密度泡棉
—— 防潮无纺布
—— 高密度泡棉
—— 防陷支撑针扎棉
—— 专利高弹力弹簧
—— 防陷支撑针扎棉
—— 高密度泡棉
—— 防潮无纺布
—— 20mmTm高密度泡棉
—— T/C防火提花布

图 5-78　床垫的内部结构

5.3.2.1 软体床垫结构

软床垫一般无须框架,其结构有弹簧软床垫、泡沫塑料软床垫、全棕软床垫、充水软床垫、充气软床垫、电动软床垫以及拉簧床、棕绷床等多种形式。

(1)弹簧软床垫:又称席梦思床垫,由弹簧芯两面覆盖衬垫材料构成。根据弹簧芯的不同,弹簧软床垫可分为三种结构。

①中凹螺旋弹簧结构:以中凹螺旋弹簧为主体,两面用螺旋穿簧或铁卡连接,利用中凹螺旋弹簧、穿条弹簧或铁卡、泡沫塑料、海绵、面料等制成,如图5-79(a)所示。中间是中凹螺旋弹簧,横向用穿条弹簧或铁卡串联并绷紧,上下两面再用钢丝把四周围起来,制成一个方正的组合弹簧结构,然后在其两面用麻布绷紧缝好,填棕丝、铺海绵,最后罩面料(化纤面、薄泡沫塑料、无纺布预先缝在一起)展平、沿周边缝好。这种弹簧软床垫受力均匀,而且富有弹性。

②袋装螺旋弹簧结构:将圆柱螺旋弹簧分别装入经特殊处理的棉布袋或织物缝制的袋中并封口,然后一个紧挨一个、纵横对直排列,并用麻线将袋装弹簧分别从前后、左右方向与四周的弹簧一个个缝接起来,上下两面再用钢丝框把四周围起来,形成方正整体,然后再用麻布绷紧包起缝合,填棕丝、铺海绵、胶泡沫塑料,最后蒙罩面料,如图5-79(b)所示。

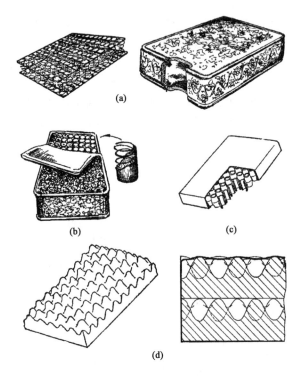

图5-79 常见软体床垫
(a)中凹螺旋弹簧结构 (b)袋装螺旋弹簧结构
(c)泡沫塑料筒装弹簧结构 (d)全泡沫塑料结构

可独立承受压力,弹簧之间互不影响,使相邻的睡者不受干扰,且可有效预防和避免弹簧之间的摩擦。

③螺旋弹簧床屉结构:螺旋弹簧为主体,结构与沙发坐相同,即周边设木框或箱框结构,弹簧固定于框下底托上,弹簧上部用钢丝或绷绳绷扎后,再覆盖麻布、填棕丝和泡沫塑料,最后罩面料拉紧并用裘皮钉固定在木框架上,在床屉底部常用粗布进行封底,以防灰尘进入。

弹簧是整个床垫的心脏,由弹簧组成的床网的好坏直接决定了床垫的质量,床网的质量主要由弹簧的覆盖率、钢材的质地等因素决定。一般来说,每张床垫的弹簧覆盖率不低于60%,所用弹簧钢丝需经处理,以保证弹簧的弹性和韧性。

(2)泡沫塑料软床垫:

①泡沫塑料筒装弹簧结构:是类似于袋装弹簧的泡沫塑料筒装弹簧软床垫,它用外面为腰鼓形、内部为圆柱形的泡沫塑料圆筒取代小布袋,圆柱形弹簧旋入内部的螺旋形槽中。腰鼓形泡沫塑料圆筒之间用较软的泡沫塑料连接件连接,使之成为一整体,如图5-79(c)所示。但圆筒与圆筒之间应保持适当的间距,同时还要考虑连接件的柔软度,以保证使每一个弹簧在受力时均能独自地上下运动,而不波及四周相互连接的弹簧。内芯加工好以后再在上、下表面及四周边覆盖一层泡沫塑料。周边的泡沫塑料可以选密度大一点的较硬的品种,以便外形轮廓形状稳定。表面的泡沫塑料则应密度小一点,柔软一点,以便减少一处受压时对周围的影响。最后套上面罩即可。

②全泡沫塑料结构:是全部由泡沫塑料构成的全泡沫塑料软床垫,泡沫塑料的形状和性能均有独特之处,目的是为使人体处于一种理想的睡眠状态。全泡沫塑料软床垫常采用表面有许多圆锥形(或山脊形)突块的泡沫塑料[图5-79(d)]。这种结构比完全平直表面的泡沫塑料具有更好的传热性和吸湿性。但人体与软垫的接触面积小,人体单位面积的压力将要增加,当单位压力达到 $100 \sim 200 \mathrm{g/cm^2}$ 时,就要阻碍血液循环,所以只有当人体处于最小接触面积时的单位压力不超过 $100 \mathrm{g/cm^2}$ 时,其效果最为理想。实际使用中,通常将两层具有同种突块形状且厚度相等的泡沫塑料构成的软垫,下层的突块正好对准上层的空凹处。这时人体重力就分散在上、下两层的突块之上,将使人感到更为舒适,另外人体所散发的汗水也可以从两层中间的空隙中向外挥发。有时两层密度(或厚度)也可不同,上层较软(或较薄)、下层较硬(或较厚),可具有更柔软的触觉。另外,也可将两层背对背排列,更利于汗气和热量的散发,而不至于沉淀在床面上,便于保持清洁卫生。这种软垫包封十分简单,只要将泡沫塑料按一定方式配置后,再套进

用有弹性的网状编织物缝制的面罩内即可。

（3）全棕软床垫：是利用棕丝或棕片的弹性与韧性作软体材料，通过均匀铺装、展平和胶压成一定厚度后，再包覆面料等制成。全棕软床垫的厚度一般比弹簧软床垫的厚度要薄，弹性和柔软度好，易于传热、吸湿和散发汗气与热量，是目前比较流行的一种薄型软床垫。

5.3.2.2　弹簧软床垫制作工艺

弹簧软床垫的制作也是软包工艺之一，与全包螺旋弹簧沙发制作工艺基本相同，它们之间除了尺寸大小差异之外，软床垫在形体和结构上比沙发更为简单。其工艺流程一般为：

床垫材料的准备 ⟶ 弹簧制作（弹簧盘绕或卷簧、弹簧热与防腐处理）⟶钢丝框成型（钢丝拔直与弯曲成型）⟶ 弹簧垫芯制作（穿簧或布袋装簧、穿边、钳框）⟶ 包覆麻布 ⟶ 包覆棕丝或棕片 ⟶ 铺覆软垫物（薄泡沫塑料、海绵、棉絮等铺覆与扎边）⟶ 装饰面制作（面料、衬布及衬垫的裁剪与缝制、绗缝与车花、绗条与拱丘）⟶ 蒙面（面层的包覆与缝合）⟶ 围边与锁边（扎边角、包覆围边、边缘包缝）⟶ 最后装饰与整理

5.4　金属家具的结构与工艺

金属家具是指主要部件由金属所制成的家具。根据所用材料，可分为全金属家具（如保险柜、钢丝床、厨房设备、档案柜等）、钢木家具（金属与木质构件结合）、钢塑家具（金属与塑料构件结合）、金属软体家具以及金属与竹藤、玻璃等材料结合的家具等。

5.4.1　金属家具结构

5.4.1.1　金属家具的结构特点

按结构形式的不同特点，金属家具的基本结构可分为固定式、拆装式、折叠式、叠摞式、插接式和悬挂式等种类。

（1）固定式结构：指产品零部件之间均采用焊接、固定铆接、咬接等连接方式，连接后不可以拆卸，各零部件之间也没有相对运动。这种结构受力及稳定性较好，有利于造型设计，常用于一些重载的柜类家具，如金属文件柜、书柜等。但表面处理较困难，占用空间大，不便于运输。

（2）拆装式结构：产品各主要部件之间采用螺栓、螺钉以及其他连接件连接（加紧固装置），使整个家具可以随意拆装，其优点是便于加工与表面装饰，有利于包装运输。但要求零部件加工精度高、互换性强，如多次拆卸，易磨损连接件而降低牢固性和稳定性。

（3）折叠式（折动式）结构：利用平面连杆机构的原理（图5-80），主要部件通过铆钉、铰链和转轴等五金件连接，连接后，各原部件间可相互转动、折叠，实现家具形体的变化。其优点是占用空间小，便于包装、使用、携带、存放与运输。其缺点是对折叠零部件的尺度和孔距要求较高，其整体强度、刚度和稳定性略低。常用于桌、椅类家具，适用于经常需要变换使用场地的公共场所（餐厅或会场）或住房面积较小的居室。

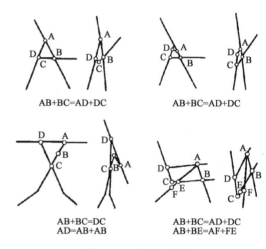

图5-80　折动点示意

（4）叠摞式（叠积式）结构：此种结构主要按照叠摞的功能要求而设计，其结构的主要连接方式为焊接、铆接和螺钉连接等。固定连接，没有相对运动，但可以在高度方向上重叠放置。叠摞式家具可减少占地面积，有利于包装、运输，但部件的加工和安装精度要求较高，设计的尺度要合理，否则会影响叠放的数量和安全、稳定性。叠摞式结构主要用于柜类、桌台类、床类和椅凳类家具，最常见的是椅凳类家具。叠摞结构并不特殊，主要在脚架及脚架与背板空间中的位置上来考虑"叠"的方式。

（5）插接式结构：主要零部件通过套管（或缩口）和金属或塑料插接头（二通、三通、四通）连接，并用螺钉连接固定。其优点是装卸方便，便于加工和涂、镀处理，有利于包装和运输。其缺点是要求插接的部位加工精度高，具有互换性，而且整体牢固性和稳定性较差。

（6）悬挂式结构：利用专门的金属构件，将小型柜体或撑板悬挂在墙体或搁板上，可以充分利用空间。其结构形式可分为固定式、拆装式和折叠式，要求悬挂件及悬挂体本身设计得小巧而坚固，具有可靠

的安全性和稳定性。

5.4.1.2　金属构件的接合方式

金属家具的金属件与木质材料及塑料件之间大都采用螺栓或螺钉、铆接等方式进行连接；金属与玻璃之间往往采用胶接和嵌接。而金属零件之间的连接方式则较多，主要分为焊接、铆接、螺钉连接、销连接等。各种连接方法都有各自的特点，在结构设计时应根据造型及功能要求、材料特性、加工工艺来进行选择。

（1）焊接：在金属家具制造中，焊接是零件连接的主要手段之一，多应用于固定式结构。主要用于受剪力、载荷较大的零件。常用的焊接方式有气焊、电弧焊、储能焊等。其优点是加工工艺简单，牢固性及稳定性较好，但因手工操作较多，难以实现自动化，构件焊接后容易变形，为后续工序的施工造成困难。

（2）铆接：指在两零件钻出通孔后再用铆钉连接起来，使之成为不可拆卸的结构形式。这种连接方法具有较好的韧性和塑性，传力均匀可靠，主要用于折叠结构或不适于焊接的零件，如轻金属材料。根据零件之间是否有相对运动，可分为固定式铆接和活动式铆接。此种连接方式可先将零件进行表面处理后再装配，给工作带来方便。

（3）螺钉（或螺栓）连接：金属家具某些部件之间装配后又可以拆装的结构，称为可拆连接。而螺钉（或螺栓）连接是可拆连接的一种。它具有安装容易、拆卸方便的特点，应用于拆装式金属家具，一般采用来源广的紧固件，且一定要加防松装置。

（4）销连接：销也是一种通用的连接件，主要应用于不受力或受力较小的构件，起定位和帮助连接作用。销的直径可根据使用的部位、材料来确定，起定位作用的销一般不少于两个；而起连接作用的销的数量以保证产品的稳定性来确定。

（5）插接：主要用于插接式金属家具两个零件（如钢管或扁铁）之间的滑配合或紧配合连接。插接加工、安装简便，生产时只须经过下料、截断、打孔，就可以进行组装。

（6）挂接：主要用于悬挂式金属家具和拆装式金属家具的挂钩连接。

5.4.2　金属家具制造工艺

5.4.2.1　金属构件制作的基本方法

金属构件的制作加工主要有铸造、弯曲和冲压三种基本方法。

（1）铸造法：适用于铸铁、铸铝、铸铜。铸铁构件用在桌椅的腿部支架，如影剧院、会议厅、阶梯教室的桌椅支架，办公用椅的基部可转动的支架，医疗器械的主框架，特别是公园路边的坐椅支架更为适用。其加工方法同其他铸铁构件一样，首先要制砂型，将熔化成液体的金属液进行浇铸，待铸件凝结后取出，进行刨光加工。在设计家具的骨架铸造时，通常的厚度是 5mm，为了增加抗压强度可加厚至 10mm，或者设计成工字形的断面。如果精密度要求不太高，则可用一般的铸造方法，若用机械加工做成永久性模具，则可以提高生产，并可以获得较高的精度。铸铝构件同铸铁构件应用相同，不同的是铸铝构件优于铸铁构件，多用于高档家具。铸铜多用于家具小型装饰件。

（2）弯曲法：适用于钢筋、钢管及部分型材的加工，主要用于椅桌、组合柜的支架加工。弯管一般可分为热弯和冷弯两种。热弯用于管壁厚或实心的管材，在金属家具中应用较少；冷弯是在常温下弯曲成型。构件加压弯曲可以采用机械（或液压）弯管机或简单的设备用手工进行加工。手工弯曲时，应先在管内灌入沙子，弯成后倒出即可。加工方法有轴模弯曲法和凹模弯曲法两种。轴模弯曲法是把钢筋或钢管插在一根钢制的轴模上，使它保持在钢管弯曲点的地方进行弯曲；凹模弯曲法是将钢筋或钢管绕在一个模子边上的凹槽内，刚好把管子嵌在里面，模子角边呈圆形，圆半径是加工所需要的曲度。

（3）冲压法：是利用金属材的延展性，把被加工的构件放在冲床上进行冲压，形成各种曲面或异型，如椅子的坐板、靠背板、金属文件柜、抽屉等。有些写字台、厨房家具等也是冲压成型的。简单的一个方向的弯曲构件可用简单的设备，而复杂且生产批量大的弯曲要有较高级的冲压机。

5.4.2.2　金属家具生产工艺流程

金属家具生产工艺主要有管材机械加工工艺、板料及型材冲压工艺、焊接或铆接工艺、涂饰工艺及装配工艺等。其一般工艺流程为：

管材截断 ——→ 管材模锻（锥管）——→ 弯管 ——→ 钻孔或冲孔
↓
材料剪裁 ——→ 冲压成型 ——→ 弯曲（或压延）——→ 焊接或铆接 ——→ 修正调直 ——→ 表面处理（烤漆；喷塑即粉末喷涂或流化；电镀）——→ 矫正——→零部件及配件总装配
↑
软包材料（垫料与面料）剪裁——→ 缝合——→包覆或蒙面

5.5　竹藤家具的结构与工艺

竹材、藤材与木材一样，都属于天然材料。竹材坚硬、强韧；藤材表面光滑，质地坚韧，富于弹性，且富有温柔淡雅的感觉。竹材或藤材可单独用来制造家具，也可与木材、金属等材料配合使用。

竹家具的结构形式主要有四种：第一种是以圆形而中空有节的竹材竿茎作为家具的主要零部件，并利用竹竿弯折、竹条（或竹片、竹篾等）编排而制成的圆竹家具，它与藤家具一起通常被称为竹藤家具，其类型以椅、桌为主，其他也有床、衣架、花架、屏风等；第二种是利用竹片、竹单板、竹薄木等材料，通过多层弯曲胶合工艺制成的竹材弯曲胶合家具；第三种是在木质家具制造技术基础上发展起来的，主要利用竹集成材制成的各种类型的竹集成材家具。根据结构不同可分为竹集成材框式家具和竹集成材板式家具。第四种是以各种竹材的重组材为原材，采用木制家具的结构与工艺所制成的竹重组材家具。

5.5.1　圆竹藤家具结构与工艺

普通竹藤家具包括圆竹家具和藤家具，它们在构造上较为相同，一般可分为骨架和面层两部分。

5.5.1.1　骨　架

（1）骨架的构造类型：竹藤家具的骨架多采用竹竿和粗藤秆，其抗挫力强，富弹性，便于弯曲，结构简易而利于造型。骨架构成有四种类型（图5-81）：

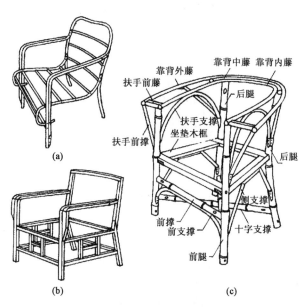

图 5-81　竹藤家具的骨架构成

（a）藤材框架构成　（b）木材框架构成　（c）竹、木、藤材构成

①全部用竹材或藤材单独组成；

②由竹材与藤材混合组成，可以充分利用材料的特点，便于加工；

③金属框架，在框架上编织坐面和靠背；

④木质框架，在框架上编织坐面和靠背。

（2）骨架的接合方法：竹藤框架的基本接合方法主要有以下三种：

①弯接法：竹藤材的弯曲成型有两种方法：一种是用于弯曲曲径小的火烤法；另一种是适用直径较大的锯口弯曲法，即在弯曲部位挖去一部分形成缺口进行弯折。而适用于框架弯接的小曲度弯曲法，是在弯曲部分挖去一小节的地方，夹接另一根竹藤材，在弯曲处的一边用竹针钉牢，以防滑动（图5-82）。

②缠接法：也称藤皮扎绕，是竹藤家具中最普通常用的一种结构方法，主要特点是在连接部分，用藤皮缠接，竹制框架应先在被接的杆件上打眼。藤制框

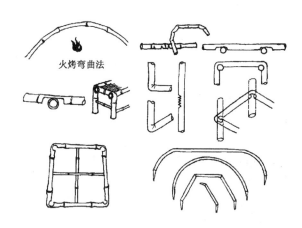

图 5-82　竹藤家具的骨架弯接法

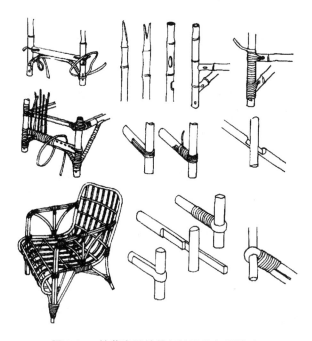

图 5-83　竹藤家具的骨架缠接法与插接法

架应先用钉钉牢组合成一构件后，再用藤皮缠接。按其部位来说有三种缠接法：一是用于两根或多根杆件之间的缠接；二是用于两根杆件作互相垂直方向的一种缠接，分为弯曲缠接和断头缠接；三是中段连接，用在两根杆件近于水平方向的一种中段缠接法（图5-83）。除此之外，还有在单根杆件上用藤皮扎绕，以提高触觉手感和装饰效果。

③插接法：是竹家具独有的接合方法，适用于两个不同管径的竹竿接合，在较大的竹管上开孔，然后将适当的较小竹管插入，并用竹钉锁牢，也可用板与板条进行穿插，或皮藤与竹篾进行缠接（图5-83）。

5.5.1.2 面 层

竹藤家具的面层，除可以采用木板、玻璃等材料外，大部分是竹条板面或编织藤面。

（1）竹条板面：采用多根竹条、竹片并联排列组成一定宽度的竹排或竹条板面。竹条板面的竹条或竹片宽度一般在7～20mm，过宽显得粗糙，过窄不够结实。竹条板面的结构主要有以下几种：

①孔固板面：竹条端头的榫有两种，一种是插榫头，另一种是尖角头。在固面竹竿内侧相应地钻间距相等的孔，将竹条端头插入孔内即组成了孔固板面，如图5-84所示。

②槽固板面：竹条密排时端头不做特殊处理，固面竹竿内侧开有一道条形榫槽，如图5-85所示。一般只用于低档的或小面积的板面。

③压头板面：固面竹竿是上下相并的两根，因没有开孔和槽，安装板面的架子十分牢固，加上固面竹竿内侧有细长的弯竹衬作压条，因此外观十分整齐干净，如图5-86所示。

④钻孔穿线板面：这是穿线（竹条中段固定）与竿榫（竹条端头固定）相结合的处理方法，如图5-87所示。

⑤裂缝穿线板面：从锯口翘成的裂缝中穿过的线必须扁薄，故常用软韧的竹蒸片。竹条端头必须固定在固面竹秆上。竹条必须疏排，便于串篾与缠固竹衬，使裂缝闭合，如图5-88所示。

⑥压藤板面：取藤条置于板面上，与下面的竹衬相重合，再用藤皮或蜡篾穿过竹条的间隙，将藤条与竹衬缠扎在一起，使竹条固定，如图5-89所示。

（2）编织藤面：藤面可采用藤皮、藤芯、藤条或竹篾等编织而成。其方法主要有单独编织法、连续编织法、图案编织法。

①单独编织法：是用藤条编织成结扣和单独图案（图5-90）。结扣用于连接构件，图案用于不受力的编织面上。

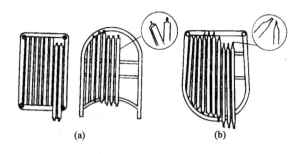

图5-84 孔固板面

（a）竹条插榫头   （b）竹条尖角头

图5-85 槽固板面

图5-86 压头板面

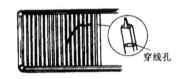

穿线孔

图5-87 钻孔穿线板面

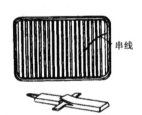

串线

图5-88 裂缝穿线板面

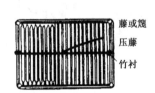

藤或篾
压藤
竹衬

图5-89 压藤板面

②连续编织法：是一种四方连续构图方法编织组成的面，一般作为椅凳等家具受力面部分及其他贮存家具围护面结构（图5-91）。采用藤皮、竹篾、藤条等扁平材料编织称为扁平材编织（图5-92）；采用圆形材编织称为圆材编织（图5-93）。另外还有一种穿结法编织，是用藤条或芯条在框架上做垂直方形或菱形排列，并在框架杆件连接处用藤皮缠结，然后再以小规格的材料在适当间距作各种图案形穿结（图5-94）。

③图案纹样编织法：是用圆形材构成各种形状和图案，安装在家具框架上，种类式样较多（图5-95），除了满足装饰外，尚可起着受力构件的辅助支撑作用。

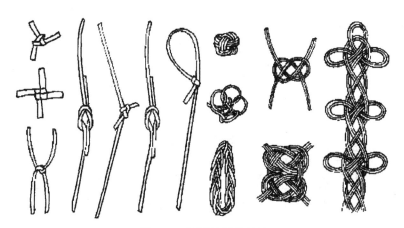

图5-90　面层单独编织法

图5-91　面层连续编织法

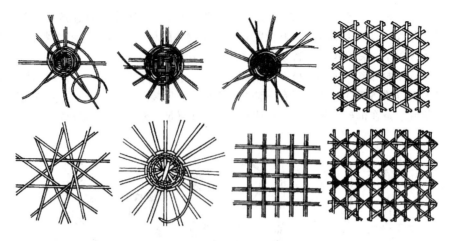

图 5-92　面层扁平材编织

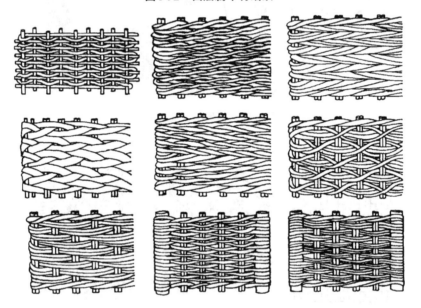

图 5-93　面层圆材编织法

图 5-94　面层穿结编织法

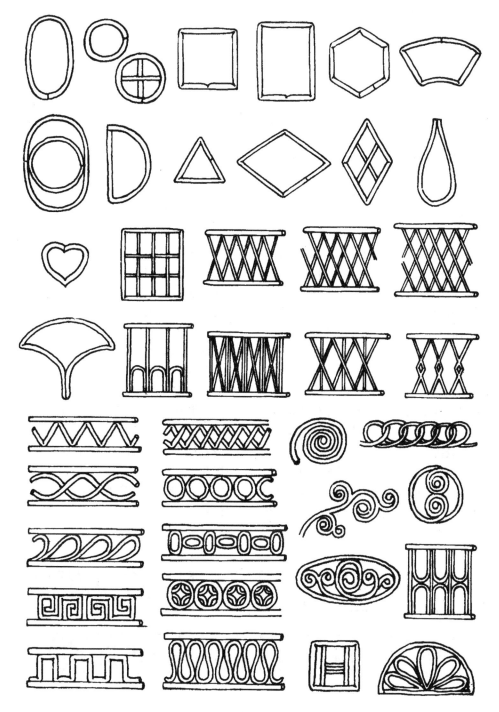

图5-95　面层图案纹样编织法

5.5.2　竹集成材家具结构与工艺

随着竹材加工技术的发展，通过对竹片、竹单板、竹薄木、竹碎料、竹纤维等的复合胶压和改性处理，出现了竹材胶合板、竹材层积材（层压板）、竹材集成材、竹材刨花板、竹材中密度纤维板、竹木复合板等各种竹材人造板，从而为竹材板式家具的发展提供了板材来源。其中，以竹集成材家具最为典型并

最具发展前途。

竹集成材家具是指将竹材加工成一定规格的矩形竹条（或竹片），竹条（或竹片）经纵向接长、横向拼宽和复合胶厚而成竹集成材，然后再通过家具机械的加工而成的一类家具，也称竹集成材板式家具。竹集成材家具的结构和制造工艺与木质板式家具基本相似。利用竹材加工和以竹集成材为主而成的竹集成材家具的生产工艺包括竹集成材生产和板式家具生产两部分。

5.5.2.1 竹集成材的结构与工艺

（1）竹集成材的结构：以竹材为原料，通过胶压而成的竹集成材，可分为四类（图5-96）：

①竹材层压集成材：又称竹材弦面集成材。长条竹片的宽度方向为弦面，厚度方向为径面。精加工后的竹片经顺纹水平胶拼（胶合面为单纯径面）成一定宽度的竹板，再将若干张竹板通过胶黏剂多层胶合制成层压弦面集成材 [图5-96（a）]。也可预先不胶拼成一定宽度的竹板，而直接将几层竹片按弦面的要求组成板坯，直接胶合而成。但后者的胶接强度和形状稳定性不如前者。

②竹材竖拼集成材：又称竹材径面集成材。长条竹片的宽度方向仍为弦面，厚度方向仍为径面。精加工后的竹片经顺纹侧立胶拼（胶合面为单纯弦面）而制成单层竖拼径面集成材 [图5-96（b）]。为提高结构对称性，减少地板的横向变形，建议各采用竹青面与竹青面、竹黄面与竹黄面在去除表层竹青和内层竹黄后相胶合。一般在组坯生产时，视胶合面的青、黄面随意组合者为次等品。

③竹材复合集成材：这种集成材是由水平胶拼、侧立胶拼复合而成，其结构可以是表面为水平胶拼、内层为侧立胶拼 [图5-96（c）]，或是有表面为侧立胶拼、内层为水平胶拼 [图5-96（d）] 等形式。

④竹木复合集成材：除了上述纯竹材集成材之外，竹集成材的衬底（里）材料也可选用木芯板、竹（木）胶合板、竹（木）碎料板、竹（木）中密度纤维板和木集成材组成竹木复合集成材，或采用木质锯制薄板、厚型木单板、厚型木薄木、贴面胶合板、薄型中密度纤维板以及其他饰贴面材料组成竹木复合集成材。

（2）竹集成材生产工艺流程：

竹材选料 ⟶ 截断 ⟶ 开条 ⟶ 粗刨 ⟶ 蒸煮与改性（防虫、防腐、防裂等） ⟶ 干燥 ⟶ 精刨 ⟶ 选片 ⟶ 涂胶 ⟶ 组坯 ⟶ 胶合固化 ⟶ 锯截齐边 ⟶ 表面刨光或砂光。

5.5.2.2 竹集成材家具的结构与工艺

由于竹集成材继承了竹材的物理力学性能好、收缩率低的特性，具有幅面大、变形小、尺寸稳定、强度大、刚性好、握钉力高、耐磨损等特点，并可进行锯截、刨削、镂铣、开榫、打眼、钻孔、砂光和表面装饰等加工，因此，利用竹集成材为原料可以制成各种类型和各种结构（固装式、拆装式、折叠式等）的竹集成材板式家具。竹集成材家具的结构和制造工艺以及加工设备都与木质板式家具基本相同，其生产工艺流程为：

竹集成材 ⟶ 配料（开料或裁板） ⟶ 定厚砂光 ⟶ （贴面装饰） ⟶ 边部精裁或铣异型（铣边） ⟶ （边部封边处理） ⟶ 排钻钻孔（圆榫孔和连接件接合孔） ⟶ （表面镂铣与雕刻铣型） ⟶ 表面砂光 ⟶ 涂饰 ⟶ 零部件检验 ⟶ （装配） ⟶ 盒式包装。

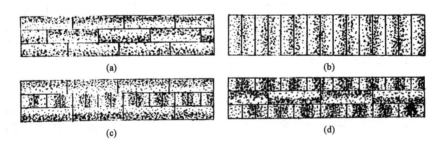

(a)

(b)

(c)

(d)

图5-96 竹集成材结构

第 **6** 章
家具艺术与家具装饰设计

6.1 家具装饰概述

6.1.1 家具艺术与装饰

家具是科学技术与文化艺术相结合的具有实用性的艺术品。家具的艺术性体现了家具的欣赏价值，它要求所设计的产品除满足功能使用之外，还应能美化环境，使人们在观赏和使用时得到美的享受。家具的艺术性主要表现在造型、装饰和色彩等方面，造型要简洁、流畅、端庄优雅、体现时代感，装饰要明朗朴素、美观大方、符合潮流，色彩要均衡统一，和谐舒畅。

一件造型完美的家具，单凭形态、色彩、质感和构图等的处理是不够的，必须在大的形体确定之后，以及在善于利用材料本身表现力的基础上，以恰到好处的装饰手法，着重于形体表面的美化和细部的微妙设计，进一步完善和弥补由于使用功能与造型之间的矛盾而为家具造型带来的不足，力求达到简洁而不简陋、朴素又不贫乏的艺术审美效果。无论是西方还是东方的家具，不管是古典传统家具，还是现代风格家具，家具装饰都是其中的重要艺术与技术手法。

家具设计造型的艺术与装饰效果成为一个最重要的视觉要素。随着现代家具装饰技术的快速发展和人们生活水平的不断提高，家具装饰与家具艺术的关系越来越密切，装饰对家具的艺术造型与设计影响极大。因此，家具的装饰是家具艺术造型设计中的一个重要手段。

6.1.2 家具装饰的概念

家具是实用品，也是美化生活和工作环境的艺术品，为了保护家具，增加美观，与建筑、室内环境统一协调，必须进行家具装饰处理。凡能美化家具外形或防止其直接受外界环境影响的各种表面加工和凡能使家具美观富有艺术性的局部装饰，总称为家具的装饰处理。也就是说，家具装饰是对家具形体表面的美化和局部微细的处理。

一般说来，由功能所决定的家具形体是家具造型的主要方面，而家具装饰则从属于形体，附着于形体之上，但家具装饰也绝非可有可无。对于传统家具装饰十分重要，对于现代家具也是如此，只是装饰的形式不同而已。好的装饰能赋予产品一定的色泽、质感、纹理、图案、纹样等明朗悦目的外观，加强对产品的印象，增强产品的美感，使其形、色、质完美结合，给人以美好舒适的感受；同时，也能保护产品的性能质量，以便延长其使用寿命。

家具装饰一般在视线容易停留之处进行。家具形体的尽端、正立面、侧立面或桌台面等都是人们视线最容易停留之处，加上装饰更易引人注目，可获得很好的视觉效果。在同一形式、同一规格的家具上可以进行不同的装饰，从而丰富产品的花色品种。使用相同的装饰也是在形体差异较大的家具间形成呼应，以取得协调统一的一种手段。但是，不论采用何种装饰都必须与家具形体有机地结合，不能破坏家具的整体形象。

6.1.3　家具装饰的原则

家具装饰的形式和装饰的程度，应根据家具的风格和产品档次而定。对于现代家具而言，主要是通过色彩和肌理的组织对家具表面进行美化，达到装饰的目的。对于传统家具而言，主要是应用特种装饰工艺，有节制地对家具的某些部位进行装饰，体现出某种装饰风格和艺术特色。

家具装饰主要是考虑布局，讲究法则。考虑布局主要是解决局部装饰和整体造型之间的关系，造型与装饰都必须统一在符合功能要求的前提下，它是一个完整的统一体，装饰要服从造型，是为造型服务的，也是统一与变化原理的具体体现。装饰原则即是用来实现装饰手段的方法，其内容如下：

（1）主次分明：装饰题材要主次分明，重点突出，简单扼要，留有余地。所谓重点突出，就是根据需要和可能，分别从工艺、材料、色彩、质感、装饰题材等方面突出美感，在装饰部位上要留有余地，画面不要堵塞，应以少胜多，虚中求实。

（2）变化统一：造型的尺寸和装饰的比例要协调，装饰要根据造型的形体变化确定其重点部位，主题与辅助纹样及线条位置要处理得当，使之大小合适，形体色彩及装饰纹样组织形式不能凌乱，不能孤立，特别是多体量的造型或配套的系列产品，主题重点更应在最醒目和视觉最好的部位。

6.2　家具装饰方法

家具装饰可简可繁、形式多样。在装饰手段上有手工的方式，也有机械的方式；在用料上有的用自然材料，也有的用人造材料；有的装饰与功能零部件的生产同时进行，有的则附加于功能部件的表面或形体之上。目前，家具装饰手法主要有表面的功能性装饰、局部的艺术性装饰和其他装饰等种类。常见的家具装饰方法如下。

6.2.1　家具功能性装饰

家具功能性装饰又称家具表面装饰，它是指能美化家具外形或防止其直接受外界环境影响的各种表面加工或表面处理。一般是在家具表面覆盖一层具有一定色泽、质感、纹理、图案纹样以及硬度、耐水、耐

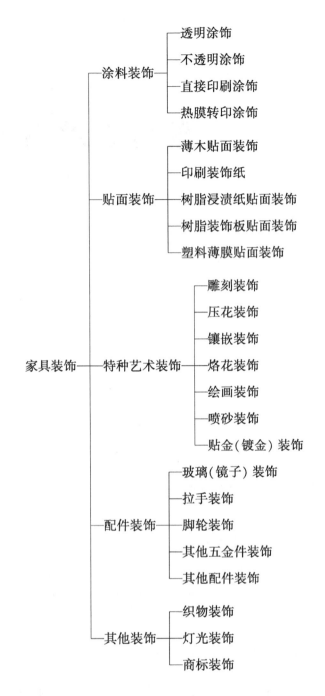

候等性能的膜料层，它除了赋予家具一定的外观美感和装饰效果之外，主要是家具功能使用的要求，使其在使用环境中避免或减弱阳光、水分、大气、外力等的影响和化学物质、虫菌等的侵蚀，防止制品翘曲、变形、开裂、磨损等，以便延长其使用寿命。家具功能性装饰主要有涂料装饰和贴面装饰两大类。

6.2.1.1　涂料装饰

涂料装饰是按照一定工艺程序将涂料涂饰在木家具表面上，并形成一层漆膜。按漆膜能否显现木材纹理可分为透明涂饰和不透明涂饰；按其光泽高低可分为亮光涂饰、半亚光涂饰和亚光涂饰；按其填孔与否可分为显孔涂饰、半显孔涂饰和填孔涂饰；按面漆品

种可分为硝基漆（NC）、聚氨酯漆（PU）、聚酯漆（PE）、光敏漆（UV）、酸固化漆（AC）和水性漆（W）等；按漆膜厚度可分为厚膜涂饰、中膜涂饰和薄膜涂饰（油饰）等；按不同颜色还可分为本色、栗壳色、柚木色、胡桃木色和红木色等。

6.2.1.2 贴面装饰

贴面装饰是将片状或膜状的饰面材料如刨切薄木（天然薄木或人造薄木）、印刷装饰纸、树脂浸渍纸、树脂装饰板（防火板）和塑料薄膜等用（或不用）胶黏贴在家具表面上进行装饰。

6.2.2 家具艺术性装饰

家具艺术性装饰又称家具特种艺术装饰或家具局部装饰，是在形体表面装饰的基础上，仅在于增加家具美观的一种附加补充的局部装饰和微细处理。它包括雕刻、压花、镶嵌、烙花、绘画、喷砂和贴金等。

6.2.2.1 雕刻装饰

雕刻在古代就有广泛应用，目前国内外各地的古建筑、佛像、家具及工艺品上保存着很多有传统艺术性的优秀雕刻。现在，雕刻仍是家具、工艺品和建筑构件等的重要装饰方法之一。全国已发展有黄杨木雕、红木雕、龙眼木雕、金木雕、金达莱根雕和东阳木雕六大类木雕产品。家具雕刻按其特性和雕刻方法可分为浮雕、透雕、圆雕、线雕等。

（1）浮雕：又称凸雕，是在木材表面上雕刻好像浮起的形状或凸起的图形。浮雕按雕刻深度的不同可分为浅浮雕、中浮雕和深浮雕。浅浮雕是在木面上仅仅浮出一层极薄的物像，一般画面深2～5mm，物体的形象还要借助于抽象的线条等来表现，常用于装饰门窗、屏风、挂屏等；深浮雕又称镂雕，是在平板上浮起较高，物像近于实物，主要用于壁挂、案几、条屏等高档产品；中浮雕则介于浅浮雕与深浮雕之间。

（2）透雕：也称穿空雕，可分为阴透雕和阳透雕。在板上雕去图案花纹，使图案花纹部分透空的叫阴透雕；把板上图案花纹以外的部分雕去，使图案花纹保留的叫阳透雕。阳透雕根据操作技法不同又可分为透空双面雕和锯空雕。透空双面雕制品可以两面欣赏，用于台屏、插屏等；锯空雕是先用钢丝锯或线锯将图案以外的部分锯掉，再用浅浮雕技法进行雕饰，常用于制作门窗、挂屏、落地宫灯、家具贴花等。

（3）圆雕：又称立体雕。传统的圆雕多见于神像、佛像、木俑等，现代则是人像雕刻、动物雕刻和艺术欣赏雕刻等。圆雕有圆木雕和半圆雕之分。圆木雕是以圆木为中心的浮雕，常用于建筑圆柱（如云

龙柱）、家具柱、家具脚、落地灯柱等，四面均可观赏；半圆雕是圆雕和浮雕的结合技法，一般为三面雕刻，主题部分是圆雕、配景是浮雕。

（4）线雕：也称凹雕，是在平板表面上加工出粗细或深浅不一的曲直线状沟槽来表现文字或图案的一种雕刻技法。沟槽断面形状有V形和U形，常用于家具的门板、屉面板以及屏风等装饰。

雕刻用的木材很多，一般只要质地细腻、硬度适中、纹理致密、色泽文雅的木材（含水率为12%～14%）均可用作雕刻材。目前使用的主要有椴木、桦木、色木、樟木、朴木、白杨、苦槠以及花梨木、紫檀、酸枝木和鸡翅木等红木类木材等。近年来，由于人造板技术的迅速发展和家具基材的日益广泛，中密度纤维板也是一种适于机械雕刻的家具用材。

雕刻可以用手工或机械的方法进行加工。手工雕刻主要用各种凿子、雕刻刀和扁錾等，需要有高度熟练的手艺，劳动强度也较繁重。机械雕刻适宜于成批和大量生产中，雕刻机械有镂锯机（线锯）、普通上轴铣床（镂铣机）、多轴仿型铣床（多轴雕花机）和数控上轴铣床（数控机床或加工中心，NC、CNC）等。在镂锯机上能进行各种透雕的粗加工；用普通上轴铣床可以进行线雕和浮雕；在多轴仿型铣床上可以完成相当复杂的艺术性仿型雕刻；数控上轴铣床则可以按事先编好的程序自动进行不同表面图案与线型（型面）形状的雕刻与铣型加工。

6.2.2.2 压花装饰

压花装饰是在一定温度、压力、木材含水率等条件下，用金属成型模具对木材、胶合板或其他木质材料进行热压，使其产生塑性变形，制造出具有浮雕效果的木质零部件的加工方法。又称模压。压花的工件可以是小块装饰件，也可以是家具零部件、建筑构件等。压花形成的表面一般比较光滑，不需要再进行修饰，但轮廓的深浅变化不宜太大。压花方法有平压法和辊压法。

6.2.2.3 镶嵌装饰

镶嵌装饰是用不同颜色、质地的木块、兽骨、金属、岩石、龟甲、贝壳等拼合组成一定的纹样图案，再嵌入或粘贴在木家具表面上的一种装饰方法，即为镶嵌。木家具镶嵌在我国历史悠久，广泛用于家具、屏风和日用器具等。按嵌件材料可分为玉石嵌、骨嵌、彩木嵌、金属嵌、贝嵌或几种材料组合镶嵌等。按镶嵌工艺可分为挖嵌、压嵌、镶拼和镶嵌胶贴等。

6.2.2.4 烙花装饰

烙花装饰是用赤热金属对木材施以强热（高于

150℃），使木材变成黄棕色或深棕色的一定花纹图案的一种装饰技法。该法简便易行，烙印出的纹样淡雅古朴、牢固耐久。用烙花的方法能装饰各种制品，如杭州的天竺筷、河南安阳的屏风和挂屏、苏州檀香扇，以及现代的家具门板、屉面板、桌面等。烙花装饰的方法主要有烫绘（在木材表面用烧红的烙铁头绘制各种纹样和图案）、烫印（用表面刻纹的赤热铜板或铜制辊筒在木材表面上烙印花纹图案）、烧灼（直接用激光的光束或喷灯的火焰在木表面上烧灼出纹样）和酸蚀等。

6.2.2.5 绘画装饰

绘画装饰是用油性颜料在家具表面徒手绘制，或采用磨漆画工艺对家具表面进行装饰的方法。现多用于工艺家具或民间家具。对于简单的图案，也可以用丝网漏印法取代手绘。在意大利文艺复兴时期的家具中，上层人士常请名画家为自己的家具绘画装饰。装饰画也就是著名的美术作品。在现代仿古家具中，用绘画装饰柜门等家具部件均有广泛应用；儿童家具也常采用喷绘的画面进行装饰。

6.2.2.6 贴金装饰

贴金（镀金）装饰即木材表面金属化，也就是用油漆将极薄的金箔包覆或贴于浮雕花纹或特殊装饰面上，以形成经久不褪、闪闪发光的金膜，使木材表面具有贵重金属的外貌。贴金表面应仔细加工并平滑坚硬，涂刷清漆的涂层要薄，待干至指触不粘时即可铺贴金箔，并用细软而有弹性的平头工具贴平，最后用清漆涂饰整个贴金表面以保护金箔层。金箔也可以采用烫印（热膜转印）的方法，通过加热、加压将烫印箔（转印膜）上的金箔转印到家具零部件表面上，所以也称烫金。烫印的方法也有辊压和平压两种。

实际上，在家具生产中，往往是几种装饰方法结合使用，如贴装饰纸或贴薄木后，再进行涂饰，镶嵌、雕刻、烙花、贴金与涂饰相结合等。家具在表面采用薄木（或单板）和印刷装饰纸贴面、直接印刷木纹、贴膜转印木纹以及镂铣、雕刻、镶嵌等艺术装饰后，还必须进行涂饰处理。其表面通过涂上各种涂料，能形成具有一定性能的漆膜保护层，延长木家具的使用寿命；同时，能加强和渲染木材纹理的天然质感，形成各种色彩和不同的光泽度，提高木家具的外观质量和装饰效果。

6.2.3 家具其他装饰

家具其他装饰又称家具点缀装饰，是采用玻璃（镜子）、五金配件、装饰配件、织物、灯具、商标等对家具形体的表面或局部进行的点缀装饰处理。

6.2.3.1 玻璃（镜子）装饰

玻璃在现代家具中应用广泛，既有实用功能，又有装饰效果。玻璃是柜门、搁板、茶几、餐台等常用的一种配件材料。在桌几类家具中可以作为台面，也用于覆盖在桌台面上，保护桌面不被损坏，并增加装饰效果；在柜类家具中可以挡灰，又可以显示陈列物品。茶色玻璃和灰色玻璃更具现代感，带图案的玻璃更具有装饰性。玻璃的应用可以大大丰富家具的色彩和肌理。玻璃的种类较多，其中主要有以下几种：平板玻璃、钢化玻璃、压花玻璃、碎花玻璃、磨砂玻璃和镀膜玻璃。

常用的玻璃厚度主要有 2mm、2.5mm、3mm、4mm、5mm、6mm、8mm、10mm 等规格。

将玻璃经镀银、镀铝等镀膜加工后成为照面镜子（镜片），具有物像不失真、耐潮湿、耐腐蚀等特点，可作衣柜的穿衣镜、装饰柜的内衬以及家具镜面装饰用。常用厚度有 3mm、4mm、5mm 等规格。

6.2.3.2 五金件装饰

家具用五金配件，包括拉手、锁、合页、连接件、碰头、插销、套脚、滚轮等。尽管这些配件的形状或体量很小，然而却是家具使用上必不可少的部分，它不仅起连接、紧固和装饰的作用，还能改善家具的造型与结构，直接影响产品的内在质量和外观质量，为家具的美观点缀出灵巧别致的奇趣效果，有的起到画龙点睛的装饰作用。

五金配件的微细设计，也可视为自成一体的创作。因此，造型设计的某些基本法则，如统一、变化、比例、均衡、色彩等方面，也同样适应于五金配件的微细处理。但它又不是单独存在的，它的形状、大小、长短甚至色泽的处理，是不能脱离家具的整体而孤立地去考虑。例如具有某种风格式样的拉手，即使从单独的角度看来还很不错，但安装在家具上或分列若干组装置于抽屉柜上，很可能产生不协调的现象。所以，五金配件的微细设计和选用，应该从家具的整体造型出发，具有烘托和加强艺术效果的作用。

6.2.3.3 装饰配件装饰

装饰配件主要是指由黄铜、不锈钢、锌合金、硬木、塑料、塑料镀金、橡胶、玻璃、有机玻璃、陶瓷等各种材料制成的家具局部点缀装饰用的装饰小件，以及用于镜框、家具表面、各种板件周边镶嵌封边和装饰的装饰嵌条。

6.2.3.4 织物装饰

软包家具在现代家具中的比例越来越大，用织物装饰家具也显得越来越重要。织物具有丰富多彩的花纹图案和肌理。织物不仅可用于软包家具，也可用于与家具配套使用的台布、床罩、帷帐等，给家具增添色彩。用特制的刺绣、织锦等装饰家具，则更具装饰特色。

6.2.3.5 灯具装饰

在家具内安装灯具，既有照明作用，也有装饰效果，这在现代家具中已屡见不鲜，如在组合床的床头箱内，组合柜的写字台上方，或玻璃陈列柜顶部，均可用灯光进行装饰。应用灯光装饰时应对照明部位、遮挡形式、灯光照度和色彩进行精心设计。

6.2.3.6 商标装饰

定型产品都得有商标和标牌，商标既是产品和企业的宣传广告，而且其本身也有一定的美感，能发挥一定的装饰作用。商标的突出不在于其形状和大小，主要在于装饰部位的适当和设计的精美。商标图案的设计要简洁明快，轮廓清晰和便于识别。以前商标的加工一般用铝皮冲压，再进行晒板染色或氧化喷漆处理。在现代家具中用不干胶黏贴彩印、烫金的商标进行装饰家具则更为普遍。

6.3 家具装饰要素

当前，家具产品正向多品种、小批量和规模化生产发展，家具式样正朝艺术化、个性化和时装化方向演变，家具生产正向专业化、自动化和标准化模式推进，要实现多品种、个性化、专业化、工业化的规模性生产，就要求家具线条简洁、朴实，而在这种前提下，如何在家具的造型中适当地、合理地运用各种装饰手法，就显得尤为重要。这些装饰要素虽然在产品的整个加工过程中所占比例一般较小，但对丰富家具的造型，实现产品的多样化具有十分重要的意义。

家具的装饰常通过表面图案、纹样、纹理、色泽以及线型（型面）、脚型、顶帽、装饰件等的处理来实现。家具的装饰要素通常主要有表面与面层、线型与线脚、脚型与脚架、顶帽（帽头）、床屏和椅背等形式。

6.3.1 表面与面层

在家具设计中，合理利用涂饰与贴面的功能性装饰以及雕刻、压花、镶嵌、烙花、绘画和贴金等艺术性装饰手法，对家具方材或板件等零部件表面（面层）及其局部进行装饰处理，即为家具的面层装饰。其中，善于利用材料的纹理结构来进行家具表面的装饰处理，是一种颇具技巧的艺术效果。

（1）木材纹理结构的装饰性：木材的纹理结构，是木材切面上呈现出深浅不同的木纹组织。它是由许多细小的棕眼排列组成的，并通过年轮、髓线等的交错组织，形成千变万化的纹理。由于各种不同树种纹理的成因各异，有粗细、疏密、斜直、均匀与不均匀等的差别，木材的表面常出现旋形、绞形、浪形、瘤形、斑点形、鳞片形、鸟眼形、银光形和葡萄形等的纹理。也有时是因为加工的切割方法不同而形成不同形状的纹理。如径切多产生带状花纹，纹理通直疏密较匀；弦切多产生波状花纹，纹理疏密相间，变化万千；旋切可产生连续花纹，纹理活泼多样。从树种来看，一般软材纹理较平淡，硬材纹理丰富多彩。除此，在具有交错纹理构造的树包或树瘤木材中，也可以得到很漂亮的花纹（如核桃木、色木、桦木等）。因此，木材的纹理结构，具有一种自然风韵的装饰美。在家具设计中，经常把它作为丰富家具材面装饰质感的重要表现手法（图6-1）。

（2）薄木及其拼花图案的装饰性：利用各种自然纹理的薄木（俗称木皮）进行花样拼贴，根据胶贴部位的具体要求，选配好适当的薄木，按纹理的形状、大小、方向、位置和色彩作不同的排列拼接或拼花，胶贴于板材表面，形成千变万化的花形装饰图案。它既节约了贵重木材，又增强了家具装饰艺术的感染力。在具体处理方法上，薄木拼花的形式是多种多样的，可用同一形状的纹理作连续排列，也可将同

图6-1 木材纹理

一纹理倒置而组成对称拼花，还可按十字形、菱形、正方形、人字形、席纹形和放射形等组成连续、对称或扇形等形式拼花。常见的拼花形式有顺纹拼、对纹拼、箱纹拼、反箱纹拼（盒状拼）、V形拼（人字形拼）、双V形拼、宝石纹拼（菱形拼、方形拼）、反宝石纹拼、席纹拼（棋盘状拼）、杂纹拼、涡纹拼等。如图6-2所示。不管采用哪种花式拼贴，都要十分注意纹理拼接的完整性和色泽配置的和谐性。这样的拼花装饰，以它的艺术性和实用性浑然一体，成为整套家具所特有的装饰形式，给人一种美的感受。

（3）纹样的装饰性：在我国传统家具中，就有许多富有象征意义的自然形象的装饰纹样，如回纹、云纹、卷草、海棠、如意、竹节和各种动植物图案装饰，它比几何线型更富于变化，使装饰栩栩如生，以唤起人们的美好联想，增强了家具的艺术深度。这些都可以作为家具的装饰素材的借鉴。根据纹样的结构

形式和装饰位置，其种类很多，如图6-3所示。

①单独纹样：是指一种可以独立应用的纹样，其组织的形式是一种与周围没有任何联系而单独存在的装饰个体，它的结构比较简单，一般理论上把它分为规则的和不规则的两类。规则的单独纹样是按均齐的法则构成的，有肃静、简洁大方的特点；不规则的单独纹样大多是按平衡的法则构成，其特点是形式自由多变，灵活生动。

②角隅纹样：是布置在转角部位的图案装饰，在方形平面上可以装饰一角或对角，也可以在四角用相同的纹样进行装饰，角隅纹样一般是以三角形构图出现，常用在柜门及桌见面的装饰上，以及横材与腿的交接处，作为加强支撑构件用。纹样的构成外周边必在90°的角隅范围内，形式有自由式和对称式。自由式可以不受什么条件限制，自由设计纹样；对称式是由中间一个主体与左右对称的纹样组成。

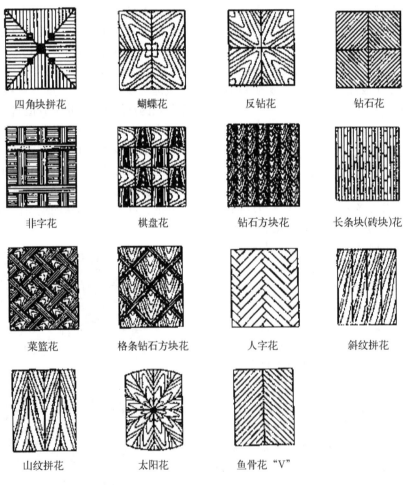

四角块拼花　　蝴蝶花　　反钻花　　钻石花

非字花　　棋盘花　　钻石方块花　　长条块（砖块）花

菜篮花　　格条钻石方块花　　人字花　　斜纹拼花

山纹拼花　　太阳花　　鱼骨花"V"

图6-2　薄木拼花图案

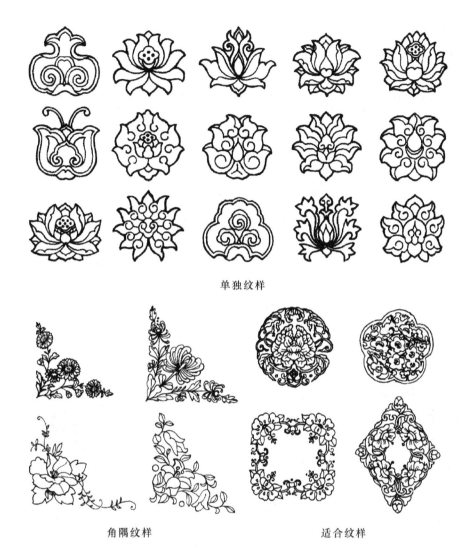

单独纹样

角隅纹样　　　　　　　　　　　适合纹样

图6-3　装饰纹样

③适合纹样：是单独纹样中比较变化多应用广的一种装饰，所谓适合是指纹样的组织必须与一定的外形轮廓相适应，组织适合纹样首先是确定外形轮廓，然后依据不同内容和要求，在轮廓内划定骨架进行纹样配置。这种纹样的外形轮廓大多采用几何学上的方、圆、三角、椭圆、半圆、菱形、多边形等形状，也有采用自然形或器物形，如桃形、海棠形、葫芦形、扇形等。

④连续纹样：运用一个或两个不同纹样的单位，作两面或四面反复排列，构成长方形的或大面积的图案纹样，长条形的称为二方连续，大面积的称为四方连续。家具装饰中二方连续应用很广，凡在桌椅柜的边缘处，皆采用二方连续装饰，其中以薄木胶贴、木雕为主。现代家具也常用二方连续的排列方法，众多的家具在视线上统一起来，可以形成完整的总体效果。四方连续纹样应用最多的是竹藤家具，竹藤编织的面可以取得和谐统一的艺术效果（图6-4）。

（4）其他材料的装饰性：家具上也常利用金属、大理石、玻璃和塑料等材料表面的质感、纹理和光泽特性，加以恰当的装饰处理，形成独特的装饰艺术风格，以获得很好的艺术表现效果。

6.3.2　线型与线脚

在家具设计中，善于运用优美的线型或线脚对家具的整体结构或个别构件进行艺术加工，也是一种饶有趣味的装饰手法。它既丰富了家具边缘轮廓线的韵味，又增加了家具艺术特征的感染力。我国优秀的明式家具，就十分强调运用简洁线型与线脚装饰，表现出简朴中见浑厚，挺拔中求圆润的独特风格。

（1）线型：为了丰富家具的外观形象，可以把家具的面板、顶板、旁板等部件的可见边缘部分设计成型面，即为线型装饰。进行线型装饰的家具部件多为餐台面板、茶几面板、写字台面板及柜类家具的顶板、旁板等。家具中所处不同部位的不同部件对装饰线型的要求也各异，顶板、面板的顶面线及旁板的旁

图 6-4　装饰纹样

脚线，处于外观的显要部位，所以对线型的要求应讲究些。有时为使顶板、面板显得厚重，可加贴实木条使线型加宽。底板的底脚线可以简单些，以便于加工。装饰线型的形式是多种多样的，变化又极为丰富。常见的线型如图 6-5 所示。

　　（2）线脚：是一种在门面上用对称的封闭形线条构成图案达到美化家具的装饰方法。线脚一般以直线为主，在转角处配以曲线，通过线脚的变化与家具外形相互衬托，使家具富于艺术感。线脚的加工形式多种多样，常见方法有雕刻或镂铣，镶嵌木线、镀金线或金花线，胶粘木线、局部贴胶合板等。这些装饰处理手法只要运用适度、恰当处理，都可以使家具获得很好的装饰艺术效果。

　　总之，家具的线型或线脚的装饰处理必须层次分

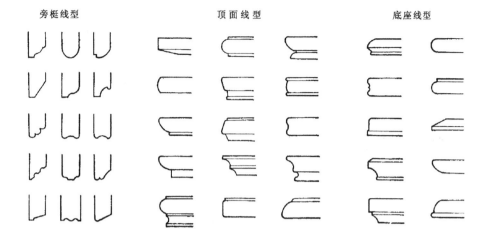

图 6-5　常见线型

明、疏密适宜、繁简得体，有助于烘托家具的造型。讲究线型的简洁含蓄，刚柔兼备，以获取简练中见丰富、质朴中寓精美的和谐效果。在线型的应用上，首先要依据家具的不同造型特征和具体构件的部位，赋予不同的线型形式。例如，家具表现朴素、清秀的特征，宜采用秀丽流畅的曲线；家具表现庄重、浑厚的特征，则更多采用棱角分明、刚劲有力的粗、直线型。在构件的边缘或横断面，通常多施以纵、横槽线，借助阴凹阳凸、明暗衬托的光影效果，起到大中见小、减轻体量感的作用。因此，线型既是分割"面"的一种处理手段，又是改变"面"的一种装饰手法，使家具的造型更具艺术感染力。而且，线型还常结合家具的构造，通过对家具某一局部的装饰处理，来达到一定的艺术效果。如用不同的装饰线型，在家具脚型和视线易于停留的部位进行装饰，起到了装饰美化的作用。

6.3.3　脚型与脚架

脚型与脚架为所有家具的基本构造部分，其在家具设计中占有重要的位置，是辨认与决定家具类型，形成其风格特点的构件之一。

（1）脚型：脚指家具底部支承主体的落地零件，脚型即脚的造型。脚可由各种材料构成。由竹藤材制成的脚形状比较单一；用金属材制成的脚可富有变化，其特点是断面小，易弯曲成形，能给人一种轻快的感觉（图6-6）；木制的形式最多，由于它适于刨削又可雕刻，所以应用最多，它不但可直接使用实木加工和弯曲，也可以经过薄板加压形成多层胶合弯曲木的腿。由于现代科技的发展，新材料的出现，使一些家具形式打破了传统有脚型家具的特点，使家具形成一个整体放在地上，如落地式沙发，虽然如此，应用最多的仍是木制的脚型。木制家具脚型的基本形式

主要有直脚和弯脚两大类，如图6-7所示。木制脚型的表面除了原材料的表现外，还可进行各种图案纹样和凹槽线纹的雕饰。。

①直脚：包括方脚、圆脚、方尖脚（方锥脚）、圆尖脚（圆锥脚）、竹节以及各种车圆脚等。

方脚的断面是正方形，底部尺寸和顶部尺寸相同，边线直，比例归一，是最易制作的，它有严整、大方、刚劲的特点，常用于现代家具。

圆脚的断面是圆形，上下一致（等断面），一般最好的加工方法是用车床把它车成圆形，有简洁、柔和的特色。

方尖脚是在方脚基础上的变形，由上向下渐细，有两种式样：一是内侧两面尖削，即内侧两面向下斜，这种腿外侧仍是垂直的，使整个设计看起来既稳重又有轻快之感，常用于近代家具；二是四面尖削，即四面均向下斜，形成上大下小的形式，看起来稍有歪斜，令人感到轻快。

圆尖脚是圆脚的变形，一般都带有锥度，圆形尖削，上大下小，可产生既稳定又活泼的感觉。它不但可用木材制造，也可以用塑料或金属制造，常用于现代家具。

车圆脚也是圆脚的变形，它是采用各种车床车削或旋制的回转体零件等，其基本特征是其横断面呈同心（同轴）的圆形（变断面或表面有槽纹），也可做成一连串圆形、椭圆形、方形的串列组合，其形状可根据实际情况决定，最常见的车圆脚如竹节脚、花瓶脚等，具有自然仿生的视觉效果。

②弯脚：是呈向外弯曲的曲线形脚，又称仿型脚，包括鹅冠脚、老虎脚、狮子脚、象鼻脚、熊猫脚、马蹄脚等。它是纵向和横断面均呈复杂外形型面或复杂曲线型体的零件，对木材的强度和耐久性要求较高。其制作难度较大，一般可在仿型铣床（靠模

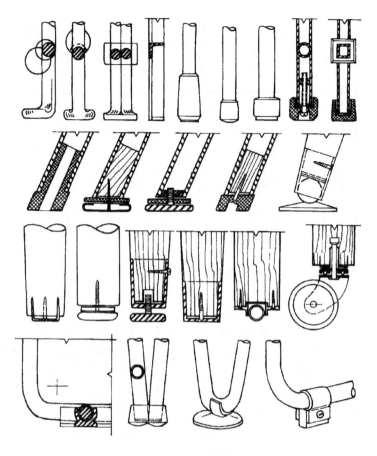

图6-6 金属家具的脚部形式

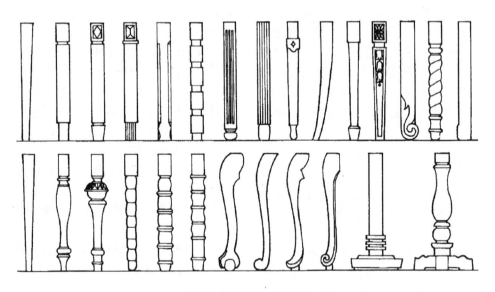

图6-7 木制脚型的形式

铣床）上进行仿型加工。由于它具有秀美华丽的形象和稳定感，富有装饰性的家具多用弯脚。

（2）脚架：是指由脚和拉档（或望板）构成的用以支撑家具主体部分的部件。拉档通常用语加强两腿（脚）之间的强度，也是接合四条腿的一种横向排列形式。

家具的脚型或脚架设计直接关系到家具的造型美

和紧固耐用性能。柜类家具的脚型或脚架在家具形体中所占比例虽小，但可使家具显得轻盈和活泼。在设计与制作中应着重注意造型在家具上的稳定感与结构合理性，不能片面追求"奇"、"巧"，否则将会降低家具的实用性。椅凳、几案类家具的脚型或脚架在家具形体中所占比例较大，形式也丰富多样，因此，更富于装饰性，是该类家具的重要装饰要素。

在家具设计中，成套家具的配套特征除了用材料和表面装饰形式（色彩）来体现外，在很大程度上是以造型上的统一手法来实现的，其中最常用的就是统一的脚型或脚架。

6.3.4 顶帽（顶饰）

顶帽或帽头又称顶饰，指家具顶部或框架上端的水平装饰性零部件。顶饰多见于柜类家具的顶部、床屏的上部、椅背的上端以及屏架和镜框的上部等，是丰富家具造型不可缺少的一种装饰形式，顶部装饰多反映出一件家具的造型风格，是传统家具的重要装饰要素之一。在柜类家具中，顶饰是除了门面线脚与脚架装饰之外的另一主要装饰形式，常见于西洋传统柜类家具。图6-8为顶饰的古典传统家具示例。

6.3.5 床 屏

床屏是指床类家具端头连接支承床梃（架）的部件。床屏是床类家具的主要装饰部件，也是卧室家具中最重要最活跃的装饰要素之一。它的装饰形式往往决定卧室家具的装饰风格，也是卧室家具的视觉中心。床屏的造型千姿百态，装饰形式也丰富多彩。

6.3.6 椅 背

椅背又称靠背，是指椅类家具中承受人体背部压力的部件，一般由后腿构件延长组成。椅背的外形处于人们视线的显要位置，因而椅背的装饰形式对椅子的外观质量至关重要，同样功能尺寸的椅背可以有多种多样的椅背造型。椅背的基本类型可分为木质靠背、软垫靠背和编织靠背等。

（1）木质靠背：由后腿直接向上延长与其他各部位构成统一整体，或安装在木坐面上。按其构造形式可分为水平式、竖立式和板块式。

①水平式：是靠背构件水平布置，也称梯条式或背撑式，如图6-9所示。从正面看通常是直线或曲线木条，也有一些是带有通花图案的。传统椅子的靠背多为复杂的曲线，现代的椅子常取简洁的格局。

②竖立式：是靠背构件呈垂直布置，有竖条式和竖板式两类。竖条式为多根直条呈垂直排列，使人感到丰富而有变化，典型做法是美国的温莎椅，如图6-10所示；竖板式为用一块具有各种造型的竖板安装在椅背两后腿间中央，竖板的形式不同，形成了各自的风格，如图6-11所示。如以素洁的板面而形成其独特式样的明式；有外形变化且呈实心无雕饰琴形或瓶形竖板的安娜皇后式；具通花琴形竖板的齐本德尔式等。

③板块式：是由一块形状不同的板式构件所组成，板块可由实木板、多层胶合板、塑料板加压弯制而成，适于机械化生产，是现代家具的常用做法。

图6-8 顶饰的古典传统家具

图 6-9　水平式椅背

图 6-10　竖条式椅背

图 6-11　竖板式椅背

（2）软垫靠背：用弹簧、泡沫塑料、海绵等软质材料做垫层，外包织物或皮革等面料，形状有心形、盾形、方形、椭圆形等。现代软包靠背形状都已简化，以面料覆盖整个靠背。面层做法有平坦型、绗条型和拱丘型。如图6-12所示。

（3）编织靠背：利用各种材料制成的绳子、绷带及竹藤材，在椅子框架靠背部位进行编织或用编织后的构件安装在框架上而成。如图6-13所示。

图6-12　软垫式椅背

图6-13　编织式椅背

第7章
家具功效与家具安全性设计

家具作为一种具有实用性与观赏性的工业产品，其功效主要体现在从人体工程学和人类感性学的程度来满足人的生理与心理等方面的需求。即要求所设计的家具产品应符合它的直接用途和人的形体特征，满足使用者的某种特定的使用功能，而且坚固耐用，以其必要的功能性和舒适性来最大限度地消除人的疲劳，给工作和生活创造便利、舒适的条件；同时，要求所设计的家具产品还应适合人的精神需求，表达人的情感和风格，使人们在使用和观赏家具时得到美的享受和艺术的熏陶。因此，家具必须实用、舒适、方便、美观、精致、优雅，并达到质优、价廉、物美、低耗、环保等要求。

家具的功效与家具的稳定、力学、安全、环保等性能有着密切的关系，安全性差的家具就谈不上功效性好。为了体现家具的功效性，家具必须具有安全性，既要求产品具有足够的力学强度与稳定性，又要求产品具有环保性，按照"绿色产品"的要求来设计与制造家具。因此，对家具进行稳定性、力学强度和绿色环保等安全性设计是家具设计的一个重要方面。

7.1 家具载荷分析

稳定是指物体一直保持它所处位置的性能；而强度是指一个物体抵抗可能引起破裂、凹陷和倾斜的任何外力的性能。一件家具可能很牢固但不一定稳定，所以它可能倾翻而保持其外形完整无缺；一件强度不足的家具即使保持稳定而不倾翻，但在使用中可能随时会变形或破坏；有时这两者往往使人混淆不清，因为当物体倾翻时可能产生破坏，但因强度不足而引起的断裂也可能被认为是因倾翻而引起。为此，在家具设计时，必须对两者分别加以研究。要对家具进行稳定性校核和力学强度计算，就必须对家具将承受的各种力进行分析和计算。

7.1.1 家具载荷类型

在确定所制作的家具是否稳定或坚固之前，首先要知道家具在使用过程中所承受的载荷性质和大小，一旦知道这些载荷，就可使设计的家具承担这些假定载荷值。在家具的实际使用过程中，通常会出现家具和部件的变形或破坏，如柜门关不上、书柜搁板下沉、抽屉底下陷、桌子摇晃、椅子松散等，这些都是不符合要求的。

对于家具所受的载荷情况，设计者获得越多的有用信息，就越有可能作出最优设计。

载荷是结构所支承物体的重量，也可把它叫做作用于家具上的力。载荷可以根据其对物体作用产生的效果、自身固有特性和作用方式来进行分类。家具的载荷一般可分为恒载荷与活载荷。

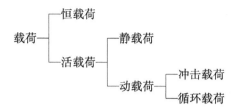

7.1.1.1 恒载荷

恒载荷是指家具制成后不再改变的载荷,即家具本身的重量,包括构成家具的所有零部件的重量。

7.1.1.2 活载荷

活载荷是指家具在使用过程中所接受的大小或方向有可能随时改变的外加载荷,即可能出现在家具上的人和物的质量以及其他作用力。活载荷又可分为静载荷和动载荷。

(1) 静载荷:是指逐渐作用于家具上达到最大值并随后一致保持最大值的载荷,常使家具处于静力平衡或产生蠕动变形。如一个人慢慢地安静坐到椅子上,他的体重就是静载;书柜内书和碗柜中碗盘的质量也是静载荷。

(2) 动载荷:是指使家具产生运动或变形的载荷。它包括冲击载荷和重复载荷。

冲击载荷:是指在很短时间内突然作用于家具上并产生冲击力的载荷,会使家具发生冲击破坏和瞬间变形。它通常是由运动的物体产生,如小孩在床上蹦跳就是冲击载荷作用到床上。从对家具产生的破坏效果来说,冲击载荷要比静载荷大得多,如一个人猛然坐到椅子上,就有相当于他体重 2~3 倍以上的力作用到椅子上。

循环载荷:又称重复载荷,是指周期性间断循环或重复作用于家具上的载荷,常会使家具发生疲劳破坏和周期性变形。通常经过许多循环周期。循环载荷要比静载荷更容易引起家具构件和结点的疲劳破坏。

家具载荷还有其他分类方法,根据作用面积的大小,载荷可分为集中载荷和均布载荷。

集中载荷:作用在很小面积上,通常当做点载荷,即假设载荷作用面积可以忽略不计。

均布载荷:作用在一块面积上,通常当做是均匀分布于作用面上。如人坐在椅子上,椅坐面就承受均布载荷。

7.1.2 家具载荷计算

确定各种家具载荷量是整个结构设计过程中非常重要的一步。它需要大量的经验和判断,如果选择载荷太轻,家具在使用过程中可能过早破坏,但选择载荷过大,这个设计又过于保守,造成不必要的材料浪费。设计者通常必须在稳定、强度、刚度和经济之间寻找一种平衡方法,以保证设计和生产的家具在使用过程中不会破坏、不会引起人身伤害和经济合理。

对于家具上的载荷,目前没有明确的载荷设计标准。少数情况下使用载荷很简单,很容易估计,但大多数使用载荷是很复杂的,不能用简单的推理过程来确定,设计者有必要采用实验方法和力学理论逐个研究这些载荷,以便正确地对家具进行结构受力分析。

7.1.2.1 恒载荷计算

恒载荷可根据构成家具的各零部件的体积与密度乘积之和进行估算。由于家具材料及配件品种繁多,规格各异,因此,家具本身的质量应根据各种材料的密度或标准质量以及各种零部件的形状尺寸、体积等来进行计算。一般情况下,家具本身的质量是相对小的,只有当物体倾翻时,家具本身的质量和质量分配的方式才对家具的破坏产生影响。

7.1.2.2 活载荷计算

(1) 静载荷计算:即可能施加于家具的人和物品的质量计算,可以根据具体产品的使用情况分别加以估算。一般情况下,可按平均质量计算,如人即按平均体重计算,但有时应按最大载荷来计算。如一个按人的平均体重设计的长沙发,当被几个大大超过平均体重的人同时使用时,就有可能被损坏;一个书柜也可能被远远超过书的平均质量的书籍或期刊所填满而引起破坏,所以对家具活载荷计算应充分考虑最大载荷的情况。当然在使用家具时应尽量使其活载荷小于设计所能承受的最大载荷。

(2) 动载荷计算:活载荷除了上述施加于家具的人和物品的质量外,还要考虑冲击载荷和侧向推力。当一个人猛然地坐到椅子上去时,其冲击载荷常以 2~3 倍于人体的重量作用于承载零件,所以家具往往都是被比正常使用时大得多的力所破坏。另外,家具在运输时可能从车上掉下来,室内搬移和清扫时,家具也可能在地板上或地毯上拖动,人们有时为了某种需要站到桌子或椅子上去,孩子们在床上蹦蹦跳跳是常有的事,家具经常要受到比正常使用时大得多的载荷。要想使所设计的家具在任何情况下都稳定而牢固,这是不现实的,但对这些特殊情况应该给予充分的估计并规定一个合理的范围。侧向推力形式的载荷在家具设计时并无普遍意义,只有当家具过高而又过于单薄时才有可能因侧向推力而发生倾倒,如果有人使劲地靠在一个高书柜或一个高而平直的屏风上就有可能发生这类情况。室外使用的非常轻的家具也可能在大风吹动下倾倒或滑动。

家具在日常使用过程中,常会出现一些非正常的使用情况,如图7-1所示。其受力情况有的影响到家

图7-1 家具非正常使用情况

（a）桌上坐人或站人 （b）多人集中坐于床板一侧 （c）重压于翻板门上 （d）门扇上受较大压力
（e）抽屉拉手受大载荷 （f）柜子被水平推动 （g）桌子受推力 （h）床架水平受力 （i）椅子前后
摆动 （j）椅扶手受外撑力 （k）床板经受反复弹压 （l）椅子后仰 （m）踩蹬椅子 （n）柜上端抽
屉拉出前倾 （o）床面受冲击力

具的结构刚度、结构强度；有的影响稳定性和耐久性。因此，必须根据家具在正常使用和非正常使用情况下所可能受到的各种载荷来对各类家具进行结构和安全性设计。

总之，对家具在使用过程中所可能承受的各种载荷的计算，都可以归结为恒载荷或活载荷的计算。通常，活载荷可在家具设计前按其功能性质进行估算；而恒载荷只有当家具零部件和材料均已确定以后才能进行计算。

7.2 家具稳定性设计与校核

家具的稳定性是指家具在日常使用时承受载荷或空载的条件下所具有的抵抗倾翻的能力。

7.2.1 家具稳定性设计

正如前文所述，家具对稳定性的要求包括两方面，一是实际使用中所要求的稳定，二是视觉印象上

的稳定。并且，实际使用中的稳定是首要的，它直接关系到使用功能；而视觉上的稳定与家具的形式美又密切相关。因此，家具的稳定性设计必须根据实际使用和视觉印象两个方面对稳定性的要求来进行，通过对家具的线条、虚实、色彩和质地等造型要素的有效处理以及重心、体量和底面积等合理设计，从而达到稳定与轻巧效果。

在实际使用中，家具的稳定性与其重心都有密切关系。家具形体重心比较低而且处在形体下部时，是比较稳定的；而形体重心比较高，功能使用又在上部，就需要对家具下部进行处理，才能达到稳定的要求。

7.2.2 家具稳定性校核

在对家具稳定性设计时，其首要条件是使重力作用线不超出其基础支承面；另外，家具在使用过程中，还经常和人、物品发生关系，如人经常开启柜门、推拉抽屉、存取物品、倚靠家具、碰撞家具、攀登家具等正常使用与非正常使用情况。因此，在家具

稳定性设计时，除了考虑家具的重力作用线不超出其基础支承面外，还要留有充分的余地，以防止在其他外力作用下，发生倾翻。

由此，在家具实际使用中，有下述两种情况时可能倾翻：一是上部分构件超越了它的基础，当超越部分受到了一定重力作用时可能发生倾翻；二是在侧向推力作用下，当重心超越出其基础轮廓范围时也将倾翻。为了防止这两种情况的发生，设计时必须进行校核。

7.2.2.1　在重力作用下的稳定性校核

当一个物体的上部构件超出了支持它的基础或者物体上的某些活动构件拉出而形成悬臂梁，并且有一个重力作用于悬臂梁时，这个物体的倾翻在理论上就变得可能了。倾翻是否会真正发生，主要取决于悬臂的长度和施加负荷的大小。而抗拒倾翻的反作用力则来自物体本身，取决于物体的自身重量。当物体的自身重力以及作用于它上面的外力都处于物体的基础范围之内，那么这个物体就是稳定的；但当人们使用时，在外力作用下就有可能破坏这种平衡而失去稳定。因此，为了讨论这个问题和进行稳定性校核，必须引入有关重心的概念。

重心就是重力作用于物体上的一个特殊的点，通过它，物体将在任何一个方向达到平衡，就好像构成这个物体的所有微小部分的重力都集中于这一点上。物体的重心在物体内占有确定的位置，只要该物体的形状和质量不发生变化，则重心的位置也不会改变。但对于不同形体的物体，其重心位置的确定方法是各不相同的。

（1）对称物体：对称物体的重心就是它的几何对称中心。由于大多数家具形体比较简单而有规律，所以要找出它的重心并不困难。对于形体对称的家具，由于其重心一般都在它的基础范围之内，所以该类家具通常是稳定的；但当受到人们的使用时，则有可能破坏这种稳定。

例如一个长沙发，它的两端伸出了它的基础（四支脚）之外，当一个人独自坐在沙发的一端时，沙发是否会发生倾翻呢？这就要通过用力矩方程进行计算校核。如果引起倾翻的力矩大于抵抗倾翻的力矩，这时沙发将会发生倾翻，反之就不会发生倾翻。

现假设人体重80kg，沙发自重45kg，沙发的重心可认为作用于它的对称中心，各部分尺寸如图7-2所示。

抵抗倾翻的力矩为：$M_R = 45 \times 0.45 \times 9.8 = 198.45$（N·m）

引起倾翻的力矩为：$M_0 = 80 \times 0.20 \times 9.8 = 156.8$（N·m）

因抵抗倾翻的力矩 M_R 大于引起倾翻的力矩 M_0，所以可以判断沙发在这种情况下不会发生倾翻。为了研究方便，可以引用一个等力矩方程的概念，即：

$$W_0 \cdot L_0 = W_R \cdot L_R$$

式中：W_0——引起倾翻的物体总质量；

L_0——引起倾翻的力臂长；

W_R——抵抗倾翻的物体总质量；

L_R——抵抗倾翻的力臂长。

利用这个公式可以获得沙发自重至少要多大才安全；脚的定位应该在哪一点才安全；坐在末端的人（或放置的物品）的最大质量不得超过多少才安全等。

（2）不对称物体：对于形体不对称家具（以及多重负荷的家具）的稳定性问题，只要分别找出各组成部分的重心，再将两种力矩多项相加，即可采用上述同样的方法和力矩方程进行校核。

如图7-3所示的一头沉写字台（不对称），抽屉重15 kg，主体重40 kg（重心可认为作用于主体的对称中心），各部分尺寸如图所示。如果有一个重60 kg的人坐在右端台面上（称为非正常使用），其重力落在最边沿，这时写字台是否会发生倾翻呢？

抵抗倾翻的力矩为：$M_R = 40 \times 0.45 \times 9.8 = 178.4$（N·m）

引起倾翻的力矩为：$M_0 = (15 \times 0.2 + 60 \times 0.4) \times 9.8 = 264.6$（N·m）

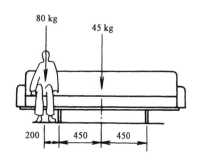

图7-2　沙发稳定性校核（单位：mm）

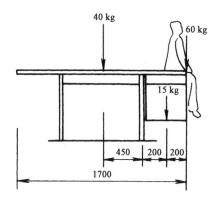

图7-3　写字台稳定性校核（单位：mm）

因抵抗倾翻的力矩 M_R 小于引起倾翻的力矩 M_0，所以写字台在这种被误用的情况下将会发生倾翻。为了防止这一情况的发生，可以增加写字台的质量，如采用密度大的材料制成面板，要求增加的质量可以用等力矩方程计算得出；也可以加长写字台中间部分，即加长抵抗倾翻的力臂；还可把右边的脚安装在抽屉的下面等。

（3）带活动部件的物体（可拉伸或翻折）：对于带有活动部件的家具，如柜类的开门、抽屉、翻板和桌类的抽屉、翻折台面、拉伸台面等，当将这些活动部件拉出或翻折后，原来稳定的家具，就有可能失去平衡而出现倾翻；如果活动部件拉出或翻折后，家具仍保持平衡和稳定，但一旦再在这些活动部件上加载后，家具还会有可能失去平衡而出现倾翻。因此，必须对这些情况进行稳定性校核。前一种情况一般称为空载稳定性；后者一种情况常称为加载稳定性。它们可以按照上述不对称家具（或多重负荷的家具）的稳定性问题，分别找出各组成部分的重心或加载作用力的作力点，再将两种力矩多项相加，采用上述同样的方法和力矩方程进行稳定性校核。如图 7-4 所示。

空载稳定性：对于柜类家具，在不装任何物品时，把所有拉门开到 90°、抽屉拉出 2/3、翻门（或翻板）开到水平或接近水平状态，只有当这些伸出柜体部件的重力对前脚的力矩之和小于柜体自重对前脚的力矩，柜子才够稳定；否则，柜子就会倾翻；自重力矩越大，柜子稳定性越好。

加载稳定性：将各活动部件拉出，如拉门开到 90°、抽屉拉出 2/3、翻门或翻板开到水平或接近水平状态，并施加垂直载荷（如图 7-4 所示，分别在拉门或翻门或翻板上面距外沿 50mm 的中间部位、抽屉面板上沿中间部位）或模拟存放物品，这时柜体也应平衡，这在实际使用中很重要。特别是对于位置较低的门，需要蹲下手扶在拉手上打开，小孩也有可能

扒在门上，这时都会对门有向下的作用力，易使柜体倾翻；位置较高的抽屉拉出时，也有类似情况发生；对于可将翻板门打开当桌面使用的柜类家具，当人坐在柜前伏案看书或写作，站起来时，很可能手扶桌面（即翻门）的最外沿，以帮助身体向上站起，这就有倾翻的危险。当柜内物品较少或是空柜时，倾翻的可能性就更大。人由坐态手扶桌面或翻板边缘站起时，在桌面或翻板边缘产生的压力，一般可取人体质量的 1/3～1/2，大约为 20～38kg。

对于一些特定结构（如左右不对称或前后不对称等）的家具，如要校核其是否稳定，首先找出它的最不稳定的情况下可能发生倾翻时的轴线位置是很重要的。

7.2.2.2 在侧向推力作用下的稳定性校核

当一个物体受到侧向推力的作用，并且如果它的高度方向的重心超出其基础范围时，这个物体就会倾翻。从图 7-5 可以看出，高而基础小的物体比矮而基础大的物体要容易倾翻。这是因为矮的物体具有较低的重心，重心越低、基础范围越大，要使它的重心移向基础范围外的偏转角度就越大，也就难以推倒。一个物体如果在其重心移到基础范围之外以前就失去侧向推力，物体将会自动恢复到原来位置；一旦重心超越这个极限范围，即使失去外力，物体也将会在自身重力作用下继续倾倒下去。

要判断一件家具在某种侧向推力作用下是否会倾翻，除了引用重心的概念外，还必须考虑侧向推力的

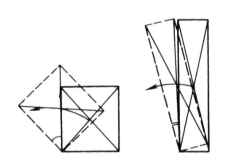

图 7-5　稳定性与高宽比的关系

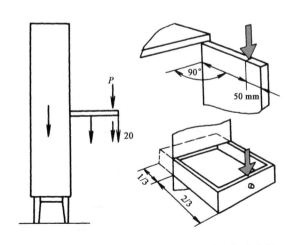

图 7-4　具有可拉伸或翻折活动部件的物体稳定性

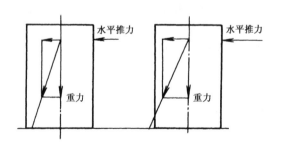

图 7-6　力的平行四边形法则

大小与作用点的位置，因此，可以通过应用力的平行四边形法来进行图解分析。具体做法如图7-6所示。这里引起倾倒的力为侧向水平推力，抵抗倾翻（或保持稳定）的力为物体的重力，重力通过重心垂直向下。将两个作用力的方向线的交点作为力的平行四边形的起点，边长则按两个力的实际大小按同等比例量取画出，比例大小的确定以重力矢量的总长不超过物体的轮廓范围为准。于是两个有方向的力便形成了矩形的两边，如再完成这个矩形，那么倾斜向下的对角线就是它们的合力，合力的大小和方向由重力和侧向推力的矢量决定。这时判断这个物体是否会倾翻的方法是将合力方向线延长，如果其延长线落在物体的基础范围之内，则物体在该位置的这一水平侧向推力作用下就不会倾翻；如果其延长线落在物体的基础范围之外，则物体将会倾翻。

在平时日常生活中，我们经常可以看到人们倚靠在某些家具上会引起倾翻的情况。据测定，一般情况下，人体倚靠在家具上产生的侧向推力为18~23kg，为安全起见，可取27kg来校核。并且，我们还发现，在相同的侧向推力作用下，对于尺寸相同的家具，如质量集中于下部，即重心低的家具（尤其是实际重心低于它的几何重心时），倾翻的可能性要小些；反之，重心高或头重脚轻的家具则易于倾翻。

如图7-7所示，有一个高2m、深0.4m的书柜，自重80kg，当在基础以上1.8m处施加一个15kg的推力时，这时书柜是否会发生倾翻呢？从图7-7（a）可知，两个力的合力的延长线落在书柜的基础范围之外，这表明这个书柜在15kg的推力下将会倾翻；图7-7（b）表明当重心超过了基础边缘的垂直平面时，即使失去外力，书柜也将会继续倒下去；图7-7（c）表明重心较低时，在同样的推力作用下可以倾斜较大的角度，而在失去外力时，仍可在重力作用下恢复到原来的位置，即说明重心低的家具有着更多的复位的可能。

另外，在相同的侧向推力作用下，同样高度的物体，如果底面越大，倾翻的可能性也越小。这是因为底面积越大，要使重心超越其基础范围的倾角也就越大。

在《家具力学性能试验》国家标准中，规定了GB/T 10357.2《椅凳类稳定性》、GB/T 10357.4《柜类稳定性》、GB/T 10357.7《桌类稳定性》等稳定性要求和试验方法。

7.3　家具力学强度设计

人们对家具的具体要求是在正常的使用中不发生破裂、脱落、凹陷、摇摆、松动、倾斜、扭转、变形和散架等现象。为了提高家具的使用可靠性，设计时应选用适当的材料，并使之具有符合使用要求的尺寸，采用牢固的接合方式，同时又要求在保证强度的前提下节约原材料。因此，设计时要进行力学强度计算，以便对家具某些特征的性质有一个估计，有利于根据使用功能的实际要求来合理设计出家具的结构和确定出零部件的规格尺寸，以提高设计质量。一般的传统家具都制造得相当牢固，可不需要进行强度计算，原因是它们的零部件尺寸都大大超过了强度要求；但对于现代家具，其材料和结构有了重大改变，设计时就需要对家具的受力情况进行适当的分析和进行必要的力学强度计算。

当家具在各种载荷作用下，其结构中产生的应力有以下几类：

（1）压应力：由家具的自重以及家具上人的体重或存放的物品质量作用下，零部件内部产生的应力，如桌椅的腿脚、柜类的旁板、中隔板、框架的立档以及其他支撑类直立零件等多为承受压力。虽然家具中的直立零件单独被压碎的情况是很少的，但在压力下产生纵向弯曲是可能的，特别是当零件过于细长时，更为容易产生这种变形而影响使用和美观，所以设计时必须保证这类零件有足够的细长比，即根据零件的长度确定一个适当的断面尺寸。

（2）拉应力：出现在被拉伸的零件中，如翻板或搁板的牵筋吊撑等零件，这类零件在家具中比较少见。

（3）弯曲应力：是拉应力和压应力的结合，在家具结构中最为常见，如搁板、桌台面、床板等都是典型的受弯零部件。

（4）剪切应力：在家具中可能发生剪切破坏的情况，往往出现在负荷过重的搁板支撑处、台面或坐面的接合处等。

家具力学强度是指家具各部位在正常使用和非正常使用时，受到一次性或重复性载荷的条件所具有的

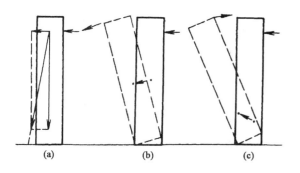

（a）　　　　　（b）　　　　　（c）

图7-7　物体重心高度对稳定性的影响

强度或承受能力。它包括零部件的强度、零部件之间的接合强度、整体家具的强度等几个方面的内容。零部件的强度决定于零件的材料、尺寸和断面形式；零部件的接合强度决定于接合的方式和接合件材料；整体家具的强度不但决定于家具用材，而且取决于家具的结构形式。现分述如下：

7.3.1 零部件的强度

家具零部件的强度（又称构件强度）在一般情况下是足够的，因此，在设计时，一般不需要进行计算。但根据使用经验，唯有水平安装的零部件（如搁板、桌台面、床板等）在重载荷下往往会明显弯曲，并在失去载荷后仍不消失，而产生塑性变形，有时也会出现断裂。因此，预先根据构成这类零部件的材料和可能出现的载荷对这些零部件进行强度计算是必要的。

（1）水平零部件在载荷下的弯曲应力：根据材料力学可知，当零部件在载荷作用下，其截面上的最大弯曲应力小于材料的许用弯曲应力时，该零部件在该种载荷下是不会断裂的。

$$\sigma_{max} = \frac{M}{W_z} \leqslant [\sigma]$$

式中：σ_{max}——截面上最大弯曲应力（MPa）；

$[\sigma]$——材料的许用弯曲应力（MPa）；

M——截面上弯矩（N·m）；

W_z——截面抗弯模量。

矩形截面：$W_z = \frac{bh^2}{6}$

圆形截面：$W_z = \frac{\pi R^3}{4}$

式中：b——矩形截面宽（cm）；

h——矩形截面高（cm）；

R——圆形截面半径（cm）。

（2）水平零部件在载荷下的弯曲变形：在如图7-8所示不同载荷条件下的水平零部件的弯曲变形（又称挠度）应小于材料许用挠度值。为了保证水平

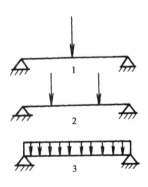

图7-8　不同载荷条件

零部件及其相联系的零部件能满足使用要求，并根据人对水平零部件弯曲的视觉判定界限，一般要求支承跨距为1000mm的零部件在承受规定功能载荷后，中央部位的最大弯曲变形不应超过3mm，即中点挠度应不超过0.3%。

$$f_{max} \leqslant [f]$$

式中：f_{max}——截面上最大挠度（cm）；

$[f]$——材料的许用挠度（cm）。

中点集中载荷（F）时的挠度：

$$f = \frac{FL^3}{4Ebh^3}$$

两点集中载荷（$F/2 + F/2$）时的挠度：

$$f = \frac{F(L-g)(L^2 + AgL - 2g^2)}{8Ebh^3}$$

均匀分布载荷（q）时的挠度：

$$f = \frac{5qL^4}{32Ebh^3}$$

式中：f——截面上挠度（cm）；

F——载荷（N）；

L——支点间的间距或跨度（cm）；

b——矩形截面宽（cm）；

h——矩形截面高（cm）；

E——材料的弹性模量（MPa）；

g——作用力之间的距离（cm）；

q——均布载荷（N/cm）。

由上可知，水平零部件的弯曲程度取决于载荷的大小和配置情况以及材料的尺寸和特性。材料的弹性模量是其抗弯强度的特征，这是零部件的弹性值，也就是除去载荷之后它所能恢复最初形状的能力。水平零部件在载荷下产生的弯曲变形，当除去载荷后仍不消失的变形，即为塑性变形或剩余弯曲变形。不同的材料，其塑性变形量是不同的。常用木质材料在有关国家标准中规定的弹性模量极限（下限）值见表7-1所示。

在柜类家具中，水平零部件承载弯曲变形一般以书柜搁板的弯曲变形最具代表性。书柜、文件柜等搁板上的载荷量大小与搁板宽度、长度和上面自由空间高度即搁板间距有关。在许多情况下，希望搁板在使用中能装下最大尺寸书籍。作为图书馆、资料室用的书柜，其搁板具有相同的宽度和间隔高度，以便按类摆放图书；而家用书柜，一般是上层搁板窄些、搁板间距小，以便摆放小规格书籍，而下层搁板宽些、间距大，以便摆放大规格书籍。书柜搁板的承重量，主要决定于所摆放书籍纸张定量、规格尺寸和装订方式。

水平零部件（如搁板、桌台面等）的弯曲变形与柜类或桌类家具产品的设计有着密切的关系。尽管

表7-1 常用木质材料的弹性模量

材　料	弹性模量（×10³MPa）	材　料	弹性模量（×10³MPa）
细木工板	4.9~5.0	刨花板（12~30mm厚）	2.5~2.6
蜂窝纸空芯板	2.2~4.1	浸渍纸膜贴面刨花板	2.7~2.8
中密度纤维板（12~30mm厚）	2.1~2.2	单板贴面刨花板	4.4~4.5
浸渍纸膜贴面中密度纤维板	2.3~2.4	层压胶合板（9层15mm厚）	3.5~5.4
单板贴面中密度纤维板	3.5~3.6	层积材（5层19mm厚）	5.8~9.4

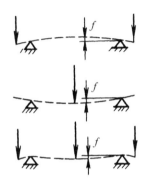

图7-9　柜类底板支撑变形

它们的弯曲变形在通常情况下是不会影响其使用功能，但却影响产品外观。并且，水平零部件上的载荷最终要由底座或脚来承受。在柜类家具中，如果脚安装位置靠近旁板，那么尽管由旁板传递而来的载荷较大，底板的弯曲还是很小的，原因是其力臂很小或等于零，所以出现的弯矩很小或根本没有弯矩；但如果脚向底板中央移动一段距离，就将产生较大的弯矩，其结果是底板朝上弯曲，并把门卡住；如果安装中隔板就可以减少弯曲，原因是旁板的弯矩与中隔板的弯矩方向相反，所以就使底板弯矩减小，如图7-9所示；对没有中隔板的柜子，脚不应当过分地移向中央，当有中隔板而且载荷较大时应在底板的中间增加脚撑。

为了提高水平零部件的刚度，减少其弯曲变形，可以考虑采取以下措施：选用弹性模量高的材料；采用较厚的板件或采用加固结构，对于金属或塑料板件可以改变其断面形状；采用中隔板或中间腿脚等中部支撑，以减少支点间距（或跨度）；将搁板支承在背板上或台面支承在望板（或横档）上。

7.3.2　零部件的接合强度

在家具结构构成中，当采用某种接合方式将相互配合的两个或更多的零部件连接在一起，即构成了家具的框架结构，这种接合部位即为结点。如椅子坐面下的横撑与腿的接合、桌子腿与望板或横撑的接合、沙发前后撑与边框的接合、柜类家具的顶板、底板或搁板与旁板或中隔板的接合等等，这些连接都构成了

结点。由于它们在承受载荷作用时，一般都是产生弯曲应力，因此，通常又叫做抗弯结点。

家具结点设计是整个结构设计过程中最重要的一步，即使各零部件可能有足够的强度来承受外力作用，如果框架结构的接合强度不够，整个家具也还是要破坏的。实际上由于接合强度低而引起家具破坏，比任何其他原因要多，所以科学地设计家具结构中的结点是特别重要的，这样家具在使用中就能安全地承受外力作用。

家具的强度主要决定于它的结点强度，即接合的形式和结构。接合部分可能受到拉应力、压应力以及剪切或扭转应力。有时是同时作用，有时随使用条件的变化而有不同的应力出现。如脚与家具主体的接合，脚一般承受压应力，但当脚沿地板拖动时，其接合部位往往容易产生破坏。当使用者坐在椅子上后倾并沿着地毯或地板移动时，椅子的接合部位也往往产生松动。这是家具使用中经常出现的问题。下面以柜脚与柜体（或桌椅的横撑与腿）的接合强度要求为例进行分析和计算。

脚所承受的压力 P 按下列公式计算：
$$P = F/(A \cdot n)$$
式中：P——压应力（MPa）；
　　　F——总载荷量（N）；
　　　A——脚的支承面积（cm²）；
　　　n——脚的数量。

当家具安放在软质地板上时，在长期的负荷之下，地板上可能会产生压陷，采用较大的支承面是合理的。当移动家具或家具受载后脚部具有移动倾向时，在脚的支承面上会产生摩擦力，摩擦力 F_m 的大小决定于法向压力的大小和摩擦系数。法向力就是重力载荷，它由家具的自重加上存放的物品质量合成。如果是均布载荷，那么总载荷就均匀地分布在各条腿脚上。摩擦系数随地板的粗糙度而定。脚的摩擦力可按一般公式计算：
$$F_m = (F/n) \cdot \mu$$
式中：F_m——脚的摩擦力（N）；
　　　F——总载荷量（N）；
　　　n——脚的数量（个）；

μ——摩擦系数（$\mu = 0.6 \sim 0.9$）。

当移动家具或家具受载后脚部具有移动倾向时，一般摩擦力的力臂就是脚的高度，所以摩擦力矩 M_m 可按下式计算：

$$M_m = F_m \cdot h$$

式中：M_m——摩擦力矩（N·m）；

F_m——脚的摩擦力（N）；

h——脚的高度（m）。

在移动家具或家具受载后脚部具有移动倾向时，接合部位的内力矩或结点抗弯力矩 M_i 常反作用于摩擦力矩。只有当 $M_i \geqslant M_m$，即接合部位的内力矩大于或等于摩擦力矩时，接合部位才具有足够的强度，保证在移动或受载时才有可能不会被破坏。为了达到这一目的和保证接合或结点的安全，在结构设计时一般取一定的有效安全系数来进行计算：

$$M_i = k \cdot M_m$$

式中：M_i——内力矩或抗弯力矩（N·m）；

k——有效安全系数（常取 $k = 4 \sim 5$）。

在家具结构中，家具零部件的接合内力矩或结点抗弯力矩（M_i）的大小取决于接合的种类及加工精度。对于不同的接合方式，其内力矩（M_i）的计算方法也不相同。随着家具工业的发展，家具零部件的接合方法不断增多，如木家具的直角榫接合、圆榫接合、长圆榫接合、钉接合、木螺钉接合、胶接合和五金连接件接合等，不同用途的家具常采用不同的接合方式，并具有不同的接合强度。

但是，目前有关家具结点强度的设计与计算方法还不够完善，这方面的研究也还很有限。为了满足家具结构设计的迫切需要，这里仅将至今为止有关各种接合形式结点强度或结点抗弯力矩（M_i）方面的研究方法及其计算的导出公式作简单介绍，以便使设计者在具体家具结构设计中能灵活运用这些计算公式，从而可通过获得的特定类型结点抗弯力矩（M_i）值，来判断零部件的接合强度和设计出符合要求的结点。

7.3.2.1 直角榫接合

直角榫接合早已被广泛应用，过去榫头与榫眼接合通常不用胶，做工精细，将榫头装入榫眼后能形成紧密配合。这种形式结构严密，可产生很坚固又耐久的接合。但现今榫头尺寸较小，要产生需要的强度，有必要采用胶黏剂来辅助接合。因此，对于直角榫接合，结点抗弯力矩（M_i）的计算有下面两种情况。

（1）尽管结点强度由榫的胶合强度和剪切强度决定，但由于榫的剪切强度比胶合强度一般都小很多，所以计算内力矩时仅考虑胶合力也是适宜的。胶合强度取决于胶的种类，力臂等于横向榫头长度的一半，如图7-10所示。于是可用下列公式计算内力矩：

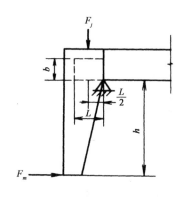

图 7-10　脚部榫接合强度

$$M_i = F_j L/2 = \tau b L^2 \qquad F_j = \tau A_j$$

式中：F_j——胶合力（N）；

τ——胶合剪切强度（MPa）；

A_j——胶合面积（m²）；

b——榫头宽度（m）；

L——榫头长度（m）。

（2）尽管榫接合有时要采用胶黏剂来辅助接合，但对于结点强度，仍可以认为主要是由直角榫的接合强度决定。同时，国内外有很多的研究结果表明，直角榫接合的榫头尺寸、配合间隙、榫肩尺寸以及榫接合木材顺纹抗剪强度等都对其抗弯性能产生重要影响。根据有关实验结果分析可知，直角榫接合抗弯力矩（M_i）可根据榫孔本身材料的顺纹抗剪强度，并由下式（柳万千，1993）计算：

$$M_i = 0.76\tau ABCD$$
$$\tau = \tau_{15} / \left[1 + 0.03 \left(W - 15 \right) \right]$$
$$B = 0.75T + 0.08R$$

式中：M_i——内力矩或抗弯力矩（N·m）；

τ——榫孔零件木材顺纹抗剪强度（MPa）；

A——榫接合配合系数（一般榫头长度比榫眼深度大 $1.0 \sim 2.0$mm、榫头宽度比榫眼长度大 $0.5 \sim 1.0$mm、榫头厚度比榫眼宽度小 $0.1 \sim 0.2$mm，$A = 0.99 \sim 1$）；

B——榫头宽度系数；

T——榫头宽度（cm）；

R——横撑宽度（cm）；

C——榫头长度系数（一般榫头长度 $L = 25 \sim 50$mm，$C = 0.91 \sim 1.14$）；

D——榫厚比系数（一般榫头厚度为横撑厚度的 $2/5 \sim 1/2$，$D = 0.98 \sim 1.02$）；

τ_{15}——气干木材顺纹抗剪强度（MPa）；

W——零件木材含水率（%）。

实验证明，在榫头厚度与榫孔宽度配合间隙为 $0.0 \sim 0.3$mm 时，直角榫接合抗弯强度无显著变化；在榫头宽度与横撑宽度相同时，抗弯强度最大；在榫头厚度为横撑厚度的 1/2 时，抗弯强度也最大。因此，在实际结构设计中，在上述榫接合配合间隙前提下，常取榫厚比为 1/2，并在可能的情况下，应尽量增加榫头长度或榫头宽度，以便获得较大的抗弯强度。

在榫厚比一定时，榫头厚度随构件厚度而定。榫头厚度或宽度尺寸的确定，在胶接强度满足的条件下，可由榫头本身材料的抗弯强度来决定：

$$M_i = db^2 \sigma_{max} / 6$$
$$\sigma_{max} = \sigma_{15} / [1 + 0.04 (W - 15)]$$

式中：σ_{max}——榫头材料抗弯强度（MPa）；
　　　d——榫头厚度；
　　　b——榫头宽度；
　　　σ_{15}——气干木材抗弯强度（MPa）；
　　　W——零件木材含水率（%）。

例1

设大衣柜内部物品及自重为 $F = 240$kg，脚高 $h = 180$mm，柜脚与地面摩擦系数 $\mu = 0.9$，如脚和望板用柞木制成，望板宽 $R = 60$mm，榫头宽 $T = 45$mm，木材含水率 $W = 8\%$，配合间隙为 0.2mm，榫厚比为 1/2，安全系数 $k = 5$，用脲醛胶辅助接合，则可以计算出榫头的长度和厚度、望板的厚度。

解： 柜脚的摩擦力矩 $M_m = F_m \cdot h = (F/n) \cdot \mu \cdot h = 95.35$ （N·m）。

为了防止衣柜承载时破坏或滑移，则要求有一定的安全性（安全系数 $k = 5$），即接合部位的内力矩或结点抗弯力矩 $M_i = k \cdot M_m = 476.8$ （N·m）。

由《中国木材性质》可知柞木的顺纹抗剪强度 $\tau_{15} = 12.74$ （MPa），当含水率 $W = 8\%$ 时，榫孔零件木材顺纹抗剪强度为 $\tau = \tau_{15} / [1 + 0.03 (W - 15)] = 16.13$ （MPa）。

根据条件，榫接合配合系数 $A = 1$，榫厚比系数 $D = 1.02$，榫头宽度系数 $B = 0.75T + 0.08R = 38.55$，则由 $M_i = 0.76\tau ABCD$ 可计算出榫头长度系数为 $C = 0.999$。

因此，根据榫头长度 $L = 25 \sim 50$mm，$C = 0.91 \sim 1.14$ 经验，可取榫头长度 $L = 30$mm。

另外，由《中国木材性质》可知柞木的抗弯强度 $\sigma_{15} = 116.23$ （MPa），当含水率 $W = 8\%$ 时，榫头的抗弯强度为 $\sigma_{max} = \sigma_{15} / [1 + 0.04 (W - 15)] = 161.43$ （MPa）。

则由抗弯力矩公式 $M_i = (db^2 \sigma_{max}) / 6$ 可计算出榫头厚度 $d = 8.75$ （mm）。

因榫孔在打眼机上加工时，由于刀具的原因，榫孔宽度只有 8mm 和 9.5mm 等几种规格，所以榫头厚度取 9.5mm；根据榫厚比为 1/2，则望板厚度为 20mm。

例2

设采用含水率为 8% 的水曲柳木材制成的实木方桌，其四条腿高 $h = 760$mm，望板宽 $R = 75$mm，腿与望板采用脲醛胶辅助接合的直角榫接合，榫厚比为 1/2，榫长 $L = 30$mm，配合间隙为 0.1mm，安全系数为 $k = 4$，则可以计算出榫头的宽度和厚度、望板的厚度。

解： 根据国家标准桌类家具力学性能试验第四水平规定，桌子侧边水平方向推力为 600N，则桌脚的摩擦力矩 $M_m = F_m \cdot h = (F/n) \cdot h = 114$ （N·m）。

为了防止桌子受水平推力作用时破坏或滑移，则在安全系数 $k = 4$ 的条件下，接合部位的内力矩或结点抗弯力矩 $M_i = k \cdot M_m = 456$ （N·m）。

由《中国木材性质》可知水曲柳的顺纹抗剪强度 $\tau_{15} = 10.29$ （MPa），当含水率 $W = 8\%$ 时，榫孔零件木材顺纹抗剪强度为 $\tau = \tau_{15} / [1 + 0.03 (W - 15)] = 13.03$ （MPa）。

根据条件，榫配合系数 $A = 1$，榫厚比系数 $D = 1.02$，榫长系数 $C = 1$，则由 $M_i = 0.76\tau ABCD$ 可计算出榫头宽度系数 $B = 45.16$。

再由 $B = 0.75T + 0.08R$ 可计算出榫头宽度 $T = 52.22$ （mm）。

因此，根据经验榫头宽度可取 $T = 55$mm。

另外，由《中国木材性质》可知水曲柳的抗弯强度 $\sigma_{15} = 105.94$ （MPa），当含水率 $W = 8\%$ 时，榫头的抗弯强度为 $\sigma_{max} = \sigma_{15} / [1 + 0.04 (W - 15)] = 147.14$ （MPa）。

则由抗弯力矩公式 $M_i = (db^2 \sigma_{max}) / 6$ 可计算出榫头厚度 $d = 6.15$ （mm）。

榫孔在打眼机上加工时，由于刀具的原因，榫孔宽度只有 8mm 和 9.5mm 等几种规格，所以榫头厚度取 8mm；根据榫厚比为 1/2，则望板厚度为 16mm。

7.3.2.2 圆榫接合

随着现代家具的发展，家具结构中采用双圆榫接合日益广泛，有代替直角榫接合的趋势。不仅板式部件采用双圆榫接合，实木框架式结构也采用双圆榫接合。通常采用双圆榫接合的结构，不但可以承受轴向力、剪切力，还可以承受弯曲和扭转力矩的作用。所以对双圆榫接合的研究具有很大意义，可以对家具结构设计、零部件尺寸确定提供理论依据。从理论上似乎有可能根据结构中各个圆榫的受力情况，设计出各种类型的圆榫接合，但通常比较困难。根据实验研究结果，目前可利用已经推导出的一些经验公式（柳万千，1993）来求得圆榫接合的结点强度的估计值。

（1）沿板面方向弯曲（框架结点）：如图 7-11，当外力平行于板面方向作用到横向构件时，如实木框架中腿脚与横撑的双圆榫接合，双圆榫的这种 L 形和

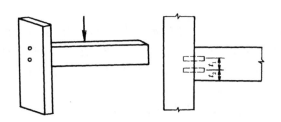

图7-11　沿板面方向双圆榫接合形式

T形角部圆榫接合（或结点）的抗弯力矩（M_i）可用公式（Eckelman，1971）求得。

$$M_i = Ft \qquad t = t_1 + t_2/2$$

式中：t——内力臂长度（m）；

　　　t_1——圆榫间距（m）；

　　　t_2——受压圆榫中心线到同侧横撑下边之间距离（m）；

　　　F——圆榫抗拔力（N）。

① 实木构件圆榫接合抗拔力（Eckelman，1969）：

构件侧边圆榫抗拔力：

$$F = 1.19dL^{0.89} (0.95\tau_1 + \tau_2) abc$$

构件端部圆榫抗拔力：

$$F = 1.19dL^{0.89} (\tau_1 + \tau_2) abc$$

$$\tau = \tau_{15} / [1 + 0.03 (W - 15)]$$

式中：d——圆榫直径（mm）；

　　　L——圆榫插入深度（mm）；

　　　τ_1——构件木材顺纹抗剪强度（MPa）；

　　　τ_2——圆榫木材顺纹抗剪强度（MPa）；

　　　a——胶种系数，用UF胶或PVAc胶（固含量60%以上）时$a = 1.0$，用PVAc胶（固含量60%以下）时$a = 0.9$，用皮胶或骨胶时$a = 0.85$；

　　　b——圆榫接合配合间隙（0~0.2）修正系数，用UF胶$b = 0.93 ~ 1.0$，用PVAc胶时$b = 0.78 ~ 0.90$，用皮胶或骨胶时$b = 0.84 ~ 0.85$；

　　　c——圆榫表面有螺旋纹时，$c = 0.90$；

　　　τ_{15}——气干木材顺纹抗剪强度（MPa）；

　　　W——零件木材含水率（%）。

根据上述公式和实验可知，在相同条件下，实木构件端部圆榫抗拔力大于侧边圆榫抗拔力。因此，在实木构件的L形和T形接合中，常以构件侧边圆榫抗拔力进行计算。

② 刨花板部件圆榫接合抗拔力：

板面圆榫抗拔力：$F = 303.2B^{0.85}L^{0.85}$

板端圆榫抗拔力：$F = 279.4L^{0.85}$

式中：B——刨花板内结合强度（MPa）；

L——圆榫插入深度（mm）。

根据上述公式和实验可知，当刨花板内结合强度低于0.91MPa时，板端圆榫抗拔力就大于板面圆榫抗拔力。由于家具生产中常用的普通刨花板的内结合强度都比较低，故在L形和T形接合中，常以板面圆榫抗拔力进行计算。上述计算公式也可适用于中密度纤维板部件，只是内结合强度为中密度纤维板的内结合强度而已。

例3

在采用槭木生产的实木框式家具中，实木构件采用桦木圆榫接合，圆榫直径为10mm，横向水平构件宽80mm，圆榫等分插入构件25mm，含水率均为8%，螺槽圆榫与榫孔配合间隙为零，采用UF胶，则可以估算出圆榫接合的抗弯强度。

解： 由《中国木材性质》可知槭木的顺纹抗剪强度$\tau_{15} = 12.35$MPa，桦木的顺纹抗剪强度$\tau_{15} = 7.65$MPa。当含水率$W = 8\%$时的顺纹抗剪强度为：

槭木：$\tau_1 = \tau_{15} / [1 + 0.03 (W - 15)] = 15.63$（MPa）

桦木：$\tau_2 = \tau_{15} / [1 + 0.03 (W - 15)] = 9.68$（MPa）

因采用UF胶接合，配合间隙为零，所以$a = 1.0$，$b = 1.0$，$c = 0.90$，$d = 10$mm，$L = 25$mm。则构件侧边圆榫抗拔力：$F = 1.19dL^{0.89} (0.95\tau_1 + \tau_2) abc = 4609$（N）

如果圆榫间距$t_1 = 20$mm，则$t_2 = 30$mm，内力臂$t = 20 + 30/2 = 35$（mm）

双圆榫接合的抗弯力矩M_i为：$M_i = F_t = 4609 \times 35/1000 = 161$（N·m）

如果圆榫间距$t_1 = 30$mm，则内力臂$t = 42.5$mm，圆榫接合的抗弯力矩$M_i = 196$（N·m）

如果圆榫间距$t_1 = 50$mm，则内力臂$t = 57.5$mm，圆榫接合的抗弯力矩$M_i = 265$（N·m）

如果圆榫间距$t_1 = 40$mm，横向构件宽度为70mm，则$t = 47.5$mm，抗弯力矩$M_i = 219$（N·m）

通过以上计算可以看出，双圆榫接合的抗弯力矩随圆榫间距增大而增加；合理的结构会产生较高的抗弯强度，窄构件反而比宽构件的抗弯强度高。

通过实验证明，以上计算公式和结构特点也适用于刨花板（或中密度纤维板）部件，只是圆榫抗拔力为刨花板（或中密度纤维板）的圆榫抗拔力而已。

（2）垂直于板面方向弯曲（板式箱框结点）：如图7-12，利用人造板和实木拼板制作柜箱、桌子和沙发部件时，角部或中间常用圆榫接合。例如，柜类家具的顶板、旁板和底板的接合，以及与中隔板和搁板之间的接合，通常用圆榫构成箱柜结构。这些家具在

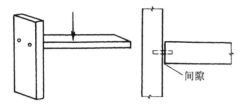

图7-12 垂直于板面方向双圆榫接合形式

载荷和外力作用下，结点处要承受弯曲力矩作用，对于这种 L 形和 T 形角都接合的抗弯强度。埃克尔曼（Eckelman，1971）研究结果指出，双圆榫接合构件垂直板面方向抗弯力矩可用下式表示：

$$M_i = (\pi d^3/16)\sigma_{max} + 2Ft$$
$$\sigma_{max} = \sigma_{15}/[1 + 0.04(W - 15)]$$
$$t = (h + d)/4$$

式中：d——圆榫直径（mm）；

σ_{max}——圆榫材料抗弯强度（MPa）；

F——圆榫抗拔力（N）；

t——内力臂长度（m）；

σ_{15}——气干木材抗弯强度（MPa）；

W——零件木材含水率（%）；

h——横向构件厚度（m）；

d——圆榫直径（m）。

由此可见，在 L 形和 T 形板件角部接合中，垂直板面方向的抗弯力矩与圆榫弯曲力矩和抗拔力所产生的弯曲力矩有关。装配质量对箱框角接合强度影响很大，一对接合构件紧密接触可获得较高的接合强度；若横向构件端部与纵向构件侧面接合不紧密，有 1.6mm 的间隙，其接合抗弯强度将会下降 50% 以上，这是因为开始弯曲时圆榫首先单独弯曲，至横向构件端部下边抵住纵向构件内侧面时，抗拔力才有支点而产生弯矩，这样圆榫先弯断而抗拔力不能完全发挥作用，不能同时产生弯矩，所以离缝的结构抗弯强度低。反之做工精细的家具结构强度高。

例4

由小叶青冈生产的实木构件采用红桦圆榫接合，圆榫直径为 10mm，长度 50mm，横向水平构件厚 40mm，圆榫等分插入构件 25mm，含水率均为 8%，螺槽圆榫与榫孔配合间隙为 0.2mm，采用 UF 胶，则可以估算出 T 形结构圆榫接合的抗弯强度。

解： 由《中国木材性质》可知小叶青冈的顺纹抗剪强度 $\tau_{15} = 11.76$MPa，红桦的顺纹抗剪强度 $\tau_{15} = 9.7$MPa。当含水率 $W = 8%$ 时的顺纹抗剪强度为：

青冈：$\tau_1 = \tau_{15}/[1 + 0.03(W - 15)] = 14.89$（MPa）

红桦：$\tau_2 = \tau_{15}/[1 + 0.03(W - 15)] = 12.28$（MPa）

因采用 UF 胶接合，配合间隙为零，所以 $a = 1.0$，$b = 0.93$，$c = 0.90$，$d = 10$mm，$L = 25$mm。则构件侧边圆榫抗拔力：$F = 1.19dL^{0.89}(0.95\tau_1 + \tau_2)abc = 4619$（N）。

另外，由《中国木材性质》可知红桦的抗弯强度 $\sigma_{15} = 90.65$MPa，含水率 $W = 8%$ 时，圆榫的抗弯强度为 $\sigma_{max} = \sigma_{15}/[1 + 0.04(W - 15)] = 125.9$（MPa）

当横向构件厚度 $h = 40$mm 时，则内力臂 $t = (40 + 10)/4 = 12.5$（mm）

双圆榫接合的抗弯力矩 $M_i = (\pi d^3/16)\sigma_{max} + 2Ft = 24.72 + 115.45 = 140$（N·m）

通过以上计算可以看出，圆榫本身抗弯力矩只占 17.7%，而圆榫抗拔力产生的力矩占 82.3%。

例5

刨花板构件 T 形角部结构采用圆榫接合，板厚 19mm，内结合强度为 0.4MPa，桦木圆榫直径为 8mm，插入板面孔 16mm，插入板边孔 20mm，含水率均为 8%，螺槽圆榫与榫孔配合间隙不超过 0.2mm，采用 UF 胶或 PVAc 胶，则可以估算出 T 型结构圆榫接合的抗弯强度。

解： 由《中国木材性质》可知桦木的抗弯强度 $\sigma_{15} = 85.75$（MPa），当含水率 $W = 8%$ 时，圆榫的抗弯强度为 $\sigma_{max} = \sigma_{15}/[1 + 0.04(W - 15)] = 119.1$（MPa）

结构设计时，为保证端部圆榫接合不被破坏，应只计算板面圆榫抗拔力：

$F = 303.2B^{0.85}L^{0.85} = 303.2 \times 0.4^{0.85} \times 16^{0.85} = 1469$（MPa）

当横向构件厚度 $h = 19$mm 时，则内力臂 $t = (19 + 8)/4 = 6.75$（mm）

双圆榫接合的抗弯力矩 $M_i = (\pi d^3/16)\sigma_{max} + 2Ft = 31.8$（N·m）

通过以上计算可以看出，圆榫本身抗弯力矩约占 38%，而圆榫抗拔力产生的力矩占 62%。对于刨花板部件角接合，圆榫本身抗弯强度对整个结构强度的影响就比较大。

7.3.2.3 螺钉接合

木螺钉是一种金属制的简单连接件，一般应用于家具的台面、柜面、背板、椅座板、抽屉托撑的固定以及其他配件的安装，同时也代替其他连接件。例如，圆榫和钉子构成承受载荷的结点。特别是在很多小而强度要求又高的结点，如软家具框架结构，使用螺钉的趋势在不断增长。在实木家具框架结构中，塞角木块经常采用螺钉紧固，以便增加角部接合强度。家具整体的牢固性，通常取决于这些框架结点的性能，所以要妥善设计这些结点，以便在使用过程中能承受外载荷的作用。

木螺钉可以用作拆装结构，螺钉拧入木材再拧出来，然后又拧入，这样反复几次，木材的握螺钉力没有多大损失，但不适于多次拆卸。尤其是对于刨花板或中密度纤维板构件不应经常拆卸，否则会影响制品强度。为适应拆装需要，采用带内螺纹的倒刺螺母，打入刨花板或中密度纤维板孔中，再用螺钉接合，不仅可提高接合强度，而且可多次拆装。

对于许多结构，螺钉杆部分连接的构件应钻一个间隙配合孔，用作螺钉定位，有利于开始拧入螺纹部分，同时也可以防止被连接基材的劈裂。同样原因，对于容纳螺钉螺纹部分的构件，也应该钻一个导孔，特别是对于规格尺寸大的螺钉，更需要预先钻一个适当尺寸的导孔，否则要将螺钉拧入硬木里是很困难的，而且木螺钉也容易拧断。对于材质软的针叶材，导孔直径为螺钉基部直径的70%；对材质硬的阔叶材，导孔直径为螺钉基部直径的90%；深度为拧入深度的2/3左右；刨花板构件螺钉导孔直径为螺钉基部直径的75%，导孔深为螺钉拧入深度的2/3～3/4。

在设计螺钉结点时应注意，必须保证当螺钉拧到底时，拧入木材中的螺纹部分不能剥伤。螺钉拧入木材太深时，螺钉头部挤压它下面的木材，当受力过大或是采用过大尺寸的导孔时，在使用过程中螺钉可能松动，这时在导孔中注入胶黏剂，可以提高接合强度。螺钉头部露在外面，影响美观，特别是对外观质量要求高的家具，螺钉头部最好在背面、内面或是用其他构件遮盖住，使从家具外表面看不到螺钉接合。

（1）实木构件侧边握螺钉力：实木构件侧边普通木螺钉的平均极限握螺钉力，可根据埃克尔曼（Eckelman，1973）推导出的公式计算：

$$F = 7.193d\,(L-d)^{0.75}\tau$$

式中：F——实木构件侧边握螺钉力（N）；

　　　d——螺钉直径（mm）；

　　　L——螺钉螺纹部分埋入深度（mm）；

　　　τ——当时含水率情况下木材顺纹剪切强度（MPa）。

由上式可以看出，握螺钉力与螺钉直径和材料顺纹剪切强度成正比，还与修正长度即埋入有效深度成0.75次方关系。螺纹埋入部分需要考虑修正，因为螺钉尖部分在抵抗拔出载荷时不会像杆部螺纹那样有效，特别是对短螺钉，必须考虑减去螺钉尖的长度。

（2）实木构件端都握螺钉力：实木构件端部握螺钉力低，而且拧入螺钉时木材又容易劈裂，但在家具的框架结构中有时确实需要把螺钉拧入木材端部，这些结点强度通常是整个装配体结构牢固性的危险点。许多种家具整个框架结构的牢固性，通常取决于拧入木材端部螺钉的抗拔力。因此，在采用端部螺钉接合中，可靠地预算螺钉抗拔力是很重要的。

根据费尔柴尔德（Fairchild，1962）和科克雷尔（Cockrell，1933）提供的数据，普通木螺钉从实木端部拔出的平均极限值可用下式计算：

$$F = 1.737d^{1.75}(L-d)^{0.75}\tau$$

式中：F——实木构件端部握螺钉力（N）；

　　　d——螺钉直径（mm）；

　　　L——螺钉螺纹部分埋入深度（mm）；

　　　τ——当时含水率情况下木材顺纹剪切强度（MPa）。

（3）实木构件侧边螺钉横向抗剪力：把搁板条或抽屉滑道等安装到柜体侧边通常采用木螺钉，再用这些搁板条支承搁板或用抽屉滑道支承抽屉，当搁板条（或抽屉滑道）加载时，施加到搁板条（或抽屉滑道）上的力，再以横向剪切力的形式传到螺钉上。各种五金件，例如挂衣钩也用螺钉安装，当挂衣钩上有载荷时，传递到螺钉上的力基本上也是剪切力。

这种形式接合强度取决于所用螺钉规格、搁板条、抽屉滑道或五金件的性能，还取决于结点产生的滑移量。搁板或抽屉上载荷增加，结点滑移量也增加，达到极限滑移量之后，强度就减小。

科尔伯克和伯恩鲍姆（Kolberk 和 Birnbaum，1913）研究指出，当木制搁板条用螺钉安装到柜体上时，螺钉平均横向抗剪切力可用下式计算：

$$F = 113.41dL^{0.5}G^{1.75}t^{0.306}$$

式中：F——螺钉横向抗剪切力（N）；

　　　d——螺钉直径（mm）；

　　　L——螺钉螺纹部分埋入深度（mm）；

　　　G——当时含水率时木材密度（g/cm³）；

　　　t——结点滑移量（mm）。

（4）刨花板板面握螺钉力：随着家具工业的发展，广泛采用刨花板来制作家具构件，如用覆面刨花板做桌面、台面和柜体，还可用作门和抽屉面等，有时也用刨花板制作沙发框架。通常都用螺钉把各种五金件安装到刨花板上，或是把托架和铰链安装到刨花板上。螺钉拧入刨花板构件表面上的平均握钉力可用下式计算：

$$F = 41.1d^{0.5}(L-d/3)^{1.25}G^2$$

式中：F——刨花板板面握螺钉力（N）；

　　　d——螺钉直径（mm）；

　　　L——螺钉螺纹部分拧入深度（mm）；

　　　G——刨花板的密度（g/cm³）。

应该注意到刨花板密度是绝干密度而不是气干密度。由上式可知，刨花板板面握螺钉力与实木不同，与螺钉直径的平方根成正比，而实木中握螺钉力与螺钉直径成正比。

（5）刨花板侧边握螺钉力：螺钉拧入刨花板侧边的握螺钉力可用下式表示：

$$F = 31.81d^{0.5}(L - d/3)^{1.25}G^2$$

刨花板侧边的握螺钉力可用板面握螺钉力的倍数表示：$F_B = (31.81/41.1)F_M = 0.774F_M$。在通常情况下，刨花板侧边握螺钉力较低，大约是板面握螺钉力的 3/4。

在刨花板的板面或侧边拧螺钉之前，应预先钻孔，导孔直径约为螺钉基部直径的 75%，否则当拧螺钉时不便于定位，而且靠近外表层的刨花很易被掀掉，而影响板件的握螺钉力；导孔深为螺钉拧入深度的 2/3 ~ 3/4。

英格莱森（Englesson，1972）研究发现在导孔里注胶可以提高握螺钉力 45%，这是因为当螺钉拧入导孔时，胶液在静压下挤进周围刨花层里，形成牢固结合区。

（6）中密度纤维板板面握螺钉力：从直径为 2.85 ~ 6.8mm 的螺钉，可用下式计算：

$$F = 41.5B^{0.85}d^{0.5}(L - d/3)^{1.25}$$

式中：F——中密度纤维板板面握螺钉力（N）；
　　　B——中密度纤维板平面抗拉强度（MPa）；
　　　d——螺钉直径（mm）；
　　　L——螺钉螺纹部分拧入板件深度（mm）。

这个表达式指出，中密度纤维板平面抗拉强度和螺钉拧入深度对握螺钉力影响很大，而螺钉直径影响并不大。

（7）中密度纤维板侧边握螺钉力：直径从 3.5 ~ 5.5mm 的螺钉，可用下式表示：

$$F = 4.865B^{0.85}d^{0.5}L^{1.2}$$

式中：F——中密度纤维板侧边握螺钉力（N）；
　　　其他符号意义与中密度纤维板侧边握螺钉力公式相同。

（8）多层胶合板板面握螺钉力：可用约翰逊（Johnson，1967）研究的公式求出：

$$F = 1721.18d^{0.5}G^{1.5}$$

式中：F——多层胶合板板面握螺钉力（N）；
　　　d——螺钉直径（mm），拧入深度为 17mm；
　　　G——相应含水率条件下木材的密度（g/cm³）。

（9）多层胶合板侧边握螺钉力：可用下式表示：

$$F = 669.32dG^{1.5}$$

式中：F——螺钉拧入多层胶合板侧边 17mm 时的握螺钉力（N）；
　　　d 和 G 的物理意义如前所述。

7.3.2.4　连接件接合

随着家具工业的发展，拆装式结构家具随之日益扩大，家具的主要部件是由实木和人造板制作，按照便于搬运的原则设计成可以拆开的若干个部件，部件之间主要用五金连接件接合，通常需要用圆榫定位。这种拆装结构，既适合于柜类家具，也适用于椅凳类、桌几类和沙发等家具；实心或空心板式部件、实木构件，都可用五金连接件接合。

（1）实木构件中预埋件的抗拔力：连接件种类繁多，而螺纹型连接件由于结构简单成本低，连接牢固强度大，在家具中应用广泛。螺纹型连接件的基本原理，实际上是对木螺钉或螺栓螺母的发展，即靠宽大的螺纹增加连接件与构件的接触面积，在保证板面不劈裂的情况下，使之具有较高的抗拔力。

1984 年 Eckelman 和 Cassens 对实木构件中预埋件的抗拔力进行研究指出，实木构件板面预先钻导孔，埋入具有均匀外粗螺纹螺母的抗拔力可用下式计算：

$$F = 5.987d^{0.25}L^{1.25}\tau$$

式中：F——实木构件板面螺纹预埋件的抗拔力（N）；
　　　d——预埋件直径（mm）；
　　　L——预埋件在板材中埋入深度（mm）；
　　　τ——当时含水率情况下木材顺纹剪切强度（MPa）。

实验证明，预埋件外粗螺纹有缺损，或是锥形体预埋件的抗拔力比上式计算的值要小；胀开式和倒刺螺母预埋件的抗拔力也小许多，而且变动也大；完好外粗螺纹的预埋件具有良好切入木材能力，可获得较高的抗拔力。

木材端部预埋件的抗拔力变化很大，是板面抗拔力的 40% ~ 50%。

（2）刨花板与中密度纤维板部件连接件接合性能：以刨花板或中密度纤维板为基材的板式家具的接合方式与实木家具不同，主要采用圆榫和五金连接件接合，大多为拆装结构。影响连接件接合性能的因素很多，国外早在 20 世纪 50 年代已开始研究。

1975 年 Bachmann 和 Hassler 进行实验得出，当金属预埋件直径为 11.5mm，埋入刨花板深度为 11mm 时，对于密度为 0.687g/cm³ 的刨花板抗拔力为 600N，对另外一种密度为 0.689g/cm³ 刨花板抗拔力为 1000N，可以看出刨花板密度对抗拔力有影响（因刨花板横断面密度分布不均匀）；对直径为 12.5mm 的金属预埋件进行实验得出，直径对预埋件的抗拔力影响不大；然而当预埋深度从 11mm 增大到 13mm 时，实验得到的抗拔力几乎增长 30%，因此可知预埋深度对抗拔力的影响比直径更大；最后还指出涂胶后压入的塑料预埋件具有较高的抗拔力。

Eckelman 对长度为 12.7mm 的两种直径的预埋件，在中密度纤维板试件中的平均抗拔力进行研究，直径为 9.5mm 的预埋件抗拔力是 1810N，而直径为 12mm 的预埋件抗拔力是 1864N。因此，两种规格的预埋件基本上得到同样结果（这是因为中纤维板密度分布均匀）。

Murakoshi 研究资料指出，直径为 12mm 的金属预埋件埋在刨花板试件中，当埋入深度由 13mm 增加到 20mm 时，抗拔力平均从 823N 增加到 1372N。Murakoshi 也研究了导孔直径对抗拔力的影响，当导孔直径略大于预埋件根径时，即可得到最大抗拔力。

实验中还发现，预埋件在构件中的部位对抗拔力也有很大影响，预埋件的位置靠近试件端部（如 L 形接合），比远离试件端部（如 T 形接合）的抗拔力小 25%。

1987 年 Allim. R 等人对单板贴面和浸渍纸贴面刨花板在 13 种不同接合方式下的接合强度做了研究，把角接合的性能用角位移变形与施加力矩间关系进行了说明。

1978 年我国开始对板式家具连接件进行研究，北京木材工业研究所马耀驭等先后于 1979 年和 1982 年对胀开式、倒刺式、偏心式、圆柱螺母等 8 种连接件的接合性能进行研究，结果表明，垂直板面的抗拔力比板边高 1 倍左右；同时在导孔内施胶比无胶时的抗拔力也要高出 1 倍以上，并用拔出荷重（F）、拔出比阻（B）、破坏弯矩（M）和连接刚性效率（K）四项指标来衡量五金连接件的力学性能，见表 7-2。

表 7-2　五金连接件接合性能（柳万千，1993）

连接件种类	拔出荷重 （N）	拔出比阻 （N/mm）	破坏弯矩 （N·m）	连接刚性效率 （×10⁻²）
胀开式	784.0	64.0	6.60	3.82
五牙倒刺式	1568.0	74.7	11.10	7.27
叶片式	1313.2	61.5	5.98	10.95
空心螺钉	1577.8	98.0	26.36	11.07
偏心式	1440.6	92.8	10.98	5.17
直角式倒刺螺母	1401.4	107.8	15.88	12.27
对接式	2734.2	260.4	17.64	5.40
圆柱螺母	4743.2	—	14.21	10.96

① 拔出荷重（F）：将连接件的预埋螺母置入试件内，进行拔出力测定得到拔出最大荷重。

② 拔出比阻（B）：由拔出最大荷重并用下式计算拔出比阻。

$$B = F/H$$

式中：H——连接件预埋螺母的嵌入深度。

根据使用情况可将预埋件分为三类：胀开式、五牙倒刺式、叶片式和空心螺钉嵌入板端，平行板面方向拔出，为第一类；偏心式和直角式的倒刺螺母嵌入板面，垂直板面纵向拔出，为第二类；对接式和圆柱螺母嵌入板面，平行板面方向，预埋件横向受力，为第三类。

由实验研究可知，上述两项指标以第三类连接件的平均值最高。第一类连接件的受力方向与板面平行，其握持强度靠预埋件与刨花板间的摩擦阻力来保持。由于第一类连接件的埋入深度较深，所以具有一定的抗拔力，但拔出比阻却不及第二类，这是因为后者的埋入深度较浅，而且预埋件嵌入板面，拔出荷重相差不大，相对地提高了第二类连接件的拔出比阻。第三类连接件的拔出荷重最高，因为它的受力形式不同于另外两类。例如，圆柱螺母其内嵌件受力时，其阻力不是由于螺母与刨花板的摩擦力，而是螺母对刨花板的局部挤压，刨花板的局部挤压强度要比其对螺母的摩擦力大很多，因此，第三类连接件具有最高的抗拔力。

拔出荷重又因连接件所用材料不同而有差别。例如，同是第三类的圆柱螺母及对接式连接件，其受力状况相似，但前者是金属螺母，后者是用 ABS 树脂材料制成的螺母，结果后者的拔出荷重要比前者低 60%。因此，如将与偏心连接件配套的尼龙螺母改为金属内嵌螺母，其连接性能可大为提高。因为用尼龙材料制成的倒刺螺母，其硬度不足以使其倒刺扎进刨花板中，特别是对密度和平面抗拉强度高的刨花板，嵌入越困难，抗拔力也就越低。

在刨花板中埋入内嵌螺母之前，所钻导孔直径的大小，与抗拔力有很大关系，尤其是在端面，更为重要。不涂胶的预埋件抗拔力与插入孔中过盈量大小以及刨花板物理力学性能有关，过盈量越大则接合越牢固。因为预埋件对孔壁的正压力加大，扎入刨花板中愈深，摩擦阻力随之增强，不易破坏。但过盈量也不宜过大，在 L 形接合中，若导孔直径比预埋件直径小 0.8~1mm，容易产生板边胀裂而破坏。通常导孔直径为预埋件直径的 0.75~0.8 倍以上。对于涂胶的预埋件，过盈量对抗拔力的影响不明显。所以，不同形式的连接件，导孔的适宜直径尺寸，应依据不引起板材开裂而具有最高抗拔力的原则来确定。

③ 破坏弯矩：对于采用连接件进行的 L 形或 T 形接合，在端部连接的构件上加载荷直至屈服极限，可按下式计算破坏弯矩：

$$M = P \cdot L$$

式中：M——破坏弯矩（N·m）；

P——屈服极限时的荷重（N）；

L——加载点至基点的跨距（m）。

④ 连接刚性效率：是指加载点上以一定速度加载荷，并用千分表测量加载点的位移量，则可按下式计算连接刚性效率：

$$K = y/\delta$$
$$y = PL^3/3EI$$

式中：K——连接刚性效率；

δ——比例极限内的实测变形量；

y——与 δ 相应荷重时的计算变形量；

P——与 δ 相应的荷重；

L——试件跨距；

E——刨花板的静曲弹性模量；

I——试件截面惯性矩。

连接件主要安装在结点部位，如柜类的四个角隅、椅类的 T 形和 L 形连接点等，其受力状况很少是直接受拉出力的作用，而多数是受弯矩作用。

连接件破坏弯矩的变化规律与拔出荷重近似，即第三类连接件（对接式和圆柱螺母）较好，其次为第二类连接件（偏心式和直角式倒刺螺母），再次为第一类连接件（胀开式、五牙倒刺式、叶片式）。空心螺钉连接件的破坏弯矩很高，因这种连接件拧入较深，当破坏弯矩达到屈服极限时，空心螺钉虽松动，但连接螺杆承受一部分弯矩而呈弯曲状。叶片式连接件的破坏弯矩却很低，这是因为叶片式连接螺母呈锥形，而导孔直径是螺母大、小端的平均直径，致使螺母的小端不能与刨花板紧密嵌合，抗拔力降低，导致破坏弯矩不高。

在 L 型或 T 型角部接合中，对于不同的加载方向，如图 7-13 所示，由于弯曲力矩方向不同，其破坏弯矩也不相同。表 7-3 所示为贴面刨花板角部接合连接件的破坏弯矩。

在 L 型角接合的水平构件上加载，力作用点距角接合端 190mm。受压负荷的结果，往往发生板件局部或全部分层（偏心连接、圆柱螺母连接和圆榫连接），这说明刨花板平面抗拉强度是决定抗弯力矩的因素。拉力负荷则往往使一个连接组合件从板中拔出（螺柱与倒刺螺母连接、圆榫连接）；只有圆柱螺母

连接在受拉力负荷作用下发生刨花板破裂，这说明拉力负荷时的连接强度决定于连接件的抗拔力。由表 7-3 可以看出，只有螺栓和倒刺螺母连接件，在拉、压力作用下的破坏弯矩差别极小，其他几种连接件都有差别。在拉力作用下结点弯曲破坏，偏心连接和圆柱螺母连接的破坏弯矩较大，因为受压负荷时刨花板产生分层现象，破坏弯矩较小。弯矩方向不同，L 型角接合的破坏形式也不同，如表 7-4 所示。

刚性效率差异性最突出的特点是：金属材料制成的连接件，如叶片式、空心螺钉和圆柱螺母，其连接刚性明显地优于高分子材料制成的连接件。然而，直角式连接件是例外，虽然是塑料制成，但连接刚性很高，这主要是由于它的结构形式及受力方式的不同，两个嵌入螺母的连接部分为一近似立方体，装置在角隅内侧，两个倒刺分别插入构件面部孔中，它实际上起到梁掖的作用，增加了截面高度，提高了截面惯性矩，因而增强了抵抗变形的能力。

研究证明，圆榫接合的连接刚性效率达 0.25，而五金连接件的连接刚性效率，虽因品种不同而有差异，但都比较低，其最高值仅为 0.12，与圆榫比较相差 1 倍。因此，当使用连接件结构制作家具时，应辅以圆榫定位销，这样不仅可增加家具刚度，而且也有利于家具板件的安装定位。

涂胶可改善接合性能，大约可减小变形 35%。因为胶合作用增强了尼龙倒刺在刨花板内的紧固力，使其刚度加大。尤其当导孔直径较大，对尼龙倒刺产

表7-3　连接件 L 形角部接合的破坏弯矩

（柳万千，1993）

接合种类	压力（N）	拉力（N）
偏心连接	48.0	67.7
圆柱螺母连接	200.0	266.0
螺栓与倒刺螺母连接	76.5	76.5
圆榫连接	118.0	96.1

表7-4　连接件 L 形角部接合的破坏弯矩

接合种类	压力产生弯曲破坏	拉力产生弯曲破坏
偏心连接	刨花板芯层局部分层	倒刺螺母被拔出、刨花板结构破坏
圆柱螺母连接	连接里侧分层	垂直于螺栓中心线的刨花板构件断裂
螺栓与倒刺螺母连接	倒刺螺母被拔出、刨花板端头裂开	垂直于螺栓中心线的刨花板构件断裂
圆榫连接	圆榫把大块刨花板撅掉、刨花板局部分层	圆榫被拔出、垂直于圆榫中心线的刨花板构件严重破坏

（柳万千，1993）

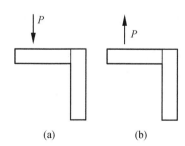

图7-13　载荷方向对破坏弯矩的影响

（柳万千，1993）

（a）受压　（b）受拉

生的摩擦阻力不大时，加胶效果更为明显。密度低的刨花板，由于质地疏松对预埋件的握持力小，涂胶则可形成胶合面而增加接合力。

板面预埋件孔距板端距离不同，强度也有差异，板面孔中心距端部距离小，对尼龙倒刺的握持力差、强度低，随着距离加大，倒刺件受到周围刨花板件的支承和约束作用增强。导孔中心距端部 40mm（T 形接合）产生的变形值小于 20mm 时的变形值，导孔中心距端部为 10mm（L 形接合）时的刚度最低。偏心连接件和膨胀销偏心连接件实验证明，T 型接合比 L 型接合性能好。

刨花板物理力学性质对偏心连接件的接合性能有影响，不论是涂胶或不涂胶时均有很明显作用，尼龙倒刺在刨花板内的抗拔力对偏心件接合破坏有着密切关系。平面抗拉强度低的刨花板，角接合变形也大；厚度大或密度高的刨花板，破坏弯矩和刚性也大。膨胀销偏心连接件也同样，刨花板平面抗拉强度越高，则尼龙膨胀销在板内的握持力越大，不易破坏；板之密度大，弹性模量高，则弯曲变形减小，接合强度高。在素板和贴面刨花板中均符合这种规律。另外，贴面刨花板由于表面密度高，弹性模量大，因此与性能较接近的素板相比，贴面板具有较佳的刚度和对连接件的握持力，接合性能比素板优越。

刨花板物理力学性能与圆柱螺母接合性能也密切相关，随着刨花板密度和弹性模量加大，抵抗变形的能力增强，刨花板角接合件在弯曲力矩作用下，除板件产生弯曲变形外，圆柱螺母孔至板端那段距离内的刨花板，在弯曲和压缩应力作用下产生相应变形，刨花板抗弯强度大，则产生变形小。

金属螺杆长度对圆柱螺母接合强度有显著影响，当螺杆长度由 35mm 加长到 55mm 时，在 L 形角接合中，同样的角位移量下需施加 2 ~ 3 倍的弯曲力矩；对 T 形接件的影响不如 L 形件明显。

刨花板角接合采用偏心连接件接合，带定位销的 L 形或 T 形接合与不带定位销接合相比，分别增强接合强度和减少角位移变形约为 1/3 ~ 1/2。膨胀销偏心连接件与定位销配合使用，其接合性能比无定位销时优异。素板接合时，带定位销可比无定位销时角位移变形减小 80% 左右；在贴面板接合中，定位销使接合刚度增强 1.5 倍。

通过几种连接件对刨花板的接合性能的研究表明，圆柱螺母和对接式连接件有很高的强度，适用于受力大的部位；偏心式和直角式连接件其次，尤其是偏心式接合不影响制品外观，在板式家具生产中应用较广；其余几种较差，但受力小的部位也可以采用。

螺钉、螺栓与螺母、带外粗螺纹螺母、倒刺螺母、胀开螺母安装在实木和刨花板部件的端部、板面

表 7-5　五金连接件安装部位对受力的影响

作用力方向		实木受力状况	刨花板受力状况
（a）螺钉连接	①	不好	不好
	②	不好	不好
	③	最好	最好
	④	好	好
	⑤	最好	不好
	⑥	好	不好
（b）螺栓连接	①	最好	最好
	②	最好	最好
	③	好	较好
	④	好	由杆长定
	⑤	不好	不好
（c）金属螺母连接	①	最好	最好
	②	最好	好
	③	好	不好
	④	好	不好
（d）倒刺连接	①	好	好
	②	好	好
	③	好	不好
	④	好	不好

（柳万千，1993）

和边部时的受力情况如图 7-14 所示，受力情况分析见表 7-5。

7.3.2.5　圆柱螺母与双圆榫接合

椅腿与座下横撑（望板）采用双圆榫接合时，常用贯通螺栓和圆柱螺母来加固，如图 7-15（a）所示。装配时必须拧紧，使圆榫和圆柱螺母接合同时受力，否则在螺栓开始承受一定载荷之前，圆榫已被拔出，这样螺栓在椅子结构强度方面没有起到增强作用。然而，即使是圆榫接合破坏或失效了，螺栓也能承担作用在结点上所有的载荷，因此，螺栓可以保持结点结构的完整性，可以增加强度，特别是可以增加结点的安全性和耐久性。在许多其他家具结构中也采用这种接合方式。例如，桌腿与桌望板接合、床腿和床梃接合等就采用这种结构。

在有些情形下，可以用长的木螺钉代替螺栓与圆柱螺母来增强双圆榫的接合强度，如图 7-15（b）所示。这些长木螺钉不如长螺栓那般有效，但它们至少可把接合件紧固在一起，直到胶液固化；如果原先的圆榫接合破坏了，木螺钉也能形成后备保护连接；木螺钉也可以在装配过程中保持椅子及结点的完整性。

例 6

椅子后腿与望板采用双圆榫和圆柱螺母接合，白桦圆榫直径 10mm，长 50mm，等分插入两个柞木构件，配合间隙为零，螺槽圆榫涂脲醛树脂胶，木材含水率

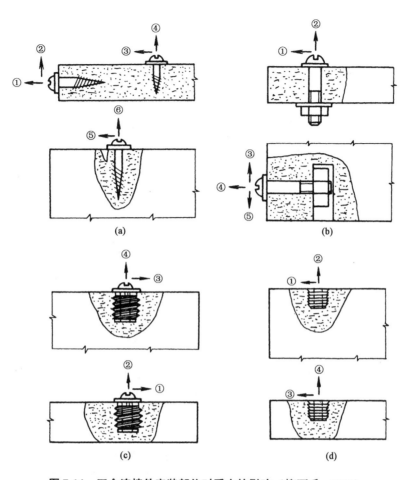

图7-14　五金连接件安装部位对受力的影响（柳万千，1993）

（a）螺钉连接　　（b）螺栓连接　　（c）金属螺母连接　　（d）倒刺连接

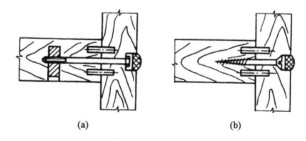

图7-15　五金连接件与双圆榫接合（柳万千，1993）

（a）圆柱螺母与双圆榫接合　（b）木螺钉与双圆榫接合

为8％，则最大破坏弯矩计算如下。

解： 由《中国木材性质》得知，白桦和柞木的顺纹抗剪强度分别为 7.644MPa 和 12.348MPa，含水率为 8％ 时的顺纹抗剪强度分别为 9.68MPa 和 15.63MPa，因用脲醛树脂胶接合，配合间隙为零，则 $a=1.0$，$b=1.0$，螺槽圆榫系数 $c=0.9$，插入深度 $L=25$mm，由下式，可求得圆榫抗拔力为：

$$F_1 = 1.19dL^{0.89}(0.95t_1 + t_2)\,abc = 4\,609.2\text{（N）}$$

望板高度为 65mm，榫间距为 40mm，则内力臂为 $t_1 = 40 + 12.5/2 = 46.25$（mm）

由圆榫产生的抗弯力矩为：$M_1 = F_1 \cdot t_1 = 213.2$

（N·m）

如果圆柱螺母连接的抗拔力为 $F_2 = 11\,921.23$N，内力臂为 $t_2 = (2/3) \times (65/2) = 21.7$（mm），则破坏弯矩可由下式求出：$M_2 = F_2 \cdot t_2 = 258.3$（N·m）

若是安装合理，圆柱螺母和双圆榫同时受力，则最大破坏弯矩为：$M = M_1 + M_2 = 471.5$（N·m）

7.3.3　整体家具的强度

按照家具在正常或非正常使用情况下所受到的载荷状况，整体家具的强度主要可分为静载荷强度、耐久性强度和冲击强度等。

静载荷强度：是指家具在可能遇到的重载荷条件下所具有的强度。

耐久性强度：是指家具在重复使用、重复载荷条件下所具有的强度。

冲击强度：是指家具在偶然遇到的冲击载荷条件下所具有的强度。

为了满足整体家具的使用要求，必须模拟整体家具正常或非正常使用以及长期实际使用中所承受的载荷进行强度试验，以保证家具产品具有足够的强度和保持其实际需要的功能。对家具进行整体力学性能试验能为产品实现标准化、系列化和通用化取得可靠的数据和规定出科学的质量指标，有利于根据使用功能的实际要求来合理设计出家具的结构和确定出零、部件的规格尺寸，以提高设计质量。家具产品的力学性能试验是最终的质量检验手段，科学的测试方法和标准可以保证产品具有优良的品质和提高企业的质量管理水平，同时还可将家具的质量和性能真实地反映给用户，用户根据自己的使用场合、使用要求和使用方法不同，从产品的质量及价格等方面综合考虑后选购出适用的家具。

对于不同用途的家具，其强度要求和强度试验也有所不同。在《家具力学性能试验》国家标准中，规定了 GB/T 10357.1《桌类强度和耐久性》、GB/T 10357.3《椅、凳类强度和耐久性》、GB/T 10357.5《柜类强度和耐久性》、GB/T 10357.6《单层床强度和耐久性》、QB/T 1952.1《软体沙发》和 QB/T 1952.2《软体家具 弹簧软床垫》等强度要求和试验方法。

7.3.3.1 桌类家具强度和耐久性

（1）静载荷强度试验：包括主桌面垂直静载荷试验、副桌面垂直静载荷试验、桌面持续垂直静载荷试验、桌面水平静载荷试验。

（2）冲击强度试验：包括桌面垂直冲击试验、桌腿跌落试验。

（3）耐久性强度试验：包括桌面水平耐久性试验、独脚桌面垂直耐久性试验。

7.3.3.2 椅凳类家具强度和耐久性

（1）静载荷强度试验：包括椅凳坐面静载荷试验、椅背静载荷试验；椅子扶手及枕靠侧向静载荷试验、椅子扶手垂直向下静载荷试验；椅凳腿向前静载荷试验、椅凳腿侧向静载荷试验。

（2）冲击强度试验：包括椅凳坐面冲击试验、椅背冲击试验、椅子扶手冲击试验、椅凳腿跌落试验。

（3）耐久性强度试验：包括椅凳坐面耐久性试

验、椅背耐久性试验。

7.3.3.3 柜类家具强度和耐久性

（1）非活动部件强度试验：包括搁板弯曲试验、搁板支承件强度试验；挂衣棍弯曲试验、挂衣棍支承件强度试验；顶面板及底板强度试验。

（2）活动部件强度试验：包括拉门耐久性试验、拉门强度试验、拉门猛开试验；移门及侧向启闭卷门耐久性试验、移门及侧向启闭卷门猛开或猛关试验；翻门耐久性试验、翻门强度试验；垂直启闭卷门耐久性试验、垂直启闭卷门猛开或猛关试验；抽屉及滑道耐久性试验、抽屉结构强度试验、抽屉猛关试验、抽屉滑道强度试验。

（3）安装在建筑物上或其他物体上的柜试验。

7.3.3.4 单层床强度和耐久性

（1）静载荷强度试验：包括床铺面均布静载荷试验、床铺面集中静载荷试验、床屏水平静载荷试验、床长边静载荷试验。

（2）冲击强度试验：即床铺面冲击载荷试验。

（3）耐久性强度试验：即床结构耐久性试验。

7.3.3.5 软体沙发强度和耐久性

软体沙发的耐久性试验是模拟日常使用条件，用一定形状和质量的加载模块，以规定的加载形式和加载频率分别对座、背和扶手表面进行重复加载，以检验沙发对长期重复性载荷的承受能力。沙发耐久性试验一般分为三个阶段，试验前须对沙发坐面进行预压，调整好加载的跌落高度，并测量在进行各阶段耐久性试验之前的坐面高度和压缩量以及试验后背后面及扶手的松动量及剩余松动量。加载次数第一阶段为5000次，第二阶段为25 000次（蛇簧沙发为15 000次），第三阶段、第四阶段及以后各阶段分别为20 000次。

不同类型、不同等级的软体沙发，其耐久性试验的总次数要求也不相同。对于中凹形螺旋弹簧沙发、海绵沙发、混合型弹簧沙发，A级为90 000次，B级为50 000次，C级为30 000次；对于蛇簧沙发，A级为60 000次，B级为40 000次，C级为20 000次。

7.3.3.6 弹簧软床垫耐久性

弹簧软床垫的耐久性试验是模拟日常使用条件，用两个一定形状和质量的加载模块，从床垫上方规定高度以相同频率交替自由跌落，对床垫进行重复加载，以检验床垫对长期重复性载荷的承受能力。床垫耐久性试验一般分为四个阶段，在每一阶段试验前需对垫面高度和预压后的压缩量进行测量，以确定各阶段的加载模块的跌落高度。加载次数第一阶段为5000次，第二阶段为20 000次，第三阶段为15 000次，第四阶段为20 000次，以后需继续加载时每个阶段为10 000次。

不同类型、不同等级的弹簧软床垫，其耐久性试验的总次数要求也不相同。对于中凹形螺旋弹簧软床垫，A级为80 000次，B级为40 000次，C级为25 000次；对于圆柱形包布弹簧软床垫，A级为90 000次，B级为60 000次，C级为25 000次。

第 **8** 章
家具设计方法与程序

家具设计是在现代工业化生产方式的基础上，横跨理工、文史和艺术等专业领域，融合史学、设计艺术学、技术美学、人体工程学、人类感性学、心理学、工业设计方法学、工业产品造型设计、建筑学、现代材料学、现代制造工艺学、计算机辅助设计、计算机网络技术、市场营销学等学科而形成的，是一门集科学与技术、艺术与工程的交叉复合型学科，极具综合性与创造性。随着现代家具工业的快速发展和家具产品的日新月异，仅依靠设计者的经验、感觉和灵感进行直觉思考的传统设计模式已无法适应现代家具设计的要求，要成为一名合格的现代家具设计师，具有宽广的专业基础、创造的思维方式、科学的设计方法、具体的设计实践是非常重要的。

因此，本章将借鉴国内外现代工业产品设计的成功经验，依据国内外家具新产品开发与设计实务中所积累的经验，总结出可操作、可遵循、能实用的一般性规律和方法。家具设计人员科学和理性地学习、掌握与运用现代的设计方法与技巧，对于拓宽设计思路，结合我国国情和家具行业的具体情况，寻找中国现代家具设计的切入口与突破口，正确表达设计意念和提高设计水平，增加家具设计的原创性和有效性是十分重要的。

8.1 家具设计方法

8.1.1 家具设计类型

根据家具企业的经营模式、家具产品的种类方向和家具市场的营销定位不同，家具设计一般可以分为以下几种：

（1）来样设计：也称订货设计，通常只包括结构设计与生产工艺设计等，它是根据企业的实际情况，在不影响家具产品的外在效果、使用功能和其他有关要求的前提下，对订货家具的来样图片或造型方案进行分解设计，为产品的高质、高效生产提供生产图纸和技术资料。

（2）仿型设计：模仿市场上已有的产品，在总的设计方案原理不变的情况下，对造型及结构、零部件、材料、工艺上作局部修改设计，制造出在性能、质量、价格等方面有竞争力的产品。

（3）改型产品：在方案原理和功能结构均不变的情况下，对现有产品的结构配置、尺寸、布局等进行修改设计，改进性能、提高质量，或增加品种、规格、款式花色等。

（4）换代设计：在原有基础上，采用新材料、新结构、新构件、新技术及新工艺，对家具产品进行设计，以满足新需求。这是一种大量存在的渐进性的创新设计。

（5）全新设计：与目前市场上已有产品相比，在造型、技术、结构、工艺或材料等方面有重大突破，是一种完全新型的设计，也称创造性设计、原创设计，是科学技术新发明的应用。

（6）未来型设计：又称概念设计，旨在满足人们近期或未来的需求。它是设计师利用设计概念并以其为主线贯穿全部设计过程的设计方法。换言之，未来型设计是针对未来生活形态，强调设计理念，不以市场导向为中心，因此，设计的作品是一种理想化的物质形式。

8.1.2　家具设计方法

设计方法是指设计过程中所采用的方法，是按照一定步骤进行的程序。它以一种科学的、系统的方式规范设计的过程，并提供一整套思维方法引导设计师从事产品的创造性开发。人类的设计经历了漫长的发展过程，设计方法也随着不同时期对产品设计的不同要求而不断变化。从设计发展的历史来看，设计方法的发展可划分为五个阶段。

（1）直觉设计阶段：设计体现为一种个体的、盲目的、实验性的活动，是一种周期性长、把握性小且具偶发性的自发设计方法。

（2）经验设计阶段：设计主要参考现有产品实物、图样和手册中的外形、经验数据进行设计，一般只能用于对现有产品进行局部革新设计，不能突破常规进行创造性设计。

（3）研究开发设计阶段：设计中采用分析研究、模型制作、样品制作、局部试验、模拟试验等手段的设计方法。

（4）计算机辅助设计阶段：设计中引入计算机辅助设计技术，能实现产品的设计、试验和生产一体化，通过动态的模拟和仿真对设计中的问题进行及时反馈，设计效率和质量显著提高。

（5）现代设计法设计阶段：设计中引入系统论、控制论、信息论、智能论、模糊论等科学方法论，作为指导设计的一般规律、原则和方法，提高设计的稳定性、复杂性、准确性和快速性。

8.2　家具设计程序

家具设计是分阶段按顺序进行的。所谓设计程序，即有目的地实施设计计划的次序和科学的设计方法。设计程序的实施是按严密的次序逐步进行的。家具作为批量生产的工业产品，其设计程序主要包括设计策划阶段、设计构思阶段、初步设计与评估阶段、

设计完成阶段和设计后续阶段等。当然这种阶段的划分并不是绝对的，有时各个阶段会前后颠倒、相互交错、反复循环、不断检验和逐步改进，才能完成整个设计过程。

8.2.1　设计策划阶段

设计策划阶段主要应了解设计对象的用途、功能和造型的要求及使用环境等；调查国内外同类产品或近似产品的功能、结构、外观、价格和销售情况等；搜集与设计对象有关的情报资料，掌握其结构和造型的基本特征；分析市场的发展趋势、调查各类顾客和消费者对此类产品的需求及其消费心理、购买的动机和条件等。这一阶段的主要工作内容是市场调查、资料整理分析、需求分析预测与产品决策等。

8.2.1.1　市场调研

市场调研是家具设计的重要环节。只有对市场信息进行准确的判断，才能获得成功的设计。通过市场调研，能够发现新的商机和需求，还可以找出企业产品的不足及经营中存在的问题，可以及时掌握企业竞争者的动态，掌握企业产品在市场上所占份额的大小，可以了解整个经济环境对企业发展的影响，预测未来市场可能发生的不利情况。

市场调研的方法主要有互联网搜寻、专业期刊资料搜集、问卷询问调查、展览会调研、实物解剖测绘、生产现场调研、实验法等。调查的内容主要包括以下几个方面（图8-1）：

（1）消费者需求调查：同样的产品对不同的消费者往往有不同的反映，也就划分出不同的消费群体。为了使所开发的产品有一个准确的市场定位，必须对目标市场内消费者的状况进行调查，其中包括消费结构、消费行为、消费心理、需求量，通过仔细观察、研究，可以破译那些支配着消费者行为的偏好，挖掘他们未被满足的需求。

（2）竞争调查：为了能在激烈的市场竞争中取得成功，必须对竞争环境、竞争品牌和竞争产品进行深入研究、理解和把握，并在此基础上，发现消费者未被满足的需求，寻找到企业的创新路径。

（3）合作调查：随着全球经济一体化，企业在创新过程中需要不断与外界，包括上下游企业、设计公司，甚至同行，以便资源共享、优势互补、风险共担、互惠互赢。

8.2.1.2　资料整理分析

在初步完成了家具产品市场资讯的调查工作后，要对所调查的产品的式样、标准、规范、政策法规以及各种数据、图片等资料进行分类归档、系统整理和

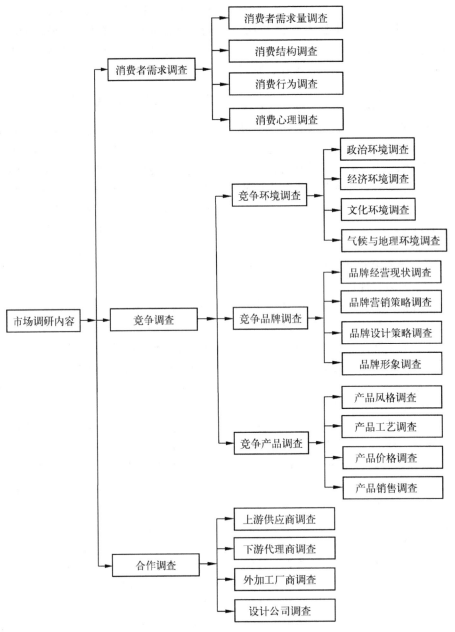

图8-1 市场调研的主要内容

定性与定量分析，编制出专题分析图表，写出完整的调研报告，以便用于指导新产品开发设计，也可供企业和设计师作为新产品开发设计的决策参考或设计立项依据。

8.2.1.3 市场预测

家具市场预测是指在对影响家具市场的各因素进行系统准确调查的基础上，运用科学的方法和数学模型，对未来一定时期内家具市场的供求变化规律以及发展趋势进行分析，进而作出合乎逻辑的判断和测算。市场预测是一种判断市场需求变化动态的科学。在市场经济条件下，家具企业的生产和经营基本上是依据家具市场的情况来确定，社会经济的发展存在着

跳跃性和间歇性，这就给家具市场造成一种不确定性和不稳定性。为了使家具企业的研发能够适应家具市场多变的需要并减少投资风险，家具企业应加强家具的市场预测。通过预测，家具企业才能切合实际地掌握消费需求上的差异，正确地判断未来发展的前景，使研发的产品同消费密切地结合起来，进而指导生产。

家具市场需求分析预测和家具市场调查一样，内容非常广泛，也比较复杂，主要有以下几个方面的内容。

（1）市场需求预测：家具市场需求预测是指对某种家具商品的现实购买者和潜在购买者需求的总和，是预测消费者在一定时期、一定市场范围内，对

某种家具商品具有货币支付能力的需求。它不仅包括家具需求量的预测，还包括家具产品的品种、规格、造型、工艺、材质等的预测。影响家具市场需求的因素很多，有社会因素、政治因素、经济因素、自然因素、产品销售因素、审美观点等。因此，对家具市场需求的预测必须在充分调查的基础上，对家具市场需求的预测必须在充分调查的基础上，对家具商品购买力、家具消费需求量等分别进行预测，弄清消费者需要什么、需要多少。

家具市场需求预测包括质与量两个方面。从质的方面考查，需要解决消费者需要什么；从量的方面考查，需要解决需要的量是多少。家具企业通过预测家具市场需求的变化，及时调整企业的生产规模，防止家具供过于求，从而保持家具生产的良性循环。

（2）产品生命周期预测：生命周期，即生命的历程。生物体都会经历一个从出生、成长、老化、死亡的生命历程。家具产品也不例外，家具产品的生命周期是指一种家具新产品上市，在家具市场由弱变强，又从盛转衰，直到被家具市场淘汰为止的全过程。它包括引入期、成长期、成熟期和衰退期四个阶段。家具产品的生命周期不同于其他一般产品的生命周期，家具产品生命周期的典型特征是它的短期性。

家具产品是一种时尚型很强的产品，因此，它的中性曲线更陡，成长期相对较长，成熟期相对较短，衰退期也来得更早。此外，不同风格品类的家具产品，其品牌产品生命周期也有所不同。依据家具产品时尚型的强弱，可以分为经典类和时尚类。

经典类多表现为人们对于历史传承的家具产品的独特品位或喜好。一旦这种风格形成后，它会维持许多年代，在此期间时而风行，时而衰落。图8-2为经典类家具产品的生命周期。

时尚类产品通常快速风靡一时，甚至被疯狂地追捧购买，很快达到高峰，然后迅速衰退。它们的生命周期很短，且趋于只吸引有限的时尚迷。时尚类家具品牌产品引入期的结束就意味着它的衰退期已经开始。图8-3为时尚类家具产品的生命周期。

一方面，时尚型越强的家具产品，其生命周期越短，其经营风险也就越高；但也就越有可能成为俏销一时的新款，因而利润也就越丰厚。由此可见，家具产品的生命周期与其时尚性成反比，而利润与经营风险成正比。

（3）市场占有率预测：家具市场占有率是指在一定的市场范围内，家具企业提供的某种家具商品的销售量在同一市场家具商品总销量中所占的比例，或指该家具企业的家具商品销售量占当地市场家具商品销售量的比例。

家具企业进行家具市场占有率预测的分析，可以

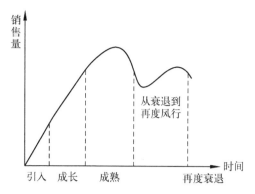

图8-2　经典类家具产品的生命周期

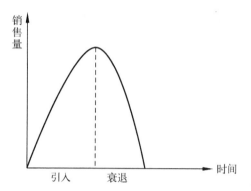

图8-3　时尚类家具产品的生命周期

帮助揭示家具企业所处的地位及变化机会，从而不为销售量的绝对数所迷惑，使其真正感受到市场竞争的压力，促进家具企业注重品牌的更新换代，注重家具改进，以留住老顾客，吸引新顾客，在家具市场竞争中立于不败之地。

家具市场预测的内容很多，还包括市场的销售预测、流行主题的预测、目标利润的预测和风险利润的对比等。

进行市场预测不仅需要掌握必要的资料，而且需要运用科学的预测方法。市场预测的方法很多，据统计有上百种之多，其中经常使用的有十几种。用于家具市场预测的方法大体归纳为三类，即直观法、时间序列法和相关分析法。

直观预测法是由预测人员根据已有的历史资料和现实资料，依靠个人经验和综合分析能力，对市场未来的变化趋势作出判断，并以判断为依据作出预测，这是一种定性预测方法。

时间序列分析法是将经济发展、购买力增长、销售变化等同一变数的一组观察值，按时间顺序加以排列构成统计的时间序列，然后运用一定的数学方法使其向外延伸，预计市场未来的发展变化趋势，确定市场预测值，这是一种定量预测方法。

相关分析法，也叫因果分析法。它是利用经济发展过程中经济因素的内在联系，运用相关分析的理论判断其相关的性质和强度，从而预测产品的市场需求

量和发展趋势。这是一种定量预测方法，适合于中、长期预测。

8.2.1.4　产品决策

在完成上述工作的基础上，根据家具产品的使用条件与要求、市场资讯的调查与分析、产品需求的评价与预测，即可进行最后的决策，确定产品开发的类别、产品的档次、销售对象、市场方向等，选定最终解决方案，以便展开进一步的产品设计。

8.2.2　设计构思阶段

设计构思就是运用创造性技法展开设计，是构思——评价——构思不断重复直到获得满意结果的过程。这一阶段要依据设计要求对设计对象进行功能、材料和结构分析，分解并明确设计要素（人的要素、技术要素、环境要素等），针对这些要素运用创造技法展开设计构想或构思。就产品设计而言，造型设计的构思阶段也由此开始。

8.2.2.1　设计构思的方法

设计构思可按一定的方法展开。可以采用从一般到特殊、从原理到应用的构思。如从一般概念的椅子构思特种用途、特种材料和工艺生产的椅子，这种方法叫演绎法。也可采用从特殊到一般，从事实到原则的构思，这种方法称为归纳法。演绎法与归纳法都是伦理性的构思方法，进行设计构思时，更需要采用独创性的构思方法，即进行天马行空的思路不受任何约束的大胆跨越常规的构想，以便获得崭新的灵感与创意。

创造性构思的基本能力包括吸收力、保持力、推进力和独创力。吸收力就是观察与注意的能力，即观

察社会，洞察生活，关注社会发展和生活方式变化的能力。保持力就是记忆和联想的能力，要求设计者能对各类相关事物储存在记忆中，并能进行多向性的联想。推进力就是分析和判断的能力。独创力就是进行创造性构思与预见未来发展变化的能力。

8.2.2.2　设计构思的表达

设计构思阶段提交的结果主要是设计草图。一般来说，进行设计构思是不分时间与场所的，随时随地都可以围绕自己的设计任务进行构思。构思的结果必须及时记录下来，记录或表达的方式就是草图。草图是捕捉瞬间即逝的设计构思的最有效的表现手段，也是造型设计师之间沟通创意的设计语言，因此，设计师在这个阶段要把在空间思维过程中产生的模糊"形象"迅速地用草图捕捉下来，并在不断反复的设计过程中使产品形象逐步具体化和清晰化。

设计草图又分为理念草图、式样草图、结构草图等。理念草图仅仅是一个大体形态。式样草图是从理念草图而来，不但有大体的形态，还有概略的细部处理或色彩表达。结构草图则是内部细节的构思。三种草图在构思过程中完成从外到内的全部构想。

设计草图通常是采用铅笔（也可用钢笔、圆珠笔或彩色笔）徒手勾画的立体图（轴测图或透视图）或主视图，必要时也可与计算机结合使用。设计草图通常以透视图的形式表现，也可用三视图，必要时还要画出一些细部结构，以便全面表达设计者的设计意图（图8-4）。草图方便快捷、易于修改，可以不受任何制图标准的限制，并且一般不需要按精确的尺寸来画，但应有大致的视觉尺度、体量比例和正面分割等。设计草图一般要有相当的数量，以便比较和选择。

图8-4　设计草图

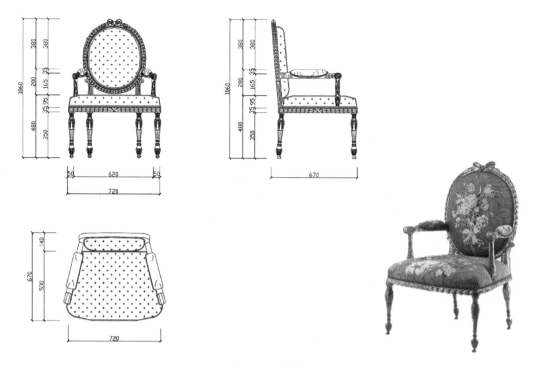

图 8-5　设计图

为寻求突破性的设计方案，设计师应敢于尝试多种方案，并运用草图表达设计构思和基本原理。构思与草图记录相结合的过程，一方面要尽力发掘出富于表现力的家具艺术形象，另一方面又要考虑功能与美观、材料与结构、工艺与设备、质量与经济、人与产品、产品与使用环境等问题。

8.2.3　初步设计阶段

初步设计又称方案设计，是从自然科学原理和技术效应出发，对构思阶段产生的备选方案和设计草图进行评估，通过优化筛选，找出最适宜于实现预定设计目标的造型方案。这个阶段要解决外观造型、基本尺寸、表面工艺、材料与色调等基本问题。这是结合人体工程学参数，对功能、艺术、工艺、经济性等进行全面权衡的决定性步骤。

8.2.3.1　初步设计的表达

初步设计或方案设计的表达可以通过设计图（方案图）、造型图或效果图、模型或样品来实现。初步设计是在对草图进行筛选的基础上画出方案图与彩色效果图等正式的设计图。这个阶段提交的结果，包括能表达产品的形态、色彩和质感的设计效果图，有尺寸依据的产品结构的三视图和设计模型等。初步设计应给出多个方案，以便进行评估，选出最佳方案。

（1）设计图：设计方案图应按比例画出三视图并标注主要尺寸，还要标明主要用材以及表面装饰材料与装饰工艺要求等。设计图要求用仪器工具或计算机按实际尺寸和一定比例画出。除了视图之外，往往要附加一个透视图，以直观地考察家具的形象和功能（图 8-5）。如有单独的效果图，设计图上的透视图也可省略。在方案图的基础上即可画出效果图。

（2）效果图：是以各种不同的表现技法，表现产品在空间或环境中的视觉效果。设计效果图常用水粉、水彩、粉笔、喷绘等不同手段进行表达。设计效果图还包括构成分解图，即以拆开的透视效果表现产品的内部结构。

（3）模型：初步设计也可以制作仿真模型，即不但按比例而且采用设计所指定的表面装饰材料进行装饰，在色彩和肌理上完全反映产品的装饰效果。模型比效果图更真实可信。模型制作的过程，是检验构思、深化构思、完善造型设计的过程，是表达设计意图的重要手段。

（4）样品：为了保证设计的准确性，避免批量生产中的失误，通常可以先制作一件（套）样品。样品是依照设计方案的形态和结构按比例制成的第一件实物产品，能直观地表现产品造型的空间关系和立体形象。通过样品可以分析设计方案在生产、功能、结构和使用上的合理性，并对设计方案做最后的检验。它可补充图样在表达上的不足，便于暴露问题、发现问题，以便得到改进。样品应严格按设计规定的材料和工艺进行制作，绝不可马虎了事，但也不可以脱离批量生产的现实，使样品与实际生产的产品出现明显的差异。样品可以在没有施工图的情况下，根据方案图或效果图进行加工，然后再根据评审和修改定型后的作品绘制生产施工图。对于复杂的产品应先绘制出施工图初稿，然后制作样品，最后再根据评审和修改定型后的作品，修改绘制正式生产施工图。

8.2.3.2 设计方案的评估

设计评估是对各个初步设计方案按一定的方式、方法对评价的要素进行逐一的分析、比较和评估。一般的评估要素有：功能性、工艺性、经济性、工效性、美观性、市场需求性、使用维护性、质量性能、环保性等。

设计评估，既可以使消费者和设计者之间有共同语言，以利于互相沟通，使设计者真正了解消费者的要求，从消费者所需要的产品要求中归纳出对设计的确切要求，以此作为最终决定设计的重要参考资料；也可以了解消费者对设计评价的倾向和要求，并进一步找出设计评价和设计表现之间的关系，从评价中找到满足消费倾向的设计表现手法，从而创作出满足要求的设计。

设计方案评估，一般是通过调查、会议、问卷等不同形式，按不同的评价方法和评价要素分别对不同的方案进行评价，最后获得一个理想的设计方案。其方法主要有：

（1）简单评价法：

①排队法：设计评价时不考虑方案细节而仅作综合评价，将多个设计方案进行两两比较，按优劣程度进行评分，总分值最高者为最优方案。这种方法简便易行，适用于方案数目不多、设计问题较为简单的设计评价。

②点评法：对于多目标评价，考虑到设计方案在不同的评价项目上可能存在相互交叉的情况，设计评价时对各比较方案依据确定的多个评价目标逐项评价，并使用规定符号（或分值）表示评价结果的设计评价方法。该方法常用于对较为复杂的设计问题进行粗略评价。例如，外观评价法（或官能评价法），即采用手、眼睛、耳朵等人类感觉器官进行的官能检查，通过科学途径以及数据和资料的细致分析，找出设计创作中定量的客观的评价。一般说来，它包括：分析型官能检查，即检查产品的外观和内在质量，判定产品质量的优劣；爱好型官能检查，即引进统计学和心理学的方法，根据个人的喜好和审美标准对设计质量进行评价，评价产品设计的优劣。

（2）综合评价法：也称综合评分法。针对设计评价目标，确立定量的评分标准，分别就各评价目标对设计方案进行评分，最后通过数理统计法求得各方案在所有评价目标上的总分，并据此做出设计决策的方法。在多目标的设计评价中，为反映设计评价目标的重要性程度，常采用加权系数作为衡量目标重要性的定量参数，以提高设计评价的精确性。这种方法一般用于评价目标明确、要求做定量精确评定的设计项目。综合评价的要素有：

消费者个人立场的评价要素：①功能性：实用满足程度；②安全性：安全可靠程度；③审美性：心理满足程度；④操作性：方便舒适程度；⑤环境性：环境协调程度。

企业立场的评价要素：从产品的外观、性能、质量、包装、商标等方面来评价生产工艺的可行性、技术难度、开发成本、生产成本的控制情况，以及原材料供应情况、市场预测情况、市场竞争力、价格分析、产品寿命分析、售后服务措施的落实情况、产品开发可能的风险、风险对策与承受风险的能力、产品是否侵犯已有专利和是否符合国际、国家、行业、部标准。

（3）模糊评价法：设计评价中存在许多无法做精确定量描述的评价指标，如产品的外观造型、宜人性等感性和主观性较强的指标，使用一般的定量分析方法难以评价。模糊评价法是在设计评价中引入模糊数学的概念和分析方法，应用模糊矩阵将模糊信息定量化，大大提高了设计评价的准确度和适用性。

8.2.4 施工设计阶段

施工设计阶段是方案设计的具体化和标准化的过程，是完成全部设计文件的阶段。在家具效果图和模型或样品制作确定之后，整个设计进程便转入生产施工设计阶段。施工设计阶段的提交结果，包括各种生产施工图和设计技术文件。

8.2.4.1 生产施工图

生产施工图是设计的重要文件，也是新产品投入批量生产的基本工程技术文件和重要依据。绘制生产施工图是家具新产品设计开发的最后一个工作程序。它必须按照国家制图标准，根据技术条件和生产要求，严密准确地绘出全套详细施工图样，用以指导生产。施工图包括结构装配图、部件图、零件图、大样图和拆装示意图等。对于表面材料、加工工艺、质感表现、色调处理等都要有说明，必要时还要附有样品。

（1）结构装配图：又称总装图，是将一件家具的所有零部件之间按一定的组合方式装配在一起的家具结构装配图（图8-6）。结构装配图不仅可用来指导已加工完成的零、部件装配成整体家具，还可指导零件、部件的加工；有时也可取代零件图或部件图，整个生产过程基本上只用结构装配图。因此，结构装配图不仅要求表现家具的内外结构、装配关系，还要能清楚地表达部分零部件的形状，尺寸也较详尽。除此之外，凡与加工有关的技术条件或说明（如零部件明细表、工艺技术要求等）也可注写在结构装配图上。

（2）部件图：它是家具中诸如抽屉、顶冒、脚架、门板、台面板、旁板、背板等各个部件的制造装配图，是介于总装图与零件图之间的工艺图纸（图8-7）。它画出了该部件内各个零件的形状大小和它们之间的装配关系，并标注了部件的装配尺寸和零件的主要尺寸，必要时也标明了工艺技术要求。有时也可直接用部件图代替零件图，作为加工部件和零件的依据。

（3）零件图：是家具中各个零件加工或外加工与外购时所需的工艺图纸或图样（图8-8），也是生产工人制造零件的技术依据。它画出了零件的形状，注明了尺寸，有时还提出工艺技术要求或加工注意事项。

（4）大样图：家具中有些不规则的特殊造型形状（如曲线形）零件，形状结构复杂而且加工要求较高时，需要按照实物的大小绘制1:1的分解尺寸大样图（图8-9），并制作样板或模板，以适应这些零件的加工需要。

（5）拆装示意图：对于拆装式家具，为了方便运输、销售和使用，一般需要有拆卸状的图纸供安装时参考。这种图纸一般以轴测立体图的形式居多，绘制方便、尺寸大小要求不严格，主要表现家具各零部件之间的装配关系和装配位置，直观地表现出产品装配的全过程。有时在局部结点的相互关系不明确时，可以补画放大的结点图来说明相互位置。这种图样常按家具装配的顺序进行编号，以简化文字说明。

8.2.4.2　设计技术文件

设计技术文件主要包括以下内容：

（1）零部件明细表：是汇集全部零部件的规格、用料和数量的生产指导性文件，在完成全部图纸后按零部件的顺序逐一填写。对于外协加工的零部件、配件和外购五金件及其他配件，也应分别列表填写，以便于管理。各企业的格式可能各不相同，但基本内容大体一致，有时是放在结构装配图上，也有与拆装示意图放在一起。常见的零部件明细表如表8-1、表8-2所示。

表8-1　零部件明细表

产品名称：_____　　代号：_____　　规格：_____　　单位：_____

序号	部件名称	零件名称	材料	单位（件、套）	数量	配料规格（长、宽、高）	净料规格（长、宽、高）	备注

表8-2　五金配件及外协（购）件明细表

产品名称：_____　　代号：_____　　规格：_____　　单位：_____

序号	部件名称	配件名称	材料	单位（件、套）	数量	规格（标准代号）	建议生产厂家	备注

表8-3　原材料计算明细表（用料清单）

产品名称：_____　　代号：_____　　规格：_____　　单位：_____

材料类别	材料名称（材种）	等级	规格（长、宽、厚）	单位（件、套）	数量		备注
					材积（m³）	材积（块）	

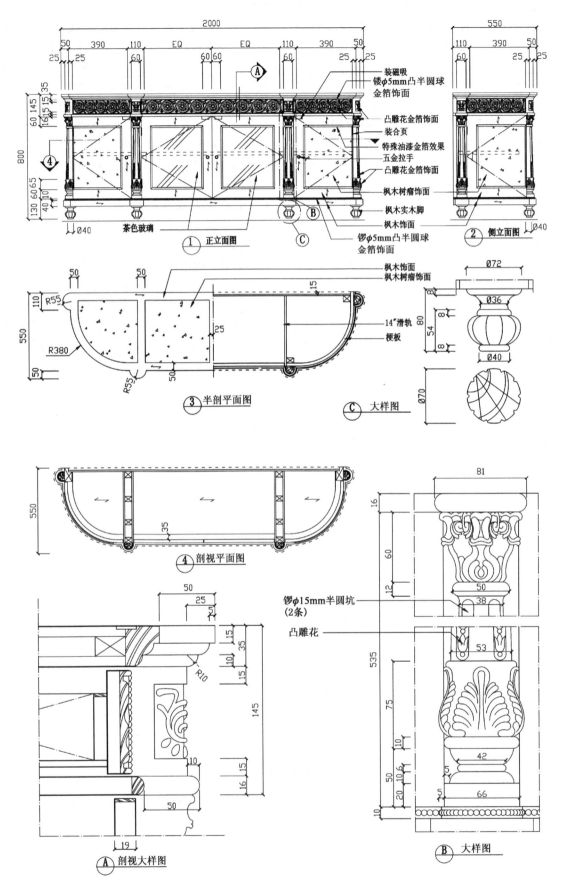

图8-6 结构装配图（电视柜）

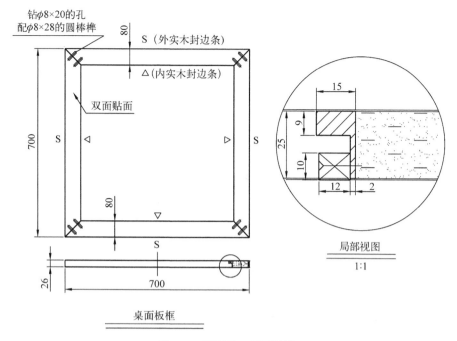

图8-7　部件图（桌面板框）

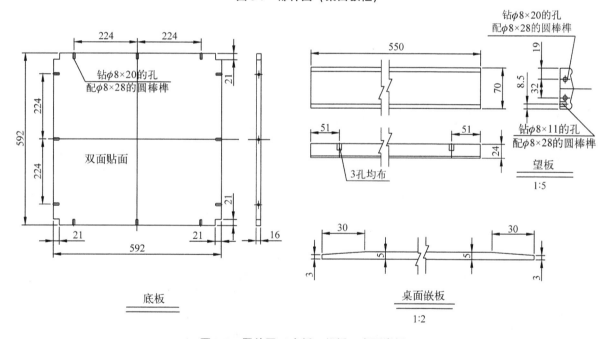

图8-8　零件图（底板、望板、桌面嵌板）

（2）材料计算明细表（用料清单）：根据零部件明细表、五金配件及外协（购）件明细表等中的数量、规格，分别对木材和木质人造板材、钢材等原材料和胶料、涂料、贴面材料、封边材料、玻璃、镜子、五金配件等辅料的耗用量进行汇总计算与分析，其内容如表8-3所示。通常情况下，为了节约木质人造板材，降低成本，对板式部件的配料，应预先画出开料图，以便于操作工人按开料图规定的开料顺序和板块规格进行有计划的裁板开料。因此，合理地计算和使用原辅材料是实现高效益、低消耗生产的重要环节。

（3）工艺技术要求与加工说明：对所设计的家具产品进行生产工艺分析和生产过程制定。即拟订该产品的工艺过程和编制工艺流程图，有的还要编制该产品所有零件的加工工艺卡片等。在这些文件中，规定了产品及零部件的设计资料、产品及零部件的生产工艺流程或工艺路线、所用设备和工夹模具的种类、产品及零部件的技术要求和检验方法、所用材料的规格和消耗定额等。它是生产准备、生产组织和经济核算的基本依据。也是指导生产和工人进行操作的主要技术文件。这些文件应结合已有的生产经验和生产现场的工艺装备情况来制定，并符合技术上的先进性、

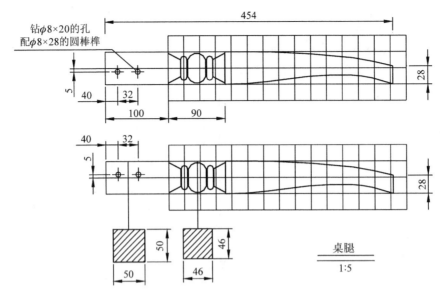

钻φ8×20的孔
配φ8×28的圆棒榫

454

28

5
40
32
100
90

40
32
5

28

50
50

46
46

桌腿
1:5

图8-9　大样图（桌腿）

经济上的合理性和生产上的可行性的原则，使工艺技术文件更符合生产实际。

（4）零部件包装清单与产品装配说明书：拆装式家具（板式或框式等）一般都是采用板块纸箱实现部件包装、现场装配。包装设计要考虑一套家具包装的件数、内外包装用料以及包装箱、集装箱的规格等。每一件包装箱内都应有包装清单。在包装箱内，还应附有产品拆装示意图、产品装配与使用说明书以及备用五金配件、小型简易安装工具等。

（5）产品设计说明书或设计研发报告书：家具新产品开发设计是一项系统设计，当产品开发设计工作完成后，为了全面记录设计过程，系统地对设计工作进行理性总结，全面介绍和推广新产品开发设计成果，为下一步产品生产作准备，需要编写产品设计说明书或产品开发设计报告书。这既是开发设计工作和最终成果的形象记录，也是进一步提升和完善设计水平的总结性报告。

设计说明书或研发报告书应有一个概念清晰的编目结构，将整个设计进程中的一个个主要环节作为表述要点，要求概念清晰、内容翔实、图文并茂、主题明确、简明扼要、视觉传达形象直观、版式封面设计讲究、装订工整。

设计说明书至少应包括以下内容：产品的名称、型号、规格；产品的功能特点与使用对象；产品外观设计的特点；产品对选材用料的规定；产品内外表面装饰内容、形式与要求；产品的结构形式；产品的包装要求等。

产品开发设计报告书的编写内容应从设计项目的确定、市场资讯调研与分析、设计定位与设计策划、初步设计草图创意、深化设计细节研究、效果图与模型（或样品）、生产施工图等层层推进，最终展现整个产品开发设计的完整过程。

8.2.5　设计后续阶段

从家具企业内部分工的角度看，生产施工图纸与设计技术文件完成后，设计便完成了。但从企业全局的角度看，从追求设计效益的目标看，家具企业产品的开发设计还应包括以下工作：

（1）生产准备工作：主要包括原辅材料供应商及厂外协作加工单位的落实与订货，设备的增补与调剂，专用模具、刀具的设计与加工，质量检控点的设置，专用检测量具与器材的准备等。

（2）营销策划工作：在每一种家具新产品开发设计完成后，为了尽快推向市场、获得社会认可、占领市场份额和扩大销售，需要制订完备的产品营销策划。新产品营销策划是现代市场经济中产品开发设计整体工作的延续和产品价值最终实现的可行性保障。整套的市场营销策划应包括：确立目标市场区域，制定市场促销计划，确定产品定价与经销商利润分配；产品广告与包装策划设计，产品展示与商面陈列设计；产品销售服务及培训与规范等。

（3）试产试销工作：在完成各项生产准备工作之后以及市场营销策划的同时，即可以按图纸进行小批量试产，试产出来的产品即可送往展会、商场或用户，根据市场营销策划计划所制定的合理价格和促销形式，进行适当的广告宣传，如参加大型展览会、自办展销订货会等，以较快的速度将产品推向市场。

（4）信息反馈工作：在产品投放市场以后，要及时收集销售商、用户对产品的意见，特别是集团性大用户的意见，要主动上门去了解情况，以便及时地收集各种相关信息，反馈到设计部门，并及时对产品进行修改设计，更好地满足用户的要求，适应市场的需要，从而保证产品的开发设计能创造出更高的社会效益和经济价值。

8.3　计算机辅助家具设计

随着人类社会步入快节奏、高效率的信息化时代，计算机在硬件、软件方面都产生了巨大的飞跃，计算机作为设计师的有效工具和工作伙伴，在各个设计领域都起着举足轻重的作用。计算机辅助设计，极大地扩展了创作和想象的自由空间，创造出了许多的精彩设计。

计算机辅助设计（computer aided design，简称CAD），它主要是在全面考察产品的使用功能、结构、工艺条件的基础上，利用计算机生成的产品原型来模拟产品的外观造型、色彩、质感及人机关系，并利用先进的快速成型手段生成产品原型，为产品的工程设计和制造以及市场战略提供有效的参考。一旦产品外观设计确定后，表面模型即可迅速转换为实体模型，进入下一步工程技术设计和生产阶段。

在工业产品设计领域中，计算机的介入改善了设计师的工作条件，也改变了设计师的工作方式。它既对设计师的设计思维的活跃和灵感的激发具有深入、完善的积极作用，同时又由于计算机的"再现客观真实性"（虚拟现实）的特点，利于设计师与委托方的沟通与交流，从而加快了设计进度。计算机的产生及其体现出的优越性能在家具设计领域掀起了一场从形式到观念的改变。

家具计算机辅助设计可以借用普通的CAD、3DS（或3DS Max）、Photoshop等通用软件，但这些通用软件更适合于辅助制图及图像处理，要真正结合家具设计的特点来进行智能化的辅助设计工作尚感不足，还需进行二次开发。目前，国内外用于计算机辅助家具设计的专用软件（FCAD）正在不断地开发与发展着，并正日臻成熟。

8.3.1　计算机辅助设计的特点

就家具产品设计而言，计算机辅助设计是一种有别于传统的产品设计方法的全新的设计原则，具有如下特点：

（1）规范设计师的设计思维：它能提供新的创作灵感，弥补设计师对三维空间思维的不足，使设计师头脑中的形象得以发展、更新，设计也趋于完整、合理，从而建立起全方位的设计思想。同时，有助于设计师把思维脉络的焦点集中在设计对象的形态、结构、色彩、质感的优化、合理上，而非其形态、结构、色彩等诸要素的准确表现上。

（2）快捷、高效：利用先进的软、硬件技术，设计师可在很短时间内对某一家具产品提出造型设计方案，这些方案具有照片般的质量，可做出产品模拟动画，真实地在计算机显示器上体现出产品的结构、功能、操作和其他特征。比起传统的产品开发设计方案，计算机辅助设计大大加快了产品设计的进度，提高了生产效率，这显然有助于企业在激烈的市场竞争中取得优势。

（3）准确、精密：由于计算机辅助设计以数字为基础，因而可精确地模拟各种产品的零部件及装配关系。计算机辅助工业产品设计更接近于真实的生产过程，并易于与现代化生产方式——计算机辅助制造（computer aided manufacturing，CAM）的内部结构相一致、相连接。

（4）便于储存、交流和修改：计算机辅助设计的数字化文件可方便地利用各种媒介进行储存和交流，实现信息资源的共享。甚至不同国家的设计师也可利用局域网和广域网进行有效的交流，构成了跨越国界的设计梯队，这在产品设计日益国际化的今天尤其具有重要的意义。另外，数字化文件也可方便、及时地进行修改。由于计算机辅助设计的出现，工业产品设计的方式发生了巨大变化，使产品开发的各个方面及时相互交流，形成一种环形的协同结构，将设计、工程分析、制造全过程优化集于一个系统，各个方面可同时着手进行，相互反馈，并以单一的数据库取代多数据库。另外，三维的多媒体数据转换也取代了传统的二维图样，从而方便了不同专业人员的相互交流，实现了可视化的设计过程，特别有利于设计师与工程技术人员的交流，保证了设计、制造的高质量。

8.3.2　计算机辅助设计的系统构成

计算机辅助家具设计系统通常由硬件（计算机及其相关外部设备）、软件（在计算机上运行的各种程序）以及由软件生成和控制的标准件库构成。

（1）计算机辅助设计的硬件：计算机辅助设计的硬件包括输入设备、计算机主机及输出设备、存储设备。

①输入设备：是将各种数据、指令、图像输入计算机进行处理的设备，除键盘和鼠标以外，还包括光笔、数字化仪、光学扫描仪、数码相机、话筒、CD-ROM、优盘等设备，用来进行文字、图形图像以及声音的输入。

②计算机主机：是计算机辅助设计的核心，主要有IBM及其兼容机、苹果公司的Power Macintosh、以

SGI 与 SUN 为代表的工作站三种类型。这三种计算机各有特色，由于配制不同则性能和价格相差很大。

③输出设备：包括显示器、各种类型的打印机、绘图仪、投影仪、胶片机、数码印制机、快速成型设备等，其基本功能是将经过加工处理的页面输出为印刷用的四色分色胶片、纸样等。

（2）计算机辅助设计的软件：用于计算机辅助设计的软件种类繁多。不同的软件有不同的功能和特点，而同一软件又有应用于不同操作系统的不同版本。因此，在着手进行计算机辅助设计之前，须根据产品开发的特点、已有计算机硬件的水平和成本预算等因素选择合适的软件。

CAD 系统一般由数值计算与处理、交互绘图与图形输入输出、存储和管理设计制造信息的工程数据库三大模块组成。其主要功能包括：造型功能、图形功能、有限元分析与优化设计能力、三维运动机构分析与仿真能力、提供二次开发工具、数据管理与交换功能等。

①AutoDesk 公司的软件：AutoDesk 公司一直致力于微机平台的 CAD 系统开发，其最重要的产品是 AutoCAD，在微机 CAD 市场占有绝对的优势，以 AutoDesk 公司的 AutoCAD R14 版本，三维功能已相当完善，成了应用最广泛的 CAD 软件，该系统的一个非常重要的特征是开放性，提供了非常强大的二次开发工具。此外，AutoDesk 公司还推出了著名的 3D Studio、3DS Max、3DS Viz 等三维概念设计和可视化设计软件，广泛应用于工业产品设计、建筑与室内设计的效果图表现。

②PT 公司的 Pro/Engineering 软件：Pro/E 是现代 CAD 系统的代表，由它率先采用的革命性的设计思想——基于特征的参数化设计领导了现代 CAD 发展的潮流。其主要特征功能有：全相关性、基于特征的参数化模型建构，先进的资料管理系统、装配管理、工程数据库再利用，易于使用，可在各种硬件平台上运行。目前，实行以解决方案为目的的产品发展策略，针对不同的行业和不同的设计阶段，推出相对应的解决方案等。

③与 SGI 工作站相配的 Alias 软件：Alias 是目前国际上最流行的概念化设计与可视化设计软件，广泛应用于工业设计行业。其造型功能最强，其最佳硬件平台是在 SGI 工作站上。Alias 采用 NURBS 均匀有理 B 样条曲线方法来完成几何模型，这种高阶几何结构适合于表示任何形状，从而保证能够利用 Alias 灵活、方便准确地构造出复杂的曲面造型，构成其强大的造型功能基础。

④基于 Power Macintosh 计算机的 CAD 软件：如 Power CAD、Mini CAD 等。

⑤一些 CAD/CAE/CAM 三位一体的综合性集成软件系统：这些软件除了工作站版本以外，有的还有 PC 版和 Macintosh 版，应用范围更加广泛。著名的综合集成软件系统有 I - DEAS、Pro - Engineering、Catia、Unigraphic、Microstation 等。这些软件系统可在同一软件平台上实现从设计制图、制造设计、色彩和质感的效果表现、产品效果图、工程计算与分析、生产制造一体化，直至获得满意的新产品。这种综合性集成软件系统是国际软件开发的发展方向。

（3）计算机辅助设计标准件库：一个完善的 CAD 系统除硬件、软件配置外，还需要一个将设计中可能用到的产品标准件或零件信息存放在一起的零件库。它采用标准的计算机描述格式，由专用的管理系统进行管理，设计师可以进行检索、访问，并提供了与设计软件联系的接口。检索到的零件信息可以方便地纳入设计文件。

采用 CAD 标准件库可以大大提高设计的效率。对于一个设计师，即使是在计算机上进行设计，如果没有标准件库，那么所有的零部件都要重新设计，这是一种非常费时、费力的重复劳动，且会延长产品开发设计的周期和失去市场。而采用了 CAD 标准件库，设计师可以很方便地从库中调用自己所需的标准件或通用件，且可通过改变标准件的参数而得到新的零部件造型，大大节省了设计时间，从而使设计师把主要精力放在创新的工作上，提高产品开发设计的质量。目前，一些商品化的设计软件中配有一定规模的标准件库，为产品设计提供了便利。

8.3.3 计算机辅助家具设计的过程

用计算机进行家具造型设计的过程与人们用各种材料和工艺来制作产品造型模型非常相似，都是先制作出相关的零部件，然后按一定的要求组合成模型。所不同的是实际模型的建造是在真实的工作室内进行，而计算机辅助设计则是在虚拟的空间中完成。其过程一般分为六个阶段：

（1）创意与构思阶段：设计师设计思维与计算机三维形象之间互为反馈、互为作用、融会贯通，完成创意与构思。

（2）三维模型建立阶段：有了初步的创意、构思，即可进入模型建立阶段，在此阶段还可通过建立模型发展和完善创意、构思。三维建模是计算机辅助设计最基本、也是最重要的步骤。所谓建模即是将三维形体描述成计算机可认知的计算机内部模型。通过三维建模，就可确定产品模型的造型及整体的相互关系，从而确定产品的基本外观形式。

（3）材质编辑与赋予阶段：在建好的三维模型的基础上给它赋予适当的材质和肌理，使模型能真实地反映出产品的材料、色彩和质感，从而得到照片般完美的产品效果图。成功的材质编辑既可充实、完善三维形象，又可弥补一定的建模缺陷。材质的编辑、赋予是一项非常复杂而细腻的工作，常常需要反复调试才能获得理想的效果。在3DS Max中，材质的设计编辑是通过材质编辑器完成的。物体表面除基本材质属性可设置外，还可指定各种类型的贴图材质，这是三维仿真的主要环节，一些形体的特定结构也可由贴图来完成。通过材质编辑不仅可制造出反射、折射、凹凸、反光等效果，还可用来创造背景、环境、灯光、雾效、大气等。

（4）光源设置阶段：当一件产品完成以后，要将产品放置于一个适合的场景中，布置各种背景、打上各种灯光，以渲染空间气氛，并选择适当的拍摄角度和镜头。这样才能获得最佳的艺术效果、表面真实生动的产品效果图。一幅完整、优秀的三维展示图，光源的设置举足轻重。正确的灯光设置不仅使产品有良好的照明，且通过光影的处理使造型更加生动有趣。设计师往往通过光源的设置强化设计细节，展示构思特征、烘托营造理想氛围。通常使用的照明光源有模拟日光的平行光源、点光源、投射光源和环境光四种。这些光的效果各有特色，可根据需要单独或组合使用。设计师经常反复调整模型中的各种光源，包括调整位置、强弱、色彩、衰减等，设计构思在这一环节中也得到特定意义上的完善与提高。同时，依据设计对象的不同，光源设置也因物而异。主要分为展示单位与展示空间两种不同的设置方法与原则。

（5）摄像机与透视图建立阶段：3DS Max中透视图的建立，是通过设置摄像机完成的。当然，就不存在以往表现物体透视时的烦琐和不准确，设计师可以把更多的精力用在摄像机的选择与透视角度的选取上。而且，摄像机的调整与透视图的建立是实时同步的，便于设计师捕捉到最佳的观察视角展示三维形象。计算机模拟摄像机的主要参数是镜头焦距的大小，改变焦距可获得不同的视野与透视效果。移动摄像机可方便地选择合适的观察角度。

（6）展示图的渲染与装饰阶段：前面的工作完成以后，就可以进行静态图像的渲染工作，产生真实感的虚拟图像。一般三维软件都有不同精度的着色渲染方式可供选择，精度越高则耗时越多。3DS Max可提供优秀的渲染效果，将完成的三维造型以最优异的效果呈现在屏幕上，且可根据需要提供无限精度的图像品质。目前，大量采用的是所谓的光线追踪法（ray tracing）。它通过跟踪光线的路径、相交以及在物体上的反射，计算出画面中的每一个像素。光线追踪法可得到最逼真的效果，能反映出透明、反射、空气透视等精致细节，相应地光线追踪法也是最耗时的渲染方法。为增强展示效果、突出三维形体，一些光影的运用、气氛的烘托均在此步骤完成。对于一个编辑十分到位的三维模型而言，渲染生成的图像无须在Photoshop中编辑。但在某些情况下，需要对其进行一些后期调整，如对色调、对比、光效等做些微调，体现展示图中特殊结构的需要，或者加入人物、植物等图像，使效果更加真实感人。为了进行后期调整，就需要将三维软件中制作的效果图输入Painter、Photoshop等图像处理软件中，利用各种工具进行修饰，必要时可选择适当的素材，将人物或景物置入指定位置，使产品产生正确的尺度感，将画面图像调整、安排到合适的版式，以获得良好的展示效果。同时，为了建模迅速和节省着色渲染时间，有些诸如三维模型上的文字、符号可不必建模、直接在Photoshop中加以编辑。经过后期调整，就可生成一幅逼真的产品效果图。

参考文献

蔡军.1996.工业设计史［M］.哈尔滨：黑龙江科学技术出版社.

董君.2011.公共空间室内设计［M］.北京：中国林业出版社.

董玉库.1990.西方历代家具风格［M］.哈尔滨：东北林业大学出版社.

菲莉丝·斯隆·艾伦，琳恩·M·琼斯，米丽亚姆·F·斯廷普森.2010.室内设计概论［M］.9版.胡剑虹，等，编译.北京：中国林业出版社.

何人可.1991.工业设计史［M］.北京：北京理工大学出版社.

胡景初，戴向东.2011.家具设计概论［M］.2版.北京：中国林业出版社.

胡景初.1992.现代家具设计［M］.北京：中国林业出版社.

胡文彦.1995.中国家具鉴定与欣赏［M］.上海：上海古籍出版社.

简召全.2000.工业设计方法学［M］.北京：北京理工大学出版社.

键和田务.1985.西方历代家具样式［M］.王时增译.北京：中国轻工业出版社.

姜长清.1987.实用沙发与制作［M］.北京：中国林业出版社.

莱斯利·皮娜.2008.家具史：公元前3000—2000年［M］.吴智慧，吕九芳，等，编译.北京：中国林业出版社.

雷达.1995.家具设计［M］.杭州：中国美术学院出版社.

李风崧.1999.家具设计［M］.北京：中国建筑工业出版社.

李雨民.1991.沙发的设计［J］.家具，2（60）：19-20.

李正光.1987.汉代漆器艺术［M］.北京：北京文物出版社.

梁启凡.2000.家具设计学［M］.北京：中国轻工业出版社.

刘定之，胡景初.1985.沙发制作［M］.长沙：湖南科学技术出版社.

刘飞.2001.绿色制造的内涵、技术体系和发展趋势［J］.WMEM（3）：37-42.

刘忠传.1993.木制品生产工艺学［M］.北京：中国林业出版社.

柳万千.1993.家具力学［M］.哈尔滨：东北林业大学出版社.

穆澜.1983.沙发家具的制作与翻新［M］.香港：万里书店出版社.

聂菲.2000.中国古代家具鉴赏［M］.成都：四川大学出版社.

彭亮.2001.家具设计与制造［M］.北京：高等教育出版社.

强文，仲德.1989.上海家具［M］.北京：金盾出版社.

阮长江.1994.中国历代家具图录大全［M］.南京：江苏美术出版社.

上海家具研究所.1989.家具设计手册［M］.北京：中国轻工业出版社.

申黎明.2010.人体工程学［M］.北京：中国林业出版社.

田家青.1995.清代家具［M］.香港：三联书店（香港）有限公司出版.

王世襄.1985.明式家具珍赏［M］.香港：文物出版社.

王受之.1995.世界现代设计史［M］.广州：新世纪出版社.

王小瑜，唐海玉.1986.椅类家具［M］.沈阳：辽宁科学技术出版社.

吴木兰.1991.软体家具设备［J］.家具，5（63）：25-27.

吴木兰.1991.沙发的制作工艺［J］.家具，3（61）：23-25，4（62）：22-23.

吴悦琦.1998.木材工业实用大全·家具卷［M］.北京：中国林业出版社.

吴智慧.2003.绿色家具的绿色技术体系［J］.家具（1）：51-54.

吴智慧.2004.木质家具制造工艺学［M］.北京：中国林业出版社.

许柏鸣.2000.家具设计［M］.北京：中国轻工业出版社.

杨文嘉.1992."32mm系统"的应用［J］.家具（1-6）.

詹姆斯·E·勃兰波. 1992. 软体家具工艺 [M]. 张帝树，梅瑞仙，译. 北京：中国林业出版社.

张绮曼，郑曙旸. 1991. 室内设计资料集 [M]. 北京：中国建筑工业出版社.

赵子夫. 2001. 外国古典家具文化艺术 [M]. 沈阳：辽宁美术出版社.

郑宏奎. 1997. 室内及家具材料学 [M]. 北京：中国林业出版社.

中国机械工业教育协会组. 2002. 工业产品造型设计 [M]. 北京：机械工业出版社.

朱保良，朱钟炎. 1991. 室内环境设计 [M]. 上海：同济大学出版社.

朱浩. 1984. 家具木工工艺 [M]. 北京：中国轻工业出版社.

劍持仁，川上信二等. 1986. 傢具事典 [M]. 東京：株式會社朝倉書店.

木材工藝學教室. 1960. 木材加工與室内計畫便覽 [M]. 東京：産業圖書株式會社版.

橋本喜代太，成田壽一郎. 1989. 木工の接合工作 [M]. 東京：理工學社.

梶田茂. 1967. 木材工學 [M]. 東京：株式會社養賢堂.

小原二郎，内田祥哉，宇野英隆. 1997. 建築室内人間工學 [M]. 東京：鹿島出版會.

Robert Lento. 1979. *Woodworking – Tools，Fabrication，Design and Manufacturing.* Prentice – Hall，Inc.，Englewood Cliffs，N. J. 07632，USA.

WC Stevens & N Turner. 1970. Wood Bending Handbook. Eyre & Spottiswoode Limited at Grosvebor Press Portsmouth.